中国矿业大学卓越工程师计划资助
国家重点研发计划(2018YFC0808100)资助

矿 井 通 风

主 编 周福宝 魏连江 张光德 程健维 陈开岩

中国矿业大学出版社

内 容 简 介

本书内容丰富,共分为十三章,系统介绍了矿井空气热力学和动力学基础、通风阻力和通风动力、局部通风、通风网络风量分配与调节、采区通风、矿井通风系统设计、矿内热环境及空气调节、矿尘防治、矿井噪声防治、矿内放射性气体防治、矿内柴油机尾气危害与控制等内容。本书更新了井巷摩擦阻力系数值、通风机型号、矿井需风量计算方法、通风阻力测量方法等大量内容,内容更加贴近现场实际,以满足新时代卓越工程师人才培养的要求。

本书得到中国矿业大学卓越工程师计划以及国家重点研发计划(2018YFC0808100)资助,可作为高等院校矿井通风与安全和煤矿开采技术专业的教材,还可供从事煤矿科研、设计、管理工作的工程技术人员参考使用。

图书在版编目(C I P)数据

矿井通风/周福宝,魏连江,张光德等主编. —徐州:
中国矿业大学出版社,2019.5
ISBN 978 - 7 - 5646 - 3523 - 7

Ⅰ. ①矿… Ⅱ. ①周… ②魏… ③张… Ⅲ. ①矿山通
风—高等学校—教材 Ⅳ. ①TD72

中国版本图书馆 CIP 数据核字(2017)第 088015 号

书　　名	矿井通风
主　　编	周福宝　魏连江　张光德　程健维　陈开岩
责任编辑	周　红
出版发行	中国矿业大学出版社有限责任公司
	(江苏省徐州市解放南路　邮编 221008)
营销热线	(0516)83884103　83885105
出版服务	(0516)83995789　83884920
网　　址	http://www.cumtp.com　E-mail:cumtpvip@cumtp.com
印　　刷	徐州中矿大印发科技有限公司
开　　本	787×1092　1/16　**印张** 19.75　**字数** 498 千字
版次印次	2019 年 5 月第 1 版　2019 年 5 月第 1 次印刷
定　　价	46.00 元

(图书出现印装质量问题,本社负责调换)

前　言

我国约 90％ 的煤矿以及部分金属矿山采用井工开采的地下作业方式,而地下作业首先要解决的就是通风问题。在矿井建设和生产过程中,需要将新鲜空气源源不断地输送到井下,供作业人员呼吸,排出井下有毒有害气体和矿尘,创造良好的井下作业环境,并保障井下作业人员身体健康和劳动安全。地下开采面临瓦斯、热害、矿尘和其他有毒有害气体等威胁,矿井通风是防治以上灾害的重要手段。近年来,矿井通风领域发展迅速,涌现出大量新理论、技术和装备,并已广泛应用于现场。为此,本书新增了大量内容,更新了相应的数据,书中内容更加贴近现场实际,以满足新时代卓越工程师人才培养的需要。

本书内容丰富,不仅系统阐述了矿井通风基础理论、矿井通风系统设计方法等内容,更新了相关知识点和数据,还介绍了与通风密切相关的日益受到重视的矿井热害、粉尘、噪声、放射性气体和柴油机尾气等防治技术,及时反映了国内外矿井通风方面的科技成果及其发展动向。本书的特点是理论联系实际,内容讲述深入浅出,各章后附有复习思考题和习题,以便自学和复习。

本书共分为十三章,第一、三、五、七、十章由周福宝教授编写,第二、六章由魏连江副教授编写,第四、八章由陈开岩教授编写,第九、十一章由张光德高工编写,第十二、十三章由程健维副教授编写,全书由周福宝教授统稿。本书在资料整理、图表绘制、计算机录入与排版、校对等方面得到了澳大利亚科廷大学徐光老师以及中国矿业大学康建宏、刘应科老师和王鑫鑫、张一帆、李世航、杨五勤等研究生的大力帮助,他们为完成此书付出了大量艰辛的劳动,在此表示感谢。

由于编者水平所限,书中难免有不妥之处,敬请广大读者批评、指正。

编　著

2019 年 4 月

目　录

第一章　矿井空气热力学基础

第一节　矿井空气成分

矿井通风的目的是为井下各工作地点持续提供足够的新鲜空气,使其中有毒有害气体、粉尘不超过规定值,并有适宜的气候条件。矿井通风系统通常被称为矿井的心脏与动脉。矿井通风是保障矿井安全的最主要技术手段之一。

本节重点阐述矿井空气成分及其性质和矿井空气中常见的有害气体。

一、矿井空气的主要成分

井下空气的主要来源是地面空气。地面空气是由干空气(由多种气体组成的)和水蒸气组合而成的混合气体。通常状况下,干空气各组分的数量基本不变(表1-1-1)。在混合气体中,水蒸气的浓度随地区和季节而变化,其平均浓度约为1%;此外还含有尘埃和烟雾等杂质。

表 1-1-1　　　　　　　　　　干空气主要成分

气 体 成 分	按体积计/%	按质量计/%
氮气(N_2)	78.13	75.57
氧气(O_2)	20.90	23.10
二氧化碳(CO_2)	0.03	0.05
氩气(Ar)	0.93	1.27
其他(水蒸气、惰性稀有气体和微量的灰尘与微生物等)	0.01	0.01

地面空气进入矿井以后,由于受到污染,其成分和性质发生一系列的变化,如氧浓度降低,二氧化碳浓度增加。一般来说,将井巷中经过用风地点以前、受污染程度较轻的进风巷道内的空气称为新鲜空气(新风);经过用风地点以后、受污染程度较重的回风巷道内的空气称为污浊空气(乏风)。矿内空气主要成分除氧气(O_2)、氮气(N_2)、二氧化碳(CO_2)、水蒸气(H_2O)以外,还混有大量的有害气体和物质,如瓦斯(CH_4)、一氧化碳(CO)、硫化氢(H_2S)、二氧化硫(SO_2)、二氧化氮(NO_2)、氨气(NH_3)、氢气(H_2)和矿尘等。

1. 氧气(O_2)

氧气是无色、无味、无嗅、无毒和无害的气体,对空气的相对密度为1.11。它的化学性质很活泼,几乎可与所有气体相化合。氧能助燃及供人与动物呼吸。

氧和人的生命有着密切关系。人之所以能生存,是因为人体内不断进行着细胞的新陈代谢作用,而新陈代谢作用是靠人吃进食物和吸入空气中的氧,在体内进行的氧化过程来维持的。因此,凡是井下有人员工作或通行的地点,都必须要有充足的氧。人体维持正常生命过程所需的氧量,取决于人的体质、精神状态和劳动强度等。一般说来,人在休息时平均需氧量为 0.25 L/min,在工作和行走时为 1～3 L/min。

矿内氧气来源于地面大气。由于矿内有机物(木材、支架等)和无机物(矿物、岩石)的氧化,矿物自燃,矿井火灾,以及瓦斯、煤尘爆炸等,都要直接消耗氧气,此外,井巷内不断放出的各种有害气体,也相对地降低氧气的浓度。但是,只要通风良好,氧浓度的减少量是微小的;只有在通风不良或采空区的旧巷内,氧浓度才可能显著降低。人们在进入上述巷道之前,必须先进行检查,不能贸然进入。

空气中氧浓度对人的健康影响很大。最有利于呼吸的氧浓度为 21% 左右;当空气中的氧浓度降低时,人体就可能产生不良的生理反应,出现种种不舒适的症状,严重时可能导致缺氧死亡。人体缺氧症状与空气中氧浓度的关系如表 1-1-2 所示。

表 1-1-2　　　　　　　　　　人体缺氧症状与空气中氧浓度的关系

氧浓度(体积)/%	主 要 症 状
17	静止时无影响,工作时能引起喘息和呼吸困难
15	呼吸及心跳急促,耳鸣目眩,感觉和判断能力降低,失去劳动能力
10～12	失去理智,时间稍长有生命危险
6～9	失去知觉,呼吸停止,如没有及时抢救几分钟内可能导致死亡

《煤矿安全规程》(以下简称《规程》)规定,采掘工作面的进风流中氧气浓度(按体积百分比计算)不得低于 20%。为此,必须对矿井进行不断的通风,将适量的新鲜空气源源不断地送到井下。这是矿井通风最基本的任务之一。

2. 氮气(N₂)

氮气是无色、无味、无臭的惰性气体,是新鲜空气中的主要成分,对空气的相对密度为 0.97,它本身无毒、不助燃,也不供呼吸。在正常情况下,氮气对人体无害,但空气中若氮气浓度升高,则势必造成氧浓度相对降低,从而也可能导致人员的窒息性伤害。在废弃的旧巷或隔离火区内,可积存大量的氮气,使氧浓度相对减少,以致人缺氧而窒息。正因为氮气为惰性气体,因此又可将其用于井下防灭火和防止瓦斯爆炸。

矿井空气中氮气的主要来源是:地面大气、井下爆破和生物的腐烂,有些煤岩层中也有氮气涌出。

3. 二氧化碳(CO₂)

二氧化碳是无色略带酸臭味的气体,对空气的相对密度为 1.52,难与空气均匀混合,常积聚于巷道底部、井筒和下山的掘进迎头,在静止的空气中有明显分界。二氧化碳不助燃也不能供人呼吸,易溶于水,生成碳酸,使水溶液成弱酸性,对眼、鼻、喉黏膜有刺激作用。在新鲜空气中含有微量的二氧化碳对人体是无害的,它对人的呼吸有刺激作用,如果空气中完全不含有二氧化碳,人体的正常呼吸功能就不能维持。当肺泡中二氧化碳增多时,能刺激人的呼吸神经中枢,引起呼吸频繁,呼吸量增加,所以在急救受有害气体伤害的患者时,常常首先让其吸入含有 5% 二氧化碳的氧气以加强呼吸。但当空气中二氧化碳的浓度过高时,将使空气中的氧浓度相对降低,轻则使人呼吸加快,呼吸量增加,严重时也可能造成人员中毒或窒息。空气中二氧化碳浓度对人体的危害程度如表 1-1-3 所示。

表 1-1-3 二氧化碳中毒症状与浓度的关系

二氧化碳浓度/%	主 要 症 状
1	呼吸加深,但对工作效率无明显影响
3	呼吸急促,心跳加快,头痛,人体很快疲劳
5	呼吸困难,头痛,恶心,呕吐,耳鸣
6	严重喘息,极度虚弱无力
7～9	动作不协调,大约 10 min 可发生昏迷
9～11	数分钟内可导致死亡

矿井下二氧化碳的主要来源有:有机物的氧化、人员的呼吸、煤和岩石的缓慢氧化,以及矿井水与碳酸性岩石的分解作用,爆破工作,矿井火灾,煤炭自燃以及瓦斯、煤尘爆炸也能产生大量二氧化碳。此外,有的煤层或岩层能长期连续放出二氧化碳,甚至有的煤层在短时间内大量喷出或与大量煤粉同时喷出二氧化碳。发生这种现象时,往往会造成严重破坏性事故。例如 1978 年 5 月 24 日,甘肃省窑街三矿胶带斜井因误穿断层,诱导发生特别重大煤(岩)与 CO_2 突出事故,突出煤岩总量 1 030.2 t,CO_2 气体总量 24 万 m³,逆风流动 1 700 余米。法国也曾发生过 CO_2 突出的事故。

《规程》规定:采掘工作面的进风流中,二氧化碳不超过 0.5%。采区回风巷和采掘工作面回风巷回风流中二氧化碳浓度达到 1.5%时,必须停止工作,撤出人员,查明原因,制定措施,进行处理。总回风巷或一翼回风巷中,二氧化碳超过 0.75%时,必须查明原因,进行处理。

二、矿井空气中常见的有害气体

矿井常见的有害气体有一氧化碳、硫化氢、二氧化氮、二氧化硫、氨气、瓦斯等。下面分别介绍之。

1. 一氧化碳(CO)

一氧化碳是一种无色、无味、无臭的气体,对空气的相对密度为 0.97,微溶于水,但能溶于氨水,能与空气均匀地混合。与酸、碱不起反应,只能被活性炭少量吸附。

一氧化碳能燃烧,当空气中一氧化碳浓度在 13%～75%时有爆炸危险。

一氧化碳是一种对血液、神经有害的毒物。一氧化碳随空气吸入人体内后,通过肺泡进入血液,并与血液中的血红蛋白结合。一氧化碳与血红蛋白的结合力比氧与血红蛋白的结合力大 200～300 倍。一氧化碳与血红蛋白结合成碳氧血红蛋白(COHb),不仅减少了血球携氧能力,而且抑制、减缓氧和血红蛋白的解析与氧的释放。

一氧化碳对人的危害主要取决于空气中一氧化碳的浓度和与人的接触时间(见表 1-1-4、图 1-1-1)。一氧化碳还可导致心肌损伤,对中枢神经系统特别是锥体外系统也有损害,经实验证明一氧化碳还可引起慢性中毒。

井下爆破作业、煤炭自燃及发生火灾或煤尘、瓦斯爆炸时都能产生一氧化碳。

《规程》规定其最高容许浓度为 0.002 4%。

表 1-1-4 一氧化碳中毒症状与浓度的关系

一氧化碳浓度/%	主 要 症 状
0.02	2~3 h 内可能引起轻微头痛
0.08	40 min 内出现头痛、眩晕和恶心。2 h 内发生体温和血压下降,脉搏微弱,出冷汗,可能出现昏迷
0.32	5~10 min 内出现头痛、眩晕。30 min 内可能出现昏迷并有死亡危险
1.28	几分钟内出现昏迷和死亡

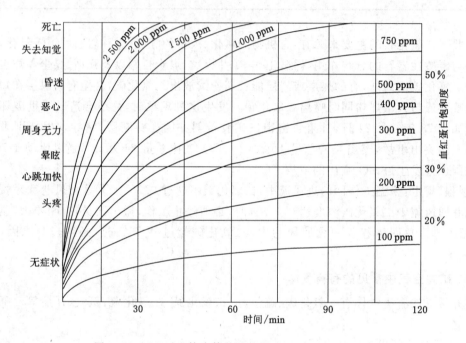

图 1-1-1 CO 对人体身体状况的影响(1 ppm=1×10^{-6})

2. 硫化氢(H$_2$S)

硫化氢无色、微甜、有浓烈的臭鸡蛋味,当空气中浓度达到 0.000 1% 即可嗅到,但当浓度较高时,因嗅觉神经中毒麻痹,反而嗅不到。硫化氢对空气的相对密度为 1.19,易溶于水,在常温、常压下一个体积的水可溶解 2.5 个体积的硫化氢,所以它可能积存于旧巷的积水中。硫化氢能燃烧,空气中硫化氢浓度为 4.3%~45.5% 时有爆炸危险。

硫化氢有剧毒,有强烈的刺激作用,不但能引起鼻炎、气管炎和肺水肿;而且还能阻碍生物的氧化过程,使人体缺氧。当空气中硫化氢浓度较低时主要以腐蚀刺激作用为主;浓度较高时能引起人体迅速昏迷或死亡,腐蚀刺激作用往往不明显。硫化氢中毒症状与浓度的关系如表 1-1-5 所示。

井下空气中硫化氢的主要来源:有机物腐烂;含硫矿物的水解;矿物氧化和燃烧;从老空区和废旧巷道积水中放出;我国有些矿区煤层中也有硫化氢涌出。

《规程》规定:井下空气中硫化氢含量不得超过 0.000 66%。

表 1-1-5　　　　　　　　　　　　　硫化氢中毒症状与浓度的关系

硫化氢浓度/%	主 要 症 状
0.002 5~0.003	有强烈臭味
0.005~0.01	1~2 h 内出现眼及呼吸道刺激症状,臭味"减弱"或"消失"
0.015~0.02	出现恶心、呕吐、头晕、四肢无力,反应迟钝。眼和呼吸道有强烈刺激症状
0.035~0.045	0.5~1 h 内出现严重中毒,可发生肺炎、支气管炎及肺水肿,有死亡危险
0.06~0.07	很快昏迷,短时间内死亡

3. 二氧化氮(NO_2)

二氧化氮是一种褐红色的气体,有强烈的刺激气味,对空气的相对密度为 1.59,易溶于水生成 HNO_3,对眼睛、呼吸道黏膜和肺部组织有强烈的刺激及腐蚀作用,严重时可引起肺水肿。二氧化氮中毒有潜伏期,有的在严重中毒时尚无明显感觉,还可坚持工作。但经过 6~24 h 后发作,中毒者指头出现黄色斑点,并出现严重的咳嗽、头痛、呕吐甚至死亡。二氧化氮中毒症状与浓度的关系如表 1-1-6 所示。

表 1-1-6　　　　　　　　　　　　　二氧化氮中毒症状与浓度的关系

二氧化氮浓度/%	主 要 症 状
0.004	2~4 h 内可出现咳嗽症状
0.006	短时间内感到喉咙刺激,咳嗽,胸疼
0.010	短时间内出现严重中毒症状,神经麻痹,严重咳嗽,恶心,呕吐
0.025	短时间内可能出现死亡

井下空气中二氧化氮的主要来源是井下爆破工作。

《规程》规定:氮氧化合物浓度不得超过 0.000 25%。

4. 二氧化硫(SO_2)

二氧化硫为无色气体,具有强烈的硫黄气味及酸味,对空气的相对密度为 2.22,易积聚在巷道底部,易溶于水。

矿内含硫矿物氧化、燃烧及在含硫矿物中爆破都会产生二氧化硫,有时含硫矿层也涌出二氧化硫。

二氧化硫能被眼结膜和上呼吸道黏膜的富水黏液吸收,刺激眼黏膜和鼻咽等黏膜;在潮湿的矿内,能与空气中水分结合缓慢地形成硫酸(H_2SO_4),使其刺激作用更强。当空气中浓度为 0.3~1 ppm 时,健康人可由嗅觉感知,使呼吸道轻度收缩,呼气受阻,4~6 ppm 时,则对鼻咽及呼吸道黏膜有强烈刺激作用。长时间在二氧化硫浓度为 5~10 ppm(或更低)的环境中呼吸,可引起慢性支气管炎、慢性鼻咽炎。呼吸道阻力增大、呼吸道炎症及肺泡本身受到二氧化硫的破坏,可导致肺气肿和支气管哮喘。吸入含高浓度的二氧化硫空气,可引起急性支气管炎、声门水肿和呼吸道麻痹,浓度为 400~500 ppm 时可立即危及生命。

《规程》规定井下空气中二氧化硫最高容许浓度为 0.000 5%。

5. 氨气(NH_3)

氨气为无色、有剧毒的气体,对空气的相对密度为 0.59,易溶于水,对人体有毒害作用,《规程》规定,井下最大容许浓度为 0.004%(3 mg/m³)。但当其浓度达到 0.01%时就可嗅到其特殊臭味。氨气主要在矿内发生火灾或爆炸事故时产生。

6. 瓦斯

瓦斯的主要成分是甲烷(CH_4),甲烷是一种无色、无味、无臭的气体,对空气的相对密度为 0.55,难溶于水,扩散性较空气高 1.6 倍。虽然无毒,但当其浓度较高时,会引起窒息。不助燃,但在空气中具有一定浓度(5%~16%)并遇到高温(650~750 ℃)时能引起爆炸。

《规程》规定,工作面进风流中 CH_4 的浓度不能大于 0.5%,采掘工作面和采区的回风流中 CH_4 的浓度不能大于 1.0%,矿井和一翼的总回风流中,CH_4 最高容许浓度为 0.75%。

7. 氢气(H_2)

氢气无色无味,具有爆炸性,在矿井火灾或爆炸事故中和井下充电硐室均会产生,其最高容许浓度为 0.5%。

8. 其他有害物质

矿井空气除了上述有害气体外,还含有其他一些有害物质,如在采掘生产过程中所产生的煤和岩石的细微颗粒(统称为矿尘)。矿尘对矿内空气的污染不容忽视,它对矿井生产和人体都有严重危害。煤尘能引起爆炸,粉尘特别是呼吸性粉尘能引起矿工尘肺病。

此外,井下小型空气压缩机产生的废气及矿井使用的柴油机排出的废气也都污染了矿内空气,这些废气的主要成分为氮的氧化物、一氧化碳、醛类和油烟等。

第二节 矿井空气的主要物理参数

一、密度

单位体积空气所具有的质量称为空气的密度,用符号 ρ 表示。空气可以看作均质气体,故:

$$\rho = \frac{m}{V}, \quad kg/m^3 \tag{1-2-1}$$

式中 m——空气的质量,kg;

V——空气的体积,m³;

ρ——空气的密度,kg/m³。

一般地说,当空气的温度和压力改变时,其体积会发生变化。所以空气的密度是随温度、压力而变化的,从而可以得出空气的密度是空间点坐标和时间的函数。如在大气压 p_0 为 101 325 Pa、气温为 0 ℃(273.15 K)时,干空气的密度 ρ_0 为 1.293 kg/m³。

湿空气的密度是 1 m³ 空气中所含干空气质量和水蒸气质量之和:

$$\rho = \rho_d + \rho_v \tag{1-2-2}$$

式中 ρ_d——1 m³ 空气中干空气的质量,kg;

ρ_v——1 m³ 空气中水蒸气的质量,kg。

由气体状态方程和道尔顿分压定律可以得出湿空气的密度计算公式:

$$\rho = 0.003\,484\,\frac{p}{273+t}\left(1 - \frac{0.378\varphi p_s}{p}\right) \tag{1-2-3}$$

式中　p——空气的压力，Pa；

　　　t——空气的温度，℃；

　　　p_s——温度 t 时饱和水蒸气的分压，Pa；

　　　φ——相对湿度，%。

二、比容

空气的比容是指单位质量空气所占有的体积，用符号 v 表示，比容和密度互为倒数，它们是一个状态参数的两种表达方式。

$$v = \frac{V}{m} = \frac{1}{\rho}, \quad \text{m}^3/\text{kg} \tag{1-2-4}$$

在矿井通风中，空气流经复杂的通风网络时，其温度和压力将会发生一系列的变化，这些变化都将引起空气密度的变化，在不同的矿井这种变化的规律是不同的。在实际应用中，应考虑什么情况下可以忽略密度的这种变化，而在什么条件下又是不可忽略的。

三、黏度

当流体层间发生相对运动时，在流体内部两个流体层的接触面上，便产生黏性阻力（内摩擦力）以便阻止相对运动，流体具有的这一性质，称作流体的黏性。例如，空气在管道内以速度 u 作层流流动时，管壁附近的流速较小，向管道轴线方向流速逐渐增大，如同把管内的空气分成若干薄层，如图 1-2-1 所示。

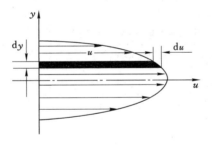

图 1-2-1　空气黏性

在垂直流动方向上，设有厚度为 dy(m)，速度为 u(m/s)，速度增量为 du(m/s) 的分层，在流动方向上的速度梯度为 du/dy，由牛顿内摩擦定律：

$$f = \mu \cdot S \cdot \frac{du}{dy} \tag{1-2-5}$$

式中　f——内摩擦力，N；

　　　S——流层之间的接触面积，m^2；

　　　μ——动力黏度，Pa·s。

另外，在矿井通风中还常用运动黏度，用符号 $\nu(\text{m}^2/\text{s})$ 表示，和动力黏度 μ 有以下关系：

$$\nu = \frac{\mu}{\rho} \tag{1-2-6}$$

式中　ρ——气体的密度，kg/m^3。

流体黏度随温度和压强而变化,由于分子结构及分子运动机理的不同,液体和气体的变化规律是截然相反的。液体黏度大小取决于分子间的距离和分子引力,当温度升高或压强降低时液体膨胀,分子间距增加,分子引力减小,黏度降低。反之,温度降低,压强升高时,液体黏度增大。气体分子间距较大,内聚力较小,但分子运动较剧烈,黏性主要源于流层之间分子的动量交换。当温度升高时,分子运动加剧,所以黏性增大;而当压强升高时,气体的动力黏度和运动黏度都减小。空气和水的黏度随温度的变化规律如图 1-2-2 所示。

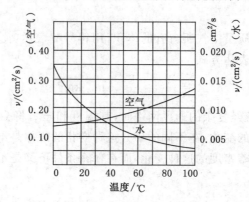

图 1-2-2 空气与水的黏度随温度的变化

在实际应用中,压力对流体的黏性影响很小,可以忽略。在考虑流体的可压缩性时常采用动力黏度 μ 而不用运动黏度。表 1-2-1 为几种有关流体的黏度。

表 1-2-1 　　　　　　　　几种流体的黏度(0.1 MPa,$t = 20$ ℃)

流体名称	动力黏度 $\mu/(\text{Pa} \cdot \text{s})$	运动黏度 $\nu/(\text{m}^2/\text{s})$
空气	1.808×10^{-5}	1.501×10^{-5}
氮气(N_2)	1.760×10^{-5}	1.410×10^{-5}
氧气(O_2)	2.040×10^{-5}	1.430×10^{-5}
甲烷(CH_4)	1.080×10^{-5}	1.520×10^{-5}
水	1.005×10^{-3}	1.007×10^{-6}

四、比热容

为了计算热力过程的热交换量,必须知道单位数量气体的热容量或比热容。单位物量的气体,升高或降低绝对温度 1 K 时所吸收或放出的热量称为比热容。定义式为:

$$c = \mathrm{d}Q/\mathrm{d}T, \quad \text{kJ}/(\text{kg} \cdot \text{K}) \tag{1-2-7}$$

比热容的单位取决于热量单位和物量单位。表示物量的单位不同,比热容的单位也不同。通常采用的物量单位:质量(kg)、标准容积(m^3)和千摩尔(kmol)。因此,相应的就有质量热容、容积热容和摩尔热容之分。

质量热容的符号 c,表示 1 kg 空气升高或降低 1 K 时所吸收或放出的热量,单位是 J/(kg · K)。

容积热容的符号是 c'，表示 1 m³ 体积空气升高或降低 1 K 时所吸收或放出的热量，单位是 J/(m³·K)。

摩尔热容的符号是 C 或 M_c，表示 1 kmol 空气升高或降低 1 K 时所吸收或放出的热量，单位是 J/(kmol·K)。

三种热容的换算关系是

$$c' = \frac{M_c}{22.4} = c \cdot \rho_0 \tag{1-2-8}$$

式中 ρ_0——气体在标准状态下的密度，kg/m³。

热量不是气体状态参数，所以 C 也不是状态参数，而是气体热力变化过程的函数。影响其大小的主要因素是：物质的性质、热力过程、物质所处的状态等。

气体的比热容与热力过程有关，工程中最为常见的是定容过程和定压过程。比热容相应地分为定容热容（c_V）和定压热容（c_p）。c_V 和 c_p 值分别表示为

$$c_V = \left(\frac{\delta q}{dT}\right)_V, \quad c_p = \left(\frac{\delta q}{dT}\right)_p \tag{1-2-9}$$

在等容过程中，气体不能膨胀做功，所吸收的热量全部用来增加气体的内能，温度升高；在等压过程中，气体可以膨胀，所吸收的热量除用来增加气体分子的内能外，还应克服外力做功，因而对相同质量的气体升高同样的温度，在等压过程中所需的热量要比等容过程多，故定压热容 c_p 总是大于定容热容 c_V。理想气体的比热容也是温度的单值函数，比热容随温度的升高而增大。不同温度时，空气的 c_p 和 c_V 的数值如表 1-2-2 所示。

表 1-2-2 空气的比热容

比热容 ＼ 温度	−10 ℃	0 ℃	15 ℃	30 ℃	80 ℃
定容热容 c_V/[kJ/(kg·K)]	0.707 6	0.711 8	0.711 8	0.715 9	0.720 1
定压热容 c_p/[kJ/(kg·K)]	0.996 5	1.000 6	1.000 6	1.000 6	1.000 9

令 $c_p/c_V = k$，这个比值称为气体的比热比，或称绝热指数，每种气体各有一个几乎不变的 k 值，对于空气，$k \approx 1.41$。

五、空气的比焓

比焓 i 是比内能 u 和比流动功 pv 的和，即

$$i = u + pv, \quad kJ/kg \tag{1-2-10}$$

比焓也称热焓，它是空气中的一个状态参数，湿空气的比焓也是以 1 kg 干空气作为计算的基础。它是 1 kg 干空气的焓和 d g 水蒸气的焓的总和，用符号 i 表示，可用下式计算：

$$i = i_d + 0.001d \times i_v, \quad kJ/kg \text{ 干空气} \tag{1-2-11}$$

式中 i_d——1 kg 干空气的焓，$i_d = 1.004\,5t$，kJ/kg；1.004 5 是干空气的质量定压热容，kJ/(kg·K)；t 为空气的温度，℃；i_d 亦称为空气的显热（或感热）。

i_v——1 kg 水蒸气的焓，$i_v = 2\,501 + 1.85t$，kJ/kg，2 501 是水蒸气的汽化潜热，kJ/kg；1.85 是常温下水蒸气的质量定压热容，kJ/kg。

将干空气和水蒸气的焓值代入式(1-2-11)，可得湿空气的焓为：

$$i = 1.004\ 5t + 0.001d(2\ 501 + 1.85t), \quad \text{kJ/kg 干空气} \tag{1-2-12a}$$

如果热量的单位用千卡(kcal)表示,则因 1 kJ=0.238 8 kcal,上式可表示为:

$$i = 0.24t + 0.001d(597 + 0.44t), \quad \text{kcal/kg 干空气} \tag{1-2-12b}$$

为书写方便,以后 d、i 参数中出现的单位里"kg 干空气"均略写为"kg"。

在一些近似计算中,常简化为:

$$i = 1.005t + 2.5d, \quad \text{kJ/kg} \tag{1-2-13}$$

或

$$i = 0.24t + 0.597d, \quad \text{kcal/kg} \tag{1-2-14}$$

第三节 矿 井 气 候

矿井气候是指矿井空气的温度、湿度和风速这三个参数的综合作用状态。这三个参数的不同组合,便构成了不同的矿井气候条件。矿井气候条件对井下作业人员的身体健康和劳动安全有重要的影响。

一、矿井空气的温度

温度是气体状态的基本参数之一。气体分子的运动是无规则热运动,气体分子热运动的动能大小,表示这种热运动的强弱程度,反映气体的冷热程度。表示这种冷热程度的参数就是温度,温度的数值用"温标来衡量"。目前国际上常用的有绝对温标(开氏温标),单位为 K;摄氏温标,单位为℃。

$$t = T - 273.15 \tag{1-3-1}$$

矿井空气温度是影响矿井气候条件的重要因素。气温过高或过低,对人体都有不良的影响。最适宜的矿井空气温度是 15~20 ℃。

1. 影响矿井空气温度的主要因素

(1)岩石温度

矿井空气的温度与岩石温度直接相关。地表温度是随地面气温的变化而变化的,随着深度的增加,地温随气温变化的幅度则逐渐减小,当达到一定深度时,地温不再变化。岩层温度分为三带:

变温带——随地面气温的变化而变化的地带。夏季岩层从空气中吸热而使地温升高,冬季则相反;

恒温带——地表下地温常年不变的地带。恒温带的深度一般为 20~30 m,恒温带的温度则接近于当地的年平均气温;

增温带——恒温带以下地带。随深度的增加成正比增加,不同深度处的岩层温度可按式计算:

$$t = t_0 + G(Z - Z_0) \tag{1-3-2}$$

式中 t_0——恒温带处岩层的温度,℃;

G——地温梯度,即岩层温度随深度变化率,℃/m,常用百米地温梯度,即℃/100 m;

Z——岩层的深度,m;

Z_0——恒温带的深度,m。

(2)空气的压缩与膨胀

空气向下流动时,由于空气柱的增加,空气受到压缩而产生热量,一般垂深每增加 100 m,其温度升高 1 ℃;相反,空气向上流动时,则又因膨胀而降温,平均每升高 100 m,温度下降 0.8~0.9 ℃。

(3)氧化生热

矿井内的有机矿物、坑木、充填材料、油垢、布料等都能氧化发热。例如,经氧化生成 2 g 二氧化碳时,可使 1 m³ 空气升温 14.5 ℃。在煤层中的采掘巷道,暴露煤面氧化产生的热量较大,故回采工作面是通风系统中温度最高的区段。

(4)水分蒸发

水分蒸发时从空气中吸收热量,使空气温度降低。每蒸发 1 g 水可吸收 2.45 kJ(0.585 kcal)的热量,能使 1 m³ 空气降温 1.9 ℃,可见水的蒸发对降温起着重要的作用。

(5)通风强度(指单位时间进入井巷的风量)

温度较低的空气流经巷道或工作面时,能够吸收热量,供风量越大,吸收热量越多。因此,加大通风强度是降低矿井温度的主要措施之一。

(6)地面空气温度的变化

地面气温对井下气温有直接影响,尤其是较浅的矿井,矿内空气温度受地面气温的影响更为显著。

(7)地下水的作用

矿井地层中如果有高温热泉,或有热水涌出时,能使地温升高,相反,若地下水活动强烈,则地温降低。

(8)其他因素

如机械运转以及人体散热等都对井下气温有一定影响。特别是随着机械化程度的不断提高,机械运转所产生的热量不能忽视。

2.井下空气温度变化规律

《规程》规定,井下采掘工作面的气温须≤26 ℃,机电硐室内的气温≤30 ℃;冬季总进风的气温≥2 ℃,除机电硐室外在井下风流的气温允许在 2~26 ℃的范围变化。井下气温小于 2 ℃或大于 26 ℃时,就得采取加热或降温的措施。

在一般情况下,井下气温在上述范围内变化,大致有以下规律性:

如图 1-3-1 所示,在进风路线上(指自矿井进风口到采掘工作面的一段路线),冬季,冷空气进入井下,冷气温与地温进行热交换,风流吸热,地温散热,因地温随深度增加且风流下行受压缩,故沿线气温逐渐升高;夏季,与冬季的情况相反,沿线气温逐渐降低。即在进风路

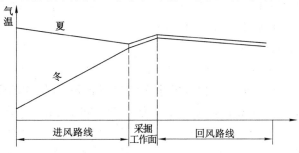

图 1-3-1 井下气温变化图

线上气温随四季而变,和地表气温相比,有冬暖夏凉的现象,对地表气温起调节作用,故进风路线好比调节器。在采掘工作面内,由于物质的氧化程度大、机电设备多、人员多以及爆破工作等,致使产生较大的热量,对风流起着加热作用,气温逐渐升高,而且常年变化不大,故采掘工作面好比是"恒温加热器"。在回风路线上,因地温逐渐变小,风流向上流动体积膨胀,风流汇合,风速增加,使气温逐渐降低,且常年变化不大。

对于平峒进风,井下风流路线不长的矿井,由于热交换不充分,致使整个风流路线上(包括采掘工作面)的气温都可能随四季地面气温而变。

二、矿井空气的湿度

矿井空气湿度是指矿内空气中所含水蒸气量。

1. 湿度的表示方式

空气的湿度表示空气中所含水蒸气量的多少或潮湿程度,表示空气湿度的方法有绝对湿度、相对湿度和含湿量三种。

(1) 绝对湿度

绝对湿度指单位容积或单位质量湿空气中含有水蒸气的质量,用 ρ_v 表示。其单位与密度的单位相同,其数值等于水蒸气在其分压力与温度下的密度。在温度不变的条件下,单位体积空气所能容纳的水蒸气分子数是有一定限度的,超过这一限度,多余的水蒸气就会凝结出来。这种含有最大限度水蒸气量的湿空气叫作饱和空气;其所含水蒸气量叫作饱和湿度,用 ρ_s 表示,此时的水蒸气分压力叫作饱和水蒸气压力,用 P_s 表示。不同温度时的饱和水蒸气参数见附录Ⅱ。因为湿空气中水蒸气可视为理想气体,故有

$$p_v V = \frac{m_v}{M_v} R_0 T$$

$$\frac{m_v}{V} = \frac{p_v}{\frac{R_0}{M_v} T}$$

$$\rho_v = \frac{p_v}{R_v T} \tag{1-3-3}$$

式中　ρ_v——绝对湿度,kg/m^3;

　　　V——湿空气中的水蒸气体积,m^3;

　　　m_v——湿空气中的水蒸气质量,kg;

　　　M_v——湿空气中的水蒸气相对分子质量;

　　　R_0——普氏气体常数;

　　　p_v——湿空气中的水蒸气分压力,Pa;

　　　T——湿空气的温度,K;

　　　R_v——水蒸气的气体常数。

绝对湿度只能说明空气中实际含有的水蒸气量(kg/m^3),但并不说明其饱和程度。例如对于温度为 18 ℃ 的空气,如果含水蒸气量为 0.015 36 kg/m^3,它已是饱和空气,或者说 18 ℃时饱和湿度 ρ_s 为 0.015 36 kg/m^3。但对于温度为 30 ℃ 的空气,在含有 0.015 36 kg/m^3水蒸气量时,它还有相当大的容纳水分的能力而被认为是比较干燥的空气,因 30 ℃时的饱和湿度为 0.030 37 kg/m^3。所以在通风和空调中常用相对湿度表示空气的干、湿程

度(即饱和程度)。

(2) 相对湿度

相对湿度指湿空气中实际含有水蒸气量(绝对湿度 ρ_v)与同温度下的饱和湿度 ρ_s 之比的百分数,用 φ 表示。

$$\varphi = \frac{\rho_v}{\rho_s} \times 100\% \qquad (1\text{-}3\text{-}4)$$

式中　ρ_v——绝对湿度,kg/m³;

ρ_s——在同一温度下空气中的饱和湿度,kg/m³。

相对湿度 φ 反映空气所含水蒸气量接近饱和的程度,也叫饱和度。φ 值小则空气干燥,吸收水分的能力强;$\varphi = 0$ 时为干空气。φ 值大则空气潮湿,吸收水分的能力弱;$\varphi = 1$(即 100%)时为饱和空气。这样,不论气温高低,由 φ 值的大小可直接看出其干湿程度。水分向空气中蒸发的快慢直接和相对湿度有关。

上面已导出:

$$\rho_v = \frac{p_v}{R_v T}$$

同理

$$\rho_s = \frac{p_s}{R_v T}$$

故

$$\varphi = \frac{p_v}{p_s} \times 100\% \qquad (1\text{-}3\text{-}5)$$

将不饱和空气冷却时,随着温度下降,其相对湿度逐渐增大。冷却达到 $\varphi = 100\%$ 时,此时的温度称为露点;如再继续冷却,就会有部分水蒸气以雾或露的形式凝结成水。

(3) 含湿量

因为湿空气中干空气的质量不随空气的状态变化而变化,故采用 1 kg 质量的干空气作为计算基础。在含有 1 kg 干空气的湿空气中所挟带的水蒸气质量,称为湿空气的含湿量(d)。

$$d = \frac{m_v}{m_d} \times 1\,000, \quad \text{g 水蒸气 /kg 干空气} \qquad (1\text{-}3\text{-}6)$$

式中　m_v——水蒸气质量,kg;

m_d——干空气质量,kg。

根据含湿量的定义以及工程热力学理论的推导,可以得出其与相对湿度(φ)的关系为:

$$d = 0.622\,\frac{\varphi p_s}{p - \varphi p_s}, \quad \text{kg/kg 干空气} \qquad (1\text{-}3\text{-}7)$$

式中　p_s——饱和水蒸气压力,Pa;

其他符号同前。

(4) 湿空气的气体常数

空气是干空气和水蒸气的混合物,空调工程上称为湿空气,它的气体常数 R 为:

$$R = \frac{R_d \times 1 + R_v \times d}{1 + d} = \frac{287(1 + d/0.622)}{1 + d}, \quad \text{J/(kg · K)}$$

式中,$R_d = 287$ J/(kg · K);$R_v = 461$ J/(kg · K)。

2. 影响湿度的因素

地面湿度随季节变化较大,阴雨季节湿度较大,夏季相对湿度较低,但气温较高;冬季相对湿度较大,但气温较低,绝对湿度并不太高。地面湿度除受季节影响外,还与地理位置有关,我国湿度分布,沿海地区较高(平均为 70%～80%),向内陆逐渐降低,西北地区达最低值(平均为 30%～40%)。

当矿井涌水量较大或滴水较多,由于水珠易于蒸发,则井下比较潮湿,一般金属矿山井下湿度在 80%～90% 左右。在盐矿,涌水较小,且盐类吸湿性较强,相对湿度一般为15%～25%。

3. 矿井空气湿度的变化规律

如图 1-3-2 所示,一般情况下,在矿井进风路线上,冷天,含有一定量水蒸气的冷空气进入井下,气温逐渐升高,容积逐渐增大,则其饱和能力逐渐变大,沿途要吸收井巷中的水分;热天,热空气进入井下,气温逐渐降低,容积逐渐减少,其饱和能力逐渐变小,使其中一部分水蒸气量沿途失掉。故进风线路有可能出现冬干夏湿的现象(进风井巷有淋水的情况除外)。在采掘工作面和回风线路上,气温长年不变,湿度也长年不变,一般都接近 100%,随着矿井排出的污风,每昼夜可从矿井内带走数吨甚至上百吨的地下水。

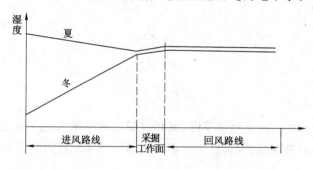

图 1-3-2　矿井空气湿度变化图

三、风速

1. 井巷断面上的风速分布

在矿井通风中,空气流速简称为风速。井巷中风流质点的运动状态是极其复杂的,运动参数随时间而变化。井巷中某点在水平方向的瞬时速度随时间的变化在某一平均值的上下波动,这种现象称为脉动现象。因此,可以利用该平均值代替具有脉动现象的真实风速值,这个平均值称为时均风速,即通常所说的井巷断面上某点的风速。采用时均风速后,井巷中空气的流动一般可视为定常流(稳定流)。

由于空气的黏性和井巷壁面摩擦影响,井巷断面上风速分布是不均匀的。在贴近壁面处仍存在层流运动薄层,即层流边层。其厚度 δ 随 Re 增加而变薄,它的存在对流动阻力、传热和传质过程有较大影响。在层流边层以外,从巷壁向巷道轴心方向,风速逐渐增大,呈抛物线分布,如图 1-3-3 所示。设断面上任一点风速为 v_i,则井巷断面的平均风速 v 为:

$$v = \frac{1}{S}\int_S v_i \, \mathrm{d}S \tag{1-3-8}$$

式中，S 为断面积，$\int_S v_i \mathrm{d}S$ 即为通过断面 S 上的风量 Q，则：

$$Q = v \cdot S$$

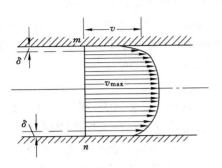

图 1-3-3 紊流中的速度分布

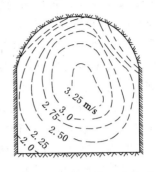

图 1-3-4 巷道断面等风速线分布

断面上平均风速 v 与最大风速 $v_{\max}$ 的比值称为风速分布系数（速度场系数），用 K_v 表示：

$$K_v = \frac{v}{v_{\max}} \tag{1-3-9}$$

其值与井巷粗糙程度有关。巷壁愈光滑，K_v 值愈大，即断面上风速分布愈均匀。据调查，对于砌碹巷道，$K_v = 0.8 \sim 0.86$；木棚支护巷道，$K_v = 0.68 \sim 0.82$；无支护巷道，$K_v = 0.74 \sim 0.81$。

由于受井巷断面形状和支护形式的影响，以及局部阻力物的存在，最大风速不一定在井巷的轴线上，风速分布也不一定具有对称性。图 1-3-4 为实测的某巷道断面上的等风速线分布图。

2. 风速对矿井气候的影响

风速会显著地影响矿内对流散热。当风流温度低于矿内环境温度时，流速越大，散热量越多。当风流温度高于矿内环境温度时，矿井反而从风流中得到对流热，此时风速越大，矿内环境得到的对流热越多。

四、矿井气候参数的测定

1. 温度和湿度的测定

通常是用干湿球温度计测算空气温度和湿度的。干球温度 t_d 可以直接通过干球温度计读出，反映的是周围空气的实际温度。湿球温度计的读数，实际上反映了湿纱布中水的温度。但是，值得注意的是，并不是任一读数都可以认为是湿球温度，只有在热湿交换达到平衡，即稳定条件下的读数才称之为湿球温度 t_w。

测算空气湿度时，先用仪表测出相对湿度，再算出绝对湿度。构造简单的常用仪表是风扇湿度计（图 1-3-5），它由干球温度计和湿球温度计组成，用自带的发条转动小风扇。测量时，从两支温度计上分别读出空气的干温度（又名干球温度）t_d（℃）和湿温度（又名湿球温度）t_w（℃），含水蒸气量较少的空气容易吸收纱布上的水分，或者说湿纱布上的水分比较容易蒸发，水分被蒸发越多，被纱布包

图 1-3-5 风扇湿度计

着水银球的温度就越低,则 t_d 与 t_w 之差越大,表示空气越干燥或其相对湿度越小。根据实测的 t_d 和 t_d-t_w 两个数值在附录Ⅰ中查出空气的相对湿度 φ 值;又根据 t_d 在附录Ⅱ中查出饱和绝对湿度 $\rho_s(g/m^3)$ 的近似值,再根据式(1-3-4)算出绝对湿度 $\rho_v(g/m^3)$ 值。

例如,测得某矿总进风量为 4 000 m^3/min,其干温度的平均值 $t_d=22$ ℃,湿温度的平均值 $t_w=21$ ℃,则查附录Ⅰ得其相对湿度 $\varphi=91\%$,又根据 t_d 值查附录Ⅱ得出饱和湿空气的绝对湿度 $\rho_s=19.3$ g/m^3,故其绝对湿度约为 $\rho_v=91\%\times19.3=17.56$ (g/m^3)。

2. 风速的测定

测量巷道中任一断面上各点风速的平均值,常用风速仪(又名风表)测得。只要测出巷道断面上各点风速的平均值,就可计算得风量。风量是通风管理中经常性监测项目之一。

测量单位时间内空气流动距离的仪器称为风速计,又称为风速表或风表。根据风速计的结构原理,可将其分为机械翼轮式、电子翼轮式、超声波式及热效式几种。风表的分类及其优缺点如表 1-3-1 所列。

表 1-3-1　　　　　　　　　　　　　　　风表分类及其优缺点

风表种类		优　点	缺　点
机械翼轮式		体积小,质量轻,可测平均风速,也可用于点风速的测定	精度低,不能直接指示风速,不能自动化遥测,不能测微风
电子翼轮式 (分感应式、电容式、充电式)		能发展遥测,精度比机翼式高,能直接指示瞬时风速	叶片有惯性运动,测定值偏大,体积和质量比机翼式大,构造复杂,风速过高或过低都不能测
超声波式	涡街式	没用运动部件,可与矿井检测系统联结,实现风速的远距离和连续测量;寿命长,性能稳定,不受风流影响	风速过低时不能测量,在低雷诺数下性能不佳
	时差式	没有运动部件,结构简单,不受风流影响,精度高	受温度影响比较大
热效式 (分热球式、热线式、热敏电阻式)		没有惯性的影响,高低风速均可测,能发展遥测	热敏电阻和热球式的测值呈非线性,易受湿度和气体成分的影响

目前,我国煤矿使用最广泛的是机械式风表。机械式风表按迎风转动部件的形式大致分为杯式和叶式两种,如图 1-3-6 所示。杯式风表适用于测量 5~25 m/s 的较高风速,它的惯性和机械强度较大,开始转动的最低风速为 1.0~1.5 m/s。叶式风表其中的一种用于测量 0.5~10 m/s 的中等风速,一种用于测量 0.3~0.5 m/s 的低风速。叶式风表转轮由 8 块铝质叶片组成,杯式风表的转轮由 4 个杯状铝勺组成,能被风流吹转。

风表有一小杆开关。打开开关,指针随叶轮转动;关闭开关,叶轮虽仍转动,但指针不动。有些风表还有回零装置,不论指针在何位置,只要一按回零装置,指针便回到零位。有的风表还附有计时装置,称为自动风表,用这种风表测风,不必另带秒表,测风时只要打开开关,秒表就自动记录,1 min 或 100 s 后自动关闭,此时指针不再随叶轮而转动。

空气在巷道内流动时,由于受到内外摩擦的影响,风速在巷道断面内的分布是不均匀的。一般来说,在巷道的轴心部分风速最大,而靠近巷道周壁风速最小。通常所谓巷道内风

图 1-3-6 风表

（a）叶式风表；（b）杯式风表

流的速度是指平均风速而言。因此,测量风速时,风表不能只停留在巷道断面的某部位,而应把风表正迎风流,在整个断面内均匀移动。其移动路线有如图 1-3-7 所示的几种形式,根据巷道断面的大小和测风时间的长短选用。

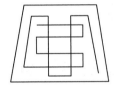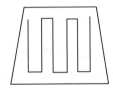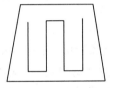

图 1-3-7 风表移动路线

测定时,先使计数指针回零,手持风表在巷道断面上某点迎风放置,待叶轮转动稳定后打开开关,计数指针开始走动,同时开动秒表,按上图路线移动,记录测定时间。测定 1 或 2 min,关闭开关。根据指针读数和测风时间,算得风表指示风速 v_a,再按风表的校正曲线查得真实风速 v_t,即为该断面上的平均风速。图 1-3-8 为某翼式风表校正曲线,图中 1 部分为非线性区,2 部分为线性区。在线性区 v_t 与 v_a 的关系可用下式表示：

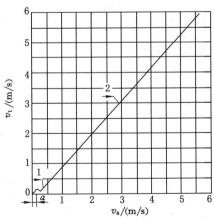

图 1-3-8 风表校正曲线

$$v_t = a + bv_a, \quad \text{m/s} \tag{1-3-10}$$

式中　a, b——常数,取决于风表转动部件的惯性和摩擦力。

用风表测量巷道内的平均风速,一般习惯用侧身法。用此法测风时,测风员背向巷道壁站立,手持风表将手臂向风流垂直方向伸直,然后在巷道断面内作均匀移动。用侧身法测风,由于测风员立于巷道中,减少了通风断面,从而增加了风速,测得结果较实际风速为大。因此需根据断面大小进行校正,才能得到巷道断面的实际风速 v。通常采用下列断面校正算式:

$$v = \frac{S - S_b}{S} v_t, \quad \text{m/s} \tag{1-3-11}$$

式中　v_t——按风表校正曲线校正后的风速,m/s;

　　　S——巷道断面,m²;

　　　S_b——测风员占据巷道的近似面积,通常取 0.3～0.4 m²。

机械传动式风表是受到风流动压作用而转动的,空气密度对风表的转速有一定影响。当测风地点的空气密度 ρ 与风表校正时的空气密度 ρ' 相差较大时,按风表校正曲线校正后的风速 v_t 还要用下式改正:

$$v = v_t \sqrt{\frac{\rho'}{\rho}}, \quad \text{m/s} \tag{1-3-12}$$

为了保证测风精度,使用风表时应注意下列几点:

① 风表度盘背着风流,即测风员能看到度盘。否则风表指针会发生倒转。

② 风表不能距人体太近,以免引起较大误差。

③ 风表按上述路线移动时,速度要均匀,如果风表在巷道中心部分停留的时间长,则测量结果偏大;反之,若风表在巷道四壁停留时间长,则测量结果偏小。

④ 叶式风表一定要与风流垂直,尤其在倾斜巷道测风时更应注意。

⑤ 在同一断面的测风次数不应小于三次,每次测量结果的误差不应超过 5%。

⑥ 所使用的风表应和测定的风速相适应,风速大于 10 m/s,应选用高速风表;风速为 0.5～10 m/s,选用中速风表;风速小于 0.5 m/s,要选用低速风表。否则,将损坏风表或测量不准确,甚至吹不动叶轮。

⑦ 为了减少测量误差,一般要求在一分钟内刚好从移动路线的起点移到终点。

五、矿井空气主要状态参数的计算方法

前文介绍了通过查表方法获得绝对湿度、相对湿度等矿内空气主要状态参数,但查表的方法效率低。事实上,可基于理论公式借助编程的方法计算矿井空气的主要状态参数,从而提高计算速度。

1. 水蒸气饱和压力计算

计算饱和蒸气压的方程、公式繁多,包括戈夫-格雷奇(Goff-Gratch)方程、Wexler-Greenspan 公式、马格那斯经验公式、范金鹏简化公式等,其中戈夫-格雷奇(Goff-Gratch)方程是几十年来世界公认的较为准确的计算公式。下面介绍利用戈夫-格雷奇(Goff-Gratch)方程计算所给温度下的饱和水蒸气压的方法。

对于水平面上饱和水蒸气压 p_s(单位:hPa)的计算公式为:

$$\lg p_s = 10.795\,86\left(1 - \frac{T_1}{T}\right) - 5.028\,08\lg\left(\frac{T}{T_1}\right) + 1.504\,74 \times 10^{-4}\left(1 - 10^{-8.296\,9\left(\frac{T}{T_1} - 1\right)}\right) +$$

$$0.428\,73 \times 10^{-3}\left(10^{4.769\,55\left(1 - \frac{T_1}{T}\right)} - 1\right) + 0.786\,118 \tag{1-3-13}$$

对于冰面上饱和蒸汽压 p_s（单位：hPa）的计算公式为：

$$\lg p_s = -9.096\,936\left(\frac{T_1}{T} - 1\right) - 3.566\,54\lg\left(\frac{T_1}{T}\right) + 0.876\,817\left(1 - \frac{T}{T_1}\right) + 0.786\,118 \tag{1-3-14}$$

上面两式中，$T_1 = 273.16$ K（水的三相点温度），$T = 273.16$ K $+ t$（绝对温度）。

2. 相对湿度计算

相对湿度 φ 的计算公式为：

$$\varphi = \frac{p_2}{p_3 \times f_3} \tag{1-3-15}$$

$$f_3 = 0.609\,9 \times e^{\frac{17.27 \times t_d}{273.3 + t_d}} \tag{1-3-16}$$

$$p_3 = 371.4 + 0.04 t_d - 0.4 t_w \tag{1-3-17}$$

$$p_2 = f_4 \times (371.4 + 0.24 t_d - 0.6 t_w) - 0.24 p(t_d - t_w) \tag{1-3-18}$$

$$f_4 = 0.609\,9 \times e^{\frac{17.27 \times t_w}{273.3 + t_w}} \tag{1-3-19}$$

式中，t_d、t_w 为测点处的干、湿温度，℃；f_3、f_4 为测点处对应于 t_d 和 t_w 的空气饱和水蒸气绝对压力，kPa；p_2、p_3 为测点处空气对应于 t_d 和 t_w 的实际水蒸气压力，kPa；p 为测点处空气的绝对静压值。

3. 绝对湿度计算

根据克拉伯龙方程可知：

$$pV = RT \tag{1-3-20}$$

式中，p 为空气压力，Pa；V 为空气所占的体积，m³；T 为热力学温度，K。

由相对湿度概念可知：

$$p_v = \varphi p_s \tag{1-3-21}$$

式中，φ 为相对湿度，%；p_v 为相对于干球温度 t 的水蒸气分压，Pa；p_s 为对应于干球温度 t 的饱和水蒸气压力。

由气态方程可得：

$$\rho_v = \frac{\varphi p_s}{R_v T} \tag{1-3-22}$$

由于标准状态下 $p_0 = 101\,325$ Pa，$T_0 = 273.16$ K，水蒸气密度 $\rho_{v0} = 0.803\,57$ kg/m³，得：

$$R_v = p_0 / T_0 \rho_{v0} \approx 462 \tag{1-3-23}$$

因此湿空气的绝对湿度为：

$$\rho_v = \frac{\varphi p_s}{462(273 + t_d)} \tag{1-3-24}$$

式中，t_d 为干球温度，℃。

第四节 焓湿图

湿空气参数的计算并不困难,但是,在实际工作中,如果频繁地进行计算,终究还是不方便。于是有人将湿空气 4 个参数(i,d,t,φ)按公式绘制成图——湿空气 $i-d$ 图,将所有的计算工作都转化为查图的工作,这样计算工作大为简化,而获得的数据准确度也可以满足一般工程的需要。

焓湿图 $i-d$ 图不仅可以表示湿空气的状态,确定状态参数,而且可以方便地表示湿空气的状态变化过程。

一、等焓线和等含湿量线的绘制

湿空气的焓湿图是以含 1 kg 干空气的湿空气为基准,在一定的大气压力下,取焓 i 与含湿量 d 为坐标绘图。为使图线清晰,焓坐标与含湿量坐标间成 135°的夹角,如图 1-4-1 所示。在纵坐标轴上标出零点,令其 $i=0,d=0$,则纵坐标轴即为 $d=0$ 的等含湿量线。焓湿图中,自左向右 d 值逐渐增加,自下向上焓值逐渐增加。

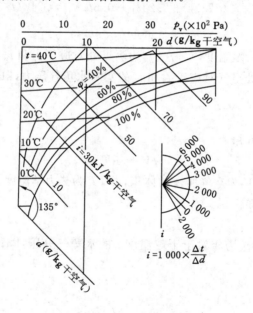

图 1-4-1 焓湿图

二、等温线

等温线是根据式(1-2-12a)制作而成的。当温度等于常数时,式(1-2-12a)为与 i、d 相对应的直线方程,因此,只须已知两个点即可绘出等温线。若温度常数值分别为 -10、0、10、20 ℃时,则得一系列对应的等温线。

显然,等温线为一组不平行的直线。式(1-2-12a)中第一项为截距,第二项系数为斜率,由于 t 值不同,每一等温线的斜率是不相同的。但是由于 1.85t 远小于 2 501,温度对斜率的影响并不显著,故可认为等温线近乎平行。

三、等相对湿度线

根据式(1-3-7)可以绘制出等相对湿度线。在一定的大气压力 p 下,当相对湿度 φ 为常数时,含湿量 d 取决于饱和水蒸气分压力 p_s,而 p_s 又是温度 t 的单值函数,因此,根据 t、d 的对应关系就可以在 $i—d$ 图上找到若干点,连接各点即成等 φ 线。当相对湿度常数值分别为 0%,10%,…,100% 时,则可得到一组等相对湿度线。显然,$\varphi=0\%$ 的相对湿度线即是纵轴线,$\varphi=100\%$ 就是饱和湿度线。公式表明,等 φ 线为曲线,因此对应点取得愈多,曲线愈准确。

以 $\varphi=100\%$ 的相对湿度线为界,曲线以下为过饱和区,由于过饱和状态是不稳定的,通常都有凝结现象,所以又称为"有雾区";曲线以上为湿空气区(又称"未饱和区")。在湿空气区,水蒸气处于过热状态。

四、水蒸气的分压力线

式(1-3-7)可变换为 $p_v = \dfrac{pd}{0.622+d}$。当大气压力 p 为定值时,水蒸气分压力 p_v 仅取决于含湿量 d。因此可在 d 轴的上方设一水平线,标上 d 值所对应的 p_v 值即可。

五、热湿比

在空调过程中,被处理的空气常常由一个状态变为另一个状态。在整个过程中,如果空气的热、湿变化是同时进行的,那么,在 $i—d$ 图上由状态 A 到状态 B 的直线连线,就应代表空气状态的变化过程,如图 1-4-2 所示。为了说明空气状态变化的方向和特征,常用状态变化前后焓差和含湿量差的比值来表示,称为热湿比 ε:

$$\varepsilon = \frac{i_B - i_A}{\dfrac{d_B - d_A}{1\,000}} = \frac{\Delta i}{\dfrac{\Delta d}{1\,000}} \tag{1-4-1}$$

由上式可见,ε 就是直线 AB 的斜率,它反映了过程线的倾斜角度,故又称"角系数"。

斜率与起始位置无关,因此,起始状态不同的空气只要斜率相同,其变化过程线必定互相平行。根据这一特性,就可以在 $i—d$ 图上以任意点为中心作出一系列不同值的 ε 标尺线。实际应用时,只需把等值的 ε 标尺线平移到空气状态点,就可绘出该空气状态的变化过程。

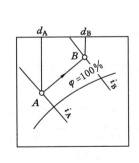

图 1-4-2　空气状态变化在 $i—d$ 图上的表示

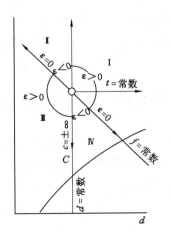

图 1-4-3　在 $i—d$ 图上四个象限内过程的特征

根据图(1-4-2)可知,定焓过程 $\Delta i = 0$,角系数 $\varepsilon = 0$;定湿过程 $\Delta d = 0$,角系数 $\varepsilon = \pm \infty$。因此,用定焓线和定含温量线可将 i—d 图分成四个象限(图1-4-3),并各具特点,见表1-4-1。

表 1-4-1   空气状态变化的四个象限及特征表

象限	热湿比	状态变化
I	$\varepsilon > 0$	增焓加湿升温(或等温、降温)
II	$\varepsilon < 0$	增焓减湿升温
III	$\varepsilon > 0$	减焓减湿降温(或等温、升温)
IV	$\varepsilon < 0$	减焓加湿降温

六、湿空气的混合

通风和空调工程中,经常遇到不同状态的空气相混合的情况,为此,必须研究空气混合的计算方法。

现有 m_A(kg/h)状态为 i_A、d_A 的空气和 m_B(kg/h)状态为 i_B、d_B 的空气相混合,混合后空气量为 $(m_A + m_B)$kg/h,现分析混合空气的状态 i_C、d_C。

在混合过程中,如与外界没有热、湿的交换,根据热平衡和湿平衡原理,可以列出下列方程式:

$$m_A \cdot i_A + m_B \cdot i_B = (m_A + m_B) \cdot i_C \tag{1-4-2}$$

$$m_A \cdot d_A + m_B \cdot d_B = (m_A + m_B) \cdot d_C \tag{1-4-3}$$

由以上两式分别可得:

$$\frac{m_A}{m_B} = \frac{i_B - i_C}{i_C - i_A} \tag{1-4-4}$$

$$\frac{m_A}{m_B} = \frac{d_B - d_C}{d_C - d_A} \tag{1-4-5}$$

综合两式得:

$$\frac{m_A}{m_B} = \frac{i_B - i_C}{i_C - i_A} = \frac{d_B - d_C}{d_C - d_A} \tag{1-4-6}$$

上式为一直线方程,即图 1-4-2 上连接状态 A、B 的直线方程,并可知混合后的状态点 C,必然在直线 AB 上。从三角形相似原理可知:

$$\frac{\overline{BC}}{\overline{CA}} = \frac{d_B - d_C}{d_C - d_A} = \frac{i_B - i_C}{i_C - i_A} = \frac{m_A}{m_B}$$

即混合后的状态点 C 将直线 AB 分为两段,这两段线段长度与参与混合的空气质量成正比。

根据上述结论,求空气混合后的状态时,只需在 i—d 图上把参与混合的空气状态点连成直线,并根据与质量成反比的关系,分割该直线,其分割点即为混合后的状态点。反之,也可由空气的状态和预定的混合状态,来确定混合时所需保持的质量比。

第五节 湿球温度和露点温度

一、湿球温度

空气的温度通常是用水银温度计或酒精温度计测出的。用两支相同的温度计（图1-5-1）一支的感温包用浸于水中的湿纱布包起来，称湿球温度计。另一支的感温包，不包湿纱布，称为干球温度计。

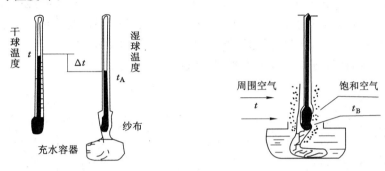

图 1-5-1　干湿球温度计

湿球温度计的读数，实际上反映了湿纱布中水的温度。当空气的相对湿度 $\varphi<100\%$ 时，必然存在着水的蒸发现象。若水温高于空气温度，蒸发所需的汽化热必然首先取自水分本身，因此湿纱布的水温开始下降。无论原来水温多高，经过一段时间后，水温终将降至空气温度以下。这时，也就出现了空气向水面的传热，此热量随着空气与水之间温差的加大而增加。当水温降到某一数值时，空气向水面的温差传热恰好补充水分蒸发所吸收的汽化热，此时，水温不再下降，同时湿球表面形成很薄的饱和空气层，这一稳定的温度称之为湿球温度。

显然，当湿纱布的最初水温低于干湿球温度时，则空气向水面的温差传热一方面供水分蒸发用，另一方面供水温的升高。随着水温增高，传热量少，最终仍将达到温差传热与蒸发耗热相等、水温稳定于湿球温度的状态。

在空气相对湿度不变的情况下，湿球纱布上水分的蒸发可认为是稳定的，从而蒸发所需要的热量也是一定的。当空气相对湿度较小时，湿球表面水分蒸发快，蒸发需要的热量多，湿球水温下降得也愈多，因而干湿球温差大。反之，如果空气相对湿度大，则干、湿球温差小。当相对湿度 $\varphi=100\%$ 时，水分不再蒸发，干湿球温度也就相等了。由此可见，在一定的空气状态里，干、湿球温度的差值反映了空气相对湿度大小。

由前述可知，当空气流经湿球时，由于空气与水之间存在热湿交换现象，而在湿球周围形成了一层与水温相等的薄饱和空气层。设该饱和空气层状态为 B，原空气状态为 A。空气在由状态 A 变为状态 B 过程中，传给水的热量又由水以潜热的形式带回，因而空气焓值基本不变，$A—B$ 可近似认为是等焓过程。在 $i—d$ 图上由 A 点作等焓线与 $\varphi=100\%$ 饱和线交得 B 点，该点的温度即是湿球温度 t_{w}。

严格地说，空气的焓值并非不变，而是略有增加。因为在水蒸发到空气中去的过程中，除带进汽化热外，还带进了水本身的液体热，此时空气增加的焓为：

$$\Delta i = i_w - i_A = \Delta d \cdot c \cdot t_w, \quad \text{kJ/kg 干空气} \tag{1-5-1}$$

式中　Δd——空气所吸收的水蒸气量，$\Delta d = d_w - d_A$，kg/kg 干空气。

因而状态 A 的空气达到饱和时，其状态方程变化过程的热湿比为：

$$\varepsilon = \frac{\Delta i}{\Delta d} = \frac{\Delta d \cdot c \cdot t_w}{\Delta d} = c \cdot t_w = 4.19 t_w \tag{1-5-2}$$

式中　c——水的质量比热容，$c = 4.19$ kJ/(kg·K)；

　　　　k——湿球温度，℃。

即状态 A 的空气沿热湿比 $\varepsilon = 4.19 t_w$ 过程线达到饱和状态 S，实际湿球湿度是 t_w 而不是 t_B，如图 1-5-2 所示。因而 $\varepsilon = 4.19 t_w$ 线又称为空气的等湿球温度线。但在空气调节中一般 $t_w \leqslant 30$ ℃，$\varepsilon = 4.19 t_w$ 的等湿球温度线和 $\varepsilon = 0$ 的等焓线非常接近，而且当 $t_w = 0$ ℃时，两线完全重合。因此以等焓线代替湿球温度线在工程上是允许的。

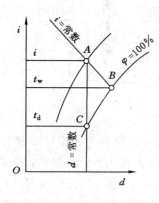

图 1-5-2　湿球温度和露点温度在 i—d 图上的表示　　　图 1-5-3　过饱和区空气状态变化过程

二、露点与空气的冷却过程

未饱和空气沿等含湿量线冷却至饱和空气时的温度称露点温度，简称露点，用 t_d 表示。

若状态为 $A(t, \varphi)$ 的湿空气，被冷却放热，温度下降。这时只要空气中的水蒸气未被析出，湿空气的含湿量就保持不变。从式(1-3-11a)和 i—d 图可以看出，随着温度的降低，饱和含湿量相应降低，虽然湿空气的含湿量不变，但它的相对湿度 φ 却增大了。当空气温度继续降低，相对湿度也逐渐增大，最后达到 100%，即湿空气达到饱和状态 B。该状态下对应的温度，即为湿空气的露点温度 t_d。

若继续降低饱和状态的空气温度，就会有水蒸气凝结出来，空气状态出现在水雾与饱和空气混合的"有雾区"(见图 1-5-3 中的 C 点)。这种状态只能是暂时的，多余的水蒸气立即会凝结而从空气中分离出来，空气仍然恢复到饱和状态。在空气变化过程中，凝结的水分带走了水的显热，因此空气的焓略有降低，空气变化过程为 C—D。D 点为真正的饱和状态点。从变化过程 C—D 冷凝出的水量为 $d_A - d_D$。若对状态 D 的空气加热到原空气状态 A 的对应温度 t_A，这时空气所达到的状态为 A'，并不恢复到原状态 A。在 A' 状态，空气的含湿量减少，相对湿度降低。因此，把空气的温度降到露点以下，然后再加热空气，就实现了对空气的干燥处理。

第六节　空气与水的热湿交换

一、热湿交换原理

空气与水直接接触时,在贴近水表面的地方和水滴周围,由于水分子作不规则运动的结果,形成了一个温度等于水表面温度的饱和空气边界层(图 1-6-1),而且边界层内水蒸气分子的浓度或水蒸气分压力取决于边界层的饱和空气温度。

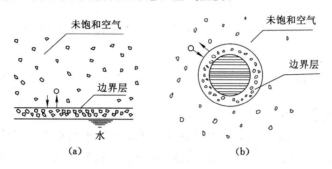

图 1-6-1　空气与水的热、湿交换过程
(a) 贴近水面;(b) 水滴

如果边界层温度高于周围空气温度,则由边界层向周围空气传热;反之,则由周围空气向边界层传热。

如果边界层内水蒸气分子浓度大于周围空气的水蒸气分子浓度(即边界层的水蒸气分压力大于周围空气的水蒸气分压力),则边界层内的水蒸气分子就要向周围空气扩散,而水中的分子也不断脱离水面进入边界层,即水不断向空气中蒸发。反之就出现凝结过程,即边界层中过多的水蒸气分子将回到水面。

从上面的分析可以看到,在未饱和空气与边界层之间,如果存在水蒸气浓度差(或水蒸气分压力差),水蒸气的分子就会从浓度高的区域转移,从而产生湿(质)交换。即正如温度差是产生热交换的推动力一样,浓度差是产生质交换的推动力。

水的蒸发过程即属空气与水之间的湿交换过程。湿交换量可用下式表示:

$$W = \frac{K_1}{B}(p_s - p_v)F, \quad \text{kg/s} \tag{1-6-1}$$

式中　K_1——湿交换系数,kg/(m² · s),由于湿交换与风速(v,m/s)有关,因此可用下面的经验公式计算:

$$K_1 = 4.8 \times 10^{-6} + 3.63 \times 10^{-6} v \tag{1-6-2}$$

　　　　p_s——饱和空气层的水蒸气分压力,Pa;

　　　　p_v——空气的水蒸气分压力,Pa;

　　　　B——实际的大气压力,Pa;

　　　　F——水与空气接触的表面积,m²。

例 1-6-1　计算某巷道中一条宽 0.3 m,长 200 m 的排水明沟的水蒸气蒸发量。已知水温为 30 ℃,空气温度为 20 ℃,空气的相对湿度 75%,大气压力 103 896 Pa,风速为 3 m/s。

解:水沟露出的水表面积为:

$$F = 0.3 \times 200 = 60 \ (m^2)$$

当温度为 30 ℃时,水蒸气的饱和压力为:

$$p_s = 4 \ 242 \ Pa$$

空气中水蒸气的分压力为:

$$p_v = \varphi p_s (20 \ ℃) = 0.75 \times 2 \ 337 = 1 \ 753 \ (Pa)$$

湿交换系数为:

$$K_1 = 4.8 \times 10^{-6} + 3.63 \times 10^{-6} \cdot v$$
$$= 4.8 \times 10^{-6} + 3.63 \times 10^{-6} \times 3 = 15.68 \times 10^{-6} [kg/(m^2 \cdot s)]$$

湿交换量为:

$$W = \frac{K_1}{B}(p_s - p_v)F = \frac{15.68 \times 10^{-6}}{103 \ 896}(4 \ 242 - 1 \ 753) \times 60 = 2.25 \times 10^{-5} (kg/s)$$

二、热交换量的计算

空气掠过水表面时,便与水表面之间发生热湿交换。根据水温的不同,可能仅发生显热交换;也可能既有显热交换,又有湿(质)交换,而与湿交换同时将发生潜热交换。显热交换是由于空气与水之间存在温差,因导热、对流和辐射而进行换热的结果;而潜热交换是空气中的水蒸气凝结(或蒸发)而放出(或吸收)汽化潜热的结果。总热交换量是显热交换量与潜热交换量的代数和。

当空气与水在一个微小表面 dF 上接触时,显热交换量将是:

$$dQ_1 = \alpha(t_w - t)dF, \quad W \tag{1-6-3}$$

式中 α——空气与水表面的换热系数,$W/(m^2 \cdot ℃)$;

t_w——边界层的空气温度,℃;

t——周围空气的温度,℃。

在微小表面 dF 上,1 s 内蒸发的水量为:

$$dW = \frac{K_1}{B}(p_s - p_v)F, \quad kg/s \tag{1-6-4}$$

当大气压力为常数时,从式(1-3-8b)中看出,空气中的水蒸气分压力是空气含湿量 d 的单值函数,即

$$p_v = f(d) \tag{1-6-5}$$

在比较小的温度范围内,p_v 与 d 的关系近似是线性的。因此可用含湿量差代替分压力差,并相应改变比例系数,所以 dF 上的湿交换量可写成:

$$dW = \sigma(d_w - d)dF, \quad kg/s \tag{1-6-6}$$

式中 σ——空气与水表面之间按湿量差计算的湿交换系数,$kg/(m^2 \cdot s)$;

d_w——边界层的空气含湿量,kg/kg;

d——周围空气的含湿量,kg/kg。

和湿交换同时发生的潜热交换量将是:

$$dQ_2 = r \cdot dW = r \cdot \delta(d_w - d)dF, \quad W \tag{1-6-7}$$

式中 r——水的汽化潜热,J/kg。

因为总热交换量 $dQ = dQ_1 + dQ_2$,于是,可以写出:

$$dQ = [\alpha(t_{\mathrm{w}} - t) + r\delta(d_{\mathrm{w}} - d)]dF, \quad \mathrm{W} \tag{1-6-8}$$

通常空气中的热湿交换,存在下面的关系:

$$\delta = \frac{\alpha}{c_p} \tag{1-6-9}$$

式中 c_p——空气的定压热容,J/(kg·℃)。

这个关系称为刘伊斯关系,即热质交换类比律。它说明已知对流换热系数和定压热容 c,可以求出对流质交换系数 δ。

根据刘伊斯关系式,则式(1-6-8)将为:

$$dQ = \delta[c_p(t_{\mathrm{w}} - t) + r(d_{\mathrm{w}} - d)]dF \tag{1-6-10}$$

上式又可写成:

$$dQ = \delta[(c_p t_{\mathrm{w}} + r d_{\mathrm{w}}) - (c_p t + r d)]dF \tag{1-6-11}$$

因为空气的焓 $i \approx c_p t + r d$,所以上式也可写成

$$dQ = \delta(i_{\mathrm{w}} - i)dF, \quad \mathrm{kW} \tag{1-6-12}$$

式中 i_{w}——边界层空气的焓,kJ/kg;

i——周围空气的焓,kJ/kg。

由此可见,在热湿交换同时进行时,推动总热交换的动力是焓差而不是温差。

三、空气与水直接接触时的状态变化过程

当空气流经水面或水滴周围时,就会把边界层中的饱和空气带走一部分,而补充以新的空气继续达到饱和,因而饱和空气层将不断与流过的空气相混合,使整个空气状态发生变化。空气状态的变化主要取决于水温这一参数。与空气接触的水温不同,空气的状态变化过程也将不同。所以,随着水温不同,可以得到图1-6-2所示的七种典型的空气状态变化过程。

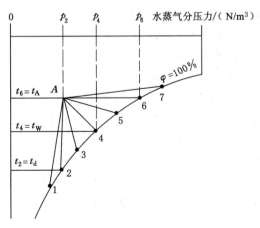

图 1-6-2 空气与水直接接触时的状态变化过程

在这七种过程中,A—2过程是空气加湿与减湿的分界线,A—4过程是空气增焓与降焓的分界线,而A—6过程是空气升温与降温的分界线。下面用热温交换理论和式(1-4-2)分析这三个过程。

1. A—2 过程

以温度等于空气露点温度的冷水与空气直接接触,便可实现 A—2 过程。这时,尽管空气与水接触,但是由于 $d_A = d_2$,所以湿交换量 $d_w = 0$,空气既未加湿也未减湿。但是由于 $t_A > t_2$,空气将向水传热而使空气温度下降。结果空气状态的变化是等湿冷却过程。

2. A—4 过程

以温度等于空气湿球温度的水与空气直接接触,便可实现 A—4 过程。这时,空气的状态变化为等焓加湿或绝热加湿过程。因此,总热交换量 $dQ = 0$。但是,由于 $t_A > t_4$ 和 $d_A > d_4$,说明还存在热交换和湿交换,空气将被加湿而使空气的潜热量取自空气本身。

3. A—6 过程

以温度等于空气干球温度的水与空气直接接触,便可实现 A—6 过程。这时由于 $t_A = t_6$,空气与水不发生显热交换,但是,由于 $d_A < d_6$ 说明空气将被加湿,空气的潜热量也将增加,结果空气的状态变化是等温加湿过程。

复习思考题与习题

1-1 地面新鲜空气由哪些气体组成?新鲜空气进入矿井后,受到矿内作业的影响,气体成分有哪些变化?

1-2 矿井空气中常见的有害气体有哪些?《规程》对矿井空气中有害气体的最高容许浓度有哪些具体规定?

1-3 氧气有哪些性质?造成矿井空气中氧浓度减少的主要原因有哪些?

1-4 简述矿井一氧化碳的性质、来源及对人体的危害。

1-5 引起矿井空气温度变化的主要原因是什么?

1-6 简述绝对湿度、相对湿度及焓的概念。

1-7 简述湿度的表示方式以及矿内湿度的变化规律。

1-8 简述矿井气候参数的测定方法。

1-9 何为热湿比?并简述热湿交换原理。

1-10 在夏季地表空气温度为 25 ℃,空气的相对湿度为 70%,进入矿井后,空气温度降至 20 ℃,若空气的绝对含湿量无变化,求进入矿井后的相对湿度。

1-11 某矿井地表年平均温度为 10 ℃,恒温带深度为 30 m,地温梯度为 30 m/℃,求深度为 450 m 处的岩层温度。

1-12 某矿干球温度为 17 ℃,湿球温度为 15 ℃,大气压力为 760 mmHg,求空气密度、相对湿度、含湿量和比焓。(1 mmHg = 1 333 Pa = 13.6 mmH$_2$O)

第二章　矿井空气动力学基础

第一节　风流的流动状态

风流的流动状态分为层流与紊流。层流是指流体各层的质点互不混合，质点流动的轨迹为直线或有规则的平滑曲线，并与管道轴线方向基本平行。紊流是指流体的质点强烈互相混合，质点的流动轨迹极不规则，除了沿流动总方向发生位移外，还有垂直于流动总方向的位移，且在流体内部存在着时而产生、时而消失的旋涡。

流体的流动状态受流体的速度、黏性和管道尺寸等影响。流体的速度越大，黏性越小，管道的尺寸越大，则流体越易成为紊流，反之，越易成为层流。可用一个无因次参数 Re（雷诺数）来表示上述三因素的综合作用，对于圆形管道

$$Re = \frac{vd}{\nu} \tag{2-1-1}$$

式中，v 为管道中流体的平均速度，m/s；d 为圆形管道的直径，m；ν 为流体的运动黏性系数，与流体的温度、压力有关，对于正常时期矿井风流，一般取平均值 $\nu = 14.4 \times 10^{-6}$ m²/s。

设 r 为流体的水力半径，指流体的过流断面 S(m²) 与流体接触的周界 U(m) 之比，即 $r = S/U$，m。因风流充满管道，故在直径为 d 的圆形管道中，风流的水力半径为：

$$r = \frac{\pi d^2}{4}/(\pi d) = d/4 \text{ 或 } d = 4r = 4S/U, \quad \text{m} \tag{2-1-2}$$

代入式(2-1-1)，得出用于非圆形巷道风流雷诺数的计算式为：

$$Re = 4vS/\nu U \tag{2-1-3}$$

式中　S——巷道的断面，m²；

　　　U——巷道的周界，m。

据前人的实验，水流在各种粗糙壁面、平直的圆管内流动，当 $Re \leqslant 2\,000$ 时，水流呈层流状态；约在 $Re > 2\,000$ 时，水流开始向紊流过渡，故称 2 000 为临界雷诺数；当 $Re \geqslant 100\,000$ 时，水流呈完全紊流。把这些数值近似应用于风流，便可大致估计出风流在各种流态下的平均风速。例如某巷道的断面 $S = 2.5$ m²，周界 $U = 6.58$ m，风流 $\nu = 14.4 \times 10^{-6}$ m²/s。则用式(2-1-3)估算出风流开始向紊流过渡的平均风速为：

$$v = ReU\nu/(4S) = 2\,000 \times 6.58 \times 14.4 \times 10^{-6}/(4 \times 2.5) \approx 0.019 \text{ (m/s)}$$

井巷中最低风速都在 0.15～0.25 m/s 以上，且大多数井巷的断面都大于 2.5 m²，故大多数井巷中的风流不会出现层流，只有风速很小的漏风风流，才可能出现层流。又如在上例中，$Re = 100\,000$ 时，该巷道内风流呈现完全紊流的平均风速约为：

$$v = 100\,000 \times 6.58 \times 14.4 \times 10^{-6}/(4 \times 2.5) = 0.95 \text{ (m/s)}$$

第二节　黏性流体运动方程

因为矿内风流属黏性流体,故需通过研究黏性流体的运动规律,而掌握矿内风流的流动规律。设在运动的黏性流动中,划取一个微元六面体流体,如图 2-2-1 所示。通过点 $M(x,y,z)$ 有三个边界面 $MHAD$、$MHLN$、$MNCD$。作用于每个面上的表面有法向力与切向力两类。假定所有法向力(正应力)P_{xx}、P_{yy}、P_{zz} 都取外法线方向为正值;其他各切向应力 τ_{zx}、τ_{zy}、τ_{xz}、τ_{xy}、τ_{yx}、τ_{yz} 都平行于受力面。设单位质量的质量力为 J,其在各个轴上的投影为 X,Y,Z,则流体质点所受的质量力 dG 在各轴上的投影分别表示为:

$$dG = \rho dx \cdot dy \cdot dz \cdot J$$
$$dG_x = \rho dx \cdot dy \cdot dz \cdot X$$
$$dG_y = \rho dx \cdot dy \cdot dz \cdot Y$$
$$dG_z = \rho dx \cdot dy \cdot dz \cdot Z$$

如果沿 x 轴方向看,则因作用于微元六面体有左右两个法向力,则作用于左右两边界面的法向力矢量和为:

$$P_x = \frac{\partial P_{xx}}{\partial x} \cdot dx \cdot dy \cdot dz$$

按上述方法,同理可得出沿 y 轴和 z 轴方向的法向力表达式。

如果沿 x 轴方向,微元六面体承受切应力的面为 $ADCB$、$HMNL$、$AHLB$ 和 $DMNC$,则作用于 $ADCB$ 面和 $HMNL$ 面的切向力之和为:

$$T_{zx} = \frac{\partial \tau_{zx}}{\partial z} \cdot dz \cdot dx \cdot dy$$

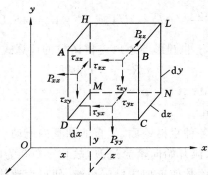

图 2-2-1　黏性流体微元六面体受压图

按上述类似分析,作用于 $AHLB$ 及 $DMNC$ 面的切向力之和为:

$$T_{yx} = \frac{\partial \tau_{yx}}{\partial y} \cdot dy \cdot dx \cdot dz$$

同理可求出沿 y 轴方向和沿 z 轴方向的切向力表达式。

当微元六面体流体的质量力、表面力确定之后,可用达兰贝尔原理,沿 x 轴方向写出如下方程式:

$$\rho X \cdot dx \cdot dy \cdot dz + \frac{\partial P_{xx}}{\partial x} dx \cdot dy \cdot dz + \frac{\partial \tau_{zx}}{\partial z} dx \cdot dy \cdot dz + \frac{\partial \tau_{yx}}{\partial y} dx \cdot dy \cdot dz - \rho \frac{du_x}{dt} dx \cdot dy \cdot dz = 0$$

经整理可得：

$$\frac{\rho du_x}{dt} = \rho X + \left(\frac{\partial P_{xx}}{\partial x} + \frac{\partial \tau_{yx}}{\partial y} + \frac{\partial \tau_{zx}}{\partial z} \right) \qquad (2\text{-}2\text{-}1)$$

同理可得：

$$\frac{\rho du_y}{dt} = \rho Y + \left(\frac{\partial P_{xy}}{\partial x} + \frac{\partial \tau_{yy}}{\partial y} + \frac{\partial \tau_{zy}}{\partial z} \right)$$

$$\frac{\rho du_z}{dt} = \rho Z + \left(\frac{\partial P_{zx}}{\partial x} + \frac{\partial \tau_{yz}}{\partial y} + \frac{\partial \tau_{zz}}{\partial z} \right)$$

进一步推导式(2-2-1)可写为：

$$\rho \frac{du_x}{dt} = \rho X - \frac{\partial P}{\partial x} + \mu \left(\frac{\partial^2 u_x}{\partial x^2} + \frac{\partial^2 u_y}{\partial y^2} + \frac{\partial^2 u_z}{\partial z^2} \right) + \mu \frac{\partial}{\partial x} \left(\frac{\partial u_x}{\partial x} + \frac{\partial u_y}{\partial y} + \frac{\partial u_z}{\partial z} \right) \qquad (2\text{-}2\text{-}2)$$

由于不可压缩流体(ρ 为常量)的连续方程为：

$$\frac{\partial u_x}{\partial x} + \frac{\partial u_y}{\partial y} + \frac{\partial u_z}{\partial z} = 0$$

则式(2-2-2)可简化为：

$$\rho \frac{du_x}{dt} = \rho X - \frac{\partial P}{\partial x} + \mu \frac{\partial}{\partial x} \left(\frac{\partial^2 u_x}{\partial x^2} + \frac{\partial^2 u_x}{\partial y^2} + \frac{\partial^2 u_x}{\partial z^2} \right)$$

将上式除以 ρ，令 $\frac{\mu}{\rho} = \nu$，则得到：

$$\frac{du_x}{dt} = X - \frac{1}{\rho} \frac{\partial P}{\partial x} + \nu \left(\frac{\partial^2 u_x}{\partial x^2} + \frac{\partial^2 u_x}{\partial y^2} + \frac{\partial^2 u_x}{\partial z^2} \right)$$

$$\frac{du_y}{dt} = Y - \frac{1}{\rho} \frac{\partial P}{\partial y} + \nu \left(\frac{\partial^2 u_y}{\partial x^2} + \frac{\partial^2 u_y}{\partial y^2} + \frac{\partial^2 u_y}{\partial z^2} \right) \qquad (2\text{-}2\text{-}3)$$

$$\frac{du_z}{dt} = Z - \frac{1}{\rho} \frac{\partial P}{\partial z} + \nu \left(\frac{\partial^2 u_z}{\partial x^2} + \frac{\partial^2 u_z}{\partial y^2} + \frac{\partial^2 u_z}{\partial z^2} \right)$$

应用拉普拉斯算子 $\nabla^2 = \frac{\partial^2}{\partial x^2} + \frac{\partial^2}{\partial y^2} + \frac{\partial^2}{\partial z^2}$，则式(2-2-3)为：

$$\frac{du_x}{dt} = X - \frac{1}{\rho} \frac{\partial P}{\partial x} + \nu \nabla^2 u_x$$

$$\frac{du_y}{dt} = Y - \frac{1}{\rho} \frac{\partial P}{\partial y} + \nu \nabla^2 u_y \qquad (2\text{-}2\text{-}4)$$

$$\frac{du_z}{dt} = Z - \frac{1}{\rho} \frac{\partial P}{\partial z} + \nu \nabla^2 u_z$$

式(2-2-4)为著名的纳威尔-斯托克斯方程，式中 $\nu \nabla^2 u_x$、$\nu \nabla^2 u_y$、$\nu \nabla^2 u_z$ 分别为单位质量黏性流体所受切向应力对相应轴的投影。

第三节　矿井风流能量与能量方程

一、风流能量

矿井通风是典型的稳定流，风流沿着一维的巷道连续的流动。在这个流动中涉及了能量的转移和消耗,所以认识这些问题的本质规律并准确地用数学语言表达出来,是非常重要的。能量的改变是我们计算风量和通风压力等通风工程中重要参数的基础。

在井巷中,任一断面上的能量(机械能)都由位能、压能和动能三部分组成。假设从风流中任取一质量为 m,速度为 u,相对高度为 Z,大气压为 P 的控制体。现在用外力对该控制体做多少功来衡量这三种机械能的大小。

1. 位能(势能)

物体在地球重力场中因受地球引力的作用,由于相对位置不同而具有的一种能量叫重力位能,简称位能,用 E_{P0} 表示。任何标高都可用作位能的基点。在矿井中,不同的地点标高不同,则位能不一样。假设质量为 m 的物体位于基点上,其势能为 0,当我们施加其一个能克服重力向上的力 F,向上运动。

$$F = mg , \quad N$$

式中 g——重力加速度。

当向上移动到高于基点 $Z(m)$ 时,做的功为

$$W = E_{p0} = mgZ , \quad J$$

这就给出了物体在 Z 高度上的位能。

2. 静压能(流动功)

由分子运动理论可知,无论空气是处于静止还是流动状态,空气的分子无时无刻不在作无秩序的热运动。这种由分子热运动产生的分子动能的一部分转化过来的能量,并且能够对外做功的机械能叫静压能,用 E_p 表示。

如图 2-3-1 所示,有一两端开口的水平管道,断面积为 A,在其中放入体积为 V,质量为 m 的单元流体,使其从左向右流动,即使不考虑摩擦阻力,由于管道中存在压力 P,单元体的运动就会有阻力,因此必须施加一个力 F 克服这个阻力,单元体才会运动。当该力使单元体移动一段距离 S 后,就做了功。

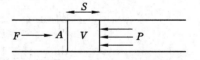

图 2-3-1 管道内对滑块做的流动功

为平衡管道内的压力,施加的力为

$$F = PA , \quad N$$

做的功为

$$W = E_p = PAS , \quad J$$

但 AS 是流体的体积 V,所以 $\quad W = E_p = PV$

根据密度的定义

$$\rho = m/V , \quad kg/m^3$$

或者

$$V = m/\rho$$

则对该单元体做的流动功为

$$W = E_p = Pm/\rho , \quad J$$

对单位质量流体所做的功(也称单位质量流体的静压能)为

$$W = E_p = P/\rho , \quad J/kg$$

当流体在管道中连续流动时,压力就必须对流体连续做功,此时的压力就称作压能,所

做的功为流动功。上式就是单位质量流体的静压能表达式。

3. 动能

当空气流动时,除了位能和静压能外,还有空气定向运动的动能,用 E_v 表示,它转化呈现的压力称为动压。如果我们对一个质量为 m 的物体施加大小为 F 的外力,使其从静止以加速度 a 做匀加速运动,在 t 时刻速度达到 u,则其平均速度为:

$$(0+u)/2=u/2, \quad \text{m/s}$$

此时,物体运动的距离 L 为:

$$L=\frac{u}{2}\times t=\frac{ut}{2}, \quad \text{m}$$

根据加速度 a 的定义:

$$a=\frac{u}{t}, \quad \text{m/s}^2$$

施加的外力

$$F=m\times\frac{u}{t}=\frac{mu}{t}, \quad \text{N}$$

所以,使物体从静止加速到速度 u,外力对其做的功为:

$$W=E_v=\frac{mu}{t}\times\frac{u}{2}\times t=\frac{mu^2}{2}, \quad \text{N·m 或 J}$$

这就是质量为 m 的物体所具有的动能为 $mu^2/2$ J。

二、不可压缩流体的能量方程

能量方程表达了空气在流动过程中静压能、动能和位能的变化规律,是能量守恒转换定律在矿井通风中的应用。

假设空气不可压缩,则在井下巷道内流动空气的任意断面,它的总能量都等于动能、位能和静压能之和。现有空气在一巷道内流动,考虑到在任意两断面间的能量变化,如图 2-3-2所示。内能的变化与其他形式的能量变化相比是非常小的,所以忽略不计,又因为外加的机械能通常单独考虑,撇开这些因素,在图中 1 断面的总能量等于 2 断面的总能量与 1—2 之间损失的能量之和,如果用 U_1 和 U_2 分别表示 1 断面和 2 断面的总能量,L_{1-2} 表示 1 断面到 2 断面单位质量空气的能量损失,0—0 作为基准面,则有下式:

$$U_1=U_2+L_{1-2}$$

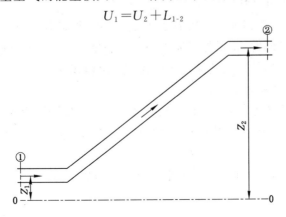

图 2-3-2 巷道内流动空气能量之间的关系

又

$$U_1 = \frac{\alpha_1 v_1^2}{2} + Z_1 g + \frac{P_1}{\rho_1}, \quad U_2 = \frac{\alpha_2 v_2^2}{2} + Z_2 g + \frac{P_2}{\rho_2}$$

式中　v_1, v_2——分别表示 1、2 断面的平均风速，m/s；

　　　α_1, α_2——分别表示 1、2 断面的动能修正系数，断面实际总动能与按平均风速计算的动能之比，与断面风速分布的均匀程度有关，紊流时近似为 1，层流时近似为 2；

　　　Z_1, Z_2——分别表示 1、2 断面距离基准面的高度，m；

　　　P_1, P_2——分别表示 1、2 断面处空气的静压，Pa；

　　　ρ_1, ρ_2——分别表示 1、2 断面处空气的平均密度，kg/m³。

在矿井通风巷道中，风流流态一般为紊流，故 α_1 和 α_2 均取为 1。

所以可以得出：

$$\frac{v_1^2}{2} + Z_1 g + \frac{P_1}{\rho_1} = \frac{v_2^2}{2} + Z_2 g + \frac{P_2}{\rho_2} + L_{1\text{-}2} \tag{2-3-1}$$

如果认为空气是不可压缩的，此时有：$\rho_1 = \rho_2 = \rho$。

所以式（2-3-1）变为：

$$\frac{v_1^2 - v_2^2}{2} + (Z_1 - Z_2) g + \frac{P_1 - P_2}{\rho} = L_{1\text{-}2}$$

这里 $v^2/2$ 是动能，Zg 是位能，P/ρ 是流动功（静压能），$L_{1\text{-}2}$ 是能量损失。

如果在方程两边的各项同乘以 ρ，令 $h_{1\text{-}2} = L_{1\text{-}2} \cdot \rho$，那么式（2-3-1）变为：

$$\rho \frac{v_1^2}{2} + Z_1 g \rho + P_1 = \rho \frac{v_2^2}{2} + Z_2 g \rho + P_2 + h_{1\text{-}2}, \quad \text{Pa}$$

或者

$$h_{1\text{-}2} = (P_1 - P_2) + \frac{\rho}{2}(v_1^2 - v_2^2) + g\rho(Z_1 - Z_2) \tag{2-3-2}$$

式中，$h_{1\text{-}2}$ 是 1 点到 2 点单位体积空气的能量损失。

这就是不可压缩单位体积流体常规的伯努利方程表达式。

三、可压缩风流能量方程

在矿井通风系统中，严格地说空气的密度是变化的，即矿井风流是可压缩的。当外力对它做功增加其机械能的同时，也增加了风流的内（热）能。因此，在研究矿井风流流动时，风流的机械能加上其内（热）能才能使能量守恒及转换定律成立。

1. 可压缩空气单位质量流体的能量方程

前面已经介绍理想风流的能量由静压能、动能和位能组成，当考虑到空气的可压缩性时，空气的内能就必须包括在风流的能量中，用 E_k 表示 1 kg 空气所具有的内能，单位是 J/kg。

如图 2-3-2 所示的在 1 断面上，1 kg 空气所具有的能量为：

$$\frac{v_1^2}{2} + Z_1 g + \frac{P_1}{\rho_1} + E_{k1}$$

风流流经 1—2 断面间，到达 2 断面时的能量为：

$$\frac{v_2^2}{2}+Z_2g+\frac{P_2}{\rho_2}+E_{k2}$$

1 kg 的空气由 1 断面流至 2 断面的过程中,克服流动阻力消耗的能量为 $L_{1\text{-}2}$(J/kg)(这部分被消耗的能量将转化成热能 q_R(J/kg),仍存在于空气中);另外还有地温(通过井巷壁面或淋水等其他途径)、机电设备等传给 1 kg 空气的热量为 q (J/kg);这些热量将增加空气的内能并使空气膨胀做功;假设 1—2 断面间无其他动力源(如局部通风机)。

通过上面的分析,则式(2-3-1)可变为:

$$\frac{v_1^2}{2}+Z_1g+\frac{P_1}{\rho_1}+E_{k1}+q_R+q=\frac{v_2^2}{2}+Z_2g+\frac{P_2}{\rho_2}+E_{k2}+h_{1\text{-}2} \tag{2-3-3}$$

即:

$$L_{1\text{-}2}=\left(\frac{v_1^2}{2}-\frac{v_2^2}{2}\right)+\left(\frac{P_1}{\rho_1}-\frac{P_2}{\rho_2}\right)+g(Z_1-Z_2)+E_{k1}-E_{k2}+q_R+q,\quad \text{J/kg} \tag{2-3-4}$$

式(2-3-4)就是单位质量可压缩空气在无压源的井巷中流动时能量方程的一般表达式。如果图 2-3-2 中 1、2 断面间有压源(如局部通风机)L_t(J/kg)存在,则能量方程为:

$$L_{1\text{-}2}=\left(\frac{u_1^2}{2}-\frac{u_2^2}{2}\right)+\left(\frac{P_1}{\rho_1}-\frac{P_2}{\rho_2}\right)+g(Z_1-Z_2)+E_{k1}-E_{k2}+q_R+q+L_t,\quad \text{J/kg}$$

$$\tag{2-3-5}$$

引入空气的比容 $V=\dfrac{1}{\rho}$,m^3/kg,则式(2-3-4)和式(2-3-5)中:

$$\frac{P_2}{\rho_2}-\frac{P_1}{\rho_1}=P_2V_2-P_1V_1=\int_1^2\mathrm{d}(PV)=\int_1^2P\mathrm{d}V+\int_1^2V\mathrm{d}P \tag{2-3-6}$$

根据热力学第一定律,消耗的能量转化的热能增加了空气内能且使空气膨胀做功,即:

$$q_R+q=E_{k2}-E_{k1}+\int_1^2V\mathrm{d}P \tag{2-3-7}$$

将式(2-3-6)、式(2-3-7)代入式(2-3-4)和式(2-3-5),整理得:

$$L_{1\text{-}2}=\left(\frac{v_1^2}{2}-\frac{v_2^2}{2}\right)+g(Z_1-Z_2)-\int_1^2V\mathrm{d}P \tag{2-3-8}$$

$$L_{1\text{-}2}=\left(\frac{v_1^2}{2}-\frac{v_2^2}{2}\right)+g(Z_1-Z_2)-\int_1^2V\mathrm{d}P+L_t \tag{2-3-9}$$

考虑断面 1、2 间状态过程的变化,如为某一多变过程时,列过程方程式为:

$$\frac{P}{\rho^n}=\frac{P_1}{\rho_1^n}=\frac{P_2}{\rho_2^n}=C$$

式中,n 为多变指数,C 为常数。由过程方程式可得:

$$n=\frac{\ln(P_1/P_2)}{\ln(\rho_1/\rho_2)}$$

式(2-3-8)的积分项变为:

$$\int_2^1V\mathrm{d}P=\int_2^1\frac{\mathrm{d}P}{\rho}=\int_2^1\frac{C^{\frac{1}{n}}}{P^{\frac{1}{n}}}\mathrm{d}P=C^{\frac{1}{n}}\int_2^1\frac{\mathrm{d}P}{P^{\frac{1}{n}}}=\frac{n}{n-1}\left(\frac{C^{\frac{1}{n}}}{P_1^{\frac{1}{n}}}P_1-\frac{C^{\frac{1}{n}}}{P_2^{\frac{1}{n}}}P_2\right)=\frac{n}{n-1}\left(\frac{P_1}{\rho_1}-\frac{P_2}{\rho_2}\right)$$

令

$$\frac{n}{n-1}\left(\frac{P_1}{\rho_1}-\frac{P_2}{\rho_2}\right)=\frac{P_1-P_2}{\rho_m}$$

式中 ρ_m 为 1，2 断面间按状态过程考虑的空气平均密度。

因此可压缩空气单位质量流体的能量方程可表示为：

无压源能量方程：

$$L_{1\text{-}2} = \frac{P_1 - P_2}{\rho_m} + \left(\frac{u_1^2}{2} - \frac{u_2^2}{2}\right) + g(Z_1 - Z_2), \quad \text{J/kg} \tag{2-3-10}$$

有压源能量方程：

$$L_{1\text{-}2} = \frac{P_1 - P_2}{\rho_m} + \left(\frac{u_1^2}{2} - \frac{u_2^2}{2}\right) + g(Z_1 - Z_2) + L_t, \quad \text{J/kg} \tag{2-3-11}$$

式中，ρ_m 为 1、2 断面间按状态过程考虑的空气平均密度。

2. 可压缩空气单位体积流体的能量方程

上面我们详细讨论了单位质量流体的能量方程，但在我国矿井通风中习惯使用单位体积（1 m³）流体的能量方程。在考虑空气的压缩性时，1 m³ 空气流动过程中的能量损失，即通风阻力 $h_{1\text{-}2}$（J/m³ 或 Pa），可由 1 kg 空气流动过程中的能量损失（$h_{1\text{-}2}$）乘以 1、2 断面间按状态过程考虑的空气平均密度 ρ_m，即 $h_{1\text{-}2} = L_{1\text{-}2} \cdot \rho_m$；并将式（2-3-10）和式（2-3-11）代入得：

$$h_{1\text{-}2} = P_1 - P_2 + \left(\frac{v_1^2}{2} - \frac{v_2^2}{2}\right)\rho_m + g\rho_m(Z_1 - Z_2), \quad \text{J/m}^3 \tag{2-3-12}$$

$$h_{1\text{-}2} = P_1 - P_2 + \left(\frac{v_1^2}{2} - \frac{v_2^2}{2}\right)\rho_m + g\rho_m(Z_1 - Z_2) + H_t, \quad \text{J/m}^3 \tag{2-3-13}$$

式（2-3-12）和式（2-3-13）就是可压缩空气单位体积流体的能量方程，其中式（2-3-13）是有压源（H_t）时的能量方程。

将式（2-3-12）或式（2-3-13）应用于矿井通风井巷中时，其断面的总动能按断面的平均风速和空气密度进行近似计算。

$$h_{1\text{-}2} = P_1 - P_2 + \left(\frac{\rho_1 v_1^2}{2} - \frac{\rho_2 v_2^2}{2}\right) + g\rho_m(Z_1 - Z_2) \tag{2-3-14}$$

式中，v_1、v_2 分别为 1、2 断面的平均风速；当 1、2 断面空气密度变化较小时，ρ_m 可近似按 $\rho_m = (\rho_1 + \rho_2)/2$ 计算。

例 2-3-1 已知某一条通风巷道两个端点分别为 A、B，风流从 A 点流向 B 点。其中，$P_A = 95\ 507$ Pa，$Z_A = 382.3$ m，$\rho_A = 1.142$ kg/m³，$v_A = 2.12$ m/s；$P_B = 95\ 070$ Pa，$Z_B = 416$ m，$\rho_B = 1.135$ kg/m³，$v_A = 2.12$ m/s。求此条巷道的通风能量损失。

解： 多变指数 $n = \dfrac{\ln(P_A/P_B)}{\ln(\rho_A/\rho_B)} = 0.745\ 891$

$$\rho_m = (P_A - P_B) \cdot \frac{n-1}{n} \bigg/ \left(\frac{P_A}{\rho_A} - \frac{P_B}{\rho_B}\right) = 1.138\ 496\ (\text{kg/m}^3)$$

代入式（2-3-14）得

$$h_{A-B} = 95\ 507 - 95\ 070 + \left(\frac{1.142}{2} \times 2.12^2 - \frac{1.135}{2} \times 2.12^2\right) +$$

$$9.81 \times 1.138\ 496 \times (382.3 - 416) = 60.633\ (\text{Pa})$$

若 ρ_m 按近似公式计算

$$\rho_m = \frac{\rho_A + \rho_B}{2} = 1.138\ 5\ (\text{kg/m}^3)$$

代入式（2-3-14）得

$$h_{A-B} = 95\,507 - 95\,070 + (\frac{1.142}{2} \times 2.12^2 - \frac{1.135}{2} \times 2.12^2) +$$

$$9.81 \times 1.138\,5 \times (382.3 - 416) = 60.631\ (Pa)$$

通过上例可以看出,当巷道两端空气密度变化较小时,ρ_m 按多变过程计算和按近似公式计算所得通风能量损失差别很小。

四、关于能量方程使用的几点说明

从能量方程的推导过程可知,方程是在一定的条件下导出的,并对它做了适当的简化。因此,在应用能量方程时应根据矿井的实际条件,正确理解能量方程中各参数的物理意义,灵活应用。

(1) 能量方程的意义是,表示 1 kg(或 1 m³)空气由 1 断面流向 2 断面的过程中所消耗的能量(通风阻力)等于流经 1、2 断面间空气总机械能(静压能、动压能和位能)的变化量。

(2) 风流流动必须是稳定流,即断面上的参数不随时间的变化而变化;所研究的始、末断面要选在缓变流场上。

(3) 风流总是从总能量(机械能)大的地方流向总能量小的地方。在判断风流方向时,应用始末两断面上的总能量来进行,而不能只看其中的某一项。如不知风流方向,列能量方程时,应先假设风流方向,如果计算出的能量损失(通风阻力)为正,说明风流方向假设正确;如果为负,则风流方向假设错误。

(4) 正确选择基准面。

(5) 在始、末断面间有压源时,压源的作用方向与风流的方向一致,压源为正,说明压源对风流做功;如果两者方向相反,压源为负,则压源成为通风阻力。

(6) 单位质量或单位体积流量的能量方程只适用 1、2 断面间流量不变的条件,对于流动过程中有流量变化的情况,应按总能量的守恒与转换定律列方程。如图 2-3-3 所示的情况,当 $Q_1 = Q_2 + Q_3$ 时:

$$Q_1 \left(\rho_{1m} Z_1 g + P_1 + \frac{v_1^2}{2} \rho_1 \right) = Q_2 \left(\rho_{2m} Z_2 g + P_2 + \frac{v_2^2}{2} \rho_2 \right) + Q_3 \left(\rho_{3m} Z_3 g + P_3 + \frac{v_3^2}{2} \rho_3 \right) +$$

$$Q_2 \cdot h_{R12} + Q_3 \cdot h_{R13}$$

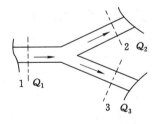

图 2-3-3　有流量变化的情况

(7) 应用能量方程时要注意各项单位的一致性。

第四节　风流压力及压力坡度

一、压力的基本概念

空气不仅受到重力作用,而且能流动,因此空气内部向各个方向都有压强(单位面积上的压力),这个压强在矿井通风中习惯称为压力,也称为静压,用符号 P 表示。它是空气分子热运动对器壁碰撞的宏观表现。其大小取决于在重力场中的位置(相对高度)、空气温度、湿度(相对湿度)和气体成分等参数。

根据分子运动论,一切物体都是由永不停止的作无规则运动的分子所组成。随着温度的升高,分子的无规则运动也因之加剧,因此把这种运动叫作分子的热运动。分子因热运动而具有动能。理想气体的分子平均动能与其绝对温度成正比。

由于无数个空气分子与井壁碰撞,结果就形成了空气作用于井壁的压力(静压或压强)。此压力与单位容积内空气分子的平均动能成正比,也就是分子运动的速度愈大,压力也愈大;同时还与单位容积内空气的分子数成正比,单位容积内空气的分子数愈多,则在单位时间内与井壁碰撞的分子数亦愈多,所以压力也就愈大。因此,可归结为:气体的压力与单位容积内气体的分子数和绝对温度成正比。

由于无数个空气分子作无规则的热运动,不断地与器壁(或井壁或巷道壁)相碰撞,平均起来对任何方向的撞击次数是相等的,故器壁各面上所受的压力也是相等的,即各向同值。同理,由于是无规则的分子热运动,平均起来使各个分子对器壁撞击力的合力垂直于器壁,因此空气的压力是垂直于器壁的。

根据上面的分析,空气的压力可用下式表示:

$$P = \frac{2}{3}n\left(\frac{1}{2}mv^2\right) \tag{2-4-1}$$

式中　n——单位体积内的空气分子数;

$\frac{1}{2}mv^2$——分子平移运动的平均动能。

上式阐述了气体压力的本质,是气体分子运动的基本公式之一。由式可知,空气的压力是单位体积内空气分子不规则热运动产生的总动能的三分之二转化为能对外做功的机械能。空气的压力大,表明单位体积内空气分子数目多,或者空气温度高,分子热运动的平均动能大。空气压力大小就表示单位体积空气所具有的机械能量的大小。空气压力的大小可以用仪表测定。

压力的单位为 Pa（1 Pa＝1 N/m²）,压力较大时可采用 kPa（1 kPa＝10^3 Pa）、MPa（1 MPa＝10^3 kPa＝10^6 Pa）。

在地球引力场中的大气由于受分子热运动和地球重力场引力的综合作用,空气的压力在不同标高处其大小是不同的;也就是说空气压力还是位置的函数,它服从玻耳兹曼分布规律:$P = P_0 \exp\left(-\frac{\mu g z}{R_0 T}\right)$（式中,$\mu$ 为空气的摩尔质量,28.97 kg/kmol;g 为重力加速度,m/s²;z 为海拔高度,m,海平面以上为正,反之为负;R_0 为通用气体常数;T 为空气的绝对温度,K;P_0 为海平面处的大气压,Pa）。在同一水平面、不大的范围内,可以认为空气压力是相同的；但空气压力与气象条件等因素也有关(主要是温度)，如安徽淮南地区一昼夜内空气压力的变化为 0.27~0.40 kPa；一年中的空气压力变化可高达 4~5.3 kPa。

二、风流点压力及其相互关系

1. 风流点压力

风流的点压力是指在井巷和通风管道风流中某个点的压力，就其形成的特征来说，可分为静压、动压和全压(风流中某一点的静压和动压之和称为全压)。根据压力的两种计算基准，某点 i 的静压又分为绝对静压(P_i)和相对静压(h_i)，同理，全压也可分绝对全压(P_{ti})和相对全压(h_{ti})。

在图 2-4-1 的通风管道中，a 图为压入式通风，在压入式通风时，风筒中任一点 i 的相对全压 h_{ti} 恒为正值，所以称之为正压通风；b 图为抽出式通风，在抽出式通风时，除风筒的风流入口断面的相对全压为零外，风筒内任一点 i 的相对全压 h_{ti} 恒为负值，故又称为负压通风。

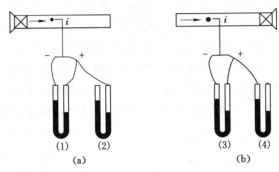

图 2-4-1　通风管道
(a) 压入式；(b) 抽出式

在风筒中，断面上的风速分布是不均匀的，一般中心风速大，随距中心距离增大而减小。因此，在断面上相对全压 h_{ti} 是变化的。

无论是压入式还是抽出式，其绝对全压均可用下式表示：

$$P_{ti} = P_i + h_{vi} \qquad (2\text{-}4\text{-}2)$$

式中　　P_{ti}——风流中 i 点的绝对全压，Pa；

$\quad\quad P_i$——风流中 i 点的绝对静压，Pa；

$\quad\quad h_{vi}$——风流中 i 点的动压，Pa。

由于 $h_v > 0$，故由式(2-4-2)可得，风流中任一点(无论是压入式还是抽出式)的绝对全压恒大于其绝对静压：

$$P_{ti} > P_i \qquad (2\text{-}4\text{-}3)$$

风流中任一点的相对全压为：

$$h_{ti} = P_{ti} - P_{0i} \qquad (2\text{-}4\text{-}4)$$

式中　　P_{0i}——当时当地与风道中 i 点同标高的大气压，Pa。

在压入式风道中($P_{ti} > P_{0i}$)　$h_{ti} = P_{ti} - P_{0i} > 0$

在抽出式风道中($P_{ti} < P_{0i}$)　$h_{ti} = P_{ti} - P_{0i} < 0$

由此可见，风流中任一点的相对全压有正负之分，与通风方式有关。而对于风流中任一点的相对静压，其正负不仅与通风方式有关，还与风流流经的管道断面变化有关。在抽出式通风中其相对静压总是小于零(负值);在压入式通风中,一般情况下,其相对静压是大于零(正值),但在一些特殊的地点其相对静压可能出现小于零(负值)的情况,如在通风机出口的扩散器中的相对静压一般应为负值,对此在学习中应给予注意。

2. 风流点压力的测定

测定风流点压力的常用仪器是压差计和皮托管。

压差计是度量压力差或相对压力的仪器。在矿井通风中测定较大压差时,常用 U 型水柱计;测值较小或要求测定精度较高时,则用各种倾斜压差计或补偿式微压计;现在,一些先进的电子微压计逐步应用于通风测定中。有关仪器的使用参见第三章。

皮托管是一种测压管,它是承受和传递压力的工具。它由两个同心管(一般为圆形)组成,其结构如图 2-4-2 所示。尖端孔口 a 与标着(+)号的接头相通,侧壁小孔 b 与标着(-)号的接头相通。

测压时,将皮托管插入风筒,如图 2-4-3 所示。将皮托管尖端孔口 a 在 i 点正对风流,侧壁孔口 b 平行于风流方向,只感受 i 点的绝对静压 P_i,故称 a 孔为静压孔;端孔 a 除了感受 P_i 的作用外,还受该点的动压 h_{vi} 的作用,即感受 i 点的全压 P_{ti},因此称之为全压孔。用胶皮管分别将皮托管的(+)、(-)接头连至压差计上,即可测定 i 点的点压力。如图 2-4-3 所示的连接,测定的是 i 点的动压;如果将皮托管(+)接头与压差计断开,这时测定的是 i 点的相对静压;如果将皮托管(-)接头与压差计断开,这时测定的是 i 点的相对全压。

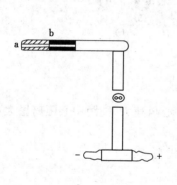

图 2-4-2　皮托管

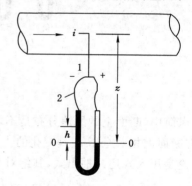

图 2-4-3　点压力测定

下面以图 2-4-4 所示的抽出式通风风筒中 i 点的相对静压测定为例,说明风流点压力的测定原理。

其测定的布置如图 2-4-4 所示,皮托管的(-)接头用胶皮管连在 U 型水柱计上,水柱计的压差为 h。以水柱计的等压面 0—0 为基准面。设 i 点至基准面的高度为 z,胶皮管内的空气平均密度为 ρ'_m,胶皮管外的空气平均密度为 ρ_m;与 i 点同标高的大气压为 P_0,则水柱计等压面 0—0 两侧的受力分别为:

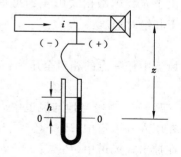

图 2-4-4　抽出式通风的相对静压测定

水柱计左边等压面上受到的力:

$$P_{0i} + \rho_m gz$$

水柱计右边等压面上受到的力:

$$P_i + \rho'_{\mathrm{m}} g(z-h) + h$$

由等压面的定义得：

$$P_{0i} + \rho_{\mathrm{m}} g z = P_i + \rho'_{\mathrm{m}} g(z-h) + h$$

设 $\rho_{\mathrm{m}} = \rho'_{\mathrm{m}}$，且忽略 $\rho'_{\mathrm{m}} g h$ 这一微小量，经整理得：

$$h = P_i - P_{0i}$$

由此可见，这样测定的 h 值就是 i 点的相对静压 h_i。试问在测定中，水柱计的放置位置是否对测值 h 有影响，请读者考虑。

同理可以证明相对全压、动压及压入式通风时的情况。请读者自己证明。

3．风流点压力的相互关系

由上面讨论可知，风流中任一点 i 的动压、绝对静压和绝对全压的关系为：

$$h_{vi} = P_{ti} - P_i \tag{2-4-5}$$

h_{vi}、h_i 和 h_{ti} 三者之间的关系为：

$$h_{ti} = h_i + h_{vi} \tag{2-4-6}$$

由式(2-4-5)可知，无论是压入式还是抽出式通风，任一点风流的相对全压总是等于相对静压与动压的代数和。

对于抽出式通风，式(2-4-5)可以写成：

$$h_{ti}(负) = h_i(负) + h_{vi} \tag{2-4-7}$$

在实际应用中，习惯取 h_{ti}、h_i 的绝对值，则：

$$|h_{ti}| = |h_i| - |h_{vi}| ; \qquad |h_{ti}| < |h_i| \tag{2-4-8}$$

图 2-4-5 清楚地表示出不同通风方式时风流中某点各种压力之间的相互关系。

例 2-4-1　如图 2-4-5 中压入式通风风筒中某点 i 的 $h_i = 1\,000$ Pa，$h_{vi} = 150$ Pa，风筒外与 i 点同标高的 $P_{0i} = 101\,332$ Pa，求：

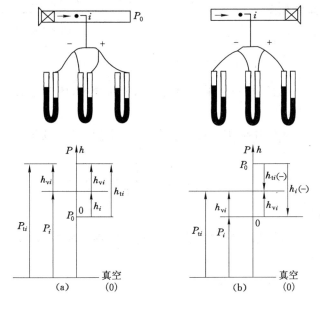

图 2-4-5　不同通风方式时风流中某点各种压力间的相互关系

（a）压入式通风；（b）抽出式通风

（1）i 点的绝对静压 P_i；

（2）i 点的相对全压 h_{ti}；

（3）i 点的绝对全压 P_{ti}。

解　（1）$P_i = P_{0i} + h_i = 101\ 332 + 1\ 000 = 102\ 332$（Pa）

（2）$h_{ti} = h_i + h_{vi} = 1\ 000 + 150 = 1\ 150$（Pa）

（3）$P_{ti} = P_{0i} + h_{ti} = P_i + h_{vi} = 102\ 332 + 150 = 102\ 482$（Pa）

例 2-4-2　如图 2-4-5 中抽出式通风风筒中某点 i 的 $h_i = 1\ 000$ Pa，$h_{vi} = 150$ Pa，风筒外与 i 点同标高的 $P_{0i} = 101\ 332$ Pa，求：

（1）i 点的绝对静压 P_i；

（2）i 点的相对全压 h_{ti}；

（3）i 点的绝对全压 P_{ti}。

解　（1）$P_i = P_{0i} + h_i = 101\ 332 - 1\ 000 = 100\ 332$（Pa）

（2）$|h_{ti}| = |h_i| - h_{vi} = 1\ 000 - 150 = 850$（Pa）

（3）$P_{ti} = P_{0i} + h_{ti} = 101\ 332 - 850 = 100\ 482$（Pa）

三、压力坡度

通风压力坡度线是对能量方程的图形描述，从图形上比较直观地反映了空气在流动过程中压力沿程的变化规律、通风压力和通风阻力之间的相互关系以及相互转换。正确理解和掌握通风压力坡度线，将有助于加深对能量方程的理解。通风压力坡度线是通风管理和均压防灭火的有力工具。

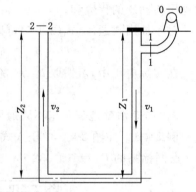

图 2-4-6　压入式通风系统图

1. 压入式通风系统

某压入式通风系统如图 2-4-6 所示。

由能量方程得：

$$\left(H_s + \frac{\rho_1 v_1^2}{2} \right) + H_N = h_{1\text{-}2} + \frac{\rho_2 v_2^2}{2} \tag{2-4-9}$$

式中　$H_s = P_1 - P_0$——通风机在风硐中所造成的相对静压，P_0 为地表大气压，Pa；

H_N——自然风压，Pa。

由于通风机入口外大气压为 P_0，其风速等于 0，当忽略这段巷道的阻力不计时，其能量方程式为：

$$H_f = H_s + \frac{\rho_1 v_1^2}{2} \tag{2-4-10}$$

式中　H_f——通风机全压，Pa。

通风机的全压等于通风机在风硐中所造成的静压（即为通风机的静压）与动压之和。将式（2-4-10）代入式（2-4-9）得：

$$H_f + H_N = h_{1\text{-}2} + \frac{\rho_2 v_2^2}{2} \tag{2-4-11}$$

此式表明，通风机全压与自然风压共同作用，克服了矿井阻力，并在出风井口造成动压损失。通风机压力与矿井阻力的关系可用压力坡度图来表示（见图 2-4-7）。

2. 抽出式通风系统

某抽出式通风系统如图 2-4-8 所示。

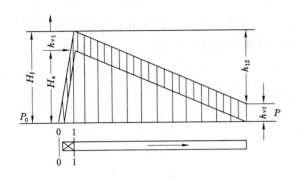

图 2-4-7 压入式通风系统压力坡度图

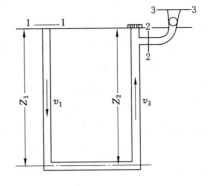

图 2-4-8 抽出式通风系统图

对 1、2 两断面列能量方程得：

$$H_s + H_N = h_{1\text{-}2} + \frac{\varrho_2 v_2^2}{2} \tag{2-4-12}$$

此式表明，抽出式通风时，通风机在风硐中所造成的静压（绝对值）与自然风压共同作用，克服矿井通风阻力，并在风硐中造成动压损失。为了分析通风机全压与通风阻力的关系，需要列出由通风机入口 2 到扩散塔出口 3 的能量方程式。

$$H_f = H_s + \frac{\varrho_3 v_3^2}{2} - \frac{\varrho_2 v_2^2}{2} \tag{2-4-13}$$

将式(2-4-12)、式(2-4-13)两式合并，可得：

$$H_f + H_N = h_{1\text{-}2} + \frac{\varrho_3 v_3^2}{2} \tag{2-4-14}$$

此式说明，抽出式通风机的全压与自然风压共同作用，克服矿井通风阻力，并在通风机扩散塔出口，造成动压损失。在通风技术上，利用良好的扩散器，降低通风机出口的动压损失，对提高通风机的效率很有实际意义。

抽出式通风时的压力分布如图 2-4-9 所示。

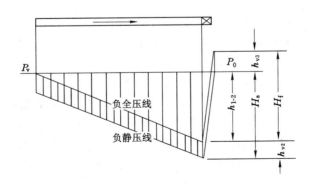

图 2-4-9 抽出式通风系统压力坡度

当不考虑自然风压时，在通风机的全压中，用于克服矿井阻力 $h_{1\text{-}2}$ 那一部分，常称为通风机有效静压,以 H'_s 表示。

$$H'_s = H_f - \frac{\varrho_3 v_3^2}{2} \tag{2-4-15}$$

上式说明,在抽出式通风时,通风机的有效静压,等于通风机在风硐中所造成的静压与风硐中风流动压之差,或者等于通风机的全压与扩散塔出口动压之差。

3. 抽压结合式通风系统

当井下某采区通风阻力过大,辅助通风机安装在井下时,在辅助通风机前后都有一段风路,通风机前段为抽出式,通风机出口端为压入式。为讨论问题简便,不考虑地面主要通风机情况,如图 2-4-10 所示。

列出断面 1、2 的能量方程式:

$$H_f = H_s + \frac{\varrho_2 v_2^2}{2} - \frac{\varrho_2 v_1^2}{2}$$

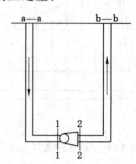

图 2-4-10 抽压结合式通风系统

由于 $s_1 \approx s_2$,则 $v_1 = v_2$,此时 $H_f = H_s$,即通风机的全压等于通风机的静压。

列出断面 a 到通风机吸风口断面 1 之间的能量方程式:

$$P_a + \frac{\varrho_a v_a^2}{2} + \rho_a g z_a = P_1 + \frac{\varrho_1 v_1^2}{2} + \rho_{m1} g z_1 + h_{a-1}$$

式中 h_{a-1}——风流由 a 断面流到 1 断面的通风阻力。

由于入风井口 $v_a = 0, z_1 = 0$,所以得:

$$h_{a-1} = (P_a - P_1) + \rho_a g z_a - \frac{\varrho_1 v_1^2}{2} \tag{2-4-16}$$

再列通风机出风口断面 2 到排风井口断面 b 之间的能量方程式(考虑到 $z_2 = 0$):

$$h_{2-b} = (P_2 - P_b) + \left(\frac{\varrho_2 v_2^2}{2} - \frac{\varrho_b v_b^2}{2} \right) - \rho_{mb} g z_b \tag{2-4-17}$$

将式(2-4-16)、式(2-4-17)两式相加,并已知 $P_a = P_b = P_0$(井口处地表大气压力),则可得:

$$H_f + H_N = h_{a-b} + \frac{\varrho_b v_b^2}{2}$$

式中,$H_N = \rho_{ma} z_a g - \rho_{mb} z_b g$(自然风压);$h_{a-b} = h_{a-1} + h_{2-b}$(矿井通风阻力)。

此式表明,当通风机安装在井下时,通风机的全压与自然风压之和,用于克服入风侧与排风侧阻力之和,并在出风井口造成动压损失。

通风机安装在井下时,其压力分布如图 2-4-11 所示。

综上所述,无论压入式、抽出式或抽压结合式通风系统,用于克服矿井通风阻力和造成出风井口动压损失的通风动力,均为通风机的全压与自然风压之总和,在这一点上是共同的。因此,不能认为,通风方式不同,或安装地点不同,对通风机能量的有效利用会产生多大的影响。值得注意的是,无论何种通风方式,或安装地点有何不同,降低出风井口风流的动压损失,对节省通风机的能量,都是非常必要的。

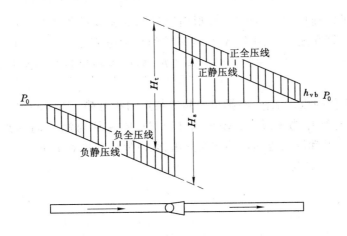

图 2-4-11　通风机安装在井下压力坡度

复习思考题与习题

2-1　解释层流和紊流的概念,并介绍判别流体流动状态的方法。

2-2　在井巷中,任一断面上的能量(机械能)由哪几部分组成? 并解释各部分的定义。

2-3　不可压缩空气单位体积流体的能量方程和可压缩空气单位体积流体的能量方程是什么?

2-4　已知某一进风立井井口为 1 点、井底为 2 点。其中,$P_1 = 90\ 093$ Pa,$Z_1 = 1\ 059.3$ m,$\rho_1 = 1.112$ kg/m^3,$v_1 = 0$ m/s;$P_2 = 95\ 675$ Pa,$Z_2 = 549.32$ m,$\rho_2 = 1.177$ kg/m^3,$v_2 = 4.58$ m/s。试求该进风立井的通风能量损失。

2-5　已知某一条巷道两端点 a、b。其中,$P_a = 95\ 409$ Pa,$Z_a = 577$ m,$\rho_1 = 1.156$ kg/m^3,$v_a = 0.41$ m/s;$P_b = 95\ 362$ Pa,$Z_b = 540$ m,$\rho_b = 1.154$ kg/m^3,$v_2 = 0.45$ m/s。试求该巷道的通风能量损失。

2-6　何为动压、绝对静压和绝对全压? 它们之间的关系是什么?

2-7　测定风流点压力的常用仪器是什么? 试简述测定风流点压力的方法。

2-8　试简述通风压力坡度线的意义。

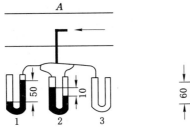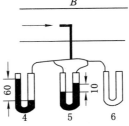

题 2-8 图

2-9 若梯形巷道断面分别为 10、16、20 m²，空气运动黏性系数为 15×10⁻⁶ m²/s。求向紊流运动过渡时的风速应大于多少？（梯形周长 U 与面积 S 的关系 $U=4.16\sqrt{S}$ ）

2-10 用皮托管和压差计测得 A、B 两风筒的压力分别为 $h_1=-50$ mmH$_2$O、$h_2=50$ mmH$_2$O、$h_4=60$ mmH$_2$O，$h_5=10$ mmH$_2$O，求 h_3、h_6 压力各为多少？各压差计测得的是什么压力？

2-11 通风机作抽压式工作，在抽出段测得某点的相对静压为 600 Pa，动压为 150 Pa；在压入段测得相对静压为 600 Pa，动压为 150 Pa；风道外与测点同标高点的大气压为 101 324 Pa，求抽出段和压入段测点的相对全压、绝对静压和绝对全压。

第三章　通风阻力

风流必须具有一定的能量,用以克服井巷对风流所呈现的通风阻力。通常矿井通风阻力分为摩擦阻力与局部阻力两类,它们与风流的流动状态有关。一般情况下,摩擦阻力是矿井通风总阻力的主要组成部分。

第一节　摩擦阻力

一、摩擦阻力的意义和理论基础

风流在井巷中作均匀流动时,沿程受到井巷固定壁面的限制,引起内外摩擦而产生的阻力称作摩擦阻力。所谓均匀流动是指风流沿程的速度和方向都不变,而且各断面上的速度分布相同。流态不同的风流,摩擦阻力 h_{fr} 的产生情况和大小也不同。

前人实验得出水流在圆管中的沿程阻力公式是:

$$h_{fr} = \frac{\lambda \rho L v^2}{2d} \tag{3-1-1}$$

式中,λ 为实验比例系数,无因次;ρ 为水流的密度,kg/m^3;L 为圆管的长度,m;d 为圆管的直径,m;v 为圆管内水流的平均速度,m/s。

上式是矿井风流摩擦阻力计算式的基础,它对于不同流态的风流都能应用,只是流态不同时,式中 λ 的实验表达式不同。

又据前人在壁面能分别胶结各种粗细砂粒的圆管中,实验得出流态不同的水流,λ 系数和管壁的粗糙度、Re 的关系。实验是用管壁平均突起的高度(即砂粒的平均直径)$k(m)$ 和管道的直径 $d(m)$ 之比来表示管壁的相对光滑度。并用阀门不断改变管内水流的速度,实验结果如图 3-1-1 所示,图中表明以下几种情况:

(1)在 $\lg Re \leqslant 3.3$(即 $Re \leqslant 2\,000$)以下,即当流体作层流运动时,由左边斜线可以看出,相对光滑度不同的所有试验点都分布于其上,λ 随 Re 的增加而减少,且与管道的相对光滑度无关,此时,λ 与 Re 的关系式为:

$$\lambda = 64/Re \tag{3-1-2}$$

(2)在 $3.3 < \lg Re < 5.0$(即 $2\,000 < Re < 100\,000$)的范围内,即当流体由层流到紊流再到完全紊流的中间过渡状态时,λ 系数既和 Re 有关,又和管壁的相对光滑度有关。

(3)在 $\lg Re \geqslant 5.0$(即 $Re \geqslant 100\,000$)以上,即当流体作完全紊流状态流动时,λ 系数和 Re 无关,只和管壁的相对光滑度有关,管壁的相对光滑度越大,λ 值越小。其实验式为:

$$\lambda = \frac{1}{\left(1.74 + \lg \dfrac{d}{k}\right)^2} \tag{3-1-3}$$

在紊流状态下,流体的能量损失大大超过层流状态。在层流状态下,能量只损失在速度

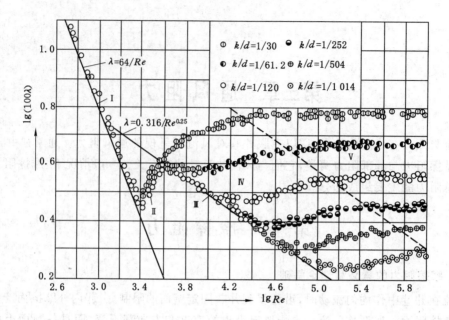

图 3-1-1　尼古拉茨实验图

不同的流体层间的内摩擦力方面；而在紊流状态下，除这种损失外还有消耗在因流体质点相互混杂、能量交换而引起的附加损失，当雷诺数增加到一定程度时，这种附加损失将急剧增大到主导地位。如图 3-1-2 所示，紊流的结构可分为层流边层、过渡层和紊流区三个组成部分。紊流区又称紊流核，是紊流的主体，层流区流速很小或接近于零。随着雷诺数增大，层流边层的厚度减薄，以至不能遮盖管壁的突起高度，管壁粗糙度即

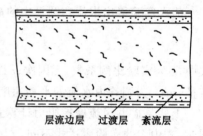

图 3-1-2　紊流结构简图

对流动阻力发生影响。当 $Re \geqslant 100\,000$，流体呈完全紊流和层流边层厚度趋于零时，则如式 (3-1-3) 所示，λ 值只决定于管壁的相对粗糙度，而与 Re 无关。

二、完全紊流状态下的摩擦阻力定律

前面谈到，井下多数风流属于完全紊流状态，故下面重点讨论完全紊流状态下的摩擦阻力。把上面式 (2-1-2) 代入式 (3-1-1)，得

$$h_{\mathrm{fr}} = \frac{\lambda \rho L U v^2}{8S}, \quad \mathrm{Pa} \tag{3-1-4}$$

因矿井空气密度 ρ 变化不大，而且对于尺度和支护已定型的井巷，其壁面的相对光滑度是定值，则在完全紊流状态下，λ 值是常数。故把上式中的 $\dfrac{\lambda\rho}{8}$ 用一个系数 α 来表示，即

$$\alpha = \frac{\lambda\rho}{8}, \quad \mathrm{N \cdot s^2/m^4} \text{ 或 } \mathrm{kg/m^3} \tag{3-1-5}$$

此 α 系数称为摩擦阻力系数。在完全紊流状态下，井巷的 α 值只受 λ、γ 或 ρ 的影响。对于尺寸和支护已定型的井巷，α 值只与 γ 或 ρ 成正比。

将式 (3-1-5) 代入式 (3-1-4)，得

$$h_{fr} = \frac{\alpha L U v^2}{S}, \quad \text{Pa} \tag{3-1-6}$$

若通过井巷的风量为 $Q(\text{m}^3/\text{s})$，则 $v = Q/S$，代入上式，得

$$h_{fr} = \frac{\alpha L U Q^2}{S^3} \tag{3-1-7}$$

式(3-1-6)与式(3-1-7)都是完全紊流状态下摩擦阻力的计算式。只要知道井巷的 α、L、U、S 各值和其中风流的 Q 或 V 值，便可用上式计算出摩擦阻力。

对于已定型的井巷，L、U 和 S 等各项都为已知数，α 值只和 ρ 成正比。故把上式中的 $\alpha L U/S^3$ 项用符号 R_{fr} 来表示，即

$$R_{fr} = \frac{\alpha L U}{S^3}, \quad \text{N} \cdot \text{s}^2/\text{m}^8 \text{ 或 } \text{kg/m}^7 \tag{3-1-8}$$

此 R_{fr} 称为井巷的摩擦风阻，它反映了井巷的特征。它只受 α 和 L、U、S 的影响，对于已定型井巷，只受 ρ 的影响。

将式(3-1-8)代入式(3-1-7)，得

$$h_{fr} = R_{fr} Q^2, \quad \text{Pa} \tag{3-1-9}$$

上式就是风流在完全紊流状态下的摩擦阻力定律。当摩擦风阻一定时，摩擦阻力和风量的平方成正比。

三、层流状态下的摩擦阻力定律

前已说明，在层流状态下，具有前述式(3-1-2)的特点，而且式(3-1-1)也适用，故将式(3-1-2)和式(3-1-3)代入(3-1-1)式得

$$h_{fr} = \frac{2v\rho L U^2 v}{S^2}$$

将 $v = Q/S$ 式代入上式，得

$$h_{fr} = \frac{2v\rho L U^2 Q}{S^3} \tag{3-1-10}$$

用一个符号 α 代表上式中的 $2v\rho$ 有

$$\alpha = 2v\rho, \quad \text{N} \cdot \text{s}/\text{m}^2 \text{ 或 } \text{kg/(s} \cdot \text{m)} \tag{3-1-11}$$

此 α 叫作层流状态下的摩擦阻力系数。

将式(3-1-11)代入式(3-1-10)得

$$h_{fr} = \frac{\alpha L U^2 Q}{S^3} \tag{3-1-12}$$

用一个符号 R_{fr} 代表上式中的 $\alpha L U^2/S^3$，即

$$R_{fr} = \alpha L U^2/S^3, \quad \text{N} \cdot \text{s}^2/\text{m}^5 \text{ 或 } \text{kg/(s} \cdot \text{m}^4) \tag{3-1-13}$$

此 R_{fr} 叫作层流状态下的摩擦风阻。

将式(3-1-13)代入式(3-1-12)，得

$$h_{fr} = R_{fr} \cdot Q \tag{3-1-14}$$

以上式(3-1-11)、式(3-1-12)、式(3-1-13)和式(3-1-14)都和完全紊流状态下相应的公式不同，式(3-1-14)就是风流在层流状态下的摩擦阻力定律。即当 R_{fr} 一定时，h_{fr} 和 Q 的一次方成正比。

四、摩擦阻力的计算方法

完全紊流状态下井巷的摩擦阻力系数是新矿井通风设计的重要依据。即按照所设计的井巷长度、周界、净断面积、支护方式和要求通过的风量,以及其中有无提升运输设备等,用查表法选定该井巷的摩擦阻力系数 α 值,然后用式(3-1-7)计算该井巷的摩擦阻力。确定 α 值的查表法是从前人实验或实测所归纳出来的附录Ⅲ中查出适合该井巷的标准值(指空气密度为 1.2 kg/m³ 的 α 值,N·s²/m⁴)。对于平原地区的新矿井通风设计,可用此标准值进行计算。

例如某设计巷道采用锚杆支护,净断面 $S=10$ m²,周界 $U=14$ m,长度 $L=300$ m,计划通过的风量 $Q=1\ 440$ m³/min,则该巷道的摩擦阻力系数(据附录Ⅲ的附表 3-2 中查得)$\alpha=155\times10^{-4}$ N·s²/m⁴ $=0.015\ 5$ N·s²/m⁴。

用式(3-1-8)算出摩擦风阻为:

$$R_{fr}=0.015\ 5\times300\times14/10^3=0.065\ 1\ (N\cdot s^2/m^8)$$

用式(3-1-7)算出摩擦阻力为:

$$h_{fr}=\frac{0.015\ 5\times300\times14\times\left(\frac{1\ 440}{60}\right)^2}{10^3}=37.5\ (Pa)$$

或用式(3-1-9)计算:

$$h_{fr}=0.065\ 1\times\left(\frac{1\ 440}{60}\right)^2=37.5\ (Pa)$$

投产后,若这条巷道内空气密度的实际值 $\rho'=1.26$ kg/m³,这时该巷道的摩擦阻力系数为:

$$\alpha'=\frac{\rho'}{\rho}\cdot\alpha=\frac{1.26}{1.2}\times0.015\ 5=0.016\ 28\ (N\cdot s^2/m^4)$$

风阻变为:

$$R'_{fr}=\frac{\rho'}{\rho}\cdot R_{fr}=\frac{1.26}{1.2}\times0.065\ 1=0.068\ 36\ (N\cdot s^2/m^8)$$

摩擦阻力变为:

$$h'_{fr}=\frac{\rho'}{\rho}\cdot h_{fr}=\frac{1.26}{1.2}\times37.5=39.38\ (Pa)$$

或

$$h'_{fr}=R'_{fr}Q^2=0.068\ 36\times\left(\frac{1\ 440}{60}\right)^2=39.38\ (Pa)$$

这条设计巷道若用于某高原矿井,该井下空气的密度平均值为 0.9 kg/m³。这时,该巷道的摩擦阻力系数为:

$$\alpha''=\frac{0.9}{1.2}\times0.015\ 5=0.011\ 6\ 3\ (N\cdot s^2/m^4)$$

摩擦风阻为:

$$R''_{fr}=\frac{0.9}{1.2}\times0.065\ 1=0.048\ 83\ (N\cdot s^2/m^8)$$

摩擦阻力为:

$$h''_{fr}=\frac{0.9}{1.2}\times 37.5=28.125\ (\text{Pa})$$

以上计算表明,高原矿井比平原矿井的空气密度小;对特征相同的井巷,其摩擦阻力系数和摩擦风阻都较小;通过相同的风量,高原矿井的摩擦阻力小。

五、降低摩擦阻力的措施

降低矿井通风阻力,在安全(管理自然发火和瓦斯)和经济(减少通风电费)方面都有重要意义。前已提到,摩擦阻力是矿井通风阻力的主要组成部分,故以降低摩擦阻力为重点。根据式(3-1-10)可知,降低摩擦阻力需从以下几个方面来考虑:

① 降低摩擦阻力系数。例如 A、B 两条规格尺寸和通过风量都相同的巷道,支护方式都是混凝土砌碹,但 A 巷的壁面抹灰浆,并注意施工质量,壁面比较光滑,其摩擦阻力系数 $\alpha_A=39.2/10^4$;B 巷不抹灰浆,施工质量较差,壁面比较粗糙,其摩擦阻力系数 $\alpha_B=68.6/10^4$。α_B 比 α_A 大 75%,因而 B 巷比 A 巷的摩擦阻力和通风电费都大 75%。此例说明,选择摩擦阻力系数较小的支护方式,注意施工质量和维修质量,尽可能使井巷壁面平整光滑,是降低摩擦阻力不可忽视的措施。因此,对于主要的井巷,要尽可能采用砌碹的支护方式;对于无支护的巷道,要尽可能使壁面平整;对于用棚子支护的采区巷道,也要尽可能使支架整齐、背好帮顶。

② 扩大巷道断面。因巷道周界与断面的 0.5 次方成正比,把这个关系引入式(3-1-7),便知摩擦阻力和断面的 2.5 次方成反比。即断面的扩大,会使摩擦阻力显著减少。因此,扩大巷道断面是降低摩擦阻力的主要措施。改造通风困难的矿井,几乎都采用这种措施,例如把某些总回风道的断面扩大;必要时,甚至开掘并联巷道。在通风设计工作上,要根据使用年限、开掘费、维护费和通风电费等因素,选定主要回风道和总回风道的经济断面(即总费用最小的断面)。

③ 选用周界较小的井巷。井巷的周界与摩擦阻力成正比,在断面相同的条件下,以圆形断面的周长为最小,拱形次之,梯形最大。故井筒要采用圆形断面,主要巷道要采用拱形断面;只有采区内的服务期限不长的巷道可采用梯形断面。

④ 缩短风路的长度。因巷道的长度和摩擦阻力成正比,进行通风系统设计时,在满足开采需要的条件下,要尽可能缩短风路的长度。例如,中央并列式通风系统的阻力过大时,可改为两翼式通风系统,以缩短回风路线。

⑤ 避免巷道内风量过大。摩擦阻力与风量的平方成正比。巷道内的风量如果过大,摩擦阻力就会大大增加。因此,要尽可能使矿井的总进风早分开,总回风晚汇合,即风流"早分晚合"。

第二节 局 部 阻 力

一、局部阻力的概念

风流在井巷的局部地点,其速度或方向突然发生变化,导致风流本身产生剧烈的冲击,形成极为紊乱的涡流,因而在该局部地带产生一种附加的阻力,称为局部阻力。井下产生局部阻力的地点较多,例如巷道拐弯、分叉和汇合处,巷道断面变化处,进风井口和回风井口等。

二、局部阻力定律

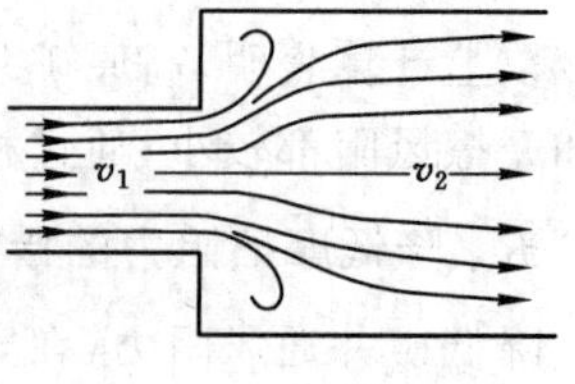

前人实验证明,在完全紊流状态下,不论井巷局部地点的断面、形状和拐弯如何变化,所产生的局部阻力都和局部地点的前面或后面断面上的动压成正比。例如图 3-2-1 所示突然扩大的巷道,该局部地点的局部阻力为:

图 3-2-1 突扩的巷道

$$h_{er} = \xi_1 h_{v1} = \xi_2 h_{v2} = \xi_1 \frac{\rho v_1^2}{2} = \xi_2 \frac{\rho v_2^2}{2}, \quad \text{Pa} \quad (3\text{-}2\text{-}1)$$

式中　v_1,v_2——分别是局部地点前后断面上的平均风速,m/s;

ξ_1,ξ_2——局部阻力系数,无因次,分别对应于 h_{v1}、h_{v2},对于形状和尺寸已定型的局部地点,这两个系数都是常数,但它们彼此不相等,可以任用其中的一个系数和相应的速压计算局部阻力;

ρ——局部地点的空气密度,kg/m³。

若通过局部地点的风量为 Q,前后两个断面积是 S_1 和 S_2,则两个断面上的平均风速为:

$$v_1 = \frac{Q}{S_1}, \quad \text{m/s}; \quad v_2 = \frac{Q}{S_2}, \quad \text{m/s}$$

代入式(3-2-1),得

$$h_{er} = \xi_1 \frac{Q^2 \rho}{2S_1^2} = \xi_2 \frac{Q^2 \rho}{2S_2^2}, \quad \text{Pa} \quad (3\text{-}2\text{-}2)$$

令

$$R_{er} = \xi_1 \frac{\rho}{2S_1^2} = \xi_2 \frac{\rho}{2S_2^2}, \quad \text{N} \cdot \text{s}^2/\text{m}^8 \quad (3\text{-}2\text{-}3)$$

式中 R_{er} 称为局部风阻。当局部地点的规格尺寸和空气密度都不变时,R_{er} 是一个常数。将式(3-2-3)代入式(3-2-2),得

$$h_{er} = R_{er} \cdot Q^2, \quad \text{Pa} \quad (3\text{-}2\text{-}4)$$

上式表示完全紊流状态下的局部阻力定律,和完全紊流状态的摩擦阻力定律一样,当 R_{er} 一定时,h_{er} 与 Q^2 成正比。

三、局部阻力的计算方法

在一般情况下,由于矿井内风流的速压较小,所产生的局部风阻也较小,井下各处的局部阻力之和只占矿井总阻力的 $10\% \sim 20\%$。故在通风设计工作中,不逐一计算井下各处的局部阻力,只在这个百分数范围内估计一个总数。但对掘进通风用的风筒和风量较大的井巷,由于其中风流的速压较大,就要逐一计算局部阻力。

计算局部阻力时,用式(3-2-1)比较简便。先要根据井巷局部地点的特征,对照前人实验所得表 3-2-1 和表 3-2-2,查出局部阻力系数的近似值,然后用图表中所指定的相应风速进行计算。

表 3-2-1 表示巷道局部地点小断面 S_1 和大断面 S_2 的比值相同时,突然缩小比突然扩大的局部阻力系数要小;表 3-2-2 第一项所示的进风口比最后一项所示的出风口的局部阻力系数也要小。这是因为风流突然缩小时,所产生的冲击现象没有风流突然扩大时那样急剧的缘故。

表 3-2-1　　　　　　各种巷道突扩与突缩的 ξ 值(光滑管道)

S_1/S_2	1	0.9	0.8	0.7	0.6	0.5	0.4	0.3	0.2	0.1	0.01	0
	0	0.01	0.04	0.09	0.16	0.25	0.36	0.49	0.64	0.81	0.98	1.0
	0	0.05	0.10	0.15	0.20	0.25	0.30	0.35	0.40	0.45	0.50	

表 3-2-2　　　　　　其他几种局部阻力的 ξ 值(光滑管道)

0.6	0.1	0.2	有导风板为 0.2; 无导风板为 1.4	0.75(当 $R_1=\frac{1}{3}b$); 0.52(当 $R_1=\frac{2}{3}b$)	0.6(当 $R_1=\frac{1}{3}b,R_2=\frac{3}{2}b$); 0.3(当 $R_1=\frac{2}{3}b,R_2=\frac{17}{10}b$)

3.6 (当 $S_2=S_3$, $v_2=v_3$ 时)	2.0 (当风速为 v_2 时)	1.0 (当 $v_1=v_3$)	1.5 (当风速为 v_2 时)	1.5 (当风速为 v_2 时)	1.0 (当风速为 v 时)

例如,某进风井内的风速 $v=8$ m/s,井口空气密度是 1.2 kg/m³,井口的净断面 $S=12.6$ m²,查表 3-2-2 知该井口风流突然收缩的局部阻力系数是 0.6,则该井口的局部阻力和局部风阻为

$$h_{er}=0.6\times8^2\times1.2/2=23.04\text{(Pa)}$$

$$R_{er}=0.6\times1.2/(2\times12.6^2)=0.002\ 268\ (\text{N}\cdot\text{s}^2/\text{m}^8)$$

如果上列是条件相同的回风井口,查表 3-2-2 知该井口风流突然扩大的局部阻力系数是 1,则该井口的局部阻力和局部风阻分别为

$$h'_{er}=1\times8^2\times1.2/2=38.4\text{(Pa)}$$

$$R_{er}=1\times1.2/(2\times12.6^2)=0.003\ 779\ (\text{N}\cdot\text{s}^2/\text{m}^8)$$

以上计算结果是:

$$h'_{er}>h_{er};\quad R'_{er}>R_{er}$$

四、降低局部阻力的措施

由于局部阻力与风速的平方或风量的平方成正比,故对于风速高、风量大的井巷,更要注意降低局部阻力,即在这些井巷内,要尽可能避免断面的突然扩大或突然缩小;尽可能避

免拐 90°的弯,在拐弯处的内侧和外侧要做成斜面或圆弧形,拐弯的弯曲半径尽可能加大,还可设置导风板;尽可能避免突然分叉和突然汇合,在分叉和汇合处的内侧要做成斜面或圆弧形。对于风速大的风筒,要悬挂平直,拐弯的弯曲半径要尽可能加大。此外,在主要巷道内不得随意停放车辆、堆积木材或器材;必要时,宜把正对风流的固定物体(例如罐道梁)做成流线形。

第三节 通风阻力定律和特性

一、通风阻力定律

所谓通风阻力定律,就是前面所属的摩擦阻力定律和局部阻力定律的结合,也就是通风阻力、风阻和风量三个参数相互依存的规律。

在完全紊流状态下,通风阻力定律是:

$$h = RQ^2, \quad \text{Pa} \tag{3-3-1}$$

即 h 和 $R(\text{N} \cdot \text{s}^2/\text{m}^8)$ 的一次方成正比,和 $Q(\text{m}^3/\text{s})$ 的平方成正比。若某一井巷通过一定风量,同时产生摩擦阻力和局部阻力,则 h 和 R 分别是该井巷的通风阻力和总风阻。对于一个矿井来说,h、R 和 Q 分别代表该矿井的通风阻力、总风阻和总风量。

在层流状态下,通风阻力定律是:

$$h = RQ \tag{3-3-2}$$

即 h 与 $R(\text{N} \cdot \text{s}^2/\text{m}^8)$ 的一次方成正比,与 $Q(\text{m}^3/\text{s})$ 的一次方成正比。

在中间过渡状态下,通风阻力定律是:

$$h = RQ^x \tag{3-3-3}$$

即 h 与 $R(\text{N} \cdot \text{s}^x/\text{m}^{2+3x})$ 的一次方成正比,与 $Q(\text{m}^3/\text{s})$ 的 x 方成正比。指数 x 大于 1 而小于 2。

上述通风阻力定律是矿井通风学科中最基本的定律。只有井下个别风速较小的地方才可能用到层流或中间过渡态下的通风阻力定律。

二、井巷的通风特性

某一井巷或矿井的通风特性就是该矿井或井巷所特有的反映通风难易程度或通风能力大小的性能。这种特性可用该井巷或矿井的风阻值的大小来表示。即风量相同时,风阻大的井巷或矿井,通风阻力必大,表示通风困难,通风能力小;反之,风阻小的井巷或矿井,通风阻力必小,表示通风容易,通风能力大。通风阻力相同时,风阻大的井巷或矿井,风量必小,表示通风困难通风能力小;反之,风阻小的井巷或矿井,风量必大,表示通风容易,通风能力大。所以,井巷或矿井的通风特性又名风阻特性。

为了形象化,习惯引用一个和风阻的数值相当、意义相同的假想的面积值(m^2)来表示井巷或矿井的通风难易程度。这个假想的孔口称作井巷或矿井的等积孔(又称当量孔)。

由于等积孔不是实物,宜用一种假想的模型(图 3-3-1)来说明式(3-3-4)的来源:假设压气缸内的静压 P,速压等于零;孔口外气流收缩最小处的静压为 P',速压为 $\rho v^2/2$,式中 v 为收缩最小处的速度,ρ 为空气的密度。当孔口的面积 A 值一

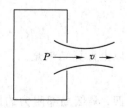

图 3-3-1 等积孔假想模型

定时，P 与 P' 之差值越大，孔口流出的风量 Q 就越大。这种关系好比某一井巷或矿井的风阻值一定时，通风阻力 h 越大，通过该井巷或矿井的风量就越大，因此，需要找出 h_s、A 和 Q 的关系式来模拟井巷或矿井的通风阻力定律。为了简化关系式，假设气流突然扩大的局部阻力为零，则得

$$P - \left(P' + \frac{\rho v^2}{2} \right) = 0 \tag{3-3-4}$$

即

$$h_s = P - P' = \frac{\rho v^2}{2}, \quad \text{Pa} \tag{3-3-5}$$

因气流收缩最小处的面积 A' 平均为孔口面积 A 的 65%，则流出的风量为

$$Q = v \cdot A' = v \cdot A \times 65\% = \sqrt{2h_s/\rho} \times 65\% A, \quad \text{Pa} \tag{3-3-6}$$

即

$$A = Q/(0.65\sqrt{2h_s/\rho}), \quad \text{m}^2$$

将上式用于矿井通风，则式中的 h_s 代表井巷或矿井的通风阻力 h，Q 代表通过井巷或矿井的风量。若取井下的空气密度平均值为 $1.2~\text{kg/m}^3$，故上式变为：

$$A = Q/(0.65\sqrt{2h/1.2}) = 1.1917Q/\sqrt{h}, \quad \text{m}^2 \tag{3-3-7}$$

其面积值 A 用下式计算：

$$A = 1.1917Q/\sqrt{h}, \quad \text{m}^2 \tag{3-3-8}$$

式中 Q——通过井巷或矿井的风量，m^3/s；

H——井巷或矿井的通风阻力，Pa。

既然 A 和 R 的数值相当的，便可得出 A 和 R 的转换公式，即把式（3-3-1）代入式（3-3-8），得

$$A = 1.1917/\sqrt{R}, \quad \text{m}^2 \tag{3-3-9}$$

上式表示 A 和 R 成反比。即井巷或矿井的 R 值大，相当的 A 值就小，表示该矿井或井巷通风困难；反之亦然。

用矿井等积孔 A 和矿井风阻 R 表示矿井通风的难易程度实质上一样，只是矿井等积孔比矿井风阻更形象化。值得指出的是，矿井等积孔仅仅是评定矿井通风难易程度的一个指标，它并不能全面地反映矿井通风难易程度。矿井通风难易程度的评判应当从矿井通风的根本目的（供给井下充足的新鲜空气，冲淡有毒有害气体，创造良好的生产环境）入手，具体应考虑：① 矿井总风量是否满足需要；② 井下各用风区域间的风量调配是否容易；③ 矿井瓦斯涌出量的大小；④ 矿井开采强度；⑤ 采煤方法等。

三、风流的功率与电耗

通风困难的井巷或矿井，其风流的功率必大，电耗必多。物体在单位时间内所做的功叫作功率，因此风流的功率为风压乘以单位时间内风流移动的距离，即风流的风压 h 与风量 Q 的乘积。

故风流功率的计算式为：

$$N = h \cdot Q/1000, \quad \text{kW} \tag{3-3-10}$$

矿井一天的通风电费是：

$$C = \frac{24h_f \cdot Q_f \cdot e}{1\ 000\eta}, \quad 元/d \tag{3-3-11}$$

式中　h_f——矿井主要通风机的风压,Pa;

　　　Q_f——通过主要通风机的风量,m^3/s;

　　　24——一天的小时数,h/d;

　　　e——每度电的单价,元/(kW·h);

　　　η——风机的效率和输电、变电、传动等总效率。一般,风机与电机直接传动时,取
　　　　　0.6;间接传动时,取0.5。

例 3-3-1　如图 3-3-2 所示的矿井,左右两翼的通风阻力分别是,$h_{r1}=1\ 274$ Pa,$h_{r2}=1$ 960 Pa,通过主要通风机的风量分别为 $Q_{f1}=60$ m^3/s,$Q_{f2}=70$ m^3/s。两翼的外部漏风率分别是 $L_{e1}=4\%$,$L_{e2}=5\%$。则两翼的总回风量分别是:

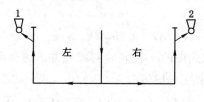

图 3-3-2　示例矿井

$$Q_{m1}=(1-L_{e1})Q_{f1}=(1-4\%)\times60=57.6\ (m^3/s)$$

$$Q_{m2}=(1-L_{e2})Q_{f2}=(1-5\%)\times70=66.5\ (m^3/s)$$

两翼不包括外部漏风的风阻分别是:

$$R_1=h_{r1}/Q_{m1}^2=1\ 274/(57.6)^2=0.383\ 99\ (N\cdot s^2/m^8)$$

$$R_2=h_{r2}/Q_{m2}^2=1\ 960/(66.5)^2=0.443\ 21\ (N\cdot s^2/m^8)$$

左翼不包括外部漏风的风阻曲线方程是:

$$h_1=0.383\ 99Q_{12}, \quad Pa$$

以任意 6 个 Q 值代入上式,得出相应 h 值,同理可得,右翼不包括外部漏风的风阻曲线方程,并得出 6 个 Q 值对应的 h 值,结果如表 3-3-1 所示。用这些对数值可画出图 3-3-3 所示的左、右翼不包括外部漏风的风阻曲线 1 和 2。

表 3-3-1　　　　　　　　　　　　　　　**风量风压对应数值表**

$Q/(m^3/s)$	0	20	40	60	80	100
h_1/Pa	0	153.6	614.4	1 382.4	2 457.5	3 839.9
h_2/Pa	0	177.3	709.1	1 595.6	2 836.5	4 432.1

两翼不包括外部漏风的等积孔分别是

$$A_1=1.191\ 7\times57.6/\sqrt{1\ 274}=1.92\ (m^2)$$

$$A_2=1.191\ 7\times66.5/\sqrt{1\ 960}=1.79\ (m^2)$$

为了计算全矿的总风阻和总等积孔,须先求出全矿的总阻力,因全矿的风流总功率等于左右两翼风流的功率之和,即

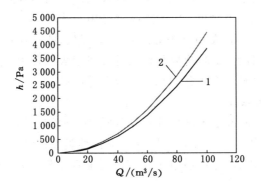

图 3-3-3 风阻曲线

$$h_r(Q_{m1}+Q_{m2})=h_{r1}Q_{m1}+h_{r2}Q_{m2}$$

故

$$h_r=\frac{1\ 274\times57.6+1\ 960\times66.5}{57.6+66.5}=1\ 641.6\ (Pa)$$

则全矿不包括外部漏风的总风阻是

$$R=h_r/(Q_{m1}+Q_{m2})^2=1\ 641.6/(57.6+66.5)^2=0.106\ 59\ (N\cdot s^2/m^8)$$

全矿不包括外部漏风的总等积孔是

$$A=1.191\ 7(Q_{m1}+Q_{m2})/\sqrt{h_r}=1.191\ 7\times(57.6+66.5)/\sqrt{1\ 641.6}=3.65\ (m^2)$$

或

$$A=1.191\ 7/\sqrt{R}=1.191\ 7/\sqrt{0.106\ 59}=3.65\ (m^2)$$

对于用多台主要通风机矿井，都要用这种方法计算全矿的总风阻和总等积孔。只有 $h_{r1}=h_{r2}$ 时，才能用 $A=A_1+A_2$ 计算。

若两翼主要通风机的风压分别是 $h_{f1}=h_{r1}$，$h_{f2}=h_{r2}$，且两翼通风机电设备总效率 $\eta_1=\eta_2=0.6$；电费单价 $e=0.54$ y/(kW·h)，则两翼一天的通风电费分别是：

$$C_1=\frac{h_{f1}\times Q_{f1}\times24\times e}{1\ 000\eta_1}=\frac{1\ 274\times60\times24\times0.54}{1\ 000\times0.6}=1\ 651.10\ (元/d)$$

$$C_2=\frac{h_{f2}\times Q_{f2}\times24\times e}{1\ 000\eta_2}=\frac{1\ 960\times70\times24\times0.54}{1\ 000\times0.6}=2\ 963.52\ (元/d)$$

全矿一天的通风电费是：

$$C=C_1+C_2=1\ 651.10+2\ 963.52=4\ 614.62\ (元/d)$$

第四节 通风阻力测量

一、通风阻力测量的内容

(一) 测算风阻

前已说明，井巷的风阻是反映井巷通风特性的重要参数，分析任何通风问题都和这个参数有关。故通风阻力测量的主要内容，是通过测量各巷道的通风阻力和风量以标定它们的标准风阻值(指井下平均空气密度的风阻值),并编辑成表,作为基本资料。这种测量内容不受风压和风量变化的影响,但精度要求较高,故可用一个小组(4～5 人)逐段进行,不赶时间,力求测准。只要井巷的断面和支护方式不发生变化,测一次即可,发生变化时,才需重测。对于掘进通风用的各种风筒,也要标定出标准风阻表以备用。为了检查或分析比较,有时还要测算各采区、各水平和全矿井的总风阻或总等积孔。

(二)测算摩擦阻力系数

前已说明,支护方式和断面不同的井巷,其摩擦阻力系数不同。为了适应矿井通风设计工作的需要,须通过测量通风阻力和风量以标定各种类型的井巷的摩擦阻力系数,编集成表。这也是一项精度要求较高,以小组人力进行的细致工作。各种风筒的摩擦阻力系数也要进行标定。

(三)测量通风阻力的分配情况

为了寻求和分析问题,有时需要沿着通风阻力大的路线,在尽可能短的时间内,连续测量各个区段的通风阻力,以得出整个路线上通风阻力的分配情况。由于各区段的通风阻力难免有波动,故要根据测量路线的长短,分成若干小组,分段同时进行。

总之,通风阻力测量是矿井通风技术管理工作的基础,也是掌握生产矿井通风情况的重要手段。上述内容的测量方法基本有两种:一为用胶皮管和压差计把两测点连起来的测法;二为用气压计不用连接两测点的测法。两类方法各有优缺点和适用条件,可互相补充。

二、阻力测定前的准备工作

(一)明确测量目的,制定具体的测量方案

首先要明确通过阻力测定需要获得的资料及要解决的问题,如某矿通风阻力大,矿井风量不足,想了解其阻力分布,则需要对矿井通风系统的关键阻力路线进行测量;如想要获得某类支护巷道的阻力系数,只需测量局部地点。测量方案包括测量方法的选择,测定路线的选取,以及测定人员、测定时间的安排等。

(二)选择测量仪器

(1)测量两点间的压差:用气压计法时,需要准备两台气压计或矿井通风综合参数检测仪;用压差计法时,可备单管倾斜压差计一台、内径 4～6 mm 胶皮管或弹性好的塑料管两根、静压管或皮托管两支、小气筒一个、酒精或乙醇若干,有时为了便于压差计调平,放置皮托管,还常用三脚架、小平板等。

(2)测量风速:高、中、低速风表各一只,秒表一块。

(3)测量空气密度:空盒气压计一台,风扇式湿度计一台。若用矿用通风综合参数检测仪测气压,可以不必准备此项仪器。

(4)测量井巷几何参数:20～30 m 长皮尺一个,钢卷尺一个,断面测量仪一个。

所有测定仪器都必须附有校正表和校正曲线,精度应能满足测定要求。

测定时由 4～5 人组成一个小组,事前做好分工,明确任务。每人都应根据分工掌握所需测定项目的测定方法,熟悉仪表的性能和注意事项。测定范围很大时,可以分成几个小组同时进行,每组测定一个区段和一个通风系统。分组测定时,仪表精度应该一致,校正方法和时间一致。

（三）选择测定路线和测点

1．测定路线的选择

全矿井测定时，应根据通风系统图选择通风路线最长、风量最大的干线作为主要测量路线，然后确定次要路线以及必须测量的局部线路；若进行局部区段的阻力测量，则根据需要在该区段内选择测量路线。选择测定线路时，要考虑在下一个工作班内将该路线测完；当测定路线较长时，可分段、分组测定。

2．测点的选择

测定路线确定后，要根据需要在测定路线上布置测点，并按顺序编号。测点的选择应满足下列要求：

（1）在风路的分叉或汇合地点必须布置测点。如果在分风点或合风点流出去的风流中布置测点时，测点距分风点或合风点的距离不得小于巷道宽度 B 的 8～12 倍；如果在流入分风点或合风点的风流中布置测点时，测点距分风点或合风点的距离一般可为巷道宽度 B 的 3 倍，如图 3-4-1 所示。

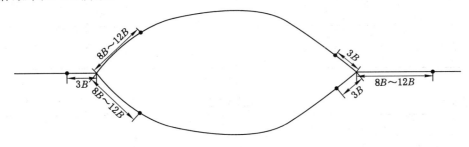

图 3-4-1　测点布置

（2）在并联风路中，只沿一条路线测量风压（因为并联风路各分支的风压相等），其他各风路只布置测风点，测出风量，以便根据相同的风压来计算各分支巷道的风阻。

（3）如巷道很长且漏风较大时，测点的间距宜尽量缩短，以便逐步追查漏风情况。

（4）安设皮托管或静压管时，在测点之前至少有 3 m 长的巷道支架良好，没有空顶、空帮、凹凸不平或堆积物等情况。

（5）在局部阻力特别大的地方，应在前、后设置两个测点进行测量。但若时间紧急，局部阻力的测量可以留待以后进行，以免影响整个测量工作。

（6）测点应按顺序编号并标注明显。为了减少正式测量时的工作量，可提前将测点间距、巷道断面面积测出。

待测量路线和测点位置选好后，要用不同颜色绘制成测量路线示意图，并将测点位置、间距、标高和编号注入图中。

3．下井进行考察

沿选择好的测定路线下井进行实地考察，以保证测定工作顺利进行。观察通风系统有无变化、分叉点，漏风点有无遗漏，测量路线上人员是否能安全通过，沿程巷道的支护状况等。并对各测段巷道状况、支护变化和局部阻力物分布情况做好记录。

4．准备记录表格

为了便于汇总资料和计算阻力，在测量阻力之前应制定好有关原始资料统计表和计算表。主要表格见表 3-4-1 至表 3-4-6。

表 3-4-1　　　　　　　　大气物理参数记录表　　　　　年　月　日

测点	精密气压计读数 /Pa	大气压 /Pa	测点标高 /m	干球温度 /℃	湿球温度 /℃	相对湿度 /%	空气密度 /(kg/m³)	时间

表 3-4-2　　　　　　　　井巷规格记录表　　　　　年　月　日

测点	井巷名称	支护类型	断面形状	井巷规格						测点距离 /m	测点标高
				上宽 /m	下宽 /m	高 /m	斜高 /m	断面积 /m²	周长 /m		

表 3-4-3　　　　　　　　风速的测定　　　　　年　月　日

测点序号	表风速/(m/s)				风速校正系数	风量/(m³/s)	附注
	第一次	第二次	第三次	平均			

表 3-4-4　　　　　　　　倾斜压差计读数的记录表　　　　　年　月　日

巷道名称	始测点	末测点	压差计读数 /Pa	压差计系数	实际阻力差值 /Pa	测段风量 /(m³/s)	百米风阻 /(N·s²/m⁸)

表 3-4-5　　　　　　　　气压计法测试记录整理表　　　　　年　月　日

序号	始测点						末测点						长度 /m	阻力 /Pa	测段风量 /(m³/s)	百米风阻 /(N·s²/m⁸)
	精密气压计读数/Pa		标高 /m	密度 /(kg/m³)	风速 /(m/s)	时间	精密气压计读数/Pa		标高 /m	密度 /(kg/m³)	风速 /(m/s)	时间				
	第1台	第2台					第1台	第2台								

表 3-4-6 巷道阻力测试记录汇总表 年 月 日

序号	巷道名称	断面面积 /m²	断面周长 /m	始点风速 /(m/s)	末点风速 /(m/s)	始点密度 /(kg/m³)	末点密度 /(kg/m³)	测段风量 /(m³/s)	测段长度 /m	巷道长度 /m	实际阻力差值 /Pa	总风阻 /(N·s²/m⁸)	阻力系数 /(N·s²/m⁴)	百米风阻 /(N·s²/m⁸)	备注

三、通风阻力测定方法与步骤

(一)压差计法测算井巷的通风阻力

1. 测定步骤

测量时可将所有人员分为铺设胶皮管、测压和其他参数(风速、大气参数、井巷参数)测量 3 个小组。铺设胶皮管小组的任务是在两测点间铺设胶皮管并在其中的一个(不安设仪器的)测点安设静压管。测压组的任务是安装压差计和仪器附近的静压管,并把来自两个测点的胶皮管与仪器连接起来,读数并做记录。其他参数测量小组的任务是测量测段长度、测点的断面面积、平均风速和大气参数。测点顺序一般是从进风到回风逐段进行。人员多时可分多组在一条线上同时进行测量。

(1)铺设胶皮管组的一人在第一测点架设静压管并在此处待命,该组其余人员沿测量路线铺设胶皮管至第二测点并在此处等候,测压组的人在第二层测点架设静压管并在下风侧处安设连接压差计,读压差计读数,将结果记录于表 3-4-4 中,完成 1～2 测段的测量后通知收胶皮管。

(2)与此同时,其他参数测量小组立即进入测点测量测点的动压、巷道规格、风速、干湿球温度、气压及测点间距,并分别记录在表 3-4-1 至表 3-4-3 中。

(3)在第一测点待命者收胶皮管至第二测点,然后顺风流方向沿测量路线铺设胶皮管,同时一并将三脚架、静压管移至第三测点,按上述相同方法完成 2～3 测段的测量。然后将第二测点的仪器、工具等移至第四测点,依次类推,循序进行,直到测完为止。

若要了解通风系统的阻力分布,则完成系统阻力测定的时间越短越好,以避免系统的通风参数发生变化,不便校核测定结果。

2. 注意事项

(1)静压管应安放在无涡流的地方,其尖端正对风流,防止感受动压。

(2)胶皮管之间的接头应严密、不漏气,胶皮管应铺设在不被人、车、物料挤压的地方,并防止打折和堵塞;拆除后胶皮管的管头应打结,防止水及其他污物进入管内。测量时应注意保护胶皮管,不能使管中进水或其他物质;当胶皮管内、外空气温度不同时,可采用气筒换气的方法使管内外空气温度一致后才能测量。

(3)仪器的安设以调平容易、测定安全、不增大测段阻力和不影响人行及运输为原则,可以设在测段的下风侧风流稳定的断面上,也可以在上风侧 8～12 m 外。对于断面大的倾斜巷道,仪器可设在测段中间,但不要集聚过多的人,以免增大测段阻力。仪器附近巷道的支护应完好,保证人员安全。

(4)使用单管压差计时,上风侧的测点引来的胶皮管应接在"＋"端上,下风侧的胶皮管应接在"—"端上。

(5)仪器开关打开后,液面稳定后即可读数。如果液面波动较大可在 20 s 内连续读几个数字,求其平均值,同时记下波动范围。读值后应与预估计值进行比较,判断读数的可行程度,若出现异常现象,必须查明原因,排除故障,重新测定。

(6)可能出现的异常现象、原因及处理方法如下。无读数或读数偏小,仪器漏气,应检修仪器。在仪器完好时,可能是压差计附近的胶皮管(或接头)漏气,应检查更换,若是胶皮管内因积水,污物进入、打折而堵塞,则应用气筒打气或手动排除。读数偏大,胶皮管上风侧被挤压,应检查故障点,排除即可。读数出现负值,有两种情况:一是仪器的"+"、"—"端接反,换接一下即可;另一种是下风侧测点的断面面积大于上风侧(风速小于上风侧),而两测点间的通风阻力又很小,出现这种情况应将两根胶皮管换接,并在记录的读数前加"—"号。

(7)测压与测风应保持同步进行。

(8)在测定通风系统阻力期间,通风机房水柱计读数应每隔 20 min 记录一次。

(二)气压计法测算井巷的通风阻力

水银气压计携带不方便,空盒气压计精度不够,都不适用于这种测量工作。近年来我国已制成数字显示气压计可供使用。该仪器根据空盒气压计的工作原理,配上放大、测微和显示等部件,使精度提高,最小显示数为 0.1 mbar,量程为 950～1 050 mbar;电池作电源,可工作 15 h 以上,外形尺寸 270 mm×266 mm×215 mm,重 4.6 kg,其工作原理框图如图3-4-2所示。静压传感器由真空压力膜盒、差动变压器及整流电路组成。压力膜盒感受气压变化,形成微小的位移,带动差动变压器使其产生与气压成正比的电讯信号 V_s,整流后输入 I_{C5} 放大器,产生电讯号 V_1,再经 I_{C6} 放大器产生电讯号 V_2,输入数字电压表,显示出大气压值。前苏联制成的自记式微压计,也是用真空压力膜盒作为静压传感器的主要部件,并配上放大、测微、自记录等部件,使精度提高,最小刻度数为 0.02 mmHg,量程为 640～860 mm Hg,肉眼读数,还能自动记录。其外形尺寸为 180 mm×230 mm×250 mm,重约 6 kg。

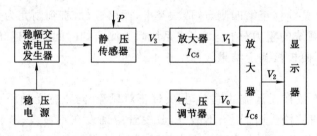

图 3-4-2 数字显示气压计工作原理图

用气压计测量通风阻力,实质是基于能量守恒原理,测定各测点间的空气静压差、动压差以及位压差,进而计算测点间通风阻力。即:

$$h_{r1-2} = (P_1 - P_2) + g\rho_{12}Z + \left(\rho_1 \frac{v_1^2}{2} - \rho_2 \frac{v_2^2}{2}\right) \tag{3-4-1}$$

式中,P_1,P_2 分别为起末两测点风流的绝对静压,Pa;其他符号意义同前。

气压计法又分为基点法和同步法。基点法就是在井口调整好两台精密气压计,并记录初读数。其中一台留在原地监视大气压力变化,每隔 10～15 min 记录一次读数,作为校正大气压力变化的依据;另一台沿规定的测定线路,按顺序分别测出各测点风流的绝对静压。在大气压和通风状况没有变化的情况下,仪器在两测点的读数差就是该测量段的静压差。该测定方法是使用气压计测定阻力的主要方法。

同步法就是将两台精密气压计Ⅰ、Ⅱ在 1 测点调整好并记录初读数后,然后将仪器Ⅱ移置于 2 测点,在约定时间内两台仪器同时读数。然后再把 1 测点的仪器Ⅰ移至 2 测点,同时读数记录后,在把仪器Ⅱ移至 3 测点,再在约定时间内两台仪器同时读数。如此重复循环前进直至整个线路测完。同步法由于两个测点的静压值是同时读取的,所以不需要进行大气压力变化的校正,但该测定方法比较麻烦。

1. 测定步骤

利用气压计法测定井巷通风阻力时,要始终保持 2 个测点的同步测定是相当困难的,因此矿井通风阻力测定主要采用基点法。其步骤如下:

(1)将两台仪器同放于某点处,将电源开关拨至通位置,等待 15～20 min 后记录基点绝对压力值。

(2)按差压键,并将记忆开关拨于记忆位置,再将仪器的时间对准。

(3)将一台仪器留于基点处测量基点的大气压力变化情况,每间隔 5 min 的倍数时间记录一次。

(4)另一台仪器沿着测量路线逐点测定各测点的压力,测定时将仪器平放于测点,每个测点读数 3 次,也每间隔 5 min 的倍数时间记录一次。

(5)测定时先测测点的相对压力,然后测巷道断面平均风速和断面尺寸,最后测温度和湿度,分别记录于表 3-4-1、表 3-4-2、表 3-4-3 和表 3-4-5 中。如此逐点进行,直到将所有测点测完为止。

2. 注意事项

(1)由于矿井的通风状态是变化的,井下大气压的变化有时滞后于地面大气压的变化,在同一时间内变化幅度也与地面不同,所以校正用的气压计最好放在井底车场附近。

(2)用矿井通风综合参数检测仪测定平均风速和湿度时,由于受井下环境的影响较大,所以测得的结果往往误差较大,故在实际测定通风阻力时,一般用机械风表和湿度计测测点的巷道断面平均风速和湿度。

(3)测定最好选在天气晴朗、气压变化较小和通风状况比较稳定的时间内进行。

(三)测定方法的选择

用压差测量通风阻力时,只测定压差计读数和动压差值,就可以测量出该段通风阻力,不需要测算位压。该法数据整理比较简单,测量的结果比较精确,一般不会返工,所以标定井巷风阻和计算摩擦阻力系数时,多采用压差计法。但这种方法收放胶皮管的工作量很大,费时较多,尤其是在采煤工作面、井筒内、行人困难井巷及特长距离巷道内,不宜采用此方法。

用气压计法测量通风阻力,不需要收放胶皮管和静压管,测定简单。由于仪器有记忆功能(矿井通风综合参数检测仪),在井下用一台数字气压计就可以将阻力测量的所有参数测出,省时省力,操作简单,但位压很难准确测算,精度较差,故一般适用于无法收放胶皮管或大范围测量矿井通风阻力分布的场合。

（四）数据处理与测算

1. 空气密度计算

测点空气密度按式(3-4-2)计算：

$$\rho = 0.003\ 484 \frac{P_0 - 0.377\ 9\varphi P_w}{273.15 + t} \tag{3-4-2}$$

式中，ρ 为空气密度，kg/m^3；P_0 为测点风流的绝对静压，Pa；φ 为空气的相对湿度，$\%$；t 为空气温度，$℃$；P_w 为饱和水蒸气分压力，Pa。

2. 巷道断面面积和周长计算

使用断面仪直接获取巷道断面面积和周长；或者按巷道断面形状，根据测量数据计算其断面面积和周长，如表 3-4-7 所示：

表 3-4-7   **巷道断面面积求法**

序号	断面形状	断面积	周长	备注
1	三心拱	$S = B \times (H - 0.086\ 7B)$	$U = 3.85 \times \sqrt{S}$	
2	半圆拱	$S = B \times (H - 0.107\ 3B)$	$U = 3.90 \times \sqrt{S}$	B：巷道宽度或腰线间宽度，m；H：巷道高，m；R：圆巷道断面半径，m
3	梯形	$S = B \times H$	$U = 4.16 \times \sqrt{S}$	
4	矩形	$S = B \times H$	$U = 2 \times (B + H)$	
5	圆形	$S = \pi \times R^2$	$U = 2 \times \pi \times H$	

3. 平均风速计算

每测点取三次实际测量风速值，然后求取算术平均值作为该测点的平均风速。

4. 风量计算

风量按式(3-4-3)计算：

$$Q = S \cdot v \tag{3-4-3}$$

式中，Q 为测点风量，m^2/s；S 为测点面积，m^2；v 为测点风速，m/s。

5. 动压计算

动压按式(3-4-4)计算：

$$h_v = \frac{1}{2}\rho v^2 \tag{3-4-4}$$

式中，h_v 为测点的动压，Pa。

6. 通风阻力计算

（1）倾斜压差计法

两测点间压力差按式(3-4-5)计算：

$$h_{ij} = k \cdot L \tag{3-4-5}$$

式中，h_{ij} 为两测点间压力差，Pa；k 为倾斜压差计系数；L 为倾斜压差计读数，Pa。

两测点间通风阻力按式(3-4-6)计算：

$$h_{rij} = h_{ij} + h_{vi} - h_{vj} \tag{3-4-6}$$

式中，h_{rij} 为两测点间通风阻力，Pa；h_{vi} 为测点 i 的动压值，Pa；h_{vj} 为测点 j 的动压值，Pa。

（2）气压计基点测定法

按式（3-4-7）计算：

$$h_{rij} = k''(h''_i - h''_j) - k'(h'_i - h'_j) + \rho_{ij}g(z_i - z_j) + (h_{vi} - h_{vj}) \tag{3-4-7}$$

式中，k'、k'' 为气压计 Ⅰ、Ⅱ 的校正系数；h''_i、h''_j 为气压计 Ⅱ 在测点 i、j 的读数，Pa；h'_i、h'_j 与 h''_i、h''_j 对应时间气压计 Ⅰ 的读数，Pa；z_i、z_j 为测点 i、j 的标高，m；ρ_{ij} 为测点 i、j 间的空气密度的平均值，kg/m^3。

（3）气压计同步测定

按式（3-4-8）计算：

$$h_{rij} = k''(h''_i - h''_j) - k'(h'_i - h'_j) + \rho_{ij}g(z_i - z_j) + (h_{vi} - h_{vj}) \tag{3-4-8}$$

式中，h''_i、h''_j 为气压计 Ⅱ 在测点 i、j 的读数，Pa；h'_i、h'_j 与 h''_i、h''_j 对应时间气压计 Ⅰ 的读数，Pa。

7. 巷道风阻

（1）两测点间风阻计算

两测点间风阻按式（3-4-9）计算：

$$R_{ij} = \frac{h_{rij}}{Q_{ij}^2} \tag{3-4-9}$$

式中 R_{ij} 为测点 i、j 间的风阻，$N \cdot s^2/m^8$；Q_{ij} 为测点 i、j 间风量的算术平均值，m^3/s。

（2）两测点间标准风阻计算

两测点间标准风阻按式（3-4-10）计算：

$$R_{sij} = \frac{1.2}{\rho_{ij}} R_{ij} \tag{3-4-10}$$

式中，R_{sij} 为标准空气密度下测点 i、j 间标准风阻，$N \cdot s^2/m^8$。

（3）巷道百米标准风阻计算

若 R_{ij} 为风阻，则巷道百米标准风阻按式（3-4-11）计算：

$$R_{100} = \frac{100}{L_{ij}} R_{sij} \tag{3-4-11}$$

式中，R_{100} 为巷道百米标准风阻，$N \cdot s^2/m^8$，L_{ij} 为测点 i、j 间距离，m。

（4）两测点间巷道摩擦阻力系数计算

$$\alpha_{ij} = \frac{R_{ij}S^3}{UL_{ij}} \tag{3-4-12}$$

式中，α_{ij} 为巷道摩擦阻力系数，$N \cdot s^2/m^4$；S 为巷道断面面积，m^2；U 为巷道断面周长，m；L_{ij} 为两测点间距离，m。

（5）通风路线的总阻力计算

通风路线的总阻力按式（3-4-13）计算：

$$h_r = \sum h_{rij} \tag{3-4-13}$$

式中，h_r 为通风路线的总阻力，Pa；h_{rij} 为一条通路上所有两测点 i、j 间通风阻力，Pa。

四、通风总阻力和总风阻测算

研究及统计结果表明：新设计矿井的通风系统中，进风段阻力占总阻力 25％、用风段占 45％、回风段占 30％为宜。一般地，随着矿井服务年限的增加，回风段的阻力会有所增大，但多数以回风段的阻力不超过 60％为宜。实际测定表明，大多数矿井回风段的通风阻力占总阻力的 60％～85％，只有少数矿井采区的通风阻力为总阻力的 40％～50％。矿井主要通风机的工作方法不同,矿井通风总阻力的测算式略异。

1. 对于抽出式通风的矿井

如图 3-4-3 所示,风流自静止的地表大气(其绝对静压是 P_0,速压等于零)开始,经过进风口 1 沿井巷到主要通风机进风口 2,沿途所遇到的摩擦阻力与局部阻力的总和就是抽出式通风的矿井通风总阻力 h_r。据能量方程可知:

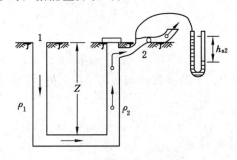

图 3-4-3 抽出式通风矿井通风总阻力计算示例

$$h_r = (P_0 - P_{s2}) + (0 - h_{v2}) + (Z\rho_1 g - Z\rho_2 g), \quad \text{Pa}$$

式中 P_0, P_{s2}——分别是地表大气和 2 断面风流的绝对静压,Pa;

h_{v2}——2 断面风流的速压,Pa;

Z——井筒的垂深,m;

ρ_1, ρ_2——分别是进风井和回风井内空气密度的平均值,kg/m³。

2. 断面的相对静压

$$h_{s2} = P_0 - P_{s2}, \quad \text{Pa}$$

该矿井的自然风压是:

$$h_n = Z\rho_1 g - Z\rho_2 g, \quad \text{Pa}$$

则:

$$h_r = h_{s2} - h_{v2} + H_N, \quad \text{Pa} \tag{3-4-10}$$

又因 2 断面的相对全压是:

$$h_{t2} = h_{s2} - h_{v2}, \quad \text{Pa}$$

故又得

$$h_r = h_{t2} + H_N, \quad \text{Pa} \tag{3-4-11}$$

式(3-4-9)和式(3-4-10)就是抽出式通风的矿井 h_r 的测算式。由于 2 断面的风流是紊流,h_{t2} 的读数不太稳定,故常用式(3-4-9)。式中 h_{s2} 的数值较大,其余两项均较小。常用图 3-4-4 所示的方法测量 h_{s2},即靠近 2 断面的周壁固定一圈外径 4～6 mm 的铜管,等距离钻 8 个垂直于风流方向的小眼(直径 1～2 mm),再用一根铜管和这一圈铜管连通,并穿出风硐壁和胶皮管相连,胶皮管另一端和主要通风机房内的压差计相连。用下式计算该矿井不包括外部漏风途径的总风阻 R_r,即

$$R_r = h_r / Q_m^2, \quad \text{N} \cdot \text{s}^2 / \text{m}^8$$

式中,Q_m 为来自井下的总回风量,m³/s,是通过主要通风机的风量 Q_f 与主要通风机附属设备的漏风量之差。

该矿井通风动力(指主要通风机所产生的机械风压与自然风压之和)的工作风阻则用下

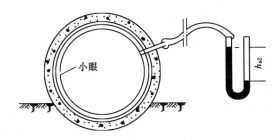

图 3-4-4 h_{s2} 测量方法

式计算：

$$R_r' = h_r / Q_f^2, \quad N \cdot s^2/m^8$$

3. 对于压入式通风的矿井

如图 3-4-5 所示,对于压入式的轴流主要通风机,其风路一般分为抽风段 1—2 和压风段 3—4,实际上的又抽又压式。因抽风段内的空气密度无变化,则如前述,可得该段的通风总阻力为：

$$h_{er} = P_0 - P_{s2} + 0 - h_{v2}$$

式中 P_0——与进风井口同标高的地表大气压力,Pa；

  P_{s2}, h_{v2}——分别为 2 端面的绝对静压和速压,Pa。

压风段的通风总阻力 h_{pr} 是指风流自主要通风机出风口 3 开始,经过井下风路、出风井口 4 到静止的地表大气为止,沿途的摩擦阻力和局部阻力之和。按能量方程可得：

$$h_{pr} = (P_{s3} - P_0) + (h_{v3} - 0) + (Z\rho_1 g - Z\rho_2 g), \quad Pa \qquad (3\text{-}4\text{-}12)$$

式中 P_{s3}, h_{v3}——分别是 3 断面风流的绝对静压和速压,Pa；

  Z——井筒的垂深,m；

  ρ_1, ρ_2——分别是进风井和回风井内空气密度的平均值,kg/m³。

该矿井的通风总阻力 h_r 应为 h_{er} 和 h_{pr} 之和,即上两式相加得：

$$h_r = P_{s3} - P_{s2} + h_{v3} - h_{v2} + Z\rho_1 g - Z\rho_2 g = h_{s3\text{-}2} + h_{v3\text{-}2} + H_N \qquad (3\text{-}4\text{-}13)$$

或

$$h_r = h_{t3} - h_{t2} + h_v \qquad (3\text{-}4\text{-}14)$$

式中 $h_{s3\text{-}2}$——3 断面和 2 断面的绝对静压之差,可用图中所示的连接方法,用差压计直接测出来,Pa；

  $h_{v3\text{-}2}$——3 断面和 2 断面的速压之差,数值很小,Pa；

  H_N——该矿井的自然风压,Pa；

  h_{t2}, h_{t3}——分别是 2 断面和 3 断面的相对全压,Pa。

然后用 h_r 和流向井下的总进风流 Q_m 计算该矿井不包括外部漏风途径的总风阻,用 h_r 和通过主要通风机的风量 Q_f 计算该矿通风动力的工作风阻。

为了提高压入式的矿井通风能力,节省电耗,图 3-4-5 中的抽风段要设法取消,让该主要通风机的进风口 2 直接和地表大气相通。这样,压入式矿井的通风总阻力 h_r 就只是上述压风段的总阻力。故由式(3-4-13)可得测算式为：

$$h_r = h_{s3} + h_{v3} + H_N \qquad (3\text{-}4\text{-}15)$$

或

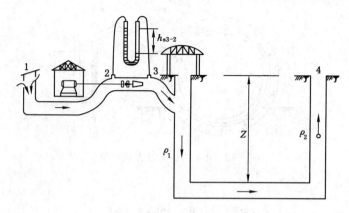

图 3-4-5　压入式轴流主要通风机风路

$$h_r = h_{t3} + H_N \qquad (3\text{-}4\text{-}16)$$

式中　h_{s3}——3 断面的相对静压,Pa。

其他符号的意义同前。

4. 测定结果检验

受仪器本身的精度及人为等多种因素的影响,通风阻力的测定结果难免存在一定的误差,只有将这种误差限定在一定范围内,才能保证测定结果的可靠性,因此必须对测定结果进行精度检验。

矿井系统阻力测定误差是指按通风机房水柱计读数计算出的系统理论通风阻力与实测系统通风阻力相比较而得出的相对误差,其值可按式(3-4-17)计算:

$$\delta = \frac{|h_r - h'_r|}{h'_r} \times 100\% \qquad (3\text{-}4\text{-}17)$$

式中,h_r 为系统实测通风阻力,Pa;h'_r 由通风机房水柱计读数计算出的系统理论通风阻力,Pa。

系统理论通风阻力可按式(3-4-18)计算:

$$h'_r = h_s - h_v + H_N, \quad Pa \qquad (3\text{-}4\text{-}18)$$

式中,h_s 为风机房水柱计读数,Pa;h_v 为风硐内测压断面的速压,Pa;H_N 为矿井自然风压,Pa。

根据矿井通风系统阻力的大小,矿井通风系统阻力的测定精度应符合如表 3-4-6 所列标准。

表 3-4-6　　　　　　　　　　　矿井通风系统阻力测定精度表

矿井通风系统阻力/Pa	≤1 500	15 00~3 000	≥3 000
相对误差/%	15~10	10~5	≤5

五、通风阻力测定报告的编写

测量矿井通风阻力是矿井通风管理部门的日常和基础工作之一,是进行通风管理和通风设计的依据,也是掌握生产矿井通风情况的重要手段。《规程》规定:新井投产前必须进行1 次矿井通风阻力测定,以后每 3 年至少进行 1 次。矿井转入新水平生产或改变一翼通风系统后,必须重新进行矿井通风阻力测定。

通风阻力测定报告内容主要包括:矿井的通风和生产概况,测定目的和要求,测定路线选择,人员组织,使用仪器,测量方法,测定结果,矿井通风阻力分布,改善矿井通风状况的建议等。

复习思考题与习题

3-1 通风阻力有几种形式? 产生阻力的物理原因是什么? 降低通风阻力有什么意义?

3-3 摩擦阻力系数 α 与哪些因素有关。

3-4 根据摩擦阻力计算式,简述降低摩擦阻力的方法。

3-5 根据局部阻力产生原因,简述降低局部阻力的方法。

3-6 风阻和阻力是不是同一概念? 两者的关系如何? 各受什么因素影响?

3-7 简述矿井通风等积孔的概念。

3-8 简述测定矿井通风阻力的主要目的和阻力测量的基本内容。

3-9 已知某矩形锚网支护巷道的摩擦阻力系数 $\alpha=0.017\,7\ \mathrm{N\cdot s^2/m^4}$,巷道长度 $L=2\,000\ \mathrm{m}$,净断面积 $S=12\ \mathrm{m^2}$,周长 $U=14.2\ \mathrm{m}$,通过风量 $Q=1\,000\ \mathrm{m^3/min}$,求其摩擦风阻和摩擦阻力。

3-10 平巷为锚杆喷浆支护,三心拱形断面,如题 3-10 图所示,$B=4\ \mathrm{m}$,$H=1.2\ \mathrm{m}$,$h=B/3$,巷道长 $L=250\ \mathrm{m}$,求该巷道的摩擦风阻。$[S=B(H+0.263B),U=2.33B+2H]$

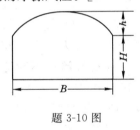

题 3-10 图

3-11 某矿为并列式通风系统,总进风量 $Q=9\,000\ \mathrm{m^3/min}$,总风压 $h=2\,394\ \mathrm{Pa}$。试求矿井总风阻 R_{m}、等积孔 A。

第四章 通 风 动 力

矿井中的空气之所以能在巷道中运动而形成风流,是由于风流的起末点间存在着能量差。这种能量差的产生,若是由通风机提供的,则称为机械通风;若是由矿井自然条件产生的,则称为自然通风。机械风压和自然风压都是矿井通风的动力,用以克服矿井的通风阻力,促使空气流动。但自然风压一般较小且不稳定,难以满足矿井通风的要求,因此,《规程》规定:矿井必须采用机械通风。

第一节 自 然 风 压

一、自然风压的形成和计算

1. 自然风压与自然通风

图 4-1-1 为一个简化的矿井通风系统,2—3 为水平巷道,0—5 为通过系统最高点的水平线。如果把地表大气视为断面无限大、风阻为零的假想风路,则通风系统可视为一个闭合的回路。在冬季,空气柱 0—1—2 比 5—4—3 的平均温度较低,平均空气密度较大,导致两空气柱作用在 2—3 水平面上的重力不等。其重力之差就是该系统的自然风压。它使空气源源不断地从井口 1 流入,从井口 5 流出。在夏季时,若空气柱 5—4—3 比 0—1—2 的平均温度低,平均空气密度大,则系统产生的自然风压方向与冬季相反。地面空气从井口 5 流入,从井口 1 流出。这种由自然因素作用而形成的通风叫自然通风。

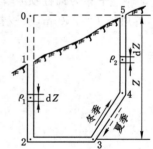

图 4-1-1 简化矿井通风系统

由该图可见,在一个有高程变化的闭合回路中,只要两侧有高差巷道中空气的温度或密度不等,则该回路就会产生自然风压。

2. 自然风压的计算

根据自然风压定义,图 4-1-1 所示系统的自然风压 H_N 可用下式计算:

$$H_N = \int_0^2 \rho_1 g \, dZ - \int_3^5 \rho_2 g \, dZ \qquad (4\text{-}1\text{-}1)$$

式中 Z——矿井最高点至最低水平间的距离,m;

  g——重力加速度,m/s²;

  ρ_1,ρ_2——分别为 0—1—2 和 5—4—3 井巷中 dZ 段空气密度,kg/m³。

由于空气密度受多种因素影响,与高度 Z 具有复杂的函数关系,因此利用式(4-1-1)计算自然风压较为困难。为了简化计算,一般采用测算出的 0—1—2 和 5—4—3 井巷中空气密度的平均值 ρ_{m1} 和 ρ_{m2} 分别代替式(4-1-1)中的 ρ_1 和 ρ_2,则式(4-1-1)可写为:

$$H_N = Zg(\rho_{m1} - \rho_{m2}) \tag{4-1-2}$$

二、自然风压的变化规律及其影响因素

1. 自然风压的变化规律

自然风压的大小和方向,主要受地面空气温度变化的影响。根据实测资料可知,由于风流与围岩的热交换作用使机械通风的回风井中一年四季气温变化不大,而地面进风井中气温随季节变化,两者综合作用的结果,导致一年中自然风压随季节发生周期性的变化。例如在冬季,地面气温很低,空气柱 1—2 比空气柱 5—3 重,风流由 1 流向 2,经出风井 3—4 排至地面;夏季,地面气温高于井筒 3—4 内的平均气温,使风流由 2—1 排出。而在春秋季节,地面气温与井筒内空气柱的平均气温相差不大,自然风压很小,因此,将造成井下风流的停滞现象。在一些山区,由于地面气温在一昼夜之内也有较大变化,所以自然风压也会随之发生变化,夜晚,1—2 段进风;午间,2—1 段出风。

图 4-1-2 和图 4-1-3 所示分别为浅井和我国北部地区深井的自然风压随季节变化的情形。由两图可以看出,对于浅井,夏季的自然风压出现负值;而对于我国北部地区的一些深井,全年的自然风压都为正值。

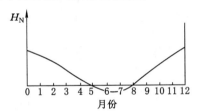

图 4-1-2　浅井自然风压示意图

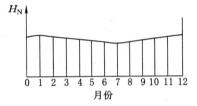

图 4-1-3　深井自然风压示意图

2. 自然风压的影响因素

由式(4-1-1)可见,影响自然风压的决定性因素是两侧空气柱的密度差,而空气密度除了受温度 T 的影响,还受大气压力 P、气体常数 R 和相对湿度 φ 等因素影响。

(1) 矿井某一回路中两侧空气柱的温差是影响 H_N 的主要因素。影响气温差的主要因素是地面入风气温和风流与围岩的热交换。其影响程度随矿井的开拓方式、采深、地形和地理位置的不同而有所不同。

(2) 空气成分和湿度影响空气的密度,因而对自然风压也有一定影响,但影响较小。

(3) 空气密度随井深增加而增加。由式(4-1-2)可见,当两侧空气柱温差一定时,自然风压与矿井或回路最高与最低点(水平)间的高差 Z 成正比。

(4) 主要通风机工作对自然风压的大小和方向也有一定影响。因为矿井主要通风机工作决定了主风流的方向,改变了自然通风时的矿内气压分布,加之风流与围岩的热交换,使冬季回风井气温高于进风井。在进风井周围形成了冷却带以后,即使风机停转或通风系统改变,这两个井筒之间在一定时期内仍有一定的气温差,从而仍有一定的自然风压起作用。有时甚至会干扰通风系统的正常通风工作,这在建井时期表现尤其明显。如淮南潘一矿及浙江长广一号井在建井期间改变通风系统时都曾遇到这个问题。

三、自然风压的控制和利用

自然风压既可作为矿井通风的动力,也可能是事故的肇因。因此,研究自然风压的控制和利用具有重要意义。

（1）新设计矿井在选择开拓方案、拟定通风系统时，应充分考虑利用地形和当地气候特点，使在全年大部分时间内自然风压作用的方向与机械通风风压的方向一致，以便利用自然风压。例如，在山区要尽量增大进、回风井井口的高差；进风井井口布置在背阳处等。

（2）根据自然风压的变化规律，应适时调整主要通风机的工况点，使其既能满足矿井通风需要，又可节约电能。例如在冬季自然风压帮助机械通风时，可采用减小叶片角度或转速方法降低机械风压。

（3）在多井口通风的山区，尤其在高瓦斯矿井，要掌握自然风压的变化规律，防止因自然风压作用造成某些巷道无风或反向而发生事故。

图 4-1-4 是某矿因自然风压使风流反向示意图。

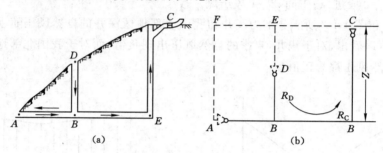

图 4-1-4　自然风压使风流反向示意图

该矿为抽出式通风，冬季 AB 平硐和 BD 立井进风，$Q_{AB} = 2\,000\ \text{m}^3/\text{min}$，夏季平硐自然风压作用方向与主要通风机相反，平硐风流反向，出风量 $Q' = 300\ \text{m}^3/\text{min}$，反向风流把平硐某处涌出的瓦斯带至硐口的给煤机附近，因电火花引起瓦斯爆炸。下面就此例分析平硐 AB 风流反向的条件及其预防措施。如图 4-1-4（b）所示，对出风井来说夏季存在两个系统自然风压。

$ABB'CEFA$ 系统的自然风压为：

$$H_{NA} = Zg(\rho_{CB'} - \rho_{FA})$$

$DBB'CED$ 系统的自然风压为：

$$H_{ND} = Zg(\rho_{CB'} - \rho_{EB})$$

式中　$\rho_{CB'}$，ρ_{FA}，ρ_{EB}——分别为 CB'、FA 和 EB 空气柱的平均密度，kg/m^3。

自然风压与主要通风机作用方向相反，相当于在平硐口 A 和进风立井口 D 各安装一台抽风机。设 AB 风流停滞，对回路 $ABDEFA$ 和 $ABB'CEFA$ 可分别列出压力平衡方程：

$$\begin{cases} H_{NA} - H_{ND} = R_D Q^2 \\ H_S - H_{NA} = R_C Q^2 \end{cases} \tag{4-1-3}$$

式中　H_S——风机静压，Pa；

　　　　Q——$DBB'C$ 风路风量，m^3/s；

　　　　R_D，R_C——分别为 DB 和 $BB'C$ 分支风阻，$\text{N·s}^2/\text{m}^8$。

方程组（4-1-3）中两式相除，得：

$$\frac{H_{NA} - H_{ND}}{H_S - H_{NA}} = \frac{R_D}{R_C} \tag{4-1-4}$$

此即 AB 段风流停滞条件式。

$$\frac{H_{NA} - H_{ND}}{H_S - H_{NA}} > \frac{R_D}{R_C} \tag{4-1-5}$$

则 AB 段风流反向。根据式(4-1-5),可采用下列措施防止 AB 段风流反向:① 加大 R_D;② 增大 H_S;③ 在 A 点安装风机向巷道压风。

为了防止风流反向,必须做好调查研究和现场实测工作,掌握矿井通风系统和各回路的自然风压,以及各井巷风阻,以便在适当的时候采取相应的措施。

(4)在建井时期,要注意因地制宜和因时制宜利用自然风压通风,如在表土施工阶段可利用自然通风;在主副井与风井贯通之后,有时也可利用自然通风;有条件时还可利用钻孔构成回路,形成自然风压,解决局部地区通风问题。

(5)利用自然风压做好非常时期通风。一旦主要通风机因故遭受破坏时,便可利用自然风压进行通风。这在矿井制定事故预防和处理计划时应予以考虑。

第二节 矿用通风机类型及构造

矿用通风机按其服务范围和所起的作用分为三种:

(1)主要通风机 担负整个矿井或矿井的一翼或一个较大区域通风的通风机,称为矿井的主要通风机。主要通风机必须昼夜运转,它对矿井安全生产和井下工作人员的身体健康、生命安全关系极大。主要通风机一般安装在地面上,是矿井重要的耗电设备之一。所以对主要通风机的选用,必须从安全、技术、经济等方面进行综合考虑。

(2)辅助通风机 用来帮助矿井主要通风机对一翼或一个较大区域克服通风阻力,增加风量的通风机,称为主要通风机的辅助通风机。目前煤矿井下已很少使用辅助通风机,煤(岩)与瓦斯(二氧化碳)突出矿井,严禁设辅助通风机。

(3)局部通风机 为满足井下某一局部地点通风需要而使用的通风机,称为局部通风机。局部通风机主要用作井巷掘进通风,将在后续章节中讨论。

本章重点讨论主要通风机。矿用主要通风机按其构造和工作原理不同,可分为离心式通风机和轴流式通风机两大类,其中轴流式通风机又可分为普通式和对旋式两种。

一、离心式通风机

图 4-2-1(a)是离心式通风机的构造及其在矿井风井口安装作抽出式通风的示意图。

离心式通风机主要由动轮(工作轮)、蜗壳体、主轴、锥形扩散器和电动机等部件构成。工作轮 1 由双曲面形的前盘、平板状的后盘和夹在两者之间的轮毂上的叶片组成,如图 4-2-1(b)所示。它由主轴 4 带动旋转。主轴 4 两端分别由止推轴承 5 和径向轴承 6 支撑。这两个轴承由机架 8 支撑并和机座 11 固定。主轴 4 和电动机 14 通过齿轮联轴节 9 连接,形成直接传动(也有用胶带传动的)。前导器 7(有的通风机没有前导器)是用来调节风流进入主要通风机叶轮时的方向,以调节主要通风机所产生的风压和风量。要使主要通风机紧急停转时可由制动器 10 完成。通风机吸风口 12 与风硐 15 相连,通风机房 13 中通常设有能反映通风机工作状况的各种仪表和电力拖动装置等。

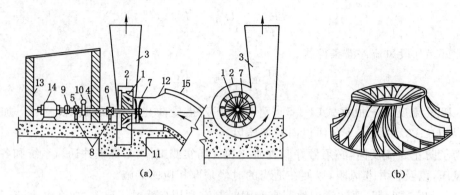

图 4-2-1　离心式通风机的构造

1——工作轮；2——蜗壳体；3——扩散器；4——主轴；5——止推轴承；6——径向轴承；7——前导器；

8——机架；9——联轴节；10——制动器；11——机座；12——吸风口；13——通风机房；

14——电动机；15——风硐

当叶轮转动时，靠离心力作用（离心式通风机的命名由此而来），空气由吸风口 12 进入，经前导器进入叶轮的中心部分，然后折转 90°沿径向离开叶轮而流入机壳 2 中，再经扩散器 3 排出，空气经过主要通风机后获得能量，使出风侧的压力高于入风侧，造成了压差以克服井巷的通风阻力促使空气流动，达到了通风的目的。

根据通风机的叶片角度的不同，离心式通风机可分为径向式、后倾式和前倾式三种，如图 4-2-2 所示，β_2 为叶片出口的构造角，即为风流沿叶片移动的切线 W_2 与圆周速度 u_2 的反方向夹角。对于径向式 β_2 为 90°，后倾式 β_2 小于 90°，而对于前倾式的 β_2 则大于 90°。

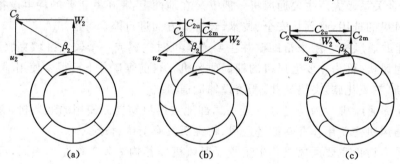

图 4-2-2　离心式通风机叶轮

(a) 径向式；(b) 后倾式；(c) 前倾式

W_2——空气沿叶片出口的相对速度；u_2——动轮外缘圆周速度；

C_2——合速度；C_{2u}——C_2 的切向分量；C_{2m}——C_2 的径向分量

后倾叶片的通风机效率高，所以，中低压大型主要通风机一般都为后倾叶片。小型离心式通风机，为便于制造，多为径向叶片。

离心式通风机有单面吸风口与双面吸风口两种。增加吸风口的目的，在于增加主要通风机的风量。

我国矿井使用的离心式风机主要有 G_4-73、K_4-73、Y_4-73、BK4-72 和 4-73 等系列，该类风机的特点是特性曲线较平缓、无驼峰、运行噪声较小、效率高，且具有启动功率较小等特点。运行时调节门（前导器）可在 0°～70°范围内调节，用以改变运行工况，还可通过配置不同转速的电动机或电动机调速来改变其运行工况,适应性较好。其中 BK4-72 系列离心式风机主要用于风量和通风阻力不是太大的中小型矿井。我国小型煤矿使用该系列风机较多,由于机型小,配置电机的容量也小,可配用 380 V 或 660 V 电压的电机,适用于低压供电的矿井。

二、轴流式通风机

图 4-2-3 是轴流式通风机的构造及其安装在出风口作抽出式通风的装置示意图。它是由工作叶轮、圆筒形外壳、集风器、整流器、前流线体和环形扩散器等组成。

集风器是一个外壳呈曲面形、断面收缩的风筒。前流线体是一个遮盖动轮轮毂部分的曲面圆锥形罩,它与集风器构成环形入风口,以减小入口对风流的阻力。

整流器用来引导由动轮流出的旋转气流以减小涡流损失。

环形扩散器是轴流风机的特有部件,其作用是使环状气流过渡到柱状(风硐或外扩散器内的)空气流,使动压逐渐变小,同时减小冲击损失。

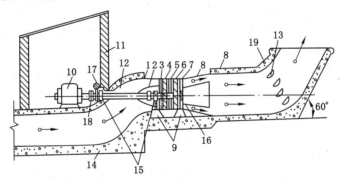

图 4-2-3 轴流式通风机的构造

1——集风器;2——前流线体;3——前导器;4——第一级工作轮;5——中间整流器;
6——第二级工作轮;7——后整流器;8——环行扩散器或水泥扩散器;9——机架;10——电动机;
11——通风机房;12——风硐;13——导流板;14——基础;15——径向轴承;16——止推轴承;
17——制动器;18——齿轮联轴节;19——扩散器

工作轮是由固定在轮轴上的轮毂和在其上等间距安装的若干叶片组成。叶片是用螺栓固定在轮毂上,叶片呈梯形(中间是空的),其横截面和机翼形相似。一个工作轮与其后的一个整流器(导叶)组成一级,依据工作叶轮数不同轴流式通风机有一级(或一段)和二级(或两段)之分。

如果用与机轴同心、半径为 R 的圆柱面来剖开动轮上的叶片,并将此剖面展开成平面,就得到了由叶片剖面排列而成的叶栅,如图 4-2-4 所示。图中叶片剖面弦线与工作轮旋转方向的夹角 θ 称为轴流式通风机的叶片安装角,其大小是可调的。因为通风机的风压、风量的大小与 θ 角有关,所以工作时可根据所需的风量、风压调节 θ 的角度。只有一级叶轮的通风机,θ

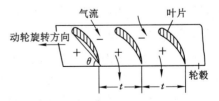

图 4-2-4 轴流式通风机的叶片安装角

θ——叶片安装角;t——叶片间距

角的调节范围是 $10°\sim40°$;二级叶轮的通风机是 $15°\sim45°$,角度可按 $5°$ 或 $2.5°$ 间隔调节。增加工作轮数可增加通风机的风压和风量。

叶片在轮毂上是以相同的安装角和间距分布的,相邻叶片间是空气的流道。当工作轮叶片在空气中快速扫过时,由于叶片的迎面与空气冲击,给空气以能量,产生了正压力,空气则从叶道出口流出;翼背牵动背面的空气而产生负压力,将空气从叶道入口吸入,如此一推一吸造成空气流动,形成穿过翼栅的连续气流。空气经过动轮时获得了能量,即动轮的工作提升了风流的全压。

为了改善轴流式主要通风机的空气动力性能,提高主要通风机效率,新型主要通风机的叶片沿着长度方向做成扭曲形的,如图 4-2-5 所示。在调整扭曲叶片的安装角时,统一按根部的扭角计算。

传动部分有径向轴承、止推轴承和传动轴组成。主要通风机的轴与电动机的轴用齿轮联轴节连接,形成直接传动。

主要通风机运转时,风流经集风机、流线体进入第一级叶轮,再经中间整流器进入第二级叶轮,又经后整流器进入扩散器,最后流入大气。空气经主要通风机叶轮后,获得能量,造成主要通风机进风口与出风口的压差,用来克服风流阻力,达到通风的目的。

目前我国煤矿使用的轴流式主要通风机有 GAF 系列、AGF 系列、ANN 系列等。

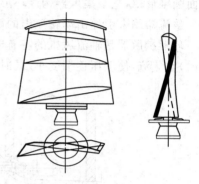

图 4-2-5　扭曲叶片

GAF 系列风机是在引进德国 TLT 公司轴流风机技术的基础上,结合国内矿井通风的实际需要而设计制造的轴流式风机。其特点是采用个性化设计制造,具有较宽的高效性能调节范围、调节自动化程度高等优点,特别适用于需要经常改变运行工况的矿井使用。叶片角度调节方式有液压动叶可调(风机运行中调节动叶角度)和机械式动叶可调(风机停转后可调节动叶角度)两种模式可选,由于叶片角度调节方便,这类风机可通过改变风叶角度实现风机反风,既不需要反风道,也不需要风机反转控制装置。

ANN 系列风机是跨国领先工艺制造厂商豪顿集团生产的轴流式风机。该风机平衡好,振动小,运行平稳可靠;风机自动化程度高,叶片可实现在线自动调节,风机装有温度、失速、振动报警器,出现异常时,可以进行报警与停机;电机直接反转反风,风机反向运行速度快;风机电机在入口箱的一侧,使得风机的结构更加紧凑,与国内其他厂家电机在扩压器一侧风机相比,风机房的造价相对会降低很多。

三、对旋轴流式通风机

如图 4-2-6 所示,对旋轴流式通风机是由入口集流器、前主体筒、Ⅰ级防爆电动机、Ⅰ级中间筒、Ⅰ级叶轮、Ⅱ级中间筒、Ⅱ级叶轮、后主体筒、Ⅱ级防爆电动机、扩散器(消声器)、扩散塔等部件组成。对旋轴流式通风机自身包含电动机,因此风机选型时不需要另外选择电动机。

对旋轴流式风机的特点是一级叶轮和二级叶轮直接对接,旋转方向相反,机翼形叶片的扭曲方向也相反,取消了中置和后置导叶,结构简单,避免了导叶附加的能量损失。在同等条件下,对旋轴流式风机产生的全风压要高于普通轴流式通风机。对旋轴流式风机采用双电机双端驱动的方式,使单部电机容量大幅降低,电动机有内置和外置两种。常见内置式电动机为防爆型,安装在主风筒中的密闭罩内,与通风机流道中的含瓦斯气流隔离,密闭罩中有扁风管与大气相通,以达到散热目的。外置式电动机安装在通风机机壳外的两侧,为非防爆电动机,具有良好的散热条件。由于对旋轴流式通风机采用整体化设计,可避免构筑"S"形风硐、通风机基础和主要通风机房,可节省配套土建工程费用及运行维修费用。

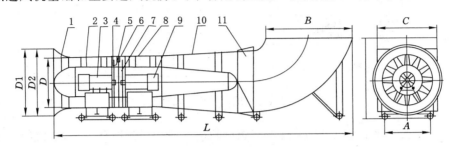

图 4-2-6　对旋压抽式轴流通风机结构示意图

1——集流器;2——前主体筒;3——Ⅰ级防爆电动机,Ⅱ前机壳;4——Ⅰ级中间筒;5——Ⅰ级叶轮

6——Ⅱ级中间筒;7——Ⅱ级叶轮;8——后主体筒;9——Ⅱ级防爆电动机;10——扩散器;11——扩散塔

对旋风机一般是由两个容量及型号都相同的隔爆电动机分别驱动两个相互靠近的叶轮反向旋转。气体进入第一级叶轮获得能量,再经第二级叶轮升压后排出,第二级叶轮兼具整流器(静叶栅)的功能,在获得整直圆周速度分量的同时,给气体以能量。所以,旋风机的气动性能在很大程度上决定于两级叶轮流动的匹配,并且要求工况在一定的变动范围内也能保持这种协调。下面就对旋风机两级叶轮最佳流动的匹配条件作一讨论。

在简单的一元流动中,当空间流型一定时,则沿叶高任意半径处第一级叶轮气体出口绝对速度等于第二级叶轮气体进口绝对速度,这是确保两级叶轮最佳流动的运动学条件。

假定两级叶轮承担相等的负荷,则对旋风机在任一半径上两级叶轮的基元速度三角形如图 4-2-7 所示。图中 1—1 为第一级叶轮进口,2—2 为第一级叶轮出口;3—3 为第二级叶轮进口,4—4 为第二级叶轮出口。两级叶轮进、出口速度的特点如下:

(1) 气流从轴向进入第一级叶轮($C_{11}=C_Z$),在牵连速度 U 的共同作用下,气流以相对速度 W_{11}、进口角 β_{11} 流入第一级叶栅,以相对速度 W_{12}、出口角 β_{12} 流出第一级叶栅,以绝对速度 C_{12} 流出第一级叶轮。

由此得出,对旋风机第一级叶栅的气流特点为:

$$C_{11}=C_Z,C_{11U}=0,\Delta C_U=C_{12U}$$

(2) 由于第二级叶轮前无导流器,则气流以绝对速度 C_{21} 流入第二级叶栅,在与第一级圆周速度方向相反的圆周速度 U 的共同作用下,气流以较大的相对速度 W_{21}、进口角 β_{21} 流入第二级叶栅。由于第二级叶轮后无导流器,为避免出口气流旋绕产生损失,应将第二级叶轮出口速度 C_{22} 方向设计成轴向。

由此得出,对旋风机第二级叶栅的气流特点为:

$$C_{21}=C_Z,C_{22U}=0,\Delta C_U=-C_{21\,U}=C_{12U}$$

按上述方案设计可以实现第一级叶轮轴向进气,第二级叶轮轴向出气。在整个结构上只设两级动轮,不需要设置导叶,结构比较简单,这是目前最常用的设计方案。

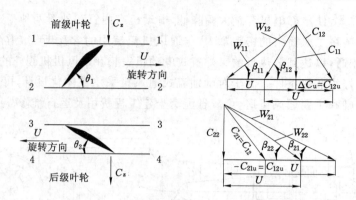

图 4-2-7　对旋轴流式通风机基元速度三角形

对旋风机在设计中常见的问题是第二级叶轮的气流相对速度比较大,导致负荷过大;前后两级叶轮对旋存在相互干扰,噪声要比一般轴流风机大。因此在设计和使用管理中,可适当减小第二级叶片的剖面弦长、安装角和数量,以抵消因其相对速度增大而造成的负载增量,使两级叶轮的负荷输出达到相互平衡。同时,前后两级叶轮应具有合理的轴向距离(一般为第一级叶片的半倍弦长左右),使相互干扰达到最小。

对旋轴流式通风机作为目前我国矿用通风机的新生代产品,国内已有多家风机厂投入生产,结构性能也不断改进和提高,如湖南湘潭平安电气、山西运城安瑞节能风机有限公司等厂家和西北工业大学合作研制的弯掠组合三维扭曲正交型叶片,使风机的静压效率、噪声等性能指标得到较大提高。

目前我国生产的对旋轴流式主要通风机有 FBCDZ、FCDZ、BDK 等系列。其中 FB-CDZ 系列风机叶轮直径从 1.4～4.4 m,共有 24 个机号;叶片总数有 32 片或 24 片可选;电动机有 6、8、10 和 12 极 4 种三相异步电动机可选,适合作为各种井型的矿井主要通风机使用。

第三节　通风机个体特性曲线

一、通风机工作的基本参数

主要通风机工作的基本参数是风量、风压、功率和效率,它们共同表达主要通风机的规格和特性。

1. 主要通风机的工作风量

主要通风机的工作风量指单位时间内通过风机入口的空气体积,亦称体积流量,其单位可用 m³/s、m³/min 或 m³/h 表示。当主要通风机作抽出式通风时,主要通风机的风量等于回风道总排风量与井口漏入风量之和;当主要通风机作压入式通风时,主要通风机的风量等于进风道的总进风量与井口漏出风量之和。所以主要通风机的风量要用风速计或皮托管在风硐或主要通风机圆锥形扩散器处实测。风机铭牌上的标注流量一般是指在标准状态下的流量。

2. 主要通风机的工作风压

主要通风机的风压是用其出入口风流的压力参数来反映和测算的。一般分为主要通风机全压、静压和动压。

（1）风机全压 H_{ft}

主要通风机全压是风机对每 1 m³ 空气做的功,它用于克服矿井通风阻力和消耗于出口处的动能损失。其值等于风机出口 2 断面与入口 1 断面[见图 4-3-1(a)]风流的全压之差可用下式计算:

$$H_{ft} = P_{t2} - P_{t1} \tag{4-3-1}$$

式中　P_{t1},P_{t2}——风机入口 1 和出口 2 断面风流的全压。

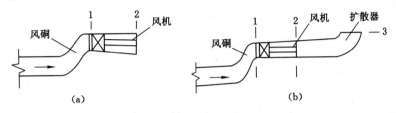

图 4-3-1　矿井主要通风机及其装置示意图

（2）主要通风机静压 H_{fs}

主要通风机产生的全压中用于克服矿井通风阻力的部分,叫主要通风机静压。

（3）主要通风机动压 h_{fv}

主要通风机全压中的出口（2 断面）动能损失部分,叫主要通风机动压。其值可用下式计算:

$$h_{fv} = \frac{\rho}{2s_f^2} Q_f^2 \tag{4-3-2}$$

式中　ρ——空气密度,kg/m³;

　　s_f——风机出口断面积,m²;

　　Q_f——风机风量,m³/s。

故主要通风机的全压还可表示为:

$$H_{ft} = H_{fs} + h_{fv} \tag{4-3-2}$$

3. 主要通风机装置的风压

现以抽出式通风为例说明主要通风机装置风压参数的概念和物理意义。风机出口动压为无益能耗,为了降低其值,采用抽出式通风方式的矿井主要通风机一般均安装有外接扩散器,风机与扩散器一起被称为主要通风机装置。

（1）风机装置全压 H_t

如图 4-3-1(b)所示,风机入口 1 断面与扩散器出口 3 断面风流的全压之差叫主要通风机装置的全压,即:

$$H_t = P_{t3} - P_{t1} \tag{4-3-3}$$

式中　P_{t1},P_{t3}——风机入口 1 和扩散器出口 3 断面风流的全压。

主要通风机装置全压与主要通风机全压之关系为:

$$H_{ft} = H_t + h_{Rd} \tag{4-3-4}$$

式中　h_{Rd}——扩散器阻力。

（2）主要通风机装置静压 H_s

在没有自然风压条件下,主要通风机装置的全压 H_t 等于克服矿井风网阻力 h_{Rm} 与扩散器出口动能 h_{vd} 损失之和,即:

$$H_t = h_{Rm} + h_{vd} \qquad (4\text{-}3\text{-}5)$$

其中克服通风系统阻力所消耗的风压为有益能耗,通常称之为主要通风机装置的静压或有效静压,即:

$$H_s = h_{Rm} \qquad (4\text{-}3\text{-}7)$$

（3）主要通风机装置动压 h_{vd}

扩散器出口动能损失叫主要通风机装置的动压。即:

$$h_{vd} = \frac{\rho}{2 s_d^2} Q_f^2 \qquad (4\text{-}3\text{-}8)$$

式中　S_d——风机扩散器出口断面积,m^2;

　　　其余符号含义同前。

由此可见,主要通风机装置全压与其静压和动压之间有如下关系:

$$H_t = H_s + h_{vd} \qquad (4\text{-}3\text{-}9)$$

主要通风机装置的静压与主要通风机全压的关系是:

$$H_s = H_{ft} - (h_{Rd} + h_{vd}) \qquad (4\text{-}3\text{-}10)$$

一般情况下,安装扩散器后所回收的动压值相对于风机的全压来说很小,所以,通常不把主要通风机与主要通风机装置的参数和特性曲线严加区别。现场通常所说的,以及本书中下面出现的（厂家提供的风机曲线上的全压除外）风机的全压、静压和动压一般都是指风机装置的参数。

4. 主要通风机的功率和效率

（1）主要通风机的有效功率（或输出功率、空气功率）

主要通风机的有效功率（或输出功率、空气功率）是指单位时间内主要通风机对通过风量为 Q_f 的空气所做的功,可分为全压功率和静压功率。

全压功率 $N_t(kW)$:

$$N_t = H_t Q_f \times 10^{-3} \qquad (4\text{-}3\text{-}11a)$$

静压功率 $N_s(kW)$:

$$N_s = H_s Q_f \times 10^{-3} \qquad (4\text{-}3\text{-}11b)$$

（2）主要通风机的轴功率

电动机经传动部件输入给主要通风机的功率叫轴功率,用 N 表示,单位为 kW,主要通风机的轴功率可用下式计算:

$$N = \frac{\sqrt{3}UI\cos\psi}{1\,000}\eta_d\eta_c, \quad kW \qquad (4\text{-}3\text{-}12)$$

式中　U——线电压,V;

　　　I——线电流,A;

　　　$\cos\psi$——功率因数;

　　　η_d——电动机效率,%;

　　　η_c——传动功率,%。

（3）主要通风机的效率

由于风流在机体内流动时会产生冲击、摩擦等各种能量损失,故输入主要通风机的功率要大于有效功率。有效功率与输入功率之比,叫风机的效率,用 η 表示。因为主要通风机的输出功率有全压输出功率与静压输出功率之分,所以主要通风机的效率分全压效率 η_t 与静压效率 η_s。

故主要通风机的轴功率又可表示为:

$$N = \frac{N_t}{\eta_t} = \frac{H_t Q_f}{1\,000\,\eta_t} \tag{4-3-13}$$

或

$$N = \frac{N_s}{\eta_s} = \frac{H_s Q_f}{1\,000\,\eta_s} \tag{4-3-14}$$

式中　η_t, η_s——主要通风机的全压和静压效率。

5. 电动机功率

为带动风机运转而消耗的功率即为电动机功率。可实际测量或按下式计算:

$$N_d = \frac{N}{\eta_d \eta_c} = \frac{H_t Q_f}{1\,000\,\eta_t \eta_d \eta_c} = \frac{H_s Q_f}{1\,000\,\eta_s \eta_d \eta_c} \tag{4-3-15}$$

式中　η_d, η_c——电动机效率和传动效率。

二、通风机的个体特性曲线

主要通风机的风量、风压、功率和效率这四个基本参数可以反映出主要通风机的工作特性。对每一台主要通风机来说,在额定转速的条件下,对应于一定的风量,就有一定的风压、功率和效率与之对应。风量如果变动,其他三者也随之改变。因此,可将主要通风机的风压、功率和效率随风量变化而变化的关系,分别用曲线表示出来,即称为主要通风机的个体特性曲线。这些个体特性曲线必须通过实测来绘制。

主要通风机的个体特性曲线一般形状如图 4-3-2 和图 4-3-3 所示。

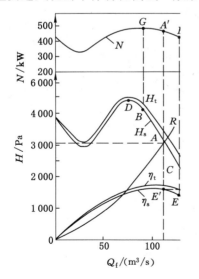

图 4-3-2　轴流风机个体特性曲线

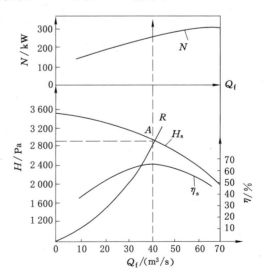

图 4-3-3　离心风机个体特性曲线

1. 风压特性曲线（$H—Q_f$）

轴流式主要通风机的风压特性曲线较陡，并有一个"马鞍形"的"驼峰"区，当风量变化时，风压变化较大。

离心式主要通风机的风压特性曲线比较平缓，当风量变化时，风压变化不大。

2. 功率曲线（$N—Q_f$）

轴流式主要通风机在 B 点的右下侧功率是随着风量的增加而减小，所以启动时应先全敞开或半敞开闸门，待运转稳定后再逐渐关至合适位置，防止启动时电流过大，引起电动机过负荷。

离心式主要通风机当风量增加时功率也随之增大，所以在启动时，应先关闭闸门然后再逐渐打开。

3. 效率曲线（$\eta—Q_f$）

当风量由小到大逐渐增加时，主要通风机效率也逐渐增大，当增到最大值后便逐渐下降。

轴流式主要通风机通常将不同叶片角度的多条曲线绘制在同一坐标系中，此时可将各条风压曲线上的效率相同的点连接起来绘制成曲线，称之为等效率曲线。如图 4-3-4 所示，轴流式主要通风机两个不同的叶片安装角 θ_1 与 θ_2 的风压特性曲线分别为 1 与 2，效率曲线分别为 4 与 3。从各个效率值（如 0.2、0.4、0.6、0.8）画水平虚线，分别与 3、4 曲线相交，可得 4 对相等的交点。从这 4 对交点作垂直虚线分别与相应的个体曲线 1 与 2 相交，又在曲线 1 与 2 上得出 4 对效率相等的交点，然后把相等的效率的交点连接起来，即得出图中 4 条等效率曲线：0.2、0.4、0.6、0.8。

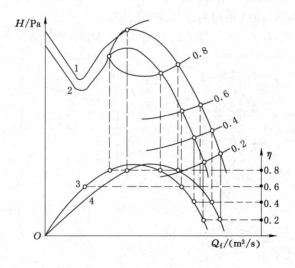

图 4-3-4 等效特性曲线的绘制

1,2——风压特性曲线；3,4——等效特性曲线

三、通风机工况点及合理工作范围

在只有一台主要通风机对通风网络工作，并忽略自然风压作用的情况下，将矿井总风阻 R 曲线和通风机风压特性曲线共同绘制在统一尺度的二维坐标系中，则可得风阻 R 曲线与

风压曲线交于 A 点,此点称为通风机的工况点,如图 4-3-2 和图 4-3-3 所示。工况点的坐标值就是该主要通风机实际产生的静压和风量;通过 A 点作垂线分别与 $N—Q_f$ 和 $\eta_s—Q_f$ 曲线相交的纵坐标 N 值与 η_s 值,分别为主要通风机实际的轴功率和静压效率。从工作点 A 可看出,此时通风机的静风压为 3 040 Pa,风量为 115 m^3/s,功率为 450 kW(A'点),静压效率 0.68(E'点)。

由此可见,可以根据矿井通风设计所算出的需要风量 Q_f 和风压 H 的数据,再从许多条表示不同型号、尺寸、不同转数或不同叶片安装角的主要通风机运转特性曲线中选择一条合适的特性曲线,从而可确定风机的选型。选型合理是要求设计的工况点在 $H—Q_f$ 曲线的位置应满足以下两个条件:

一是从经济方面考虑,所选择的工况点对应主要通风机的静压效率不应低于70%,即工况点应在 C 点以上。

二是从安全的角度,要求风机工况点不能处于不稳定区。实践证明,许多轴流式主要通风机在 $H—Q_f$ 曲线最高点的左侧,风压与风量的关系不再具有唯一性。如果工作点位于风压曲线最高点的左侧即所谓的"驼峰"区时,主要通风机的运转就可能产生不稳定状况,即工作点发生跳动,风压忽大忽小,声音极不正常(喘振现象)。为了防止矿井风阻偶然增加等原因使工况点进入不稳定区,在选择和使用风机时规定风机的实际工作风压不应大于最大风压的 0.9 倍,即工作点应在 B 点以下;在转速上要求其不超过额定转速;对于电动机,要求不超负荷运行并留有一定安全系数。所以轴流式风机在风压曲线上的合理工作范围应是 BC 段(见图 4-3-2)。

由于受到动轮和叶片等部件的结构强度所限,通风机动轮的转速不能超过它的额定转速;轴流式通风机除转速有限制外,还有动轮叶片的安装角 θ 的限制。对于一级动轮的轴流式通风机,最大的 θ 角为45°,超过最大的 θ 角,运行就不易稳定。又考虑到通风机工作的经济性,一级动轮的轴流风机,其 θ 角不小于10°;二级动轮的轴流风机,其 θ 角不小于15°。综上所述,图 4-3-5 中的阴影部分即为主要通风机的合理工作范围。

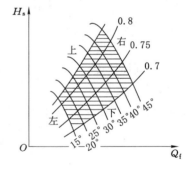

图 4-3-5　主要通风机合理工作范围

应该指出的是,分析主要通风机工况点是否合理时,应使用实测的主要通风机特性曲线,以保持与实际工况点的一致性。

第四节　通风机比例定律与类型特性曲线

本节主要分析同一类型或结构相似的主要通风机的风量、风压、功率及效率与动轮尺寸和转速之间的关系。同一类型、同一系列或结构相似的通风机,其风机内部气流的运动符合流体相似模型的各项准则,具有运动相似和动力相似。

一、无因次系数

1. 通风机的相似条件

两个相似通风机内的气体流动过程相似,或者说它们之间在任一对应点的同名物理量之比保持常数,这些常数叫相似常数或比例系数。同一系列风机在相应工况点的流动是彼此相似的,几何相似是风机相似的必要条件,动力相似则是相似风机的充要条件。几何相似是指主要通风机各部件的对应边成比例,对应角相等;运动相似是指对应点的速度三角形相似,即其对应速度成比例;动力相似是指对应点上各作用力成比例,满足动力相似的条件是雷诺数 $Re=\dfrac{\rho ul}{\nu}$ 和欧拉数 $Eu=\dfrac{\Delta P}{\rho u^{2}}$ 分别相等。同系列风机在相似的工况点符合动力相似的充要条件。

2. 无因次系数

无因次系数主要有:

(1)压力系数 $\overline{H}$

压力系数 $\overline{H}$ 同系列风机在相似工况点的全压和静压系数均为一常数。可用下式表示:

$$\frac{H_t}{\rho u^{2}}=\overline{H}_t, \qquad \frac{H_s}{\rho u^{2}}=\overline{H}_s \tag{4-4-1}$$

或

$$\frac{H}{\rho u^{2}}=\overline{H}=\text{常数} \tag{4-4-2}$$

式中　$\overline{H}_t,\overline{H}_s$——全压系数和静压系数;

　　　　$\overline{H}$——压力系数;

　　　　ρ——空气密度;

　　　　u——圆周速度。

(2)流量系数 $\overline{Q}$

流量系数 $\overline{Q}$ 由几何相似和运动相似可以推得,

$$\frac{Q}{\dfrac{\pi}{4}D^{2}u}=\overline{Q}=\text{常数} \tag{4-4-3}$$

式中　D,u——分别表示两台相似风机的叶轮外缘直径、圆周速度,同系列风机的流量系数
　　　　　　　相等。

(3)功率系数 $\overline{N}$

风机轴功率计算公式 $N=\dfrac{HQ}{1\,000\eta}$ 中的 H 和 Q 分别用式(4-4-2)和式(4-4-3)代入得:

$$\frac{1\,000N}{\dfrac{\pi}{4}\rho D^{2}u^{3}}=\frac{HQ}{\eta}=\overline{N}=\text{常数} \tag{4-4-4}$$

同系列风机在相似工况点的效率相等,功率系数 $\overline{N}$ 为常数。

$\overline{Q}$、$\overline{H}$、$\overline{N}$ 三个参数都不含因次,因此叫无因次系数。

二、比例定律

由式(4-4-2)、式(4-4-3)和式(4-4-4)可见,同类型风机在相似工况点的无因次系数 $\overline{Q}$、

$\overline{H}$、$\overline{N}$ 和 η 是相等的。它们的压力 H、流量 Q 和功率 N 与其转速 n、尺寸 D 和空气密度 ρ 之间成一定比例,这种比例关系叫比例定律。将圆周速度 $u = \pi Dn/60$ 代入式(4-4-2)、式(4-4-3)和式(4-4-4)得:

$$H = 0.002\ 74\rho D^2 n^2 \overline{H} \tag{4-4-5}$$

$$Q = 0.041\ 08D^3 n\overline{Q} \tag{4-4-6}$$

$$N = 1.127 \times 10^{-7} \rho D^5 n^3 \overline{N} \tag{4-4-7}$$

对于 1、2 两个相似风机而言,$\overline{Q}_1 = \overline{Q}_2$、$\overline{H}_1 = \overline{H}_2$、$\overline{N}_1 = \overline{N}_2$,所以其压力、风量和功率之间关系为:

$$\frac{H_1}{H_2} = \frac{0.002\ 74\rho_1 D_1^3 n_1^2 \overline{H}_1}{0.002\ 74\rho_2 D_2^2 n_2^2 \overline{H}_2} = \frac{\rho_1}{\rho_2}\left(\frac{D_1}{D_2}\right)^2 \left(\frac{n_1}{n_2}\right)^2 \tag{4-4-8}$$

$$\frac{Q_1}{Q_2} = \frac{0.041\ 08D_1^3 n_1 \overline{Q}_1}{0.041\ 08D_2^3 n_2 \overline{Q}_2} = \left(\frac{D_1}{D_2}\right)^3 \frac{n_1}{n_2} \tag{4-4-9}$$

$$\frac{N_1}{N_2} = \frac{1.127 \times 10^{-7} \rho_1 D_1^{\ 5} n_1^{\ 3} \overline{N}_1}{1.127 \times 10^{-7} \rho_2 D_2^{\ 5} n_2^{\ 3} \overline{N}_2} = \frac{\rho_1}{\rho_2} \cdot \left(\frac{D_1}{D_2}\right)^5 \cdot \left(\frac{n_1}{n_2}\right)^3 \tag{4-4-10}$$

各种情况下相似风机的换算公式如表 4-4-1 所列。

表 4-4-1   两台相似风机 **H、Q 和 N** 的换算

参数 / 条件	$D_1 \neq D_2$ $n_1 \neq n_2$ $\rho_1 \neq \rho_2$	$D_1 = D_2$ $n_1 = n_2$ $\rho_1 \neq \rho_2$	$D_1 = D_2$ $n_1 \neq n_2$ $\rho_1 = \rho_2$	$D_1 \neq D_2$ $n_1 = n_2$ $\rho_1 = \rho_2$
压力换算	$\dfrac{H_1}{H_2} = \dfrac{\rho_1}{\rho_2} \cdot \left(\dfrac{D_1}{D_2}\right)^2 \cdot \left(\dfrac{n_1}{n_2}\right)^2$	$\dfrac{H_1}{H_2} = \dfrac{\rho_1}{\rho_2}$	$\dfrac{H_1}{H_2} = \left(\dfrac{n_1}{n_2}\right)^2$	$\dfrac{H_1}{H_2} = \left(\dfrac{D_1}{D_2}\right)^2$
风量换算	$\dfrac{Q_1}{Q_2} = \left(\dfrac{D_1}{D_2}\right)^3 \cdot \dfrac{n_1}{n_2}$	$Q_1 = Q_2$	$\dfrac{Q_1}{Q_2} = \dfrac{n_1}{n_2}$	$\dfrac{Q_1}{Q_2} = \left(\dfrac{D_1}{D_2}\right)^3$
功率换算	$\dfrac{N_1}{N_2} = \dfrac{\rho_1}{\rho_2} \cdot \left(\dfrac{D_1}{D_2}\right)^5 \cdot \left(\dfrac{n_1}{n_2}\right)^3$	$\dfrac{N_1}{N_2} = \dfrac{\rho_1}{\rho_2}$	$\dfrac{N_1}{N_2} = \left(\dfrac{n_1}{n_2}\right)^3$	$\dfrac{N_1}{N_2} = \left(\dfrac{D_1}{D_2}\right)^5$
效率换算	$\eta_1 = \eta_2$			

由比例定律知,同类型同直径风机的转速变化时,其相似工况点在等风阻曲线上变化。

三、通风机类型特性曲线

用同类型通风机模型进行实验时,模型尺寸 D、叶片外缘圆周速度 u 及空气密度 ρ 都是已知的,在此条件下测取某个工况点的参数 Q、H、N 及 η 值。而后用式(4-4-2)、式(4-4-3)和式(4-4-4)计算出该系列通风机的 $\overline{Q}$、$\overline{H}$、$\overline{N}$。然后以 $\overline{Q}$ 为横坐标,以 $\overline{H}$、$\overline{N}$ 和 η 为纵坐标,绘出 $\overline{H}$—$\overline{Q}$、$\overline{N}$—$\overline{Q}$ 和 η—$\overline{Q}$ 曲线,此曲线即为该系列风机的类型特性曲线,亦称作通风机的无因次特性曲线。图 4-4-1 和图 4-4-2 分别为 FBDCZ54 系列和 FBDCZ40 系列通风机的类型曲线。可根据类型曲线和风机直径、转速换算得到个体特性曲线。

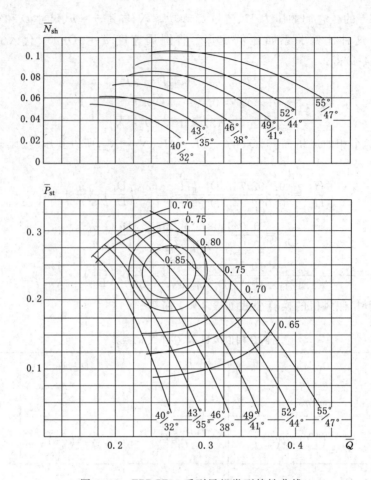

图 4-4-1　FBDCZ54 系列风机类型特性曲线

例 4-4-1　某矿使用的离心式主要通风机特性曲线如图 4-4-3 所示,图上给出三种不同转速 n 的 H_t—Q 曲线,4 条等效率曲线。转速 $n_1 = 630$ r/min,风机工作风阻 $R = 0.536\ 57$ N·s^2/m^8,工况点为 M_0($Q = 58$ m^3/s,$H_t = 1\ 805$ Pa),后来,风阻变为 $R' = 0.793\ 2$ N·s^2/m^8,进风量减小不能满足生产要求,拟采用调整转速方法保持风量 $Q = 58$ m^3/s,求转速需调至多少?

解: 因工作风阻已变,故应先将新风阻 $R' = 0.793\ 2$ N·s^2/m^8 的曲线绘制在图中,得其与 $n_1 = 630$ r/min 曲线的交点为 M_1,其风量 $Q_1 = 51.5$ m^3/s。在此风阻下风量增至 $Q_2 = 58$ m^3/s 的转速 n_2 可按下式求得:

$$n_2 = n_1 Q_2 / Q_1 = 630 \times 58 / 51.5 = 710 \text{ (r/min)}$$

即转速应调至 $n_2 = 710$ r/min,可满足供风要求。

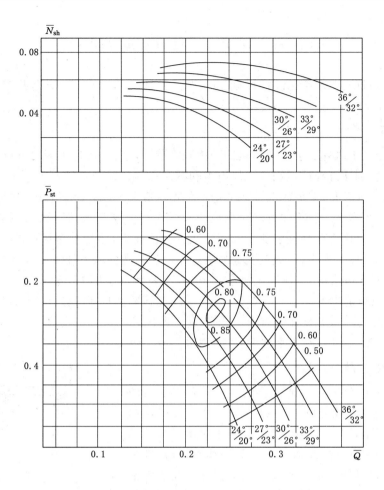

图 4-4-2 FBDCZ40 系列风机类型特性曲线

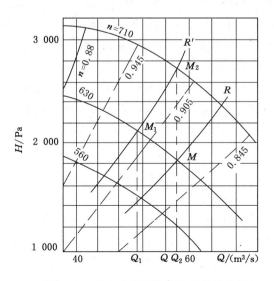

图 4-4-3 离心式主要通风机的特性曲线

第五节 矿井主要通风机附属装置

主要通风机的附属装置包括风硐、扩散器(扩散塔)、防爆门(防爆井盖)以及反风装置等。

一、风硐

风硐是连接出风井和主要通风机的一段联络巷道。由于通过风硐的风量及内外压力差较大,所以应特别注意降低风硐的通风阻力和减少漏风。从风井到风硐是一个变断面的转弯,其通风阻力与转角、断面积比和风井断面的形状有关。风井转弯到风硐的内转角形状对局部风阻有很大影响。应将内外转角做成圆弧形或双折线型(近似双曲线型),以减小转弯的局部阻力;在考虑能合理安装测压和测风装置的情况下,尽量缩短风硐的平直段长度,以减少摩擦阻力。在风硐设计、施工及通风管理中应努力达到以下技术要求:

① 风硐断面适当增大,使其风速小于 10 m/s,最大不超过 15 m/s;

② 风硐风阻值应不大于 0.019 6 N·s²/m⁸,通风阻力应不大于 100～200 Pa;

② 风硐及其闸门等装置的结构要严密,防止漏风;

④ 风硐直线部分要有流水坡度,以防积水。

二、防爆门(防爆井盖)

《规程》规定,装有主要通风机的出风井口应安装防爆门。无论是斜井还是立井的出风井口所安设的防爆门都不得小于出风井口的断面积,并应正对出风井口的风流方向。当井下发生瓦斯或煤尘等爆炸时,爆炸气浪将防爆门揿起,可保护主要通风机免受损坏。在正常情况下,防爆门是气密的,严防风流短路。图 4-5-1 所示为不提升的通风立井井口的钟型防爆盖。井盖 1 用钢板焊接而成,其下端放入凹槽 2 中,槽中盛油密封(不结冰地区用水封),槽深与负压相适应;在其四周用 4 条钢丝绳绕过滑轮 3 用重锤 4 配重;井口壁四周还应装设一定

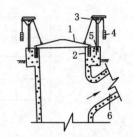

图 4-5-1 立井井口防爆盖示意图
1——防爆井盖;2——密封液槽;
3——滑轮;4——平衡重锤;
5——压脚;6——风硐

量的压脚 5,在反风时用以压住井盖,防止被气压顶开造成风流短路。装有提升设备的井筒设卸压防爆门,一般为铁木结构。与门框接合处应加胶皮垫层以减少漏风。

防爆门(井盖)应设计合理、结构严密、维护良好、动作可靠。

三、扩散器(扩散塔)

抽出式通风时,无论是离心式通风机还是轴流式通风机,在风机的出口都外接一定长度、断面逐渐扩大的构筑物——扩散器。其作用是将主要通风机出风口的速压大部分转变为静压,以减少风机出风口的速压损失,提高主要通风机的有效静压。

如图 4-5-2 所示,轴流式主要通风机的扩散器是由圆锥形内筒和外筒构成的环状扩散器,外圆锥体的敞角可取 7°～12°,内圆锥体的敞角可取 3°～4°。扩散器出口要与外接扩散塔相连。外接扩散塔是一段向上弯曲的风道,一般用砖和混凝土砌筑,其各部分尺寸应根据风机类型、结构、尺寸和空气动力学特性等具体情况而定,总的原则是:阻力小,出口动压损

失小并且无回流（涡流）现象。

对于大型离心式通风机和大、中型轴流通风机，可采用混凝土砌筑的转弯扩散器，常见有 90°立式、60°倾斜型、45°改进型和流线型四种，其入口横断面为方形，出口断面为矩形；立式扩散器也可为圆锥形。断面扩大系数越大，出口的动压损失越小，通风阻力也就越小。但是断面扩大系数增大到一定程度后，在扩散器出风口的边界处，出现了越来越大的涡流区，使出风口的有效通风断面小于实际断面，其通风阻力反而逐渐增大。试验表明，各种不同型式的扩散器均存在一个最优断面扩大系数。在该情况下，出风口恰好无涡流区，通风阻力最小。60°倾斜型、45°改进型和流线型的最优断面扩大系数分别为 1.39、1.73 和 1.6，其局部阻力系数分别为 1.05、0.863 和 0.85。为了进一步减小通风阻力，可以在扩散器转弯处加适量的导流叶片，对于 90°转角扩散器尤为必要，如 GAF 型轴流式通风机就采用了在直角弯道处加导流叶片的立式圆锥形扩散器。

如图 4-5-3 所示，小型离心式主要通风机的扩散器是长方形，其敞角取 8°～10°，出风口断面（S_3）与入风口断面（S_2）之比为 3～4。

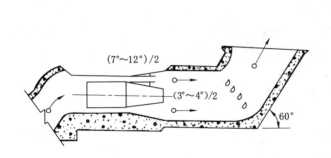

图 4-5-2 轴流式通风机扩散器

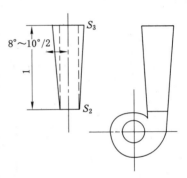

图 4-5-3 离心式通风机扩散器

四、反风装置

反风装置是用来使井下风流反向的一种设施。煤矿必须设有反风装置的原因，是为了使风流能向相反方向流动，防止进风系统中一旦发生火灾、瓦斯或煤尘爆炸时产生的大量的 CO、CO_2 等有毒有害气体沿风流进入采掘区域或其他区域，危及工作人员的生命安全。有时为适应救灾工作的需要，也须反风。

反风方法因风机的类型和结构不同而异。目前反风方法主要有设专用反风道反风、风机反转反风、利用备用风机做反风道反风和调节动叶安装角反风。

1. 反风道反风

利用反风道反风是一种常用且可靠的反风方法，能满足反风要求。图 4-5-4 为轴流式通风机做抽出式通风时利用反风道反风的示意图。正常通风时，风门 1、7、5 均处于水平位置，井下的污浊风流经风硐直接进入通风机，然后经扩散器 4 排到大气中。反风时，风门 1、5、7 打开，新鲜风流由风门 1 经反风门 7 进入风硐 2，由通风机 3 排出，然后经反风门 5 进入反风绕道 6，再返回风硐送入井下。

图 4-5-5 为离心式通风机做抽出式通风时利用反风道反风的示意图。正常通风时，用反风门 1 关闭反风道 3，用反风门 2 关闭风硐的地面空气入口，使井下来的风流经风硐进入

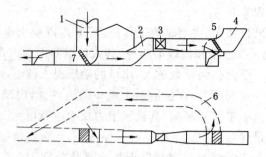

图 4-5-4　轴流式通风机做抽出式通风时利用专用反风道反风示意图
1——反风进风门；2——风硐；3——风机；4——扩散器；5,7——反风导向门；6——反风绕道

主要通风机,从扩散器排入地面大气。反风时,放下反风门 2,同时提起反风门 1,打开反风道 3 关闭扩散器,使地面空气从入口 2 进入主要通风机,由主要通风机作用经反风道 3 送往井下。

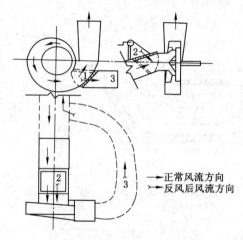

图 4-5-5　离心式通风机做抽出式通风时利用反风道反风示意图
1——反风控制风门；2——反风进风门；3——反风绕道

2. 利用通风机反转反风

使通风机反转反风只适用于轴流式通风机。反风时,将电动机的三相电源线中的任意两相调换相接,使电动机反转,从而使通风机工作轮反转,使井下风流反向。虽然这种反风方法的基建费用少,简便,但反风量一般都不能满足要求。目前,一些新型通风机在设计时已考虑了这一因素,反风量有所提高。

3. 利用备用风机的风道反风(无地道反风)

如图 4-5-6 所示,当两台轴流式通风机并排布置时,工作风机(正转)可利用另一台备用风机的风道作为"反风道"进行反风。图中Ⅱ号风机正常通风时,分风门 4、入风门 6、7 和反风门 9 处于实线位置。反风时风机停转,将分风门 4、反风门 9Ⅰ、9Ⅱ拉到虚线位置,然后开启入风门 6Ⅱ、7Ⅱ,关闭压紧入风门 6Ⅰ、7Ⅰ,再启动Ⅱ号风机,便可实现反风。

4. 调整动叶安装角进行反风

对于动叶可同时转动的轴流式通风机,只要把所有叶片同时偏转一定角度(大约

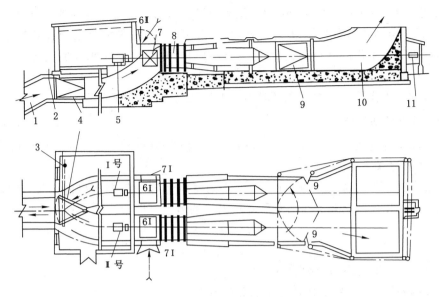

图 4-5-6 轴流式风机无地道反风

1——风硐;2——静压管;3——绞车;4——分风门;5——电动机;6——反风入风顶盖门;

7——反风入风侧门;8——通风机;9——反风门;10——扩散器;11——绞车

120°),不必改变叶(动)轮转向就可以实现矿井风流反向,如图 4-5-7 所示。我国上海鼓风机生产的 GAF 型风机,结构上具有这种性能。国外此种风机较多。

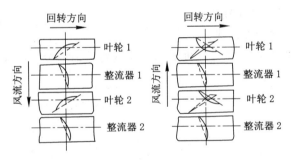

图 4-5-7 调整动叶安装角反风

无论用哪种反风方法反风,煤矿矿井都必须有反风装置,这是我国《规程》规定的。同时《规程》还规定,所装设的反风装置必须能在 10 min 内改变巷道中的风流方向。当风流方向改变后,主要通风机的供给风量不应小于正常风量的 40%,还规定,反风设施由矿长组织有关部门每季度至少要检查一次,每年应进行一次反风演习,当矿井通风系统有较大变化时,也应进行一次反风演习。

第六节　矿井主要通风机联合运转

目前一些大中型矿井,由于矿井范围大,井筒较多,生产中段也多而且逐渐变深,通风系统复杂,用单台主要通风机作业不能满足生产对通风的要求,必须使用多台主要通风机通风,形成多风机共同在通风网络中联合作业的模式。多台主要通风机联合作业在煤矿中很少使用,但在金属矿山多有使用。多台风机联合工作与一台风机单独工作有所不同,如果不能掌握风机联合工作的特点和技术,将会事与愿违,甚至可能损坏风机。因此,分析通风机联合运转的特点、效果、稳定性和合理性是十分必要的。

风机联合工作可分为串联和并联两大类,下面分别予以介绍。

一、风机串联工作

一台风机的进风口直接或通过一段巷道(或管道)联结到另一台风机的出风口上同时运转,称为风机串联工作。

风机串联工作的特点是,通过巷道网络的总风量等于每台风机的风量(不考虑漏风)。两台风机的工作风压之和等于所克服巷道网络的阻力。即:

$$H = H_I + H_{II}$$
$$Q = Q_I = Q_{II}$$

式中　　H——巷道网络的总阻力,Pa;

　　　　H_I,H_{II}——分别为通风机 I 和 II 的风压,Pa;

　　　　Q,Q_I,Q_{II}——分别为巷道网络、通风机 I 和通风机 II 的风量,m^3/s。

风机串联工作一般多用于长距离井巷掘进时的局部通风中。通风机串联工作有如图4-6-1 所示的集中串联和间隔串联等工作方式。另外,串联又分为不同型号的通风机串联和同种型号的通风机串联。由于后者比较简单,在此仅以不同型号的通风机串联为例来分析通风机串联后的特性。

1. 不同型号通风机集中串联工作

(1)串联风机的等效特性曲线

如图 4-6-2 所示,两台不同型号风机 F_I 和 F_{II} 的特性曲线分别为 I、II。两台风机集中

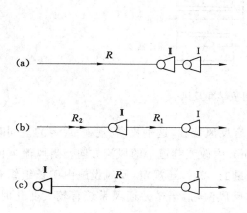

图 4-6-1　通风机串联方式

(a)集中串联;(b)抽出式间隔串联;

(c)压入式间隔串联

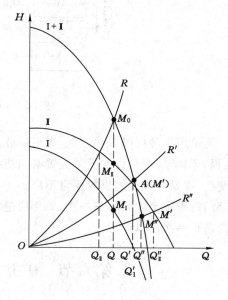

图 4-6-2　两台不同型号风机

集中串联工作

串联的等效合成曲线Ⅰ＋Ⅱ按风量相等风压相加原理求得。即在两台风机的风量范围内，做若干条风量坐标的垂线(等风量线)，在等风量线上将两台风机的风压相加，得该风量下串联等效风机的风压(点)，将各等效风机的风压点联起来，即可得到风机串联工作时的等效合成特性曲线Ⅰ＋Ⅱ。

(2)风机的实际工况点

在风阻为R的巷道网络上风机串联工作时，各风机的实际工况点按下述方法求得：在等效风机特性曲线Ⅰ＋Ⅱ上作巷道网络风阻特性曲线R，两者交点为M_0，过M_0作横坐标垂线，分别与曲线Ⅰ和Ⅱ相交于M_I和M_{II}，此两点即是两风机的实际工况点。

2. 不同型号的通风机间隔串联工作

(1)等效特性曲线

如图4-6-3(a)所示，不同型号的F_I和F_{II}通风机在同一巷道中相距一定间隔串联作压入式通风。图4-6-3(b)中Ⅰ、Ⅱ曲线是各通风机的全压曲线及各段巷道的风阻曲线R_1、R_2。

在任意工况时，在风量相等的条件下，从风压曲线Ⅰ的风压中减去风阻曲线R_1中的通风阻力，即得剩余风压曲线Ⅰ′。Ⅰ′曲线也即假想将通风机F_I按风量相等风压与阻力相减的原则，移位到通风机F_{II}的入风口处的变位通风机F_I'的风压曲线。此时F_I'和F_{II}通风机即成为集中串联对R_2风阻的巷道通风，如图4-6-3(c)所示。将Ⅰ′、Ⅱ曲线按风量相等、风压相加的原则合成曲线Ⅲ，即为风机间隔串联工作等效特性曲线。

(2)风机的实际工况点

由上所述巷道网络变为图4-6-3(d)所示的单一通风机Ⅲ对单一风阻R_2巷道通风的情况。所以R_2曲线与合成曲线Ⅲ的交点M即是F_I'、F_{II}通风机联合工作时的工况点。

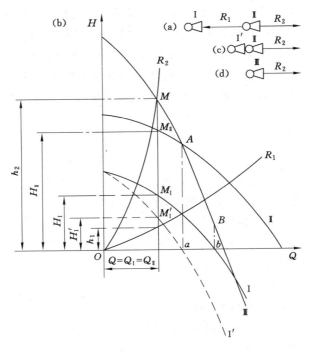

图 4-6-3 通风机间隔串联工作

由 $M(Q,h_2)$ 确定了巷道中的风量 Q 和 R_2 段的通风阻力 h_2。过 M 点的等风量线分别与 I'、I 及 II 曲线交于 M_I'、M_I 及 M_{II} 点，M_I' 点为变位通风机 F_I' 的工况点，点 M_I、M_{II} 分别为通风机 F_I、F_{II} 的工况点。

由 $M_I(Q_I,H_I)$ 点确定了通风机 F_I 的风量 Q_I 和风压 H_I；由 $M_{II}(Q_{II},H_{II})$ 点确定了通风机 F_{II} 的风量 Q_{II} 及风压 H_{II}。过 M 点等风量线与 R_I 曲线的交点确定了 R_I 段的通风阻力 h_I；由 $M_I'(Q_I,H_I')$ 点确定了通风机 F_I 的风压 H_I 在克服通风阻力 h_I 后所剩余的风压 H_I'。显然有下列关系：

$$Q=Q_I=Q_{II}，H=H_I+H_{II}$$
$$H_I=h_I+H_I'，H_{II}+H_I'=h_2$$

由此得

$$H=h_1+h_2=h$$

综上说明：通风机间隔串联工作时，各通风机风量相等，且等于巷道的风量；各通风机风压之和的总风压用来克服各段巷道的通风阻力之和的总阻力。另外还说明：在联合工况点 M 的位置情况下，小通风机 F_I 的风压在克服 R_I 段的通风阻力后，还有剩余风压，这个剩余风压和大通风机 F_{II} 的风压之和用来克服 R_2 段的通风阻力。显然，在此情况下，通风机间隔串联工作是有效的。

为了衡量串联工作的效果，可用等效风机产生的风量 Q 与能力较大的风机 F_{II} 单独工作产生风量 Q_{II} 之差表示。由图 4-6-2 可见，当工况点位于合成特性曲线与能力较大风机的性能曲线 II 交点 A（通常称为临界工况点）的左上方（如 M_0）时，$\Delta Q=Q-Q_{II}>0$，则表示串联有效；当工况点 M' 与 A 点重合（即风阻曲线 R' 通过 A 点）时，$\Delta Q=Q'-Q_{II}=0$，则串联无增风；当工况点 M'' 位于 A 点右下方（即风阻曲线为 R'' 时），$\Delta Q=Q'-Q_{II}<0$，则串联不但不能增风，反而有害，即小风机成为大风机的阻力。后两种情况下串联显然是不合理的。

通过 A 点的风阻为临界风阻，其值大小取决于两风机的特性曲线。欲将两台风压曲线不同的风机串联工作时，事先应将两风机所决定的临界风阻 R' 与巷道网络风阻 R 进行比较，当 $R'<R$ 方可应用。还应该指出的是，对于某一形状的合成特性曲线，串联增风量取决于巷道网络风阻。

3. 自然风压与主要通风机串联工作

（1）自然风压特性

自然风压特性是指自然风压与风量之间的关系。在机械通风矿井中，冬季自然风压随风量增大略有增大；夏季，若自然风压为负时，其绝对值亦将随风量增大而增大。风机停止工作时自然风压依然存在。故一般用平行 Q 轴的直线表示自然风压的特性。如图 4-6-4 中 II 和 II' 分别表示正和负的自然风压特性。

（2）自然风压对风机工况点的影响

在机械通风矿井中自然风压对机械风压的影响，类似于两台风机串联工作。如图 4-6-4 所示，矿井风阻曲线为 R，风机特性曲线为 I，自然风压特性曲线为 II，按风量相等风压相加原则，可得到正负自然风压与风机风

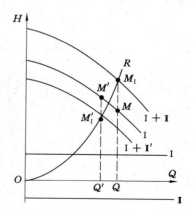

图 4-6-4　自然风压和通风机串联

压的合成特性曲线Ⅰ＋Ⅱ和Ⅰ＋Ⅱ'。风阻R与其交点分别为M_I和M_I'，据此可得通风机的实际工况点为M和M'。由此可见，当自然风压为正时，机械风压与自然风压共同作用克服矿井通风阻力，使风量增加；当自然风压为负时，其成为矿井通风阻力。

二、通风机并联工作

当矿井仅用一台主要通风机工作不能满足矿井所需风量时，可用两台或两台以上主要通风机并联工作来增加矿井风量。主要通风机并联工作有如图4-6-5所示的几种：(a)是两台主要通风机集中并联工作；(b)是两台主要通风机分别安设在对角式通风系统的两翼风井井口上实行对角并联通风；(c)是多井口多台主要通风机施行分区并联通风。在实际中，有时是把风压特性曲线不同风机并联工作，有时是把风压特性曲线相同的风机并联工作。在此仅以前者为例来说明风机并联工作的特性。

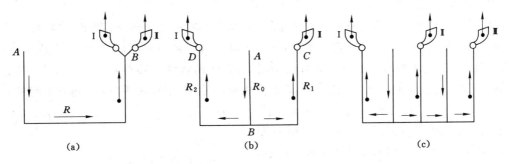

图4-6-5　通风机并联工作

(a)主要通风机集中并联工作；(b)主要通风机对角并联工作；(c)多井口多台主要通风机并联工作

1. 集中并联特性分析

理论上，两台风机的进风口(或出风口)可视为连接在同一点。所以两风机的装置静压相等，等于矿井巷道网络阻力；两风机的风量流过同一条巷道，故通过巷道的风量等于两台风机的风量之和。即

$$h = H_I = H_{II}$$
$$Q = Q_I + Q_{II}$$

式中符号含义同前。

(1) 等效特性曲线

如图4-6-6所示，两台不同型号风机F_I和F_{II}的特性曲线分别为Ⅰ、Ⅱ。两台风机并联后的等效合成曲线Ⅲ可按风压相等风量相加原理求得。即在两台风机的风压范围内，做若干条等风压线(压力坐标轴的垂线)，在等风压线上把两台风机的风量相加，得该风压下并联等效风机的风量(点)，将等效风机的各个风量点连起来，即可得到风机并联工作时等效合成特性曲线Ⅲ。

(2) 风机的实际工况点

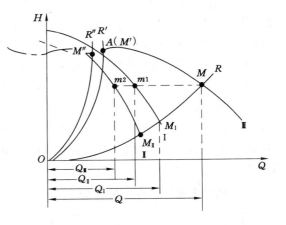

图4-6-6　两台不同型号风机集中并联

风机并联后在风阻为 R 的巷道网络上工作，R 与等效风机的特性曲线Ⅲ的交点 M，过 M 作纵坐标轴垂线，分别与曲线Ⅰ和Ⅱ相交于 m_1 和 m_2，此两点即是两风机的实际工况点。

并联工作的效果，也可用并联等效风机产生的风量 Q 与能力较大风机 F_I 单独工作产生风量 Q_I 之差来分析。由图 4-6-6 可见，当 $\Delta Q = Q - Q_I > 0$，即工况点 M 位于合成特性曲线与大风机曲线的交点 A 右侧时，则并联有效；当巷道网络风阻 R'（称为临界风阻）通过 A 点时，$\Delta Q = 0$，则并联增风无效；当巷道网络风阻 $R'' > R'$ 时，工况点 M'' 位于 A 点左侧时，$\Delta Q < 0$，即此时小风机会反向进风，则并联不但不能增风，反而有害。

此外，由于轴流式通风机的特性曲线存在马鞍形区段，因而合成特性曲线在小风量时比较复杂，当巷道网络风阻 R 较大时，风机可能出现不稳定工作。另外，当两台特性相同风机并联工作时，也同样会存在不稳定运转情况。

2. 对角并联特性分析

如图 4-6-5(b)所示的对角并联通风系统中，两台不同型号风机 F_I 和 F_{II} 的特性曲线分别为Ⅰ、Ⅱ，各自单独工作的风路分别为 OA（风阻为 R_1）和 OB（风阻为 R_2），公共风路 OC（风阻为 R_0）。为了分析对角并联系统的工况点，先将两台风机移至 O 点。方法是，按等风量条件下把风机 F_I 的风压与风路 OA 的阻力相减的原则，求风机 F_I 为风路 OA 服务后的剩余特性曲线 I'，即做若干条等风量线，在等风量线上将风机 F_I 的风压减去风路 OA 的阻力，得风机 F_I 服务风路 OA 后的剩余风压点，将各剩余风压点连起来即得剩余特性曲线 I'。按相同方法，在等风量条件下，把风机 F_{II} 的风压与风路 OB 的阻力相减得风机 F_{II} 为风路 OB 服务后的剩余特性曲线。这样就变成了等效风机 F_I' 和 F_{II}' 集中并联于 O 点，为公共风路 OC 服务[见图 4-6-7(b)]。按风压相等风量相加原理求得等效 F_I' 和 F_{II}' 集中并联的特性曲线Ⅲ，它与风路 OC 的风阻 R_0 曲线交点 M_0，由此可得 OC 风路的风量 Q_0。

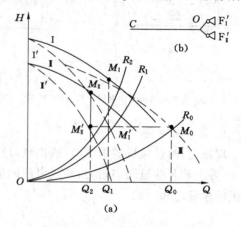

图 4-6-7 对角并联通风系统特性曲线

过 M_0 做 Q 轴平行线与特性曲线 I' 和 II' 分别相交于 M_I' 和 M_{II}' 点。再过 M_I' 和 M_{II}' 点做 Q 轴垂线与曲线Ⅰ和Ⅱ相交于 M_I 和 M_{II}，此即为两台风机的实际工况点，其风量分别为 Q_1 和 Q_2。显然 $Q_0 = Q_1 + Q_2$。

由图可见，每台风机的实际工况点 M_I 和 M_{II}，既取决于各自风路的风阻，又取决于公共风路的风阻。当各分支风路的风阻一定时，公共段风阻增大，两台风机的工况点上移；当公共段风阻一定时，某一分支的风阻增大，则该系统的工况点上移，另一系统风机的工况点下移，反之亦然。这说明两台风机的工况点是相互影响的。因此，采用轴流式通风机做并联通风的矿井，要注意防止因一个系统的风阻减小引起另一系统的风机风压增加，进入不稳定区工作。

三、风机串联与并联工作比较

图 4-6-8 中的Ⅰ、Ⅱ和Ⅲ分别为两台同型号且风压特性曲线相同的风机个体特性曲线、

串联合成特性曲线和并联合成特性曲线,R_1、R_2 和 R_3 分别为大小不同的风阻特性曲线。当风阻为 R_2 时,正好通过串联和并联合成特性曲线的交点 B,显然在该情况下,两台风机串联工作和并联工作增风效果相等,均为 ΔQ,并联工作时的风机的工况点为 M_1,串联工作时的风机的工况点为 M_2。从稳定性角度来看,并联时风机工作在较高压力区,若是轴流式风机则可能发生不稳定运转;从功率消耗的角度来看,若是离心式风机则并联功率消耗较小,若是轴流式风机,则因功率特性曲线的形状和工况点位置不同而异。

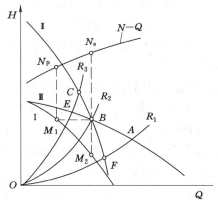

图 4-6-8　并联与串联工况点

若工作风阻为 R_1,并联的工况点为 A,串联的工况点为 F,显然并联比串联的增风效果要好。

当工作风阻为 R_3 时,串联的工况点为 C,并联的工况点为 E,很明显,串联的增风效果较好。

选择风机联合运行时,不仅要考虑巷道网络风阻对工况点的影响,而且还要考虑增风效果及风机的轴功率大小,进行全面分析比较。

综上所述,得如下结论:

① 风机并联工作适用于巷道网络风阻较小,但单个风机风量偏小而供风不足的条件;

② 串联工作适合于巷道网络风阻大,因风机风压不足而供风不满足要求的条件;

③ 轴流式风机在进行并联作业时,除要考虑联合运行的效果,还应进行稳定性分析。

第七节　矿井主要通风机性能测定

通风机出厂时的特性曲线大多是制造厂家根据同类风机模型试验的资料按比例定律换算求得的,很少有单独进行测定的,故一般都不能作为个体特性曲线来使用。加之风机安装质量差异、加装扩散器以及使用中的磨损和锈蚀等因素,主要通风机的性能都会发生变化。为了掌握运转条件下通风机的实际性能,合理有效地使用好通风机,《规程》规定:"新安装的主要通风机投入使用前,必须进行 1 次通风机性能测定和试运转工作,以后每 5 年至少进行 1 次性能测定。"

主要通风机性能测定的目的是求得在一定转速或叶片安装角(轴流式)条件下,通风机风量与风压、功率、效率的关系曲线。

一、测定方案的选择和工况调节

1. 测定方案的选择

主要通风机装置的布置形式多种多样,一般是依主要通风机类型、台数和尺寸、回风井筒的形式及周围地形等因素因地制宜修筑的。因此,在确定测定方案时也须因地制宜,力求使测定工作简单、安全,测定结果能满足精度要求。确定测定方案需考虑的内容和顺序应为:

① 选择调节主要通风机工况点的地点和方法;

② 选择测风速、风量的地点和方法;

③ 测定风压等其他参数的方法。

风机测定方案的确定,通常可分以下三种情况:

① 新安装的主要通风机在投产前进行的测定。这种测定是必须的且内容也是全面的,测定工作既要获得主要通风机装置的特性曲线,又要检验主要通风机装置的制造和安装质量,检验各附属装置的合理性及其漏风情况等,为投入正常运转提供基础数据。

② 在不影响正常生产条件下对备用通风机进行性能测定。在这种情况下进行测定,风流以短路形式进入主要通风机,且又受运转主要通风机的影响,使系统中难以找到风流稳定区段进行测风测压,故这是用备用主要通风机进行特性测定的难题,测定结果也往往不尽如人意。尤其是目前采用反转反风的风井设计渐成主流,其中很多在设计时没有考虑风机性能测定的需要,使被测风机无法形成独立的风流回路,因此也无法进行不停产测定。

③ 在停产条件下进行主要通风机装置性能测定。测定工作常安排在节假日或检修日进行。停产测定的工况调节大多在防爆门处进行,测定时,揭开防爆盖,风流由此处进入,经主风洞、分风洞、风机,由扩散塔排出,实现短路通风测定。为测出阻力较高的工况点,还需在井下总回风道中构筑临时密闭以隔断与矿井的联系,密闭应有足够的强度以防大风压时被拉破。停产测定的缺点是测定时间有限,如不能在规定时间内完成,将会影响生产。与不停产测定相比,停产测定能为测定工作提供较佳的条件,特别是在风流稳定方面,从而使测定结果更接近实际。因此,条件许可时应尽量采用停产测定。

有些矿井主要通风机装置在布置上不具备测风、测压的完备条件,所以测定前须周密考虑测定各项指标的地点和所用的方法。必要时可对通风机装置进行简单的改造,以适应测定工作需要。

2. 工况点的调节

测定工作中工况点的调节主要有闸门调节、防爆盖处调节以及风窗调节等方法:

大多数主要通风机装置在风硐中都有控制风量的闸门,尤其在离心式主要通风机装置中,这个闸门更是必备的设施。在主要通风机装置性能测定时应充分利用闸门来调节主要通风机的工况点。图 4-7-1 是对通风机进行性能测定并可用闸门调节工况点的一种布置方案。为了获得更长的风流稳定段,也可如前所述在井下打临时密闭隔断风机与风网的联系,

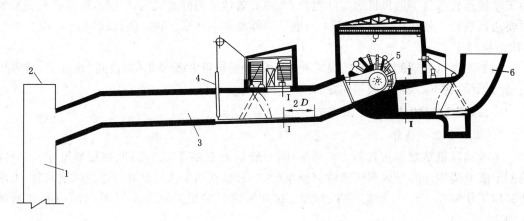

图 4-7-1 离心式通风机性能测定时的布置方案

1——风井;2——防爆盖;3——风硐;4——调节闸门;5——离心式通风机;6——扩散塔

将调节闸门 4 全部开启,在防爆盖处进行工况调节。

在轴流式主要通风机装置性能测定时,也可用临时风窗调节主要通风机的工况点。测定前临时风窗须在工况调节地点安设妥善,其构造如图 4-7-2 所示。风窗的框架系用木材或型钢制成,须有足够的强度。框架须伸入巷壁中,深度不小于 150 mm。用木板改变风窗的面积。木板厚 30~50 mm(依风窗两侧压力差而定),宽度应有不同规格(如 50、100 或 200 mm 等),以满足每次调节幅度的需要。木板长度及数量依调节地点的巷道断面大小而定。调节时木板不得固定在框架上,而是借风窗两侧的压力差将木板附着在框架的迎风侧上。用木板来改变主要通风机的工作风阻,达到调节主要通风机工况点的目的。

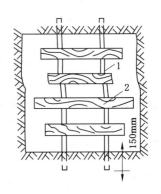

图 4-7-2 临时调节风窗
1——框架;2——木板

根据现场具体条件,可灵活采用各种方式调节工况,如井下局部增阻、通过另一台风机的风道进风、打开入风侧的观测小门进风等。

调节工况点的次数应能保证测得连续完整的特性曲线,一般不应少于 6 个工况点,并以 8~10 个工况点为佳。

为避免电动机在启动时电流过大超负荷而烧毁,调节工况的顺序须依主要通风机的功率特性而定。因离心式主要通风机的功率特性是功率随风量增加而增大,所以测定时应先关闭闸门或调节风窗,使其在工作风阻较大时启动,待转速正常后再逐渐打开闸门或风窗来调节工况点。而轴流式主要通风机的工况调节顺序则相反,因轴流式通风机的功率特性是功率随风量增加而减少,所以应打开闸门或临时风窗,在主要通风机工作风阻较小时启动,启动后待转速正常时再逐渐关闭闸门或临时风窗来调节工况点的风量。

二、主要通风机性能参数的测定

测定主要通风机装置性能时,测定的内容还和主要通风机的工作方式有关,如对抽出式主要通风机装置应测定每一个工况点的静压(负压)、风速(量)、电动机的功率、通风机的转速和大气参数等。

1. 静压的测定

静压测定的位置,应在工况调节处与风机入口之间直线风硐内的风流稳定区段设置引压端口,并尽量接近通风机,以正确反映风机的相对静压值。如图 4-7-1 中 Ⅰ—Ⅰ 断面与风机之间某处,引出的压力接入 U 型水柱计或测定仪器的负压传感器。

2. 风速(风量)的测定

风速(风量)的测定,通常可采用以下几种方法:

(1)风表法测风

选择在风机进风口前(或出风口)风流稳定的直线段,采用多个风速传感器测定出风流断面的平均风速。如中国矿业大学安全工程学院研制的 KSC 系列通风机装置性能测定仪,共配备了 16 只风杯式风速传感器,考虑到风硐断面形状大多为矩形,因此可根据测风断面大小不同将其分为 3×3、3×4 或 4×4 个等面积矩形,使得每个矩形断面的面积不要超过

$1\sim1.5\text{ m}^2$，并分别安装 9、12 或 16 只风速传感器以测定该断面的平均风速。图 4-7-3 是安装 9 只风速传感器的示意图。

如图 4-7-3 所示，在测定方案所确定的测风位置（矩形水平风硐内）固定两根 2 寸钢管（其他材料也可）作为立柱，间距约为风硐宽度的 1/3。立柱应采用螺旋杆或用木楔等方式上下顶紧，以防测量过程中倾倒。在立柱上固定三根横担以安装风速传感器，每根横担上以 1/3 风硐宽度为间距固定三个风速传感器支架。装好后风速传感器迎风流方向距离立柱面应不小于 200 mm，以减少立柱对风流的干扰，并使所装风表位于各个矩形的中心。横担可采用 $40\times40\times4$（或 $30\times30\times3$）角钢，长度略大于 2/3 风硐宽度。

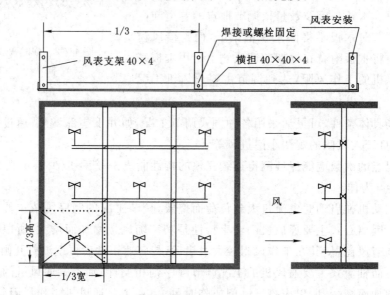

图 4-7-3　风速传感器安装示意图

如果布置风表的断面为圆形，按上述方式布置风表难以实现，也可按等面积环原理将断面分为 4～5 个等面积环，并在各等面积环的面积平分线上布置风表，即在水平或者垂直直径上布置 8～10 个风表（每个面积环上布置两只）。各风表位置距风硐中心点的距离 X_i 可用下式计算：

$$X_i = D\sqrt{\frac{2i-1}{8n}} \tag{4-7-1}$$

式中　i——面积环的编号数，中心环为 1，依次外推；

　　　n——等面积环数；

　　　D——风硐直径，X_i 与 D 使用相同单位。

（2）静压差法测风

KSC 系列通风机装置性能测定仪配备的静压差测风法是利用伯努利方程推导出来的一种测风方法。现以 GAF 风机结构为例说明其原理。图 4-7-4 为 GAF 风机整流环处的结构示意图，利用其整流罩造成的入风侧风流断面的面积差即可采用静压差原理测风。其他类型的风机，只要风流较稳定且能在入风侧找到两个面积差较大且相距不太远的测风（引压）断面，都可用该方法来测量。

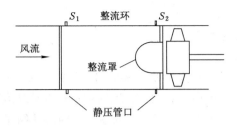

图 4-7-4　GAF 风机整流环结构示意图

如图 4-7-4 所示,设整流环内径为 ϕ_1,整流罩外径为 ϕ_2,则断面 S_1、S_2 处的面积为:
$$S_1 = 0.25\pi\phi_1^2 \qquad S_2 = 0.25\pi(\phi_1^2 - \phi_2^2)$$

以上海风机厂的 GAF26.6-15.8-1 风机为例,由型号参数知 $\phi_2 = 2\,660$ mm,$\phi_1 = 1\,580$ mm,故 S_1、S_2 为已知值。列出 S_1 和 S_2 两断面上的伯努利方程:

$$P_1 + \rho_1 Z_1 g + \frac{1}{2}\rho_1 v_1^2 = P_2 + \rho_2 Z_2 g + \frac{1}{2}\rho_2 v_2^2 + h_r \qquad (4\text{-}7\text{-}2)$$

式中　P_1, P_2——S_1、S_2 断面处的空气静压力;

　　　ρ_1, ρ_2——S_1、S_2 断面处的空气密度;

　　　Z_1, Z_2——S_1、S_2 断面处的计量标高;

　　　v_1, v_2——S_1、S_2 断面处的平均风速;

　　　h_r——S_1、S_2 断面间的通风阻力。

如果两断面相距很近,且位于同一标高时,则有:

$$\rho_1 = \rho_2 = \rho, \quad Z_1 = Z_2, \quad h_r \approx 0$$

则

$$P_1 + \frac{1}{2}\rho v_1^2 = P_2 + \frac{1}{2}\rho v_2^2$$

$$P_1 - P_2 = \frac{1}{2}\rho v_2^2 - \frac{1}{2}\rho v_1^2$$

上式表明两断面上的压差 $P_1 - P_2$(也即静压差)等于它们的速压差,而静压差($P_1 - P_2$)可通过差压传感器(压差计)测得。设风量为 Q_f,考虑到两断面上的平均风速

$$v_1 = \frac{Q_f}{S_1}, \quad v_2 = \frac{Q_f}{S_2}$$

代入可求得:

$$Q_f = S_1 S_2 \sqrt{\frac{2(P_1 - P_2)}{\rho(S_1^2 - S_2^2)}} \qquad (4\text{-}7\text{-}3)$$

用该方法测量风机风量在理论上是成熟的。与在风硐中布置多只风速传感器测风相比,具有准备工作简单,安装工作量小,测定数据较为稳定等优点,当条件具备时应优先采用该方法。

(3) 速压测量法

速压测量即皮托管测量风量法。这是传统的测风方法,理论上十分成熟。用皮托管测得的速压与测点处风速的关系为:

$$v = \sqrt{\frac{2h_v}{\rho}} \qquad (4\text{-}7\text{-}4)$$

式中　v——测点风速，m/s；

　　　h_v——皮托管测得的速压，Pa；

　　　ρ——空气密度，kg/m³。

用皮托管测量风量也具有与静压差法测量相类似的许多优点，如装备简单，准备工作量较小等。但在一定的风速范围内，用皮托管测得的速压其绝对值远小于用静压差法测得的差压值。假定压差计或差压传感器的测量误差是一定值，其结果必导致速压测量结果的相对误差增大，当风速较低时这种误差更为严重。因此，用皮托管测量风量适用于风速较大、测风断面较小以及不适宜用前两种测量方法的情况下使用。

3. 通风机轴功率的测定

主要通风机的轴功率是通过测量电动机的耗电功率并考虑各种损耗和效率经计算求得的。测量时可采用 0.25 级以上的电流表、电压表、功率因数表来测量各参数并加以计算，也可用电参数综合测量仪器直接测得。KSC 系列通风机装置性能测定仪上配备的电参数测量传感器则集测量、计算、显示等功能于一身。测定时只需将电机配电柜中的二次回路信号（100 V 和 0～5 A）U_{AB}、U_{CB}、I_A 和 I_C 引入传感器即可。

4. 通风机转速的测定

主要通风机的实际转速可用机械转速表和红外转速测量仪直接测量，如图 4-7-5 所示。在通风机装置性能测定仪中的转速测量则是由转速传感器来完成。

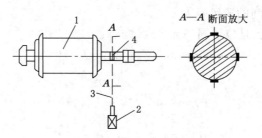

图 4-7-5　红外转速仪测量电机转数图
1——电动机；2——红外转速测定仪；3——红外光束；4——反射纸

5. 大气参数的测定

大气参数的测定应尽量在测压处测定，如不具备条件可在进风口处测量。测量的主要参数有大气压力、温度和湿度，以便计算空气密度。这些参数既可人工测量，也可由相应的传感器来采集测量。

此外，还可根据实际需要，对风机的噪声、轴温、振动等参数进行测量。

三、测定步骤

1. 测定前的准备

矿井通风机装置性能测定是一项技术性很强的通风管理工作。无论是采用传统的分立仪表测定，还是采用集成的通风机装置性能测定仪，在测定前，都要根据测定方案进行组织分工和必要的工具、器材、记录表格等一系列准备工作：

① 登记通风机和电动机的铭牌技术数据，并测量通风机的有关结构尺寸。

② 测量测压以及测风处的风硐断面尺寸。

③ 在测压和工况调节地点分别安设测压管、胶皮管和调节风窗框架,并准备足够的用于调节工况的木板。

④ 对所使用的各种仪表(风表、压差计、大气压力计、电工仪表等)或通风机性能测定仪进行检查和校正,并使测定人员熟悉其使用方法。

⑤ 必要时安装通讯联络电话或无线对讲机。

⑥ 采取措施堵塞地面漏风。

⑦ 清除风硐内的碎石等杂物和积水。

⑧ 检查主要通风机、电动机闸门、绞车的各部件是否完整牢固。

2. 组织分工

主要通风机装置性能测定工作由矿井总工程师和矿务局测试组共同负责组织,并要求通风、机电部门参加,推选1人为指挥,下设若干个小组:

① 工况调节组——调节通风机工况(包括调风叶角度)的人员。

② 测风组——用风表测风及测量大气物理参数。

③ 测压组——测量静压和动压。

④ 电气测量组——测量电流、电压、功率因数、功率和转数。

⑤ 速算组——利用事先准备好的速算图,根据测定的数值求出风压、风量值,迅速绘制特性曲线的草图,以便发现问题及时补救。

⑥ 通讯联络组——传递信号和测定的数据。

⑦ 安全组——配带工具及安全设备,现场待机,负责处理可能发生的问题。

如果采用通风机装置性能测定仪测定,以上人员可大幅简化。

3. 测定工作

一切准备工作就绪后,指挥下令启动通风机,待风流稳定后(约通风机启动后5～10 min),就可正式测定。

用分立仪表人工测定时,每一测点至少测两次,每次1 min时间,在每次测定中的读数时间为:

用风表测风,每分钟读一次;测压每10 s或20 s读一次;转数和大气物理参数,每分钟读一次;电气参数,每10 s或20 s读一次。

用通风机装置性能测定仪测定,所有参数全部自动采集,采集速度快,数据量大,同步性好,可避免人为的读数视差和时差。

测定中的注意事项如下:

① 测定时不仅要有明确分工,还要有彼此间的密切配合。在测定过程中要求全体人员听从指挥,思想集中,动作敏捷,步调一致。

② 为了避免电机过负荷,主要通风机应在低负荷工况下启动,工况调节顺序应使电机功率由低而高,逐渐变化。离心式主要通风机启动由全闭到全放;轴流式主要通风机启动由全放到全闭。

③ 在测定中当工况点转入左侧的不稳定区段时,一般应停止测定工作。或抓紧时间测完该点,并严密监视电动机负荷、轴承温升及风机喘振等情况,以免发生意外事故。

④ 为了消除由于电压波动导致主要通风机转速变化引起的误差,人工测定时同一工况的各参数应尽可能同时测定,而且至少连续测量两次,并取平均值。

⑤ 根据出厂特性曲线和速算结果推断,当工况点靠近离心式主要通风机的最高功率点或轴流式主要通风机的"驼峰"点时,要探索着改变工况,防止工况点突然转入不稳定区段内。同时应密切注视电流值的变化和工况调节装置的强度。

⑥ 进入风硐工作的人员以及工况调节人员,务必注意安全,工作时精力要集中,不可粗心大意。

复习思考题与习题

4-1　自然风压是怎样产生的?进、排风井井口标高相同的井巷系统内是否会产生自然风压?

4-2　影响自然风压大小和方向的主要因素是什么?能否用人为的方法产生或增加自然风压?

4-3　如图 4-1-1 所示的井巷系统,当井巷中空气流动时,2、3 两点的绝对静压力之差是否等于自然风压?为什么?

4-4　如题 4-4 图所示的井巷系统,各点空气的物理参数如下表,求该系统的自然风压。

题 4-4

测点	0	1	2	3	4	5	6
$t/℃$	−5	−3	10	15	23	23	20
P/Pa	98 924.9	100 178.2	102 751.2	105 284.4	102 404.6	100 071.5	98 924.9
$\varphi/\%$	50			95			

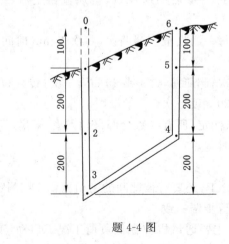

题 4-4 图

4-5　什么叫通风机的工况点?如何用图解法求单一工作或联合工作通风机的工况点?举例说明。

4-6　试述通风机串联或并联工作的目的及其适用条件。

4-7　对矿井主要通风设备的要求有哪些?

4-8　某抽出矿井通风机房水柱计读数 $h_2 = 2\ 621.5$ Pa,风硐流过风量 $Q = 60$ m³/s,此

时矿井自然风压 $h_自 = 245$ Pa,风硐测压处断面 $S_2 = 3.14$ m²,测点空气密度 $r_2 = 11.53$ kg/m³;扩散器出口断面 $S_4 = 4.47$ m²,出口空气密度 $r_4 = 12.58$ kg/m³。试求:(1)矿井通风阻力;(2)通风机全压。

4-9 某矿井主要通风机转速 $n = 600$ r/min,叶片角为 30°,其性能曲线如题 4-9 图所示,风机的风量 $Q = 80$ m³/s,风压 $H = 650$ Pa。由于矿井需要增加风量,采取转数不变,而叶片角调到 40° 的措施。用作图法求风机的新工况点和轴功率。

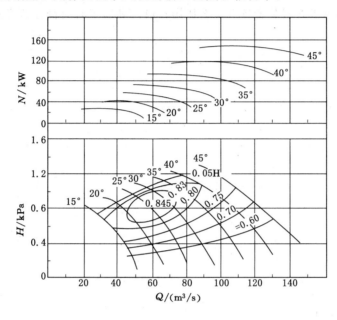

题 4-9 图

4-10 如题 4-10 图 1、2 两点分别安装风机 F_1 和 F_2,进风井 A 和 B 的入风量拟定为 $Q_A = 40$ m³/s,$Q_B = 30$ m³/s,已知 $R_A = 0.981$ N·s²/m⁸,$R_B = R_D = 1.4715$ N·s²/m⁸,$R_C = 2.943$ N·s²/m⁸,$R = 0.249$ N·s²/m⁸,用作图法求通风机工况点及风路 C 中风流流向。

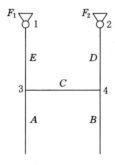

题 4-10 图

4-11 某矿通风机转速 $n = 630$ r/min,风压 $H = 1764$ Pa,风量 $Q = 40$ m³/s,电机功率

$N＝100$ kW。若将转速调整为 710 r/min,通风机风量和风压为多少？需要多大功率的电机才能满足要求？

4-12　什么是风机个体特性曲线？描述主要通风机特性的主要参数有哪些？其物理意义是什么？

4-13　轴流式通风机和离心式通风机的风压和功率特性曲线各有什么特点？在启动时应注意什么问题？

4-14　主要通风机附属装置各有什么作用？设计和施工时应符合哪些要求？

第五章　局部通风

无论在新建、扩建或生产矿井中，都需开掘大量井巷工程，以便准备新采区和采煤工作面。在开掘井巷时，为了稀释和排除自煤（岩）体涌出的有害气体，爆破产生的炮烟和矿尘以及保持良好的气候条件，必须对掘进工作面进行不间断的通风。而这种井巷只有一个出口（称独头巷道），不能形成贯穿风流，故必须采用局部通风机、高压水气源或主要通风机产生的风压等技术手段向掘进工作面提供新鲜风流并排出污浊风流，这些方法称之为局部通风（又称掘进通风）。

本章讨论局部通风方法、局部通风装备、局部通风系统设计、局部通风技术管理及其安全措施。

第一节　局部通风方法

向井下局部地点进行通风的方法，按通风动力形式不同，可分为局部通风机通风、矿井全风压通风和引射器通风。其中又以局部通风机通风最为常用。

一、局部通风机通风

利用局部通风机做动力，通过风筒导风的通风方法称局部通风机通风，它是目前局部通风最主要的方法。局部通风机的常用通风方式有压入式、抽出式和混合式。

1. 压入式通风

压入式通风布置如图 5-1-1 所示，局部通风机及其附属装置安装在离掘进巷道口 10 m以外的进风侧，将新鲜风流经风筒输送到掘进工作面，污风沿掘进巷道排出。新风流出风筒形成的射流属末端封闭的有限贴壁射流，如图 5-1-2 所示。气流贴着巷壁射出风筒后，由于卷吸作用，射流断面逐渐扩张，直至射流的断面达到最大值，此段称为扩张段，用 L_e 表示；然后，射流断面逐渐减少，直到为零，此段称收缩段，用 L_a 表示。在收缩段，射流一部分经巷道排走，另一部分又被扩张段射流所卷吸。从风筒出口至射流反向的最远距离（即扩张段和收缩段总长）称射流有效射程，以 L_S 表示。在巷道边界条件下，一般有：

$$L_S = (4 \sim 5)\sqrt{S}, \quad \text{m} \tag{5-1-1}$$

式中　S——巷道断面，m^2。

在有效射程以外的独头巷道中会出现循环涡流区，如图 5-1-3 所示。

压入式通风排污过程如图 5-1-4 所示，当工作面爆破或掘进落煤（岩）后，烟尘充满迎头形成一个炮烟抛掷区和粉尘分布集中带。风流由风筒射出后，由于射流的紊流扩散和卷吸作用，迎头炮烟与新风发生强烈掺混，沿着巷道向外推移。为了能有效地排出炮烟，风筒出口与工作面的距离应不超过有效射程，否则会出现图 5-1-3 中的污风（烟流）停滞区。

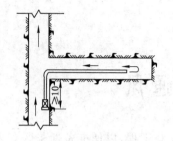

图 5-1-1 压入式通风图

图 5-1-2 有效贴壁射流

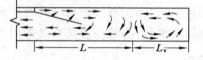

图 5-1-3 有效射程示意图

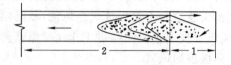

图 5-1-4 压入式通风排炮烟过程
1——迎头区;2——巷道排烟

2. 抽出式通风

抽出式通风布置如图 5-1-5 所示。局部通风机安装在离掘进巷道 10 m 以外的回风侧。新风沿巷道流入,污风通过风筒由局部通风机抽出。风机工作时风筒吸口吸入空气的作用范围,称之为有效吸程 L_e。在巷道边界条件下,其一般计算式为:

$$L_e = 1.5\sqrt{S}, \quad m \qquad (5-1-2)$$

式中 S——巷道断面,m^2。

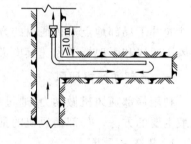

图 5-1-5 抽出式通风布置

抽出式通风排除污风过程,如图 5-1-6 所示。当工作面掘进爆破煤(岩)后,形成一个污染物分布集中带,在抽出式通风的有效吸程范围内,借紊流扩散作用使污染物与新风掺混并被吸出。实践证明,只有当吸风口离工作面距离小于有效吸程 L_e 时,才有良好的吸出炮烟效果。在有效吸程以外的独头巷道中会出现循环涡流区,如图 5-1-7 所示。理论和实践都证明,抽出式通风的有效吸程比压入式通风的有效射程要小得多。

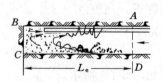

图 5-1-6 抽出式通风排污风过程

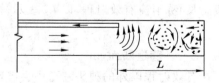

图 5-1-7 循环涡流区示意图

3. 压入式和抽出式通风的比较

① 压入式通风时,局部通风机及其附属电气设备均布置在新鲜风流中,污风不通过局部风机,安全性好;而抽出式通风时,含瓦斯的污风通过局部通风机,若局部通风机防爆性

能出现问题,则非常危险。

② 压入式通风风筒出口风速和有效射程均较大,可防止瓦斯层状积聚,且因风速较大而散热效果提高。而抽出式通风有效吸程小,掘进施工中难以保证风筒吸入口到工作面的距离在有效吸程之内。与压入式通风相比,抽出式风量小,工作面排污风所需时间长、速度慢。

③ 压入式通风时,掘进巷道涌出的瓦斯向远离工作面方向排走,而用抽出式通风时,巷道壁面涌出的瓦斯随风流流向工作面,安全性较差。

④ 抽出式通风时,新鲜风流沿巷道进入工作面,整个井巷空气清新,劳动环境好;而压入式通风时,污风沿巷道缓慢排出,掘进巷道越长,排污风速越慢,受污染时间越久。这种情况在大断面长距离巷道掘进中尤为突出。

⑤ 压入式通风可用柔性风筒,其成本低、重量轻,便于运输,而抽出式通风的风筒承受负压作用,必须使用刚性或带刚性骨架的可伸缩风筒,其成本高,重量大,运输不便。

基于上述分析,当以排除瓦斯为主的煤巷、半煤岩巷掘进时应采用压入式通风,而当以排除粉尘为主的井筒掘进时,宜采用抽出式通风。

4. 混合式通风

混合式通风是压入式和抽出式两种通风方式的联合运用,兼有压入式和抽出式两者优点,其中压入式向工作面供新风,抽出式从工作面排出污风。其布置方式取决于掘进工作面空气中污染物的空间分布和掘进、装载机械的位置。按局部通风机和风筒的布设位置,通风方式分为长压短抽、长抽短压和长抽长压三种;按抽压风筒口的位置关系,每种方式又可分为前抽后压和前压后抽两种布置形式。

(1) 长抽短压(前压后抽)

其布置如图5-1-8(a)所示。工作面的污风由压入式风筒压入的新风予以冲淡和稀释,由抽出式主风筒排出。抽出式风筒吸风口与工作面的距离应不小于污染物分布集中带长度,与压入式风机的吸风口距离应大于10 m以上;抽出式风机的风量应大于压入式风机的风量;压入式风筒的出口与工作面间的距离应在有效射程之内。采用长抽短压式通风时,其中抽出式风筒须用刚性风筒或带刚性骨架的可伸缩风筒,若采用柔性风筒,则可将抽出式局部通风机移至风筒入风口,改为压出式向外排出污风,如图5-1-8(b)所示。

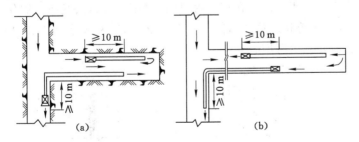

图 5-1-8 长抽短压通风方式

(2) 长压短抽(前抽后压)

其布置如图5-1-9所示。新鲜风流经压入式长风筒送入工作面,工作面污风经抽出式通风除尘系统净化,被净化后的风流沿巷道排出。抽出式风筒吸风口与工作面的距离应小于有效吸程,对于综合机械化掘进,应尽可能靠近最大产尘点。压入式风筒出风口应超前抽出式出风口 10 m 以上,它与工作面的距离应不超过有效射程。压入式风机的风量应大于抽出式风机的风量。

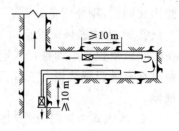

图 5-1-9 长压短抽通风方式

混合式通风的主要缺点是减小了压入式与抽出式两列风筒重叠段巷道内的风量。当掘进巷道断面大时,风速就更小,则此段巷道顶板附近易形成瓦斯层状积聚。因此,两台风机之间的风量要合理匹配,以免发生循环风,并使风筒重叠段内的风速大于最低风速。

基于上述分析,混合式通风是大断面长距离岩巷掘进通风的较好方式。机掘工作面多采用与除尘风机配套的长压短抽混合式,如图 5-1-10 所示。目前应用的 AM-50 型综掘机即采用了此种方式。

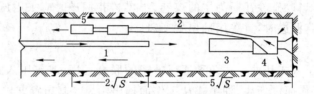

图 5-1-10 机掘工作面长压短抽通风方式

1——压入式风筒;2——除尘风机;3——转载机;4——掘进机;

5——除尘器;S——巷道断面

二、矿井全风压通风

全风压通风是利用矿井主要通风机的风压,借助导风设施把主导风流的新鲜空气引入掘进工作面。其通风量取决于可利用的风压和风路风阻。按其导风设施不同可分为以下几种:

1. 风障导风

如图 5-1-11 所示,在巷道内设置纵向风障,把风障上游一侧的新风引入掘进工作面,清洗后的污风从风障下游一侧排出。在短巷掘进时,可用木板、竹、帆布等制作风障;在长巷掘进时,可用砖、石、混凝土等材料构筑风障。这种导风方法,构筑和拆除风障的工程量大,适用于短距离或无其他好方法可用时。

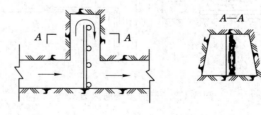

图 5-1-11 风障导风

在主要通风机正常运转,并有足够的全风压克服导风设施的阻力时,全风压通风能连续供给掘进工作面所需风量,而无需附加通风动力,管理方便,但其工程量大、使用风障有碍运输。因此在瓦斯涌出量大、使用通风设备不安全或技术不可行的局部地点,可以使用全风压通风。但是,如果全风压通风在技术上不可行或经济上不合理,则必须借助专门的通风动力设备,对掘进工作面进行局部通风。

2. 风筒导风

如图 5-1-12 所示,在巷道内设置挡风墙截断主导风流,用风筒把新鲜空气引入掘进工作面,污浊空气从独头掘进巷道中排出。此种方法辅助工程量小,风筒安装、拆卸比较方便,通常用于需风量不大的短巷掘进通风中。

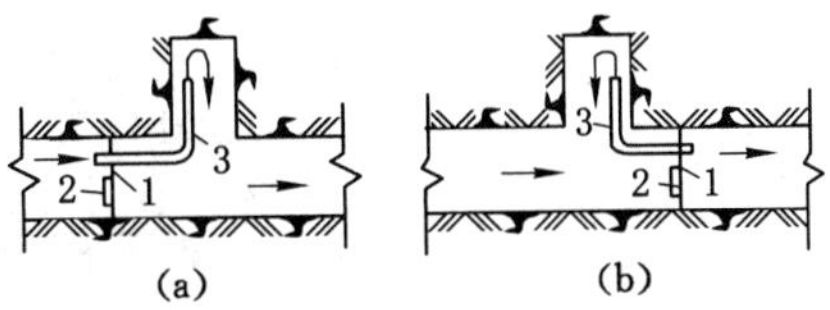

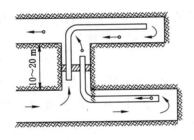

图 5-1-12　风筒导风
1——密闭墙;2——风窗;
3——风筒

3. 平行巷道导风

如图 5-1-13 所示,在掘进主巷的同时,在附近与其平行掘一条配风巷,每隔一定距离在主、配巷间开掘联络巷,形成贯穿风流,当新的联络巷沟通后,旧联络巷即封闭。两条平行巷道的独头部分可用风障或风筒导风,巷道的其余部分用主巷进风,配巷回风。此方法常用于煤巷掘进,尤其是厚煤层的采区巷道掘进中,当运输、通风等需要开掘双巷时。此法也常用于解决长巷掘进独头通风的困难。

图 5-1-13　平行巷道导风

4. 钻孔导风

如图 5-1-14 所示,离地表或邻近水平较近处掘进长巷反眼或上山时,可用钻孔提前沟通掘进巷道,以便形成贯穿风流。为克服钻孔阻力,增大风量,可用大直径钻孔(300～400 mm)或在钻孔口安装风机。这种通风方法曾被应用于煤层上山的掘进通风,取得了良好的排瓦斯效果。

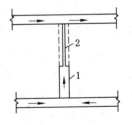

图 5-1-14　钻孔导风
1——上山;2——钻孔

三、引射器通风

利用引射器产生的通风负压,通过风筒导风的通风方法称为引射器通风。引射器通风一般采用压入式,其布置如图 5-1-15 所示。水力引射器在某些用水砂充填管理顶板的矿区如抚顺、鹤岗等应用较广。

引射通风的优点是无电气设备、无噪声,还具有降温、降尘作用。在煤与瓦斯突出严重的煤层掘进时,用它代替局部通风机通风,设备简单,安全性较高。其缺点是风压低、风量小、效率低,并存在巷道积水问题。故这种方法适用于需风量不大的短距离巷道掘进通风;在含尘大、气温高的采掘机械附近,采取水力引射器与其他通风方法(全风压或局部通风机)联合使用形成混合式通风。使用的前提条件是有高压水源或气源。

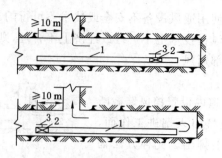

图 5-1-15 引射器通风

1——风筒;2——引射器;3——水管(风管)

第二节 局部通风装备

局部通风装备由局部通风动力设备、风筒及其附属装置组成。

一、局部通风机

井下局部地点通风所用的通风机称为局部通风机。掘进工作面通风要求局部通风机体积小、风压高、效率高、噪声低、性能可靠、坚固防爆。

1. 局部通风机的种类和性能

煤矿井下用局部通风机一般为轴流式通风机。按其工作方式分,有压入式、抽出式和混合流 3 类;按其技术分,有 1 级、2 级、3 级和 4 级 4 种类型;2 级以上风机又可分为对旋式和非对旋式局部通风机。其种类较多,型号各异,如矿用防爆抽出式对旋轴流局部通风机(FBCD 型)、矿用隔爆型压入式 3 级对旋轴流局部通风机(FBDY 型)、矿用防爆型压入式 2 级对旋轴流局部通风机(FBD 型)、矿用防爆抽出式轴流局部通风机 FBC、煤矿用隔爆型压入式对旋轴流局部通风机 DBKJ 等。

FBD 系列局部通风机结构如图 5-2-1 所示,是由集流器、主风筒、隔爆电动机、叶轮 I、叶轮 II、消声器等部分组成。叶轮采用三维扭曲、弯掠正交型组合叶片,气动性能好,节能效果显著;应用对旋直联传动,与老式风机相比,减少了导叶装置,全压效率高,高效区适用范围广;风机的性能曲线较陡直,风压平稳,气流喘振现象较微弱,在风压高、小流量区域同样运行稳定;对送风距离远的复杂巷道适应性强;采用外包复式消声装置,具有超低噪声特性。

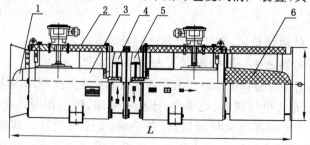

图 5-2-1 FBD 系列局部通风机结构图

1——集流器;2——主风筒;3——隔爆电动机;4——叶轮 I;5——叶轮 II;6——消声器

局部通风机的性能取决于叶轮直径、级数和风叶形状。直径越大风量和压力越高。多级风机相当于风机串联工作。提高其工作风压，并不是简单的压力相加，会有一定损失，如直径为 0.6 m 叶轮的风机，其风量为 $450\sim250$ m^3/min,2 级、3 级和 4 级的风压分别为 $440\sim5\,100$ Pa、$620\sim7\,100$ Pa 和 $790\sim9\,200$ Pa,由 2 级增加到 3 级,风压增加 40%,3 级增加到 4 级风压增加 30%,即增加级数是有损失的。

FBD 系列风机有 No3.5、4.0、4.5、5.0、5.3、5.6、6.0、6.3、6.7、7.1、7.5、8.0 等规格,其性能参数如表 5-2-1 所示。该系列局部通风机型号的一般含义为:

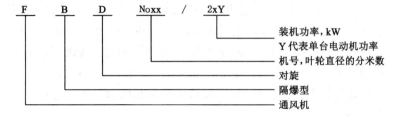

表 5-2-1　　　　　　　　　FBD 系列通风机主要技术参数

机号	装机功率/kW	额定电流/A	额定转速/(r/min)	风量/(m³/min)	全风压/Pa	最高全压效率/%	比 A 声级/dB	电机型号
No3.5	2×1.1	$2\times(2.6/1.5)$	2840	$110\sim60$	$120\sim1\,500$	$\geqslant75$	$\leqslant30$	YBF2-80₂-2
No4.0	2×2.2	$2\times(4.85/2.79)$	2 840	$150\sim90$	$250\sim1\,800$	$\geqslant75$	$\leqslant30$	YBF2-90L-2
No4.5	2×4	$2\times(8.2/4.73)$	2890	$200\sim150$	$260\sim2\,700$	$\geqslant75$	$\leqslant30$	YBF2-112M-2
	2×5.5	$2\times(11.1/6.3)$	2 900	$240\sim160$	$320\sim3\,300$	$\geqslant75$	$\leqslant30$	YBF2-132S1-2
No5.0	2×7.5	$2\times(15/8.69)$	2 900	$300\sim180$	$340\sim3\,600$	$\geqslant75$	$\leqslant30$	YBF2-132S2-2
No5.3	2×11	$2\times(21.8/12.6)$	2 900	$350\sim210$	$410\sim4\,200$	$\geqslant80$	$\leqslant25$	YBF2-160M1-2
No5.6	2×11	$2\times(21.8/12.6)$	2 900	$380\sim230$	$420\sim3\,700$	$\geqslant80$	$\leqslant25$	YBF2-160M1-2
	2×15	$2\times(29.4/16.9)$	2 930	$440\sim260$	$480\sim5\,000$	$\geqslant80$	$\leqslant25$	YBF2-160M2-2
No6.0	2×15	$2\times(29.4/16.9)$	2 930	$460\sim280$	$460\sim4\,600$	$\geqslant80$	$\leqslant25$	YBF2-160M2-2
	2×18.5	$2\times(35.5/20.5)$	2 930	$480\sim290$	$540\sim5\,300$	$\geqslant80$	$\leqslant25$	YBF2-160L-2
	2×22	$2\times(42.2/24.4)$	2 930	$530\sim300$	$550\sim5\,500$	$\geqslant80$	$\leqslant25$	YBF2-180M-2
No6.3	2×18.5	$2\times(35.5/20.5)$	2 930	$500\sim300$	$560\sim5\,700$	$\geqslant80$	$\leqslant25$	YBF2-160L-2
	2×22	$2\times(42.2/24.4)$	2 930	$560\sim310$	$580\sim6\,000$	$\geqslant80$	$\leqslant25$	YBF2-180M-2
	2×30	$2\times(56.9/32.7)$	2 930	$650\sim350$	$610\sim6\,500$	$\geqslant80$	$\leqslant25$	YBF2-200L1-2
No6.7	2×37	$2\times(67.9/39.1)$	2 930	$700\sim410$	$640\sim6\,600$	$\geqslant80$	$\leqslant25$	YBF2-200L2-2
No7.1	2×37	$2\times(67.9/39.1)$	2 950	$750\sim420$	$700\sim6\,800$	$\geqslant80$	$\leqslant25$	YBF2-200L2-2
	2×45	$2\times(82.3/47.4)$	2 950	$840\sim435$	$800\sim6\,900$	$\geqslant80$	$\leqslant25$	YBF2-225M-2
No7.5	2×45	$2\times(82.3/47.4)$	2 950	$890\sim450$	$850\sim7\,000$	$\geqslant80$	$\leqslant25$	YBF2-225M-2
No8.0	2×55	$2\times(101/58.2)$	2 950	$950\sim500$	$1\,000\sim7\,800$	$\geqslant80$	$\leqslant25$	YBF2-225M-2
	2×75	$2\times(140.1/80.7)$	2 950	$1\,000\sim600$	$1\,280\sim8\,000$	$\geqslant80$	$\leqslant25$	YBF2-280S-2

另外,我国还研制生产出对旋轴流式局部通风机,如图 5-2-2 所示。其特点是:噪声较低,效率较高,且高效区宽;可采用单级运转或双级运转。

近年来开发研制了用于通风除尘和抽排瓦斯的局部通风机。如 SCF-6 型湿式除尘风机,该机最大的特点是将电动机独立于风筒风流之外,以防电气火花引燃风筒风流中的瓦斯,并装备了湿式除尘器,但局部通风机内部通风能耗较大,风筒积水积尘清理较难,故适用于瓦斯涌出量较小、掘进距离 600 m 以内的机掘巷道。唐山煤科分院研制的 SBF66-1 型水力局部通风机,采用 XPB250/55 喷雾泵与水力局部通风机闭路循环形式运行,其主要技术参数为:风量 200~350 m³/min,工作水压 3 MPa,全风压 981~392 Pa,耗水量 13.2 m³/h,功率 2 kW,全压效率 25%~45%,转速 2 300 r/min,外形尺寸 670 mm×1 000 mm,质量 120 kg。重庆煤科分院研制的压风局部通风机,采用风动马达、高强度塑料叶片,其主要技术参数:压缩空气压力 0.2~0.5 MPa,耗气量 4.0 m³/min,工作风压 1 500 Pa,风量 200 m³/min,适用于掘进工作面抽出式通风,排放局部积存瓦斯和采煤工作面上、下隅角瓦斯。

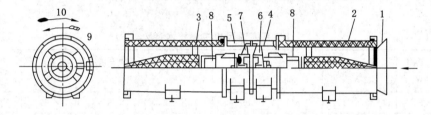

图 5-2-2　低噪声对旋轴流式局部通风机结构图

1——吸风口;2——吸风侧吸声罩;3——出风侧吸声罩;4——1 号电机罩;5——2 号电机罩;
6——一级叶轮;7——二级叶轮;8——电动机;9——一级叶轮旋转方向;10——二级叶轮旋转方向

2.局部通风机联合工作

(1)局部通风机串联

当在通风距离长、风筒风阻大,一台局部通风机风压不能保证掘进需风量时,可采用两台或多台局部通风机串联。串联的方式有集中串联和间隔串联。若两台或多台局部通风机之间仅用较短(1~2 m)的铁风筒连接称为集中串联,如图 5-2-3(a)所示;若局部通风机分别布置在风筒的端部和中部,则称为间隔串联,如图 5-2-3(b)所示。

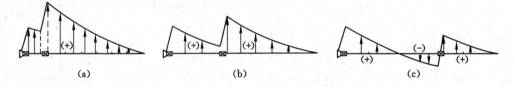

(a)　　　　　　　　　　(b)　　　　　　　　　　(c)

图 5-2-3　局部通风机串联布置
(a)集中串联;(b)间隔串联;(c)风机间距过远

局部通风机串联的布置方式不同,沿风筒的压力分布也不同。集中串联的风筒全长均应处于正压状态,以防柔性风筒抽瘪。但靠近风机侧的风筒承压较高,柔性风筒容易胀裂,且漏风较大。间隔串联的风筒承压较低,漏风较少。但当两台局部通风机相距过远时,其连接风筒可能出现负压段,如图 5-2-3(c)所示,使柔性风筒抽瘪而不能正常通风。据实验两台 JBT-52 型局部通风机间隔串联间距不应超过风筒全长的三分之一。

（2）局部通风机并联

当风筒风阻不大，用一台局部通风机供风不足时，可采用两台或多台局部通风机集中并联工作。

二、风筒

风筒是最常见的导风装置。对风筒的基本要求是漏风小、风阻小、质量轻、拆装方便。

1. 风筒的种类

风筒按其材料力学性质可分为刚性和柔性两种。刚性风筒是用阻燃抗静电的硬质材料制成，如铁风筒和玻璃钢风筒，可用于抽出式和压入式通风。由于刚性风筒抗压强度高、表面光滑、摩擦阻力系数小，但制造成本高、质量较重、安装搬运不便，故适用于服务年限较长的建井时期井巷的掘进通风。常用的铁风筒规格参数如表5-2-2所示。

表 5-2-2 　　　　　　　　　　　铁风筒规格参数表

风筒直径/mm	风筒节长/m	壁厚/mm	垫圈厚/mm	风筒质量/(kg/m)
400	2,2.5	2	8	23.4
500	2.5,3	2	8	28.3
600	2.5,3	2	8	34.8
700	2.5,3	2.5	8	46.1
800	3	2.5	8	54.5
900	3	2.5	8	60.8
1 000	3	2.5	8	68.0

柔性风筒是应用更广泛的一种风筒，通常用PVC高强度聚酯纤维涂覆布、玻璃纤维橡胶涂覆布和塑料涂覆布制成，具有质量轻、表面光滑、抗拉强度高、渗漏小、阻燃、抗静电、防腐蚀、环保、易修补、耐寒热、耐折叠、拆装方便的特点，适用于压入式局部通风。常用的柔性风筒规格参数如表5-2-3所示。

表 5-2-3 　　　　　　　　　　　胶布风筒规格参数表

直径/mm	节长/m	壁厚/mm	风筒质量/(kg/m)	风筒断面/m²
300			1.3	0.071
400			1.6	0.126
500	5,10,20,30,50	1.2	1.9	0.196
600			2.3	0.283
800			3.2	0.503
1 000			4.0	0.785

随着大断面巷道机械化掘进的增多，混合式通风除尘技术得到了广泛应用，为了满足其抽出式通风的要求，采用金属整体螺旋弹簧钢圈为骨架的可伸缩风筒，如图5-2-4所示。它既可承受一定的负压，又具有可伸缩的特点，比铁风筒质量轻，使用方便。该风筒规格参数如表5-2-4所示。

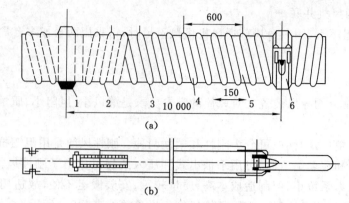

图 5-2-4　可伸缩风筒结构

(a) 可伸缩风筒；(b) 快速接头软带

1——圈头；2——螺旋弹簧；3——钓钩；4——塑料压条；6——快速弹簧接头

表 5-2-4　　　　　　　　带金属骨架的可伸缩柔性风筒规格参数表

风筒内径/mm	端圈外径/mm	螺旋节距/mm	弹簧钢丝直径/mm	风筒节长/m
300	330	100,150	3	
400	430	100,150	4	
500	530	100,150	5	3,5,10,30,50
600	630	100,150	6	
800	830	100	6	

2. 风筒接头

刚性风筒一般采用法兰盘连接方式。柔性风筒的接头方式有插接、单反边接头、双反边接头、活三环多反边接头、螺圈接头等多种形式。图 5-2-5 表示几种接头的结构形式。插接方式最简单，但漏风大；反边接头漏风较小，不易胀开，但局部风阻较大；后两种接头漏风小、风阻小，但易胀开，拆装比较麻烦，通常在长距离掘进通风时采用。

3. 风筒的阻力

风筒风阻可按下式计算：

$$R = R_1 + R_2 + R_3 = \frac{6.5\alpha l}{d^5} + n\xi_j \frac{\rho}{2s^2} + \sum \xi_b \frac{\rho}{2s^2} , \quad \text{N·s}^2/\text{m}^8 \qquad (5\text{-}2\text{-}1)$$

式中　　R——风筒的总风阻，N·s^2/m^8；

　　　　R_1——风筒的摩擦风阻，N·s^2/m^8；

　　　　R_2——风筒接头处的局部风阻，N·s^2/m^8；

　　　　R_3——风筒拐弯处的局部风阻，N·s^2/m^8；

　　　　α——风筒的摩擦阻力系数，N·s^2/m^4；

　　　　l——风筒长度，m；

　　　　d——风筒直径 m；

　　　　n——风筒的接头数目；

ξ_j——风筒接头的局部阻力系数,无因次;

ξ_b——风筒拐弯的局部阻力系数,无因次;

ρ——空气密度,kg/m^3。

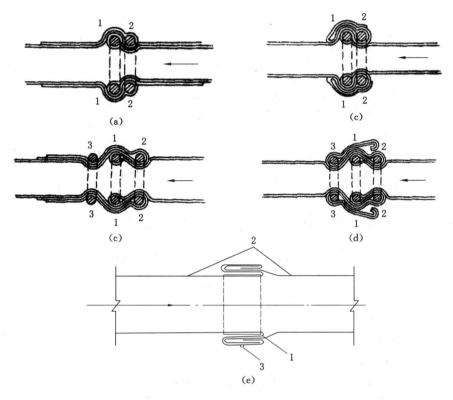

图 5-2-5 风筒接头连接方式示意图

(a) 两固定环单反边;(b) 大活环单反边;(c) 双反边;(d) 活三环多反边;(e) 螺圈接头

1——螺圈;2——风筒;3——铁丝箍

风筒的摩擦阻力系数 α 与风筒内表面粗糙度和风筒直径有关,同材质、同直径刚性风筒 α 值可视为常数,同材质的风筒直径增大,表面相对粗糙度变小,摩擦阻力系数也变小。铁风筒的 α 值可按表 5-2-5 选取,玻璃钢风筒的 α 值可按表 5-2-6 选取。

表 5-2-5　　　　　　　　　　　铁风筒摩擦阻力系数

风筒直径	400	500	600	700	800	900	1 000
$\alpha/(\times 10^4\ N \cdot s^2/m^4)$	35.3	34.3	29.4	29.4	28.4	27.5	24.5

表 5-2-6　　　　　　　　　JZK 系列玻璃钢风筒摩擦阻力系数

风筒型号	JZK-800-42	JZK-800-50	JZK-700-36
$\alpha/(\times 10^4\ N \cdot s^4/m^4)$	19.6～21.6	19.6～21.6	19.6～21.6

柔性风筒和带刚性骨架的柔性风筒的摩擦因数皆与其壁面承受风压有关。柔性风筒随压入式通风风压的提高而鼓胀，其 α 值逐渐减少，如图 5-2-6 中曲线 I 所示；KSS600-X 型带刚性骨架的塑料风筒的 α 值，随抽出式通风负压的增大而略有增大，如图 5-2-6 中曲线 II 所示。

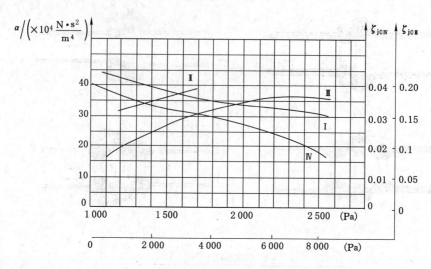

图 5-2-6　风筒摩擦及接头阻力系数曲线

当金属风筒用法兰盘连接，内壁较光滑时，风筒接头局部阻力系数 ξ_j 可以忽略不计。而柔性风筒的接头套圈向内凸出，风压大，风筒壁鼓胀，则套圈向内凸出越多，其接头阻力系数也越大，如图 5-2-6 中曲线 III 所示。带刚性骨架的柔性风筒采用图 5-2-4(b) 所示的快速接头软带，随压力增大而略有减少，其接头局部阻力系数如图 5-2-6 中曲线 IV 所示。

风筒拐弯局部阻力系数 ξ_b，可按拐弯角度 β，从图 5-2-7 中查出。

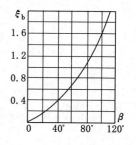

图 5-2-7　风筒拐弯局部
阻力系数曲线

压入式通风时，风筒出口局部阻力系数 ξ_0 为 1。抽出式通风时，完全修圆的风筒入口局部阻力系数 ξ_e 为 0.1，不加修圆的直角入口 ξ_e 为 0.5～0.6。

在实际应用中，整列风筒风阻除与长度和接头等有关外，还与风筒的吊挂维护等管理质量密切相关，一般根据实测风筒百米风阻（包括局部风阻）作为衡量风筒管理质量和设计的数据。表 5-2-7 是开滦某矿和重庆煤科院分院实测的风筒百米风阻值的结果。

当缺少实测资料时，胶布风筒的摩擦阻力系数 α 值与百米风阻（吊挂质量一般，包括接头局部风阻）R_{100} 可参考表 5-2-8 所列数据。

4. 风筒的漏风

漏风量的大小与风筒种类、规格尺寸、接头方法、接头质量以及风筒风压等因素有关，而更重要的是与风筒的维护及管理有密切的关系。

表 5-2-7　　　　　　　　开滦某矿和重庆煤科院分院实测的风筒百米风阻值

风筒类型	风筒直径/mm	接头方法	百米风阻/(N·s²/m⁸)	备注
胶布风筒	400	单反边	131.32	10 m 节长
	400	双反边	121.72	10 m 节长
	500	多反比	64.11	50 m 节长
	600	双反比	23.33	10 m 节长
	600	双反比	15.88	30 m 节长
KSS600-150 型	600	快速接头软带	30.2	节长 10 m，螺距 50 mm
KSS600-100 型			37.83	节长 10 m，螺距 100 mm

表 5-2-8　　　　　　　　胶布风筒的摩擦阻力系数与百米风阻值

风筒直径	300	400	500	600	700	800	900	1 000
$\alpha/(\times10^4 \text{ N·s}^2/\text{m}^4)$	53	49	45	41	38	32	30	29
$R_{100}/(\text{N·s}^2/\text{m}^8)$	1 412	314	94	34	14.7	6.5	3.3	2

金属风筒的漏风主要发生在接头处，且随风压增加而增加。柔性风筒不仅接头漏风，在其全长（如粘缝、针眼等）都有漏风。考虑风筒漏风的大小，可用漏风量备用系数 φ 来表示。

$$\varphi = \frac{Q_f}{Q_0} \qquad (5\text{-}2\text{-}2)$$

式中　Q_f——局部通风机的供风量，m^3/s；

　　　Q_0——风筒末端的风量，m^3/s。

金属风筒的漏风主要发生在连接处。若把风筒漏风看成是连续的，且漏风状态是紊流，在风筒全长上的漏风风量备用系数可按下式计算：

$$\varphi = \left(1 + \frac{1}{3}Kdn\sqrt{R}\right)^2 \qquad (5\text{-}2\text{-}3)$$

式中　d——风筒直径，m；

　　　n——风筒的接头数目；

　　　R——风筒全长的摩擦风阻，$\text{N·s}^2/\text{m}^8$；

　　　K——相当于直径为 1 m 的风筒的透风系数；K 值的大小与风筒的连接质量有关，插接时可取 0.002 6～0.003 2，法兰盘连接用草绳垫圈时可取 0.001 9～0.002 6，法兰盘连接用胶皮垫圈可取 0.000 32～0.001 9。

柔性风筒不仅接头漏风，在风筒全长上都有漏风，而漏风量随风筒内风压增大而加大。柔性风筒的漏风风量备用系数 φ 可以根据风筒 100 m 长度的漏风率 p 来计算。

$$p = \frac{Q_f - Q_0}{Q_f} \times \frac{100}{L} \times 100,\% \qquad (5\text{-}2\text{-}4)$$

将此式代入式(5-2-2)可得：

$$\varphi = \frac{1}{1 - \dfrac{pL}{10\ 000}} \qquad (5\text{-}2\text{-}5)$$

式中　φ——柔性风筒漏风风量备用系数；

　　　p——风筒 100 m 长度的漏风率，％，根据现场，百米漏风率可从表 5-2-9 中查取；

　　　L——风筒总长度，m；

　　　Q_t、Q_0 意义同前。

表 5-2-9　　　　　　　　　　　　　　柔性风筒百米漏风率 p

风筒接头类型	100 m 漏风率 p/％
胶接	0.1～0.4
多反边	0.6～0.4
多层反边	3.05
插接	12.8

5. 风筒的安装与管理

我国煤矿在长距离独头巷道掘进通风技术管理方面，积累了丰富的经验，可归纳如下：

① 适当增加风筒节长，减少接头数目，降低风筒的局部风阻和漏风。

② 改进接头连接方式，淮北沈庄煤矿用铁圈压板接头代替插接方式，送风距离达 3 033 m，工作面风量为 63.2 m³/min，风筒百米漏风率减少了 75％。枣庄矿使用的螺圈接头，内壁光滑，接头局部风阻小，漏风也小，送风距离达 3 795 m。

③ 风筒悬吊要平、直、稳、紧，逢环必吊，缺环必补，防止急拐弯。风机安装、悬吊也要与风筒保持平直。风机与风筒直径不同时，要用异径缓变接头连接。

④ 采用有接缝的柔性风筒时，应粘补或灌胶封堵所有的缝合针眼，防止漏风。

⑤ 每隔一定距离风筒上安装放水嘴，随时放出风筒中凝结的积水。

⑥ 实行定期巡回检查制，加强维护，发现破漏，及时修补，悬吊不平直，及时调整。

⑦ 局部通风机启动时，要开、停几次，以防止因突然升压而使风筒胀裂或脱节。

三、引射器通风

引射器是一种输送流体的装置，由引射器喷管、引射管、混合管及扩散器所组成。其原理如图 5-2-8 所示。高压流体从喷管喷出形成射流，卷吸周围部分空气一起前进，在引射管内形成一个低压区，使被引射的空气连续被吸进，与射流共同进入混合管，再经扩散器流出，此过程称为引射作用。显然，引射作用的实质是高压射流将自身的部分能量传递给被引射的流体。

煤矿中应用的引射器有水力引射器和压气引射器两种。水力引射器的结构如图 5-2-9 所示，工作水压一般在 1.5～3.0 MPa，超过 3.0 MPa时经济效益差，低于 0.5 MPa 引射效果差。压气引射器有两种，一种是中心喷嘴式引射器，另一种是环隙式引射器。

环隙式引射器的结构如图 5-2-10 所示，由压

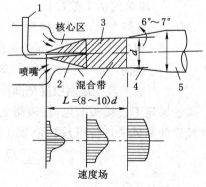

图 5-2-8　引射器原理示意图

1——喷管；2——引射器；3——混合管；

4——扩散器；5——风管

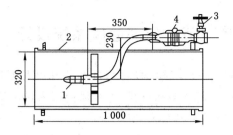

图 5-2-9　水力引射器结构图

1——喷嘴；2——混合管；3——阀门；4——过滤网

气接头、集风器、环形气室、环缝间隙、凸缘、喷头和扩散器等组成。压气经过滤后，由进气管进入环形气室，从环隙喷口喷出，沿凸缘表面流动，并在凸缘表面附近产生负压区，使外界空气沿集风器流入，与高速射流混合后，通过扩散器，使动能大部分转化为压能，用以克服风筒阻力。环隙式引射器的工作气压一般在 0.4～0.5 MPa，环缝间隙宽度为 0.09～0.15 mm，引射风量为 40～140 m³/min，通风压力为 255～1 080 Pa，耗气量 3～6 m³/min。

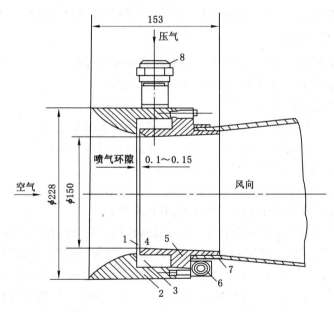

图 5-2-10　环隙式引射器结构图

1——环隙；2——集风器；3——环形室；4——凸缘；5——喷头；6——卡箍；

7——扩散器；8——接头

引射器的引射特性与射流的压力及喷口的结构和大小有关。射流压力升高，引射的风量和压力均增加，耗水（气）量也增加。为加大供风量和送风距离，除了提高引射器的射流压力外，还可采取多台引射器分散串联工作。两台引射器串联间距至少应大于引射流场影响的长度。

第三节　局部通风系统设计

根据开拓、开采巷道布置、掘进区域煤岩层的自然条件以及掘进工艺,确定合理的局部通风方法及其布置方式,选择风筒类型和直径,计算风筒出入口风量,计算风筒通风阻力,选择局部通风机等工作称之为局部通风系统设计。

一、局部通风系统的设计原则

局部通风是矿井通风系统的一个重要组成部分,其新风取自矿井主风流,其污风又排入矿井主风流。其设计原则可归纳如下:

① 矿井和采区通风系统设计应为局部通风创造条件;

② 局部通风系统要安全可靠、经济合理和技术先进;

③ 尽量采用技术先进的低噪、高效型局部通风机;

④ 压入式通风宜用柔性风筒,抽出式通风宜用带刚性骨架的可伸缩风筒或完全刚性的风筒。风筒材质应选择阻燃、抗静电型;

⑤ 当一台风机不能满足通风要求时可考虑选用两台或多台风机联合运行。

二、局部通风设计步骤

① 确定局部通风系统,绘制掘进巷道局部通风系统布置图;

② 按通风方法和最大通风距离,选择风筒类型与直径;

③ 计算风机风量和风筒出口风量;

④ 按掘进巷道通风长度变化,分阶段计算局部通风系统总阻力;

⑤ 按计算所得局部通风机设计风量和风压,选择局部通风机;

⑥ 按矿井灾害特点,选择配套安全技术装备。

1. 风筒的选择

选用风筒要与局部通风机选型一并考虑,其原则是:

① 风筒直径能保证最大通风长度时,局部通风机供风量能满足工作面通风的要求;

② 风筒直径主要取决于送风量及送风距离。送风量大,距离长,风筒直径应大一些,以降低风阻,减少漏风,节约通风电耗。此外,还应考虑巷道断面的大小,使风筒不致影响运输和行人的安全。一般来说,立井凿井时,选用 600～1 000 mm 的铁风筒或玻璃钢风筒;当送风距离在 200 m 以内,送风量不超过 2～3 m³/s 时,可选用直径为 300～400 mm 的风筒;送风距离 200～500 m 时,可选用直径为 400～500 mm 的风筒;当送风距离 500～1 000 m 时,可选用直径为 800～1 000 mm 的风筒。

2. 局部通风机的选型

已知井巷掘进所需风量和所选用的风筒,即可求算风筒的通风阻力。根据风量和风筒的通风阻力,在可供选择的各种通风动力设备中选用合适的设备。

(1)确定局部通风机的工作参数

根据掘进工作面所需风量 Q_h 和风筒的漏风情况,用下式计算风机的工作风量 Q_a:

$$Q_a = \varphi Q_h \tag{5-3-1}$$

式中　φ——漏风系数。

压入式通风时,设风筒出口动压损失为 h_{v0},则局部通风机全风压 H_t(Pa):

$$H_t = R_f Q_a Q_h + h_{v0} = R_f Q_a Q_h + 0.811\rho\frac{Q_h^2}{D^4} \qquad (5\text{-}3\text{-}2)$$

式中　R_f——压入式风筒的总风阻,N·s²/m⁸;

　　　其余符号含义同前。

抽出式通风时,设风筒入口局部阻力系数 $\xi_e = 0.5$,则局部通风机静风压 H_s(Pa):

$$H_s = R_f Q_a Q_h + 0.406\rho\frac{Q_h^2}{D^4} \qquad (5\text{-}3\text{-}3)$$

（2）选择局部通风机

根据需要的 Q_a、H_t 值在各类局部通风机特性曲线上确定局部通风机的合理工作范围,选择长期运行效率较高的局部通风机。现场通常根据经验选取局部通风机与风筒。

第四节　局部通风技术管理及安全措施

掘进工作面是瓦斯、煤尘事故的多发地点,因此加强掘进工作面的地质工作、通风设计、安全技术装备系列化和施工管理,不仅有利于提高掘进速度,而且对保证安全生产具有重要意义。

一、长距离巷道掘进时的局部通风

矿井开拓期常要掘进长距离的巷道,掘进这类巷道时,多采用局部通风机通风。为了保证通风效果,需要注意以下几方面问题:

① 通风方式要选择得当,一般采用混合式通风。

② 条件许可时,尽量选用大直径的风筒,以降低风筒风阻,提高有效风量。

③ 保证风筒接头的质量。根据实际情况,尽量增长每节风筒的长度,减少风筒接头处的漏风。

④ 风筒悬吊力求"平、直、紧",以消除局部阻力。

⑤ 要有专人负责,经常检查和维修。

在实际工作中,还可用以下几种方法来解决长距离巷道掘进时的通风问题。

1. 采用局部通风机串联通风

在没有高风压局部通风机的情况下,可用多台局部通风机串联工作。图 5-4-1(a)、(b)所示为局部通风机集中串联与间隔串联。

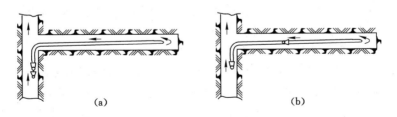

（a）　　　　　　　　　　　　（b）

图 5-4-1　局部通风机串联方式

（a）集中串联;（b）间隔串联

在相同(风机和风筒)条件下,一般集中串联比间隔串联漏风大,这是因为漏风量的大小与风筒内外压差有关。

与间隔串联时风筒内外压差比较,集中串联时风筒内外压差成倍增加。

采用柔性风筒进行局部通风机间隔串联通风时,应使风筒内不出现负压区,以防止柔性风筒被吸瘪。当风筒全长为 L、串联局部通风机台数为 n,串联局部通风机的间距 L_f 应符合下式

$$L_f = L/n \tag{5-4-1}$$

综上所述,无论哪种局部通风机串联通风都存在一定缺点,所以在一般情况下尽量不用局部通风机串联通风,应力求提高风筒制造和安装质量,加强管理,减少漏风,发挥单台局部通风机的效能。

2. 利用钻孔和局部通风机配合通风

当掘进距离地表较近的长巷道时,可以借助钻孔通风(图 5-4-2),新风由巷道进,污风由安装在钻孔上的局部通风机抽至地面。

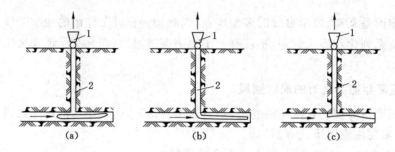

图 5-4-2　钻孔与局部通风机配合通风的三种方式
1——局部通风机;2——钻孔

二、局部通风技术管理

(一)合理进行局部通风设计

① 有煤与瓦斯突出危险、瓦斯涌出量大于 $1~m^3/min$ 以及通风距离大于 500 m 的掘进工作面都要编制通风设计。要求掘进通风系统合理、工作面有足够的风量,供风标准以使巷道中的瓦斯不超限和不形成瓦斯局部积聚为原则。设计经矿总工程师批准后报局备案。

② 对于通风距离较短的掘进工作面,可根据经验选择局部通风机和风筒。

③ 对于通风距离超过 500 m 且停风不致形成瓦斯积聚的掘进工作面,应把过去按最远距离一次设计的方法,改为分二或三次设计,分期选择局部通风机,但所需要的风筒的规格按最远距离一次选定,这样有利于提高经济效益。

(二)掘进工作面应贯彻实施安全技术装备系列化标准

掘进工作面安全技术装备系列化是实现现代化管理和减少掘进工作面瓦斯事故的重要措施之一。各矿可根据标准,结合本单位的实际条件制定出相应的管理实施办法。掘进工作面开工前,应组织机电、通风、生产技术、安监和施工单位对掘进工作面的电气设备、通风设施和瓦斯检测等进行达标验收,不符合标准者不得开工;移交后使用单位负责按标准维护管理,对电气设备的防爆、防火、综合保护、风电瓦斯闭锁等性能必须定期检查和校验,并有详细记录,发现问题及时处理,否则不得继续运行。

（三）局部通风机管理

1. 局部通风机安装

局部通风机安装应有申请，并符合下列要求：

① 安放在金属架或平台上，距地面不小于 0.3 m 距巷壁不小于 0.5 m，吸风口附近 2 m 范围内不得有杂物。

② 安设在贯穿风流中，距回风口大于 10 m。

③ 局部通风机所在巷道的风量应大于局部通风机的吸风量，保证不吸循环风。

2. 保证局部通风机连续、安全的运转

① 局部通风机零部件要齐全，安装正确，性能良好，防爆性能合格。

② 低瓦斯矿井的回采与掘进分开供电，局部通风机实行风电闭锁。

③ 对于高瓦斯（涌出量大于 1 m³/min）或瓦斯涌出量变化大的掘进工作面，要求实现"三专两闭锁"（"三专"即专用变压器、专用电缆、专用开关；"两闭锁"即风电闭锁和瓦斯电闭锁）。有条件时采用双电源、双局部通风机和双路风筒供风，局部通风机安装遥讯装置，将局部通风机的开停状态信号传输至地面调度模拟盘上，以保证地面能随时了解井下局部通风机的运行状况。

④ 局部通风机应挂牌并有专人管理，专人监督检查。管理牌上的内容有地点、局部通风机型号和功率、施工单位和管理人员。

⑤ 串联通风时，串联通风掘进工作面的局部通风机的上风侧应安设瓦斯探头和自动报警的断电仪。

⑥ 局部通风机的撤移和停风应严格申请制度，非兼职司机不得随意停开。

⑦ 局部通风机运转前应检查其进风流瓦斯，瓦斯浓度小于 0.5% 时方可启动。因故停风后，必须在巷道中瓦斯浓度小于 1% 时方可启动。

⑧ 交接班、临时停工时也不准停局部通风机。

3. 局部通风机应定期检查维修

因井下空气潮湿，且空气中含有粉尘，在局部通风机运转的过程中，粉尘会逐渐粘积在流道和叶片上，若不定期清洗和检修会使其性能恶化。

4. 局部通风机消音

噪声超过规定（85dB（A））的局部通风机应安装消声器。

（四）加强风筒管理

加强风筒管理是提高有效风量率的关键，为此要求：

① 风筒有专人管理，经常检查，发现破漏应及时修补。

② 分岔用三通，改变直径用变径接头，避免突然扩大与收缩；转弯用弯头，使转弯圆滑，以降低风筒的局部风阻。

③ 风筒吊挂必须做到平、直、稳，逢环必挂，环环吊紧。

④ 加强维护与管理。风筒应设专人负责接长、更换、修补和拆除。风筒接头应严密，防止脱节和积水，风筒内如有积水应及时排除。

（五）提高通风效果

① 掘进开工前应安好通风设备，按设计要求建立好掘进通风系统。

② 整个掘进施工过程中，为控制掘进工作面通风服务的风门和调节风窗等通风设施应

始终处于良好状态。

③ 所有掘进工作面的风筒出口应采用硬质风筒。

④ 风筒迎头的距离:煤巷不超过 5 m,半煤岩巷不超过 8 m,岩巷不超过 10 m。如果巷道中有空帮和空顶,则应设法充填,否则应采取防止瓦斯积聚的措施。

⑤ 长距离通风时,为了减少漏风和降低风阻,可采用漏风少的接头,增加每节风筒长度。

⑥ 因通风距离长、风筒风阻大,一台局部通风机不能满足供风要求时,可采用两台局部通风机串联工作,但应作通风设计。

⑦ 急倾斜煤层的小眼用压气引射器通风时,应保证不停压风,否则应改用局部通风机通风。

⑧ 每个掘进工作面要建立台账和卡片,记录内容有地点、巷道长度、开工日期、装备达标情况等。

三、局部通风安全措施

局部通风安全措施是在实际工作中总结出来的,主要包括以下几个方面:

（一）保证局部通风机的稳定可靠运转

1. 双风机、双电源、自动换机和风筒自动倒风装置

正常通风时由专用开关供电,使局部通风机运转通风;一旦运转风机因故障停机时,电源开关自动切换,备用风机即刻启动,继续供风,从而保证了局部通风机的连续运转。由于双风机共用一趟主风筒,风机要实现自动倒风,则连接两风机的风筒也必须能够自动倒风。风筒自动倒风装置有以下两种结构:

（1）短节倒风

如图 5-4-3(a)所示,将连接常用运转风机风筒一端的半圆与连接备用风机风筒一端的半周胶粘、缝合在一起(其长度为风筒直径的 1~2 倍),套入共用风筒,并对接头部进行粘连防漏风处理,即可投入使用。常用风机运转时,由于风机风压作用,连接常用风机的风筒被吹开,将与此并联的备用风机风筒紧压在双层风筒段内,关闭了备用风机风筒。若常用风机停转,备用风机启动,则连接常用风机的风筒被紧压在双层风筒段内,关闭了常用风机风筒,从而达到自动倒风换流的目的。

（2）切换片倒风

如图 5-4-3(b)所示,在连接常用风机的风筒与连接备用风机的风筒之间平面夹粘一片长度等于风筒直径 1.5~3.0 倍、宽度大于 1/2 风筒周长的倒风切换片,将其嵌套在共用风筒内并胶粘在一起,经防漏风处理后便可投入使用。常用风机运行时,由于风机风压作用,倒风切换片将连接备用风机的风筒关闭。若常用风机停机,备用风机启动,则倒风切换片又将连接常用风机的风筒关闭,从而达到自动倒风换流的目的。

2. "三专两闭锁"装置

"三专"是指专用变压器、专用开关、专用电缆;"两闭锁"则指风电闭锁和瓦斯电闭锁。其功能是:只有在局部通风机正常供风、掘进巷道内的瓦斯浓度不超过规定限值时,方能向巷道内机电设备供电;当局部通风机停转时,自动切断所控机电设备的电源;当瓦斯浓度超过规定限值时,系统能自动切断瓦斯传感器控制范围内的电源,而局部通风机仍可照常运转。若局部通风机停转、停风区内瓦斯浓度超过规定限值时,局部通风机便自行闭锁,重新

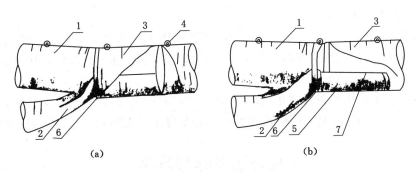

图 5-4-3　倒风装置

（a）短节倒风装置；（b）切换片倒风装置

1——常用风筒；2——备用风筒；3——共用风筒；4——吊环；5——倒风切换片；6——风筒粘接处；7——缝合线

恢复通风时，要人工复电，先送风，当瓦斯浓度降到安全容许值以下时才能送电，从而提高了局部通风机连续运转供风的安全可靠性。

3．局部通风机遥讯装置

其作用是监视局部通风机开停运行状态。高瓦斯和突出矿井所用的局部通风机要安设载波遥迅器，以便实时监视其运转情况。

4．积极推行使用局部通风机消声装置

其作用是降低局部通风机机体内部气流冲击产生的噪声。

（二）加强瓦斯检查和监测

① 安设瓦斯自动报警断电装置，实现瓦斯遥测。当掘进巷道中瓦斯浓度达到 1% 时，通过低浓度瓦斯传感器自动报警；瓦斯浓度达到 1.5% 时，通过瓦斯断电仪自动断电，高瓦斯和突出矿井要装备瓦斯断电仪或瓦斯遥测仪，对炮掘工作面迎头 5 m 内和巷道冒顶处瓦斯积聚地点要设置便携式瓦斯检测报警仪，班组长下井时也要随身携带这种仪表，以便随时检查可疑地点的瓦斯浓度。

② 放炮员配备瓦斯检测器，坚持"一炮三检"制度，即在掘进作业的装药前、放炮前和放炮后都要认真检查放炮地点附近的瓦斯。

③ 实行专职瓦斯检查员随时检查瓦斯制度。

（三）综合防尘措施

掘进巷道的矿尘来源于以下几方面：当用钻眼爆破法掘进时，主要产生于钻眼、爆破、装岩工序，其中以凿岩产尘量最高；当用综掘机掘进时，切割和装载工序以及综掘机整个工作期间，矿尘产生量都很大。因此，要做到湿式煤电钻打眼，爆破使用水炮泥，综掘机内外喷雾。要有完善的洒水除尘和灭火两用的供水系统，实现放炮喷雾、装煤岩洒水和转载点喷雾，安设喷雾水幕净化风流，定期用预设软管冲刷清洁巷道，以减少矿尘的飞扬和堆积。

（四）防火防爆安全措施

严格采用防爆型机电设备；局部通风机、装岩机和煤电钻都要采用综合保护装置；移动式和手持式电气设备必须使用专用的不易燃性橡胶电缆；照明、通讯、信号和控制专用导线必须用橡套电缆。高瓦斯及突出矿井要使用乳化炸药，逐步推广屏蔽电缆和阻燃抗静电风筒。

（五）隔爆与自救措施

设置安全可靠的隔爆设施，所有人员必须携带自救器。煤与瓦斯突出矿井的煤巷掘进，应安设防瓦斯逆流灾害设施，如防突反向风门、风筒和水沟防逆风装置以及压风急救袋和避难硐室，并安装直通地面调度室的电话。

实施掘进安全技术装备系列化的矿井，提高了矿井防灾和抗灾能力，降低了矿尘浓度与噪声，改善了掘进工作面的作业环境，尤其是煤巷掘进工作面的安全性得到了很大的提高。

复习思考题与习题

5-1 向井下局部地点进行通风，按通风动力形式不同，可分为哪几种通风方法？哪种方式最为常用？

5-2 局部通风机的常用通风方式有哪些？

5-3 简述压入式、抽出式通风的优缺点及其适用条件。

5-4 全风压通风有哪些布置方式？试简述其优缺点及适用条件。

5-5 有效射程、有效吸程的含义是什么？

5-6 提高通风效果具体有哪些途径？

5-7 试述局部通风设计步骤。

5-8 局部通风安全措施有哪些？

5-9 柔性与刚性风筒的风阻有何异同点？两者的漏风状况有何不同？

5-10 降低风筒漏风有哪些措施？

第六章　通风网络风量分配与调节

本章介绍矿井通风网络中风流流动的基本定律、通风网络基本参数的计算及计算机解算通风网络的方法、矿井风量的调节等。

第一节　矿井通风系统图

矿井通风系统图是煤矿安全生产必备的图件。它是根据矿井开拓、采区巷道布置及矿井的通风系统绘制而成的。矿井通风系统图包括矿井通风系统的风流路线与方向,通风设施和安装的位置。总体来说,矿井通风系统图包括通风系统平面图、通风系统网络图和通风系统立体图,下面分别对这三类图形的绘制方法进行说明。

一、矿井通风系统平面图

矿井通风系统平面图是表示矿井通风系统的风流路线与方向、流速、风量及阻力、通风装备和通风设施等情况的总图,由各巷道在水平面上投影绘制而成。根据线型的不同,矿井通风系统平面图可以分为单线图和双线图。

对于单一煤层开采的采区通风系统和矿井通风系统,其通风系统平面图一般是在复制的开拓平面图上标注风流方向、风量、通风装备和通风设施绘制而成。

对于多煤层、多水平开采的矿井,绘图时各主要巷道按投影关系与比例绘制,各采区与工作面尺寸按比例绘制,至于各煤层的各采区与工作面不必拘泥于严格的高程与投影关系,可有意识地把各煤层的各采区或工作面位置错开,以便在图纸上清楚地看出各巷道在通风系统中的相互关系,避免图形重叠、混乱。

二、矿井通风系统网络图

矿井通风系统往往是十分复杂的立体结构,巷道数目多、纵横交错、上下重叠,相互关系不易一目了然,直接用实际的通风系统图分析通风问题有很多不便。为克服这些缺点,需要对通风系统网络化,即用反映巷道空间关联的单线条来表示通风系统中各风流(道)的分合关系,将通风系统图抽象成点与线集合的网状线路示意图。此图即是通风系统网络图,简称通风网络图或风网。在该种图中点可以位移,边可以伸缩、曲直、翻转,必要时,还可以对点或边进行简化,但必须反映风流的分合关系。图的几何形状也不是唯一的,可画成长方形(图中分支用直线表示),也可画成椭圆形(图中分支多用弧线),也有画成圆形的。

1. 绘图的步骤

通风网络图的画法没有统一的格式。习惯上手工绘图的步骤是:

(1)节点编号

即在通风系统图上确定节点(风流的分合点)的位置,并从进风井口开始,沿风流流动方向直到出风井口为止,按由小到大的顺序对节点进行编号,如图 6-1-1 所示。

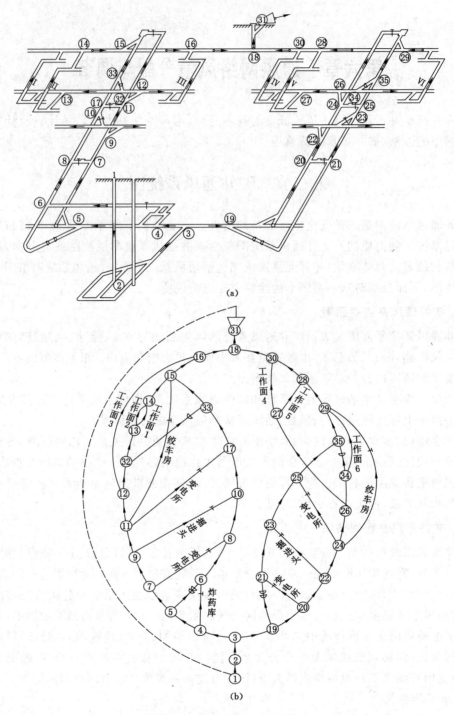

图 6-1-1　通风系统图的绘制

(a) 通风系统立体图；(b) 通风系统网络图

为便于查对,编号时应按翼、采区逐片编号,以使其号码接近;所有通大气且标高相同的点均作为一个节点编同一个号码(习惯上为 1 号点);如果通大气的点的标高明显不同,要考虑自然风压时,在两点之间可加一个虚分支(用虚线表示);井底车场或采区车场可简化为一个节点,风硐与回风井交叉点处应设一个节点,以便绘出地面漏风分支;风机入口可设节点,也可不设节点;不能有虚节点(即不是风流分合点上编了号),不能漏掉应编号的节点;不要用 $1', 2', \cdots, 10'$ 编号。

（2）绘制草图

首先把用风地点(回采面、独立通风的掘进工作面、硐室等)排列在图纸中央的同一条竖线或横线位置,各个用风地点用写上用风地点名称的长方框形表示或用不同符号表示。节点可用圈内写有节点号的圆圈表示,也可用旁边写有节点号的黑圆点表示,如图 6-1-2 所示。为便于查对,通常把对称的两翼画在对称的位置上,即把同一翼的用风地点排列在图纸的一侧(如左侧),把另一翼的用风地点排在图纸的另一侧(如右侧),而每一采区用风地点又排列在一起。其次从每个用风地点的始点开始,逆风流方向逐个节点、逐条分支地画到进风井口或压入式通风机的入风口;再从用风地点的末点开始,顺其风流方向画至出风井口或抽出式通风机的扩散器出口。在向两端逐点绘制过程中,遇到风流流入或流出时,在节点处应

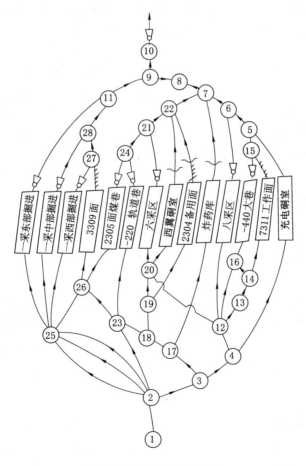

图 6-1-2　通风系统网络图

留出分岔,并在分岔上标明流入或流向节点的号码。为使图形美观,应利用边(分支)可伸缩、曲直、位移的特点,尽量避免或减少跨越分支的数量。整个网络图可水平排列,也可垂直排列。习惯上,水平排列时,把进风系统排在图的左侧,把回风系统排在图的右侧;垂直排列时,把进风系统排在图的下部,把回风系统排在图的上部。无论何种形式排列,进风井分支均排在中心线位置。只有一个回风井时,回风井分支也排在中心线位置;有两个回风井时,其分支排列在中心线的两侧对称位置。

图上用实线表示实际存在的分支,用虚线表示漏风分支或准备开掘的分支;用不同的标志表示进、回风井,采掘面,进、回风流,通风构筑物等;用不同颜色的线条或用粗线条表示固定风量风道(分支)。

(3) 检查核对

为了防止遗漏节点或分支,草图绘好后,应进行查对。查对时最好由两人进行。查对的方法是:按节点序号由小到大逐个进行,检查流入与流出节点的分支数及分支的始末点号是否与系统图上的相符。

(4) 修整图形

在经查对无误的基础上,根据网络图的同构特性,利用翻转和伸缩的方法,对草图进行修整和变形。要求修整、变形后的网络图中有最少的跨越分支,且外观美观、结构正确。经再次查对无误后,即成正式的通风系统网络图。

2. 绘图的原则

对于一个给定的通风网络,其结构数据是唯一的,但图形数据可以千变万化。为使图形数据具有唯一性,不再千变万化,使绘制的通风网络图美观,符合一般的使用习惯,且满足计算机自动绘制通风网络图的需要,通风网络图的绘制需要满足一定的原则。一般原则如下:

① 用一个进风节点代替所有进风节点,布置在网络图的最下边;

② 用一个回风节点代替所有出风节点,布置在网络图的最上边;

③ 分支方向基本都应由下向上;

④ 分支间的交叉尽可能少;

⑤ 节点与节点之间应有一定的间距;

⑥ 分支与其他分支之间应有一定的间距;

⑦ 网络图总的形状基本为"椭圆"形或"圆"形。

3. 绘图的简化

按通风系统图实际分支和节点画出的网络图,往往过于复杂(尽管在绘图过程中已作初步简化),不便分析研究问题,有时重点不突出。因而应根据分析问题的需要,对网络图进行简化。简化的原则是:简化后的网络结构必须体现出原通风系统的结构特点,不失真;由于简化导致的网络解算误差应在允许的误差范围内,解算的结果有实用价值。简化的内容和方法是:

(1) 并边

简单的串联或并联分支可用一条等效分支代替。等效分支的风阻值,按串、并联风阻计算公式求算。一进一出的局部角联风网,也可用一条等效分支代表,其等效风阻值按 $R = h/Q^2$ 计算。根据解题的需要,在某些情况下,一个采区或某个系统(如一翼)也可用一条等效分支代替,例如,研究全矿通风系统时,每个采区都可简化为一条分支,研究某个系统(采区或一翼)内的问题时,别的系统(采区或一翼)则可简化为一条分支;多风机工作的矿井,如果只是为了研究各主要通风机之间的相互影响,则可把各主要通风机工作的通风系统简化为一条分支。在需详细研究的通风系统内,具有下述情况之一者,不能作并边处理;① 用风地点所处的分支;② 需要进行调节的分支;③ 有源(辅助通风机、自然风压)分支;④ 并联分支之一有分、合流(节点)的风网。

(2) 并点

在实际系统中,阻力很小(如小于 10 Pa)的分支,可将其始末点并为一个节点,压降很小的局部风网(如井底车场、采区车场)也可并为一个节点;标高相同的几个进风井口可并为一个节点;当几个进风井口标高相同、井底之间通风阻力很小(10 Pa),而且不需研究各井的风量分配时,可将这几个进风井合并为一个等效分支,即各井底节点并为一个节点,各井口节点也并为一个节点。但是,在某些情况下,尽管两节点间的阻力很小,也不宜进行并点,例如,并点后会改变风流分合关系者、某些不能简化的角联风网的两端点、直接用风分支两端点。能否并点,主要取决于研究问题的目的及并点后引起的误差大小。

(3) 断路

风阻很大的分支可视为断路。例如,一些漏风量很少的通风构筑物所在的分支,可视为断路,在网络图中可不画出。

总之,应根据分析研究的目的、对象和要求结果的精确程度决定网络的简化程度。简化后,必然产生误差,简化越多,误差越大。一般而言,重点研究区域的风网,尽量少简化,非重点研究的区域,则多简化。

三、通风系统立体图

矿井通风系统立体图是根据投影原理把矿井巷道的立体图像投影到平面上而形成的图形。它能较好地表达巷道之间的立体关系,是进行通风系统设计和现场施工管理必不可少的资料。一般采用轴测投影法绘制矿井通风系统立体图。轴测投影的实质就是把空间物体连同空间坐标轴投影于投影面上,利用三个坐标轴确定物体的三个尺度。其特点是:平行于某一坐标轴的所有线段,其变形系数相等。其作图步骤如下:

① 在通风系统平面图上选定假定的坐标系的坐标原点和坐标轴的方向。坐标轴原点宜采用平面图上已有的特征点(如立井中心),坐标轴 x 和 y 宜平行于主要巷道方向(如石门和平巷),然后在平面图上画出坐标轴网格(宜用铅笔轻轻地画出,以便于修改或删除)。

② 确定轴间角(两轴测投影轴间的夹角)和变形系数(沿某一投影轴的线段的投影长度与该线段真实长度之比),轴间角一般为45°～60°。变形系数 p(x 轴)、q(y 轴)和 r(z 轴)一般为 0.5～1,p、q 和 r 可相等(称为等测投影),也可各不相等(称为三测投影),或者有两个相等,而第三个系数不同(称为二测投影)。

③ 根据各水平的巷道平面图作出轴测投影图。如在作图 6-1-3 所示的－30 m 水平巷道轴测投影时,首先在绘图纸的上部作轴 x、y、z,并根据平面图的比例尺和变形系数,画－30 m 水平的坐标格网,此后,根据平面图中巷道特征点(如立井中心、巷道交叉点等)的坐标,在轴测坐标格网中画出巷道特征点,然后用双线连接各特征点,即得各井巷的轮廓。

④ 画完上水平后,将 z 轴向下延长,在延长线上按比例尺截取两水平间高差的投影长度[如图 6-1-3 所示的－30 m 水平与－230 m 水平间高差为 200 m,乘变形系数 r($r=1$),即得投影长度为 200 m],然后过截取点,平行于上水平的 x 轴和 y 轴作下水平的 x 和 y 轴,最

后按上一步骤所述,作出下水平(如-230 m水平)的巷道轴测投影。以此类推,即可作出各水平的轴测投影。

⑤ 用双线连接各水平之间的井巷(如上、下山,立并、斜井)。

⑥ 用阴影线或其他线条对各井巷进行修饰(如两平行线中某一侧线条粗,另一侧线条细),即得全矿或某地区的巷道轴测投影图。

⑦ 涂抹掉轴测投影图上的坐标网格,标注巷道名称、风向、通风设备和构筑物等内容,即得通风系统立体图。

为使图面更清晰,立体感更强,可以不必拘泥于某些巷道的严格尺寸及其位置,作些放大、缩小、简化和移动,这样画出的图即为通风系统立体示意图。

图 6-1-3 为采用轴测投影法绘制的通风系统立体图。由于立体图的三维性,其投影关系复杂、不易掌握,近些年来又发展了计算机绘制通风系统立体图。而使用计算机绘图又可分为以下两种:① 直接绘图方式。利用某些绘图命令直接绘图,其过程基本同人工绘图,键入一条命令,绘制一部分图纸。只是用计算机的命令代替了手中的铅笔,从而使图形质量得以改善、图纸修改量大为减少。② 事先编程方式。完全由程序控制绘图所需命令及其执行过程。只要输入程序所需要的原始数据,便可自动绘出满足要求的图纸。这很有利于简化绘图过程、提高绘图速度,同时有助于计算机绘图的推广。

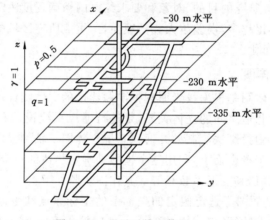

图 6-1-3　通风系统立体图

第二节　风量分配基本规律

一、通风网络的基本术语

任何一个通风网络都由一些基本单元组成,要认识一个矿井通风网络首先必须弄清楚这些基本单元的含义。

1. 节点

节点是指两条或两条以上风道的交点。断面或支护方式不同的两条风道,其分界点有时也可称为节点。

2. 分支

分支是两节点间的连线,也叫风道,在风网图上,用单线表示分支。其方向即为风流的方向,箭头由始节点指向末节点。

3. 路

路是由若干方向相同的分支首尾相接而成的线路,即某一分支的末节点是下一分支的始节点。

4. 回路和网孔

回路和网孔是由若干方向并不都相同的分支所构成的闭合线路,其中有分支者叫回路,无分支者叫网孔。

5. 假分支

假分支是风阻为零的虚拟分支。一般是指通风机出口到进风井口虚拟的一段分支。

6. 生成树、余树

它包括风网中全部节点而不构成回路或网孔的一部分分支构成的图形。每一种风网都可选出若干生成树。通常讨论的树都是生成树。一个网络图中,把树去掉,剩下的部分图形称之为余树。

7. 弦

在任一风网的每棵树中,每增加一个分支就构成一个独立回路或网孔,这种分支叫作弦(又名余树弦)。

二、风量平衡定律

根据质量守恒定律,在单位时间内流入一个节点的空气质量,等于单位时间内流出该节点的空气质量。由于矿井空气不压缩,故可用空气的体积流量(即风量)来代替空气的质量流量。在通风网络中,流进节点或闭合回路的风量等于流出节点或闭合回路的风量。即任一节点或闭合回路的风量代数和为零。

对于图 6-2-1 流进节点的情况:

$$Q_{1\text{-}4} + Q_{2\text{-}4} + Q_{3\text{-}4} + Q_{4\text{-}5} + Q_{4\text{-}6} = 0 \tag{6-2-1}$$

对于图 6-2-2 流进闭合回路的情况:

$$Q_{1\text{-}2} + Q_{3\text{-}4} = Q_{5\text{-}6} + Q_{7\text{-}8}$$

或者

$$Q_{1\text{-}2} + Q_{3\text{-}4} - Q_{5\text{-}6} - Q_{7\text{-}8} = 0 \tag{6-2-2}$$

把关系式(6-2-1)、式(6-2-2)写成一般关系式,则为:

$$\sum_{i=1}^{n} Q_i = 0 \tag{6-2-3}$$

图 6-2-1

图 6-2-2

上式表明:流入节点、回路或网孔的风量与流出节点、回路或网孔的风量的代数和等于零。一般取流入的风量为正,流出的风量为负。

三、风压平衡定律

任一回路或网孔中的风流遵守能量守恒定律,回路或网孔中不同方向的风流,它们的风压或阻力必须平衡或相等,对图 6-2-2 有:

$$h_{2\text{-}4} + h_{4\text{-}5} + h_{5\text{-}7} = h_{2\text{-}7}$$

或者:

$$h_{2\text{-}4} + h_{4\text{-}5} + h_{5\text{-}7} - h_{2\text{-}7} = 0$$

写成一般的数学式为:

$$\sum_{i=1}^{n} h_i = 0 \tag{6-2-4}$$

上式表明:回路或网孔中,不同方向的风流,它们的风压或阻力的代数和等于零。一般取顺时针方向风流的风压为正,逆时针方向风流的风压为负。

在如图 6-2-3(a)所示的矿井中,平硐口 1 和进风井口 2 的标高差 Z m;风道 2—3 和 1—3 构成敞开并联风网。在 2—3 风道上安装一台辅助通风机,其风压 h_f 作用方向和顺时针方向一致;1 和 2 两点的地表大气压力分别为 P_0 和 P_0',1 和 2 两点高差间的地表空气密度平均值为 ρ,进风井内的空气密度平均值为 ρ',则:

$$P_0 = P_0' + Z\rho g, \quad \text{Pa}$$

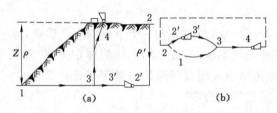

图 6-2-3

根据风流的能量方程得平硐 1—3 段的风压为:

$$h_{1\text{-}3} = P_0 - (P_3 + h_{v3}) = P_0' + Z\rho g - (P_3 + h_{v3}), \quad \text{Pa}$$

式中 P_3, h_{v3}——分别是 3 点的绝对静压和速压。

风路 2—3 段的风压是风道 2—2′ 和 3′—3 段的风压之和,即:

$$h_{2\text{-}3} = h_{2\text{-}2'} + h_{3\text{-}3'} = [P_0' - (P_2' - h_{v2'}) + Z\rho'g] + [(P_3' + h_{v3'}) - (P_3 + h_{v3})]$$

式中 P_2', P_3'——分别是辅助通风机进风口 2′ 和出风口 3′ 的绝对静压;

$h_{v2'}, h_{v3'}$——分别是辅助通风机进风口和出风口的速压。

因

$$h_f = P_3' + h_{v3'} - (P_2' + h_{v2'})$$

则

$$h_{2\text{-}3} = P_0' + h_f - (P_3 + h_{v3}) + Z\rho'g = P_0' + Z\rho g - (P_3 + h_{v3}) + h_f + Z(\rho' - \rho)g$$

或

$$h_{2\text{-}3} - h_{1\text{-}3} = h_f + Z(\rho' - \rho)g$$

因敞开并联风网内的自然风压是

$$H_N = Z(\rho' - \rho), \quad \text{Pa}$$

故得

$$h_{2\text{-}3} - h_{1\text{-}3} = h_f + H_N$$

或

$$h_{2\text{-}3} - h_{1\text{-}3} - h_f - H_N = 0$$

写成一般数学式是:

$$\sum_{i=1}^{n} h_i - h_f - H_N = 0 \qquad (6\text{-}2\text{-}5)$$

上式就是风压平衡定律,在网孔或回路中有机械风压和自然风压存在时应用。这表明:只要把敞开并联中的机械风压和自然风压加入计算,便可把两个能量不同的进风点(例如图 6-2-3 中的 1 点和 2 点)用虚线连起来,形成概念的网孔或回路。上式的适用条件是:取顺时针方向的风流的风压为正;网孔或回路中机械风压和自然风压[即当图(a)中的 $\rho' > \rho$ 时]的作用方向都是顺时针方向。若网孔或回路中机械风压和自然风压[即当图(a)中的 $\rho' < \rho$ 时]的作用方向都是逆时针方向,则上式变为:

$$\sum_{i=1}^{n} h_i + h_f + H_N = 0 \qquad (6\text{-}2\text{-}6)$$

分析有 h_f 和 H_N,或只有 H_N 存在的网孔或回路参数时,要应用上述原则来识别 h_f、H_N 的正负。

四、阻力定律

风流在通风网络中流动,绝大多数属于完全紊流状态,其阻力定律遵守平方关系,即:

$$h_i = R_i Q_i^2 \qquad (6\text{-}2\text{-}7)$$

式中　h_i——风网中某条风路的风压或阻力,Pa;

　　　R_i——该条风路的风阻,N·s²/m⁸;

　　　Q_i——该条风路的风量,m³/s。

第三节　风网的基本形式及通风参数计算

一、通风网络的基本形式

通风网络联结形式很复杂,多种多样,但其基本联结形式可分为串联通风网络、并联通风网络、角联通风网络和复杂联结通风网络。

1. 串联通风网络

由两条或两条以上的分支彼此首尾相连,中间没有分节点的线路叫作串联风路,如图 6-3-1 所示。

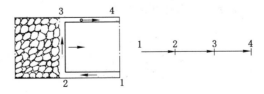

图 6-3-1　串联通风网络

2. 并联通风网络

由两条或两条以上具有相同始节点和末节点的分支所组成的通风网络叫作并联风网，如图 6-3-2 所示。

3. 角联通风网络

在简单并联风网的始节点和末节点之间有一条或几条风路贯通的风网叫作角联风网。贯通的分支习惯叫作对角分支。单角联风网只有一条对角分支，多角联风网则有两条或两条以上的对角分支，如图 6-3-3 所示。

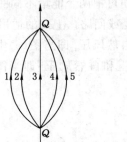

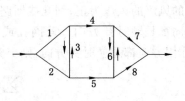

图 6-3-2　并联通风网络　　　　　　　　图 6-3-3　角联通风网络

4. 复杂联结通风网络

由串联、并联、角联和更复杂的联结方式所组成的通风网络，统称为复杂通风网络。

二、风网参数的计算

1. 串联通风网络

串联通风网络具有如下特性：

① 总风量等于各分支的风量，即

$$M_s = M_1 = M_2 = M_3 = \cdots = M_n$$

当各分支的空气密度相等时，或将所有风量换算为同一标准状态的风量后，有

$$Q_s = Q_1 = Q_2 = Q_3 = \cdots = Q_n, \quad m^3/s \tag{6-3-1}$$

② 总风压等于各分支风压之和，即

$$h_s = h_1 + h_2 + h_3 + \cdots + h_n = \sum_{i=1}^{n} h_i \tag{6-3-2}$$

③ 总风阻等于各分支风阻之和，即

$$R_s = h_s/Q_s^2 = R_1 + R_2 + R_3 + \cdots + R_n = \sum_{i=1}^{n} R_i \tag{6-3-3}$$

④ 串联风路等积孔与各分支等积孔间的关系

$$A_s = \frac{1}{\sqrt{\dfrac{1}{A_1^2} + \dfrac{1}{A_2^2} + \dfrac{1}{A_3^2} + \cdots + \dfrac{1}{A_n^2}}} \tag{6-3-4}$$

2. 并联通风网络

① 总风量等于各分支风量之和，即

$$M_s = M_1 + M_2 + M_3 + \cdots + M_n = \sum_{i=1}^{n} M_i$$

当各分支的空气密度相同时,或将所有分量换算为同一标准状态的分量后,有

$$Q_s = Q_1 + Q_2 + Q_3 + \cdots + Q_n = \sum_{i=1}^{n} Q_i \tag{6-3-5}$$

② 总风压等于各分支风压,即

$$h_s = h_1 = h_2 = h_3 = \cdots = h_n \tag{6-3-6}$$

注意:当各分支的位能差不相等,或分支中存在风机等通风动力时,并联分支的风压并不相等。

③ 并联风网总风阻与各分支风阻的关系

$$R_s = h_s/Q_s^2 = \frac{1}{\left(\sqrt{\dfrac{1}{R_1}} + \sqrt{\dfrac{1}{R_2}} + \sqrt{\dfrac{1}{R_3}} + \cdots + \sqrt{\dfrac{1}{R_n}}\right)^2} \tag{6-3-7}$$

④ 并联风网等积孔等于各分支等积孔之和,即

$$A_s = A_1 + A_2 + A_3 + \cdots + A_n \tag{6-3-8}$$

⑤ 并联风网的风量分配

若已知并联风网的总风量,在不考虑其他通风动力及风流密度变化时,可由下式计算出分支 i 的风量

$$Q_i = \sqrt{\frac{R_s}{R}} Q_s = \frac{Q_s}{\displaystyle\sum_{j=1}^{n} \sqrt{R_i/R_j}} \tag{6-3-9}$$

由上式可见,并联风网中的某分支所分配得到的风量取决于并联网络总风阻与该分支风阻之比。风阻小的分支风量大,风阻大的分支风量小。若要调节各分支风量,可通过改变各分支的风阻比值实现。

3. 串联与并联风网的比较

在任何一个矿井通风网络中,都同时存在串联风路与并联风网。矿井的进、回风风路多为串联风路,而工作面与工作面之间多为并联风网。从提高工作地点的空气质量及安全性出发,采用并联风网(即分区通风)具有明显的优点。此外,在同样的分支风阻和总风量条件下,若干分支并联时的总阻力也远小于它们串联时的总阻力。因此在有条件的情况下,应尽量采用并联风路,以降低矿井通风阻力。

4. 角联通风网络

如图 6-3-4 所示,在单角联风网中,对角分支 5 的风流方向,随着其他四条分支的风阻值 R_1、R_2、R_3、R_4 在大于零、小于无穷大范围内变化而变化,即有三种变化:

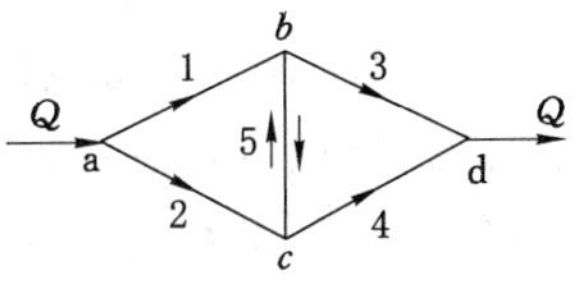

当风量 Q_5 向上流时,风压 $h_1 > h_2$,$h_3 < h_4$;风量 $Q_1 < Q_3$,$Q_2 > Q_4$。

图 6-3-4　角联通风网络

则有:

$$R_1 Q_1^2 > R_2 Q_2^2 \longrightarrow R_1 Q_1^2 > R_2 Q_4^2$$
$$R_3 Q_3^2 < R_4 Q_4^2 \longrightarrow R_3 Q_1^2 < R_4 Q_4^2$$

将上面两式相除,得:

$$\frac{R_1}{R_3} > \frac{R_2}{R_4} \quad \text{或} \quad K = \frac{R_1 R_4}{R_2 R_3} > 1 \tag{6-3-10}$$

这是 Q_5 向上流的判别式。

同理可推出 Q_5 向下流的判别式为：

$$K = \frac{R_1 R_4}{R_2 R_3} < 1 \qquad (6\text{-}3\text{-}11)$$

Q_5 等于零的判别式为：

$$K = \frac{R_1 R_4}{R_2 R_3} = 1 \qquad (6\text{-}3\text{-}12)$$

判别式中不包括对角风路本身的风阻 R_5，说明无论 R_5 怎样变化，该风路的风流方向不会变化，只可能使这一风路的风量大小发生变化。这是因为该风路的风流方向只取决于该风路起末两点风流的能量之差，而这项能量差与 R_5 无关。

判别式的作用之一是用来预先判别不稳定风流的方向。例如在分支 5 尚未掘通之前，便可判定该风路掘通后的风流方向，即把四条非对角分支的风阻值代入判别式，如算得判据 $K > 1$，便可判定 Q_5 向上流；如得 $K < 1$，则 Q_5 必须向下流；如得 $K = 1$，则 Q_5 必等于零。

判别式的作用之二是用来制定风流不稳定的预防措施。例如，若 1、5、4 都是工作面，为保持 Q_5 稳定地向上流，不允许 Q_5 向下流或 $Q_5 = 0$，须始终满足 $K > 1$，而且 K 值越大，Q_5 向上流就越稳定。故可根据实际情况，采取加大 R_1 或 R_4，减少 R_2 或 R_3 的技术措施，并不断进行调整，使 K 始终保持最大的合理值，以保证 Q_5 的方向和数量始终稳定。

5. 复杂通风网络

矿井通风的基本任务就是根据井下各个用风地点（采掘工作面、充电硐室、炸药库等）的需要，供给它们一定的新鲜风量（即为按需分配的风量），这个风量是已知数。新风在被送到各用风地点之前，以及各用风地点用过的回风，都要经过许多风路，这些风路有时形成复杂的风网。在风速不超限的条件下，这些复杂风网中各条分支通过的风量任其自然分配（即为自然分配的风量），是未知数，需通过计算确定。

计算复杂风网中的自然分配风量是为了掌握复杂风网的通风总阻力和总风阻，若不先求出风网中各分支的自然分配风量，就无法计算复杂风网的通风总阻力和总风阻；其次是为了验算各风道的风速是否符合《规程》的规定。

复杂风网中自然分配风量的计算方法很多。但无论哪种方法都必须使用本章前述的那些规律建立数学方程，然后用不同的数学手段进行计算。这里介绍的计算方法是斯考德-恒斯雷（Scott-Hensley）。此种方法的实质是：预先在风网中选择几个网孔或回路，拟定其中各分支的初始风量，然后求解其校正值以校正拟定的初始风量，经过几次迭代计算，使风量接近真值。这种思路也是计算机解算风网中自然分配风量的思路。

（1）基本方程

任何风网都有 N 条分支，须列出线性无关的 N 个独立方程，以求解 N 条分支中的 N 个风量。前已说明，当风路中有 J 个节点时，该风网中独立的网孔或回路数为 $M = N - J + 1$，用风压平衡定律可列出 M 个线性无关的独立方程。又因为风网有 J 个节点，用风量平衡定律可列出 $(J-1)$ 个线性无关的独立方程（有一个是和其他方程线性相关的）。故对于任何风网，可列出线性无关的独立方程数为 $N = M + (J-1)$ 个，正好等于网络中的分支数 N。

网络中的网孔或回路的确定并不是随意确定的，而是要根据最小树的概念来选择网孔或回路。先在风网中选择风阻值较小的（但不一定是最小的）$(J-1)$ 条分支为树枝，构成一棵最小树。再选择风阻值较大的 M 条分支为弦,这样由这颗最小树的树枝和弦所构成的网孔或回路就是所选定的独立网孔或回路。

(2) 计算各分支的自然分配风量

现以并联网络为例计算各分支自然分配的风量。如图 6-3-5 所示,设并联风路的总风量为 Q,风路 ACB、ADB 的风阻分别为 R_1、R_2,先需求这两条分支的自然分配风量 Q_C、Q_D。

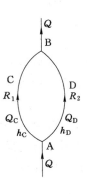

图中有两个节点,用风量平衡方程可以列出 $J-1=2-1$ 个方程:

$$Q = Q_C + Q_D$$

用风压平衡方程可以列出 $N-(J-1)=2-(2-1)=1$ 个方程:

$$h_C = h_D \text{ 即 } R_1 Q_C^2 = R_2 Q_D^2$$

由于 Q_C、Q_D 是未知的,需要求出。斯考德-恒斯雷法首先假定风路 ACB、ADB 的风量是 Q_1 和 Q_2 则有:

图 6-3-5

$$Q_1 + Q_2 = Q_C + Q_D = Q$$

Q_1 与 Q_C 的差值就是 Q_D 与 Q_2 的差值 ΔQ:

$$\Delta Q = Q_1 - Q_C = Q_D - Q_2$$

这一差值也是我们要求的 ACBD 网孔中的风量校正值。将它代入风压平衡方程:

$$Q_C = Q_1 - \Delta Q, \quad Q_D = Q_2 + \Delta Q$$

将 $R_1 (Q_1 - \Delta Q)^2 = R_2 (Q_2 + \Delta Q)^2$ 展开后略去二阶微量得:

$$\Delta Q = -\frac{R_1 Q_1^2 - R_2 Q_2^2}{2R_1 Q_1 + 2R_2 Q_2} = -\frac{h_1 - h_2}{2R_1 Q_1 + 2R_2 Q_2}$$

有了风量校正值,就可以对这一网络中各分支的风量进行校正。其校正式为:

$$Q_1' = Q_1 + \Delta Q, \quad Q_2' = Q_2 - \Delta Q$$

上式中 Q_1 的方向为顺时针方向,ΔQ 取正值;Q_2 的方向为逆时针方向,ΔQ 取负值。

如果第一次校正后还未达到需要的精度,还同样可以进行第二次,第三次校正……。一般来说,经过三次渐进计算,Q_1''' 与 Q_C、Q_2''' 与 Q_D 就非常接近了。网孔中的风压差值不超过最小风压的 5%。

这是在网络中只有一个网孔的情况。如果网络中有 M 个这样独立的网孔,就需要求出 M 个这样的风量校正值,并对网孔中各分支的风量进行校正。

如果一个网孔中有 n 条分支,而不是并联网孔中的两条分支,则对照前面的风量校正公式,这时的风量校正公式为:

$$\Delta Q_i = \frac{\displaystyle\sum_{i=1}^{n} R_i Q_i^2}{2\displaystyle\sum_{i=1}^{n} R_i Q_i} = -\frac{\displaystyle\sum_{i=1}^{n} h_i}{2\displaystyle\sum_{i=1}^{n} R_i Q_i}$$

该式分子为各分支的风压的代数和,单位为 Pa。风流顺时针为正值,逆时针为负值。

若网孔或回路中另有机械风压 h_f 和自然风压 H_N 存在时,则:

$$\Delta Q = \frac{\displaystyle\sum_{i=1}^{n} R_i Q_i^2 - h_f - H_N}{2\displaystyle\sum_{i=1}^{n} R_i Q_i}$$

式中取顺时针方向的风流的风压为正,网孔或回路中的机械风压 h_f 和自然风压 H_N 都是顺时针方向。

同样,有了各网孔或回路的风量修正值 ΔQ_i,可用下式对该网孔或回路中各分支的风量进行修正:

$$Q_i' = Q_i \pm \Delta Q_i$$

式中取风流顺时针方向流动时的 ΔQ_i 为正值,反之为负值。

为了加快计算中的收敛速度,须做到:

① 在有多个网孔的网络中,选择网孔时须使得网孔的公共分支风阻最小,而非公共分支风阻较大。要做到这一点,可先将风网中风阻值较小的 $(J-1)$ 条分支为树枝,构成一棵最小树。再选择风阻值较大的 M 条分支为弦,这样在由这颗最小树的树枝和弦所构成的 M 个独立网孔或回路中,风阻最小的分支处于公共分支,而风阻较大的分支处于非公共分支上。

② 任一闭合网孔或风路的风量校正值求得后,应对本闭合风路的各支风量及时进行校正。

③ 在相邻闭合风路的风量校正值计算中,凡是进行过风量校正的风路均应采用校正后的风量,而不再采用拟定风量。

现举例说明手算方法和步骤。在图 6-3-6 所示的风网中,各分支的风阻分别为: $R_1 = 0.38$ N·s^2/m^8, $R_2 = 0.5$ N·s^2/m^8; $R_3 = 0.2$ N·s^2/m^8, $R_4 = 0.085$ N·s^2/m^8; $R_5 = 0.65$ N·s^2/m^8。风网总风量 $Q = 30$ m^3/s,无附加的机械风压和自然风压。求各分支的自然分配风量和该风网的总阻力、总风阻。

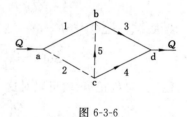

图 6-3-6

解:

(1) 判别对角分支的风向

因

$$\frac{R_1 R_4}{R_2 R_3} = \frac{0.38 \times 0.085}{0.5 \times 0.2} = 0.323 < 1$$

故该对角分支中的风流是自 b 流向 c。对于其他风网,如事先无法判别其中不稳定风流的方向,可先假定,若计算出该假定风向的风量是负值时,则假定的风向不正确,改正过来即可。

(2) 确定独立网孔或回路的数目

因该风网的分支数 $N = 5$,节点数 $J = 4$,则独立网孔或回路数为:

$$M = N - 1 + 1 = 5 - 4 + 1 = 2$$

(3) 选择独立网孔或回路

因该风网的树枝数为 $J - 1 = 4 - 1 = 3$,故选风阻较小的三条分支 c—d、b—d 和 a—b 为树枝,构成图中实线所示的最小树 c—d—b—a。又因弦数 $M = 2$,故选风阻较大的两条分支 a—c 和 b—c 为弦。由此确定出 1 个独立回路 a—b—d—c—a 和 1 个独立网孔 b—d—c—b 来进行迭代计算。

(4) 拟定各分支的初始风量

首先把各个网孔看作是并联,用并联网络中自然分配风量计算公式给出各分支的风量:

$$Q_1 = \frac{Q}{1+\sqrt{\dfrac{R_1}{R_2}}} = \frac{30}{1+\sqrt{\dfrac{0.38}{0.5}}} = 16.03 \ (\text{m}^3/\text{s})$$

$$Q_3 = \frac{Q}{1+\sqrt{\dfrac{R_3}{R_4}}} = \frac{30}{1+\sqrt{\dfrac{0.2}{0.085}}} = 11.84 \ (\text{m}^3/\text{s})$$

$$Q_2 = Q - Q_1 = 30 - 16.03 = 13.97 \ (\text{m}^3/\text{s})$$

$$Q_4 = Q - Q_3 = 30 - 11.84 = 18.16 \ (\text{m}^3/\text{s})$$

$$Q_5 = Q_1 - Q_3 = 16.03 - 11.84 = 4.19 \ (\text{m}^3/\text{s})$$

（5）进行迭代计算

对所选定的 1 个回路和 1 个网孔计算其风量校正值 ΔQ_i,然后对网孔或回路中的各分支的风量进行校正。这种校正要循环进行多次,直到达到规定的精度。为了便捷,宜把有关的已知数和计算值列入表中进行计算。例如,对回路 $a-b-d-c-a$,第一次的 ΔQ_i 值用下式计算:

$$\Delta Q_i = \frac{-(R_1 Q_1^2 + R_3 Q_3^2 - R_2 Q_2^2 - R_4 Q_4^2)}{2(R_1 Q_1 + R_3 Q_3 + R_2 Q_2 + R_4 Q_4)}$$

$$= \frac{-(0.38 \times 16.03^2 + 0.2 \times 11.84^2 - 0.5 \times 13.97^2 - 0.085 \times 18.16^2)}{2(0.38 \times 16.03 + 0.2 \times 11.84 + 0.5 \times 13.97 + 0.85 \times 18.16)}$$

$$= \frac{-0.07}{33.98} = -0.002 \ (\text{m}^3/\text{s})$$

然后,校正计算该回路中各分支的风量。例如,1 分支第一次校正后的风量为:

$$Q_1' = Q_1 + \Delta Q_i = 16.03 - 0.002 = 16.028 \ (\text{m}^3/\text{s})$$

2 分支第一次校正后的风量为:

$$Q_2' = Q_2 + \Delta Q_i = 13.97 + 0.002 = 13.972 \ (\text{m}^3/\text{s})$$

回路 $a-b-d-c-a$ 校正完后,就按同样的方法校正计算网孔 $b-d-c-b$ 中各分支的风量。其他各项的计算结果见表 6-3-1。表中带括号的风量值是上一次校正过的风量值,这样可以加快收敛。

（6）检验计算结果

将各分支最后一次校正的风量值和算出的相应风压值均填入表中。经过下表的验算,知一个回路和两个网孔中不同方向的累计风压很接近,误差均小于 5%。故表中即为风网各分支的自然分配风量和风压（见表 6-3-2 和表 6-3-3）。

（7）计算风网的总阻力和总风阻

总阻力为:

$$h_{a-d} = \frac{h_1 + h_2 + h_3 + h_4}{2} = \frac{95.2 + 100.423 + 32.6 + 25.554}{2} = 126.62 \ (\text{Pa})$$

总风阻为:

$$R_{a-d} = \frac{h_{a-d}}{Q^2} = \frac{126.62}{30^2} = 0.141 \ (\text{N} \cdot \text{s}^2/\text{m}^8)$$

表6-3-1 计算结果

网孔或回路	分支	R_i /(N·s²/m⁸)	第一次计算 Q_i /(m³/s)	$2R_iQ_i$	$R_iQ_i^2$ /Pa	ΔQ_i /(m³/s)	$\Delta Q'_i$ /(m³/s)	Q'_i /(m³/s)	第二次计算 $2R_iQ_i$	$R_iQ_i^2$ /Pa	$\Delta Q'_i$ /(m³/s)	Q'_i /(m³/s)
$a-b-d-c-a$	1	0.38	16.03	12.183	97.645		16.028	16.028	12.181	97.621		15.828
	3	0.2	11.84	4.736	28.037		11.838	(12.699)	5.08	32.253		12.499
	4	0.085	18.16	3.087	−28.032		18.162	(17.301)	2.941	−25.443		17.501
	2	0.5	13.97	13.97	−97.58		13.972	13.972	13.972	−97.608		14.172
	Σ			33.976	0.07	−0.002			34.174	6.823	−0.2	
$b-d-c-b$	3	0.2	(11.838)	4.735	28.028		12.699	(12.499)	5.0	31.245		12.661
	4	0.085	(18.162)	3.088	−28.038		17.301	(17.501)	2.975	−26.034		17.339
	5	0.65	4.19	5.477	−11.411		3.329	3.329	4.328	−7.203		3.167
	Σ			13.27	−11.421	0.861			12.303	−1.992	0.162	

表 6-3-2　　　　　　　　　　　各分支风量和风压校正结果

分支	1	2	3	4	5
风阻/(N·s²/m⁸)	0.38	0.5	0.2	0.085	0.65
风量/(m³/s)	15.828	14.172	12.661	17.339	3.167
风压/Pa	95.2	100.423	32.06	25.554	6.519

表 6-3-3　　　　　　　　　　　检验计算结果

回路或网孔	$a-b-d-c-a$	$a-b-c-a$	$b-d-c-b$
累计风压的较大值/Pa	127.26	101.719	32.073
累计风压的较小值/Pa	126.977	100.423	32.06
累计风压之差/Pa	1.283	1.298	0.013
误差/%	1.018	1.291	0.041

第四节　计算机解算矿井通风网络

煤矿实际的通风网络绝大多数为复杂通风网络,复杂通风网络中风量的解算是矿井通风安全技术管理中的一项重要的内容。而多数情况下,复杂通风网络参数的解算仅依靠手工计算是难以完成的。电子计算机的出现使复杂通风网络的计算步入一个新的阶段。计算机解算通风网络也经历了三个时期。第一个时期主要是纯数值计算时期。这一时期开发的通风网络解算软件仅仅满足数值计算的功能,数据的输入、输出多采用文本方式的数据文件,没有图形显示功能。由于复杂风网的解算往往需要处理大量的数据,数据类型繁杂,缺少数据的自动检错能力,容易出错;数据的修改更新也相当困难。这些不足极大地制约了矿井通风网络解算软件的推广使用。第二个时期就是网络二维可视化解算时期。在 Window 操作系统推出后,在原数值计算的基础上,采用可视化编程技术,规范了通风网络参数的录入与输出,关联了通风网络参数与二维图形,进入了通风网络可视化解算时期,使通风网络解算软件更加实用。

第三个阶段就是通风网络三维可视化仿真时期。近年来,随着计算机图形学的发展,进入了通风网络三维可视化仿真时期,使矿井通风解算软件更加易于使用。其中,中国矿业大学基于. NET Framework 、GDI+和 GIS 理论开发的矿井通风仿真专家(Mine Ventilation Simulation Expert,MVSE)是具有代表性的矿井通风网络解算软件之一。该软件可以自动维护分支与节点的拓扑关系,实现了通风系统单线图、双线图、立体图、网络图、三维图、风机特性曲线图、专题图等图件的快速自动绘制;实现了所有角联分支的快速自动识别,并可以按照稳定性进行排序;实现了通风网络复杂度计算与评价;实现了通风网络解算过程、解算结果的可视化和风量来源分析。目前,矿井通风网络风流分配仿真方法已经比较成熟,矿井通风仿真从纯数值仿真发展到三维可视化仿真,大幅度提高了适用性,并逐步得到了广泛应用。

一、迭代方法

如图 6-4-1 所示的风网,其中分支数 $N=6$,节点数 $J=4$,按图论该风网的独立回路数 $M=N-J+1=3$。如已知风网各分支的风阻、风机特性和自然风压,则风网各分支的风量可由下列方程确定:

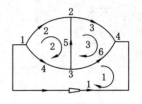

图 6-4-1

1. 节点风量平衡方程

$$\sum_{j=2}^{n} a_{ij} Q_j = 0, i = 1, 2, \cdots, M \qquad (6\text{-}4\text{-}1)$$

式中　Q_j——j 分支的风量,m³/s;

　　　a_{ij}——表示风流方向的符号函数。

$$a_{ij} = \begin{cases} 1 & i \text{ 节点为 } j \text{ 分支的末节点,即风流流向该节点} \\ -1 & i \text{ 节点为 } j \text{ 分支的始节点,即风流流出该节点} \\ 0 & i \text{ 节点不是 } j \text{ 分支的端点} \end{cases}$$

由于 J 个节点可列出 $J-1$ 个独立方程,故图 6-4-1 可列出 3 个独立方程;

由节点 1:　　　　　　　　$Q_4 = Q_1 - Q_2$

由节点 2:　　　　　　　　$Q_5 = Q_2 - Q_3$

由节点 4:　　　　　　　　$Q_6 = Q_1 - Q_3$

即各分支的风量均可用 Q_1、Q_2 和 Q_3 表示,故 1、2、3 分支可选为余树。

2. 回路风压平衡方程

$$f_i = \sum_{j=1}^{n} b_{ij} R_j Q_j \mid Q_j \mid - H_{Ni} - F_i(Q_i) = 0 \quad i = 1, 2, \cdots, M \qquad (6\text{-}4\text{-}2)$$

式中　f_i——沿 i 回路的阻力或风压的代数和;

　　　Q_j, R_j——分别为 j 分支的风量和风阻;

　　　H_{Ni}——i 回路自然风压;

　　　$F_i(Q_i)$——第 i 个风机的风压;

$$F_i(Q_i) = 0, i = NF + 1, NF + 2, \cdots, M$$

式中　NF——装有风机的分支数或风机台数;

　　　b_{ij}——表示分支风流方向的符号函数:

$b_{ij} = 1$——j 分支包括在 i 回路中并与回路同向;

$b_{ij} = -1$——j 分支包括在 i 回路中并与回路反向;

$b_{ij} = 0$——j 分支不包括在 i 回路中。

式(6-4-2)中将 $R_j Q_j^2$ 写成 $R_j Q_j \mid Q_j \mid$ 主要是考虑风流的方向。

由于一个风网有 M 个独立回路,故可建立 M 个回路方程,与节点方程一起共有$(N-J+1)+(J-1) \geqslant N$ 个独立方程,可解出 N 个分支的风量且有定解。

由图回路方程为:

$$f_1 = R_1 Q_1^2 + R_4 (Q_1 - Q_2)^2 + R_6 (Q_1 - Q_3)^2 - P_1 - F_1(Q_1) = 0$$

$$f_2 = R_2 Q_2^2 + R_5 (Q_2 - Q_3)^2 - R_4 (Q_1 - Q_2)^2 = 0$$

$$f_3 = R_3 Q_3^2 - R_6 (Q_5 - Q_3)^2 - R_1 (Q_2 - Q_3)^2 = 0$$

上述方程以 Q_1、Q_2、Q_3 为变元,可简写成:

$$f_i = f_i(Q_1, Q_2, Q_3) - P_i - F_i(Q_i) = 0 \quad i = 1, 2, 3 \tag{6-4-3}$$

对于复杂风网上述方程将是一个大型非线性方程组,一般用线性化的方法按泰勒公式展开略去高阶顶,则其第 K 次线性近似计算式为:

$$f_i^{(K+1)} = f_i^{(K)} + \frac{\partial f_i}{\partial Q_1}\Delta Q_1^{(K)} + \frac{\partial f_i}{\partial Q_2}\Delta Q_2^{(K)} + \frac{\partial f_i}{\partial Q_3}\Delta Q_3^{(K)} - \frac{\mathrm{d}F_1(Q_1)}{\mathrm{d}Q_1}\Delta Q_1^{(K)} = 0$$

$$i = 1, 2, 3, \cdots, M \tag{6-4-4}$$

上述式(6-4-4)因自然风压为常量求导为 0。对风机风压用二次多项式表示:

$$F_1(Q_1) = C_1 + C_2 Q_1 + C_3 Q_1^2 \tag{6-4-5}$$

故求导后
$$F_1(Q_1)' = C_2 + 2C_3 Q_1$$

上述式(6-4-4)如果写成一般式,即有 M 个回路的风网时为:

$$f_i^{(K+1)} = f_i^{(K)} + \frac{\partial f_i}{\partial Q_1}\Delta Q_1^{(K)} + \frac{\partial f_i}{\partial Q_2}\Delta Q_2^{(K)} + \cdots + \frac{\partial f_i}{\partial Q_M}\Delta Q_M^{(K)} - F_i(Q_i)'\Delta Q_i^{(K)} = 0$$

$$i = 1, 2, \cdots, M \tag{6-4-6}$$

上式如写成矩阵形式则

$$\begin{bmatrix} \dfrac{\partial f_1}{\partial Q_1} & \dfrac{\partial f_1}{\partial Q_2} & \cdots & \dfrac{\partial f_1}{\partial Q_M} \\ \dfrac{\partial f_2}{\partial Q_1} & \dfrac{\partial f_2}{\partial Q_2} & \cdots & \dfrac{\partial f_2}{\partial Q_M} \\ \vdots & \vdots & & \vdots \\ \dfrac{\partial f_M}{\partial Q_1} & \dfrac{\partial f_M}{\partial Q_2} & \cdots & \dfrac{\partial f_M}{\partial Q_M} \end{bmatrix}_{Q=Q^{(K)}} \begin{bmatrix} \Delta Q_1^{(K)} \\ \Delta Q_2^{(K)} \\ \vdots \\ \Delta Q_M^{(K)} \end{bmatrix} = \begin{bmatrix} f_1 \\ f_2 \\ \vdots \\ f_M \end{bmatrix} \tag{6-4-7}$$

如果直接求解上述矩阵,则称为牛顿-拉夫逊法。其中的系数矩阵即为雅可比矩阵,该矩阵元素均在 $Q = Q^{(K)}$ 处取值。显然,用牛顿法求解比较繁琐。为简化计算,Cross 法对式(6-4-6)给定如下限制:

当

$$\frac{\partial f_i}{\partial Q_i}\Delta Q_i > \sum_{\substack{i=1 \\ j \neq 1}}^{M} \frac{\partial f_i}{\partial f_j}\Delta Q_j$$

将式(6-4-6)简化成如下一般式:

$$f_i^{(K+1)} = f_i^{(K)} + \left(\frac{\partial f_i}{\partial Q_i} - F_i'\right)\Delta Q_i^{(K)} = 0$$

或

$$\left(\frac{\partial f_i}{\partial Q_i} - F_i'\right)\Delta Q_i = -f_i \tag{6-4-8}$$

这种简化相当于式(6-4-7)中的系数矩阵在其主元素大于同行副元素之和的情况下删去所有副元素,而变为

$$\begin{bmatrix} \dfrac{\partial f_1}{\partial Q_1} & & & 0 \\ & \dfrac{\partial f_2}{\partial Q_2} & & \\ & & \ddots & \\ 0 & & & \dfrac{\partial f_M}{\partial Q_M} \end{bmatrix} \begin{bmatrix} \Delta Q_1 \\ \Delta Q_2 \\ \vdots \\ \Delta Q_M \end{bmatrix} = - \begin{bmatrix} f_1 \\ f_2 \\ \vdots \\ f_M \end{bmatrix} \tag{6-4-9}$$

而使计算大为简化,故

$$\Delta Q_i = -\frac{f_i}{\dfrac{\partial f_i}{\partial Q_i} - F'_i}, \quad i = 1, 2, \cdots, M \tag{6-4-10}$$

如考虑到式(6-4-2),则

$$\Delta Q_i = -\frac{\sum\limits_{j=1}^{N} b_{ij} R_j \mid Q_j \mid Q_j - P_i - F_i}{2\sum\limits_{j=1}^{N} b_{ij}^2 R_j \mid Q_j \mid - F'_j} \tag{6-4-11}$$

式中,F_i 和 F'_i 分别为风机特性曲线方程表示的风压及风机特性曲线的斜率;$2\sum\limits_{j=1}^{N} b_{ij}^2 R_j \mid Q_j \mid$ 为回路中 j 分支风量与风阻乘积的累加值,这项累加均为正数相加,也可写成 $2\sum\limits_{j=1}^{N} \mid R_j Q_j \mid$。因为对任一回路求偏导数时总是正数相加。如对图 6-4-1 的第 3 回路:

$$\frac{\partial f_3}{\partial Q_3} = 2R_3 Q_3 - 2R_6(Q_1 - Q_3)^2 \times(-1) - 2R_5(Q_2 - Q_3) \times(-1)$$

$$= 2R_3 Q_3 + 2R_6(Q_1 - Q_3)^2 + 2R_5(Q_2 - Q_3)$$

$$= 2R_3 Q_3 + 2R_6 Q_6 + 2R_5 Q_5$$

$$= 2\sum \mid R_j Q_j \mid$$

如果回路中没有自然风压和风机时式(6-4-11)可写成

$$\Delta Q_i = -\frac{\sum\limits_{j=1}^{N} b_{ij} R_j \mid Q_j \mid Q_j}{2\sum\limits_{j=1}^{N} \mid R_j Q_j \mid}, \quad i = 1, 2, \cdots, M \tag{6-4-12}$$

假如给风网一部分分支赋风量初值,可满足式(6-4-1),并使所有分支得到风量初值,但这组风量值一般不能满足式(6-4-2),故需 $a_{ij} \Delta Q_i$ 对 Q_i 进行修正,使回路风压平衡方程逐渐接近满足。但修正 Q_i 时又使回路之间的公共分支的风量(树枝的风量)发生变化,进而影响其他回路的收敛。因此,需要对各回路的风量进行反复迭代计算和修正。其步骤为:

① 给余树赋风量 $Q_i, i = 1, 2, \cdots, M$;

② 根据余树风量求各树枝的风量 $Q_i, j = M+1, M+2, \cdots, N$;

③ 按式(6-4-11)或式(6-4-12)计算 $\Delta Q_i, i = 1, 2, \cdots, M$;

④ 检验:如果 $\max\limits_{1 \leqslant i \leqslant M} \mid f_i^{(K)} \mid \leqslant E$ 或 $\max\limits_{1 \leqslant i \leqslant M} \mid \Delta Q_i^{(K)} \mid \leqslant E, E$ 为迭代精度指标,为预先给定的小正数,则迭代完成,否则转⑤;

⑤ $Q_j^{(K+1)} = Q_j^{(K)} + b_{ij} \Delta Q_i^{(K)}$,然后返回③。

应该指出,Scott-Hinsley 法对线性方程组的处理是在满足给定的限制条件下,舍去系数矩阵中除主元素以外的所有副元素。系数矩阵中的各元素是对回路风压求偏导数,其值为 $2R_i Q_i$ 的代数和,如以式(6-4-3)为例列出其系数矩阵:

$$\begin{bmatrix} \dfrac{\partial f_1}{\partial Q_1} & \dfrac{\partial f_1}{\partial Q_2} & \dfrac{\partial f_1}{\partial Q_3} \\[2mm] \dfrac{\partial f_2}{\partial Q_1} & \dfrac{\partial f_2}{\partial Q_2} & \dfrac{\partial f_2}{\partial Q_3} \\[2mm] \dfrac{\partial f_3}{\partial Q_1} & \dfrac{\partial f_3}{\partial Q_2} & \dfrac{\partial f_3}{\partial Q_3} \end{bmatrix}$$

$$= \begin{bmatrix} 2(R_1Q_1+R_4Q_4+R_6Q_6)-F'_i & -2R_4Q_4 & -2R_6Q_6 \\ -2R_4Q_4 & 2(R_2Q_2+R_5Q_5+R_4Q_4) & 2R_5Q_5 \\ -2R_5Q_5 & -2R_2Q_2 & 2(R_3Q_3+R_6Q_6+R_5Q_5) \end{bmatrix}$$

显然,在一般条件下由于风量 Q_j 未知,难以确定矩阵中各元素的值。为简化算法并尽量满足给定的限制条件,Scott-Hinsley 法以风阻 R 值为依据,通过最小树构造回路,并使余树的风阻为最大来达到增大主元素的数值;在通常情况下上述做法基本满足要求。但是,正因为对系数矩阵做了上述处理,该算法的收敛性不但与风量初值有关,而且也与回路的选择有关。在个别情况下可能出现迭代计算已达最大迭代次数而未收敛,即没有达到精度指标的要求,特别是当精度取值很高时可能遇到这种情况,但这并不一定是真正的发散。

为解决可能出现的这类问题,在程序中将风阻值和迭代若干次(一般为 5~8 次)所得风量的乘积赋给风阻值,再返回重选回路 i,如图 6-4-2 的程序框图所示,这样可大大加快收敛速度。

二、确定余树

利用风网树图的余树作为选择回路的基础分支。一般采用构造最小树的"破圈"方法选择余树。其做法是:

① 把所有分支按一定次序排列。

排列的次序为先固定风量分支(通常是按需供风的分支),接着为安装有风机的分支,最后是一般分支,固定风量分支和装机分支内部的次序可任意。而一般分支则是按其风阻值降序排列。

② 固定风量分支和装机分支指定为余树。

③ 从一般分支中选择一些风阻较大者作为余树,使余树的总数为 $M(M=N-J+1)$ 个,所谓选择风阻较大者是指一个回路中风阻为最大的分支,以这些分支的风阻为矩阵的主元素,构成回路的非公用分支。

程序的操作过程相当于将风网图中的分支去掉,仅保留全部节点,然后从风阻最小的分支开始,逐一向风网图中原来该分支的位置添图以形成最小树。在建立最小树的过程中一旦出现回路,则最后形成回路的分支就是余树。显然余树是该回路的高阻分支,去掉余树形成最小树的过程称为"破圈",具体做法为:

① 从风阻最小的分支开始,在原风网图上用蓝色画出相应分支的位置;

② 开始画的蓝色分支本身构成一子图,该子图的节点标识号为 1;

③ 如所画的蓝色分支与已有的蓝色分支相连,使已有子图增加一个分支,则该分支的节点标志号取已有子图节点的标志号;

④ 如所画的蓝色分支形成一新的子图,其节点标志号取图中最大标志号加 1;

⑤ 如所画的蓝色分支使已有的两个子图连为一体,则该新子图的节点标志号统一为同

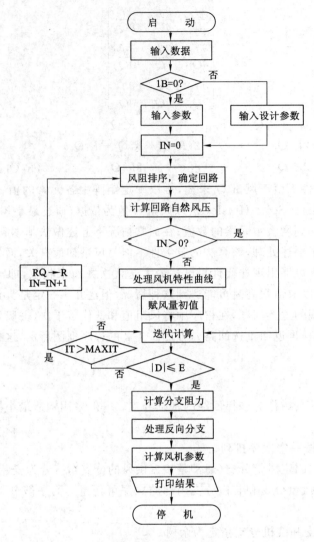

图 6-4-2 程序框图

一值；

⑥ 如所画蓝色分支位子图中出现回路,则该分支就是余树并涂以红色。

对任一风网按上述步骤操作完后,则相连通的蓝色分支组成最小树,红色分支为余树。

三、选回路

选回路是以余树为基础,从最小树分支中风阻较大的分支开始逐一查找可与余树出风节点相连的分支,反复操作直到构成回路为止。程序中规定余树的方向为回路的方向,回路中与余树方向一致的分支为正向分支,否则为反向分支,并逐一记录。要求余树连接的必须是最小树分支,因为一个回路只能含有一个余树。具体操作如下:

① 从最小树分支中风阻较大的分支开始逐一检查;

② 如所取分支始节点等于余树的末节点,则余树连接一正向分支,形成一个链,链的末节点就是所接分支的末节点;

③ 如分支的末节点等于余树的末节点,则余树连接一反向分支,形成一个链,链的末节点就是所接分支的始节点;

④ 如所取分支的始/末节点等于链的末节点,则该链又增加一正/反向分支;

⑤ 如所接分支的另一节点等于余树的始节点,则形成回路。

应说明,在选回路的过程中有时可能误入歧途,出现只有余树与链的末节点连接的状况。在这种情况下需逐次后退,即从链中去掉一个分支再按上述步骤继续选回路;一直到正确选出回路为止。

四、处理风机特性曲线

考虑到风机联合工作的相互影响以及风机工作的不稳定问题,对风机性能曲线采用二段曲线拟合法,其中对正常工作段用拉格朗日插值法拟合,如图 6-4-3 所示,其方程为:

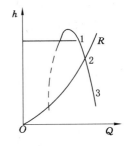

$$H_{fi} = \begin{cases} C_1 + C_2 Q_i + C_3 Q_i^2, & \text{当 } Q_i \geqslant Q_1 \\ H_1, & \text{当 } Q_i < Q_1 \end{cases} \qquad (6\text{-}4\text{-}13)$$

$$i = 1, 2, 3, \cdots, NF$$

式中　　NF——风机台数;

图 6-4-3　风机性能曲线工作段

Q_i——第 i 台风机的风量,m^3/s;

H_{fi}——第 i 台风机产生的风压,Pa;

C_1, C_2, C_3——拟合系数;

Q_1——风机性能曲线上第 1 点的风量,m^3/s。

为了拟合风机性能曲线的工作段,应在风机性能曲线图上选三点,如图 6-4-3 所示,其中第 1 点称为上限点,第 2 点接近高效点,第 3 点为下限点。一般,对于新型风机三个点的效率均应高于 70%。根据三个点的风量风压值 (Q_i, H_i) 可写出曲线拟合系数的求解公式:

$$C_3 = -\frac{H_3(Q_1 - Q_2) + H_1(Q_2 - Q_3) + H_2(Q_3 - Q_1)}{(Q_1 - Q_2)(Q_2 - Q_3)(Q_3 - Q_1)}$$

$$C_2 = \frac{H_1 - H_2}{Q_1 - Q_2} - C_3(Q_1 + Q_2) \qquad (6\text{-}4\text{-}14)$$

$$C_1 = H_1 - C_3 Q_1^2 - C_2 Q_1$$

因此,只要输入风机性能曲线上三个点的参数即可求出拟合系数,因而只要知道风机的风量就可用式(6-4-14)求出风机产生的风压值,其精度完全能满足需求。

对风机性能曲线的不稳定工作段,采用直线拟合。由于这段曲线处于非工作区,而且实际上不稳定工作段的曲线形状很不相同(主要指轴流式风机),对实际运用没有意义。采用直线代替非工作段曲线主要是计算过程中不使数据偏离太远,另外也为防止二次曲线出现两个交点的问题,如图 6-4-3 中的虚线所示,有利于计算过程的收敛。

五、赋风量初值

在迭代计算之前应对风网图的余树给定风量初值,然后根据风量平衡方程对每一回路中的各分支赋风量初值,作为迭代计算的基础。程序规定:固定风量分支以固定风量为初值,风机分支以风机性能曲线第 2 点的风量为初值,而其他余树均以 10 为初值。然后按回路对各个分支赋值。

六、迭代计算

迭代计算是已知风网各分支的风阻、自然风压和风机性能曲线,求解风网的风量分配。为保证按需配风的固定风量值不变,程序规定含有固定风量的回路不参与迭代计算。由于这类回路中除固定风量分支外,其余分支都是与其他回路共用的分支。因而实际上,这些回路都参与了迭代计算。迭代计算以回路为单位,直到所有回路的修正风量都达到预定精度为止。

七、计算固定风量分支的阻力和风阻值

由于固定风量分支不参与迭代计算,固定风量分支的阻力是按回路的风压平衡关系计算:

$$h_{fix} + \sum_{\substack{i=1 \\ j \neq fix}}^{N} h_f = 0 \quad i = 1, 2, \cdots, m$$

故

$$h_{fix} = -\sum_{\substack{i=1 \\ j \neq fix}}^{N} h_f \quad i = 1, 2, \cdots, m \tag{6-4-15}$$

式中 Q_{fix}——固定风量分支的阻力,Pa。

固定风量分支的风阻为:

$$R_{fix} = h_{fix} / Q_{fix}^2, kg/m^7 \tag{6-4-16}$$

式中 Q_{fix}——固定风量分支的风量,m^3/s。

上述风阻值是为保证固定风量值不变,固定风量分支必须具有的风阻值,有时该值小于固定风量分支实际的风阻值,供阻力调节时参考。

第五节 矿井风量调节

在矿井通风网络中,按照巷道风阻的匹配关系,分配到各作业地点的风量,往往不能满足要求,需要采取控制与调节风量的措施。另外,矿井通风网络是一个动态网络,它随生产的推进而不断变化,从网络分支数据到网络拓扑结构都在发生变化,而网络中的各个用风地点的风量需求基本不变,所以经常需要根据网络的变化,对通风网络进行调节,以调配各网络分支的风量。风量调节按照其范围的大小,可分为局部风量调节和矿井总风量调节。

一、局部风量调节

局部风量调节是指在采区内部各个工作面之间,采区之间或生产水平之间的风量调节。调节的方法有增阻调节法、降阻调节法和增压调节法。其中,增压调节法在煤矿中很少使用,而在金属矿山中应用较多。

(一) 增阻调节法

增阻调节法是以并联网络中阻力大的风路的阻力值为基础,在各阻力较小的巷道中安设调节风窗等设施,增大巷道的局部阻力,从而降低与该巷道处于同一通路中的风量,或增大与其并联的通路上的风量。这是目前使用最普遍的局部调节风量的方法。

增阻调节是一种耗能调节法。具体措施主要有调节风窗、临时风帘、空气幕调节装置

等。其中使用最多的是调节风窗，其制造和安装都较简单。

1. 增阻调节的计算

有一并联风网（见图 6-5-1），其中 $R_1 = 0.8$ N·s²/m⁸，$R_2 = 1.2$ N·s²/m⁸。若总风量 $Q = 30$ m³/s，则该并联风网中自然分配的风量分别为：

$$Q_1 = \frac{Q}{1 + \sqrt{\dfrac{R_1}{R_2}}} = \frac{30}{1 + \sqrt{\dfrac{0.8}{1.2}}} = 16.5 \ (\text{m}^3/\text{s})$$

则

$$Q_2 = Q - Q_1 = 30 - 16.5 = 13.5 \ (\text{m}^3/\text{s})$$

如按生产要求，1 分支的风量应为 $Q_1' = 5$ m³/s，2 分支的风量应为 $Q_2' = 25$ m³/s，显然自然分配的风量不符合要求，按上述风量要求，两分支的阻力分别为：

$$h_1 = R_1 Q_1'^2 = 0.8 \times 5^2 = 20 \ (\text{Pa})$$
$$h_2 = R_2 Q_2'^2 = 1.2 \times 25^2 = 750 \ (\text{Pa})$$

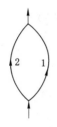

图 6-5-1 并联风网

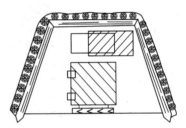

图 6-5-2 调节风门

为保证按需供风，必须使两分支的风压平衡。为此，需在 1 分支的回风段设置一调节风门，使它产生一局部阻力 $h_{er} = h_2 - h_1 = 750 - 20 = 730$ （Pa）。调节风门的形式如图 6-5-2 所示，在风门或风墙的上部开一个面积可调的矩形窗口，通过改变调节风门的开口面积来改变调节风门对风流所产生的阻力 h_w，使 $h_w = h_{er} = 730$ （Pa）。

用下式计算调节风门的面积：

$$S_w = \frac{QS}{Q + 0.759S\sqrt{h_w}}$$

或

$$S_w = \frac{S}{1 + 0.759S\sqrt{R_w}}$$

式中 R_w——调节风门的风阻，$R_w = h_w/Q^2$，N·s²/m⁸。

在上例中，若 1 分支设置调节风门处的巷道断面 $S_1 = 10$ m²，则算出调节风门的面积为：

$$S_w = \frac{5 \times 10}{5 + 0.759 \times 10 \times \sqrt{730}} = 0.238$$

即在 1 分支设置一个面积为 0.238 m² 的调节风门就能保证 1 和 2 分支都得到所需要的风量 5 m³/s 和 25 m³/s。

2. 增阻调节的分析

增阻调节使风网总风阻增加，如果主要通风机特性曲线不变，总风量就会减少，因此，在一定条件下可能达不到风量调节的预期效果。

如图 6-5-3 所示,已知主要通风机风压曲线 I 和两分支的风阻曲线 R_1、R_2,并联风网的总风阻曲线 R(按风压相等、风量相加的原则绘制)。R 与 I 交点 a 即为主要通风机的工作点,自 a 作垂线和横坐标相交,得出矿井总风量 Q。从 a 作水平线和 R_1、R_2 交于 b、c 两点,由这两点作垂线分别得两风路的风量 Q_1 和 Q_2。

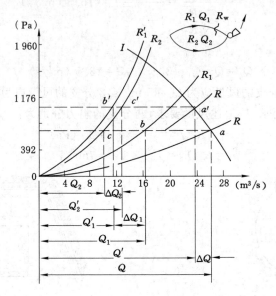

图 6-5-3　增阻调节对风机工况点的影响

如在 1 风路中安设一风阻为 R_w 的调节风门,则该风路的总风阻为 $R_1' = R_1 + R_w$。在图上绘出 R_1' 曲线,并绘出 R_1' 和 R_2 并联的风阻曲线 R'。由 R' 与 I 的交点 a' 得出调节后的矿井总风量 Q'。由 a' 作水平线交 R_1' 和 R_2 于 b' 和 c',自这两点得出风量分别为 Q_1' 和 Q_2'。当风机性能不变时,由于矿井总风阻增加,总风量减少,其减少值为 $\Delta Q = Q - Q'$,安装调节风门的分支中风量也减少,其减少值为 $\Delta Q_1 = Q_1 - Q_1'$;另一分支风量增加,其增加值为 $\Delta Q_2 = Q_2' - Q_2$。显然减少的多,增加的少,其差值就等于总风量的减少值,即 $\Delta Q = \Delta Q_1 - \Delta Q_2$。因此,在主干风路中增阻调节时,必须考虑主要通风机风量的变化,否则可能出现风量不能满足需要的情况。

3. 使用增阻调节法的注意事项

① 调节风门应尽量安设在回风巷道中,以免妨碍运输。当非安设在运输巷道不可时,则可采取多段调节,即用若干个面积较大的调节风门来代替一个面积较小的调节风门(这些大面积调节风门的阻力之和,应等于小面积调节风门的阻力),此时大面积的调节风门可让运输设备通过。

② 在复杂的风网中,要注意调节风门位置的选择,防止重复设置,避免增大风压和电耗。如图 6-5-4 所示的复杂风网,若每条风路所需风压值(Pa)是括号内的数值(根据各风路的风阻和所需的风量算得),网孔 B 和 C 的风压不平衡,可在 3—6 风路上设置一个调节风门,使它消耗 100 Pa 的风压,安设这个调节风门后,每个网孔的风压都平衡,从 1 到 8 并联回路的总风压为 380 Pa。如果不加分析,把调节风门设在 6—7 风路中,便会破坏网孔

C、D 和并联回路的风压平衡,因而使 1 到 8 并联回路的总风压增加 100 Pa,而且调节风门的数目增加三个。若把调节风门设在 2—3 风路中,也会造成同样的浪费。

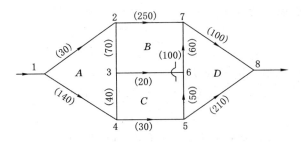

图 6-5-4　复杂风网

4. 增阻调节法的优缺点与适用条件

这种调节法具有简便、易行的优点,它是采区内巷道间的主要调节措施。但这种调节法使矿井的总风阻增加(特别是在矿井主要风流中安设调节风门时,矿井总风阻增加较大,如在采区以内的次要风流中安设调节风门时,则对矿井总风阻影响较小),如果主风机风压曲线不变,势必造成矿井总风量下降,要想保持总风量不减少,就得改变风机风压曲线,提高风压,增加通风电力费用。因此,在安排产量和布置巷道时,尽量使网孔中各风路的阻力不要相差太悬殊,以避免在通过风量较大的主要风路中安设调节风门。

(二) 降阻调节法

降阻调节法与增阻调节法相反,它是以并联网络中阻力较小风路的阻力值为基础,在阻力较大的风路中采取降阻措施,降低巷道的通风阻力,从而增大与该巷道处于同一通路中的风量,或减小与其并联通路上的风量。

降阻调节的措施主要有:① 扩大巷道断面;② 降低摩擦阻力系数;③ 清除巷道中的局部阻力物;④ 采用并联风路;⑤ 缩短风流路线的总长度等。

降阻调节法与增阻调节法相反,可以降低矿井总风阻,并增加矿井总风量,但降阻措施的工程量和投资一般都较大,施工工期较长,所以一般在对矿井通风系统进行较大的改造时采用。

在生产实际中,对于通过风量大、风阻也大的风硐、回风石门、总回风道等地段,采取扩大断面、改变支护形式等减阻措施,往往效果明显。

1. 降阻调节的计算

如图 6-5-5 所示的并联风网,两巷道的风阻分别为 R_1 和 R_2,所需风量为 Q_1 和 Q_2,则两巷道的阻力分别为:

$$h_1 = R_1 Q_1^2, \quad \text{Pa}$$
$$h_2 = R_2 Q_2^2, \quad \text{Pa}$$

如果 $h_1 > h_2$,则以 h_2 为依据,把 h_1 减到 h_1',为此,须把 R_1 降到 R_1',即:

$$h_1' = R_1' Q_1^2 = h_2, \text{Pa}; R_1' = \frac{h_2}{Q_1^2}$$

上式表明:降阻调节与增阻调节相反。为

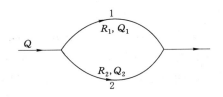

图 6-5-5　并联风网

保证风量按需分配,当两并联巷道的阻力不等时,以小阻力为依据,设法降低大阻力巷道的风阻,使网孔达到阻力平衡。由 $R=\alpha LU/S^3$ 可知,降阻的主要办法是扩大巷道的断面。如把巷道全长 $L(\mathrm{m})$ 的断面扩大到 S_1',则

$$R_1'=\frac{\alpha_1' L_1' U_1'}{S_1'^3}$$

式中　α_1'——巷道 1 扩大后的摩擦阻力系数,$\mathrm{N \cdot s^2/m^4}$;

$\quad\quad U_1'$——巷道 1 扩大后的周界,随断面大小和形状而变化;

$$U_1'=C\sqrt{S_1'},\quad \mathrm{m}$$

$\quad\quad C$——决定于巷道断面形状的系数;对梯形巷道:$C=4.03\sim4.28$;对三心拱巷道:$C=3.8\sim4.06$;对半圆拱巷道,$C=3.78\sim4.11$。

由上式得到巷道 1 扩大后的断面积为:

$$S_1'=\left(\frac{\alpha_1' L_1 C}{R_1'}\right)^{\frac{2}{5}},\quad \mathrm{m}$$

如果所需降阻的数值不大,而且客观上又无法采用扩大巷道断面的措施时,可改变巷道壁面的平滑程度或支架型式,以减少摩擦阻力系数来调节风量。改变后的摩擦阻力系数可用下式计算:

$$\alpha_1'=\frac{R_1' S_1'^{2.5}}{L_1' C},\quad \mathrm{N \cdot s^2/m^4}$$

2. 降阻调节的分析

降阻调节的优点是使矿井总风阻减少。若风机风压曲线不变,采用降阻调节后,矿井总风量增加。因而,在增加风量的风路中风量的增加值将大于另一风路的风量减少值,其差值就是矿井总风量的增加值。但这种调节法工程量最大,投资较多,施工时间也较长。所以降阻调节多在矿井产量增大或原设计不合理,或者某些主要巷道年久失修的情况下,用来降低主要风流中某一段巷道的阻力。

一般,当所需降低的阻力值不大时,应首先考虑减少局部阻力。另外,也可在阻力大的巷道旁侧开掘并联巷道。在一些老矿中,应注意利用废旧巷道供通风用。

（三）增压调节法

1. 增压调节的计算

如图 6-5-6 所示,一采区和二采区所需要的风量分别为 27.07 $\mathrm{m^3/s}$ 和 34.7 $\mathrm{m^3/s}$,风阻分别为 0.69 $\mathrm{N \cdot s^2/m^8}$ 和 1.27 $\mathrm{N \cdot s^2/m^8}$。要使一、二采区得到所需的风量,一采区将产生 505.6 Pa 的阻力,二采区将产生 1 529.2 Pa 的阻力。总进风段 1—2 的风阻为 0.23 $\mathrm{N \cdot s^2/m^8}$,通过 61.77 $\mathrm{m^3/s}$ 的总风量时,将产生 877.6 Pa 的阻力,总回风段 3—4 的风阻为 0.02 $\mathrm{N \cdot s^2/m^8}$,则产生 76.3 Pa 的阻力。主要通风机附近的漏风量为 6.83 $\mathrm{m^3/s}$,通过主要通风机的风量为 68.6 $\mathrm{m^3/s}$。

如果采用增加风压的调节方法,就必须以阻力小的一采区的阻力值为依据,在阻力较大的二采区内安设一台辅助通风机,让辅助通风机产生的风压和主要通风机能够供给这两个并联采区的风压共同来克服二采区的阻力。布置方法有二:

① 选择合适的辅助通风机,但不调整主要通风机的风压曲线。如图 6-5-7 所示,若现用主要通风机是 $70\mathrm{B_2}$-21No24、600 $\mathrm{r/min}$ 的轴流式通风机,其动轮叶片安装角度是 27.5°,它

的静风压特性曲线是 I 曲线。可以看出，当这台主要通风机需通过 68.6 m³/s 的风量时，能够产生的静风压 $h_{fs}=1\,519$ Pa，即此时通风机的工作点是 a 点。

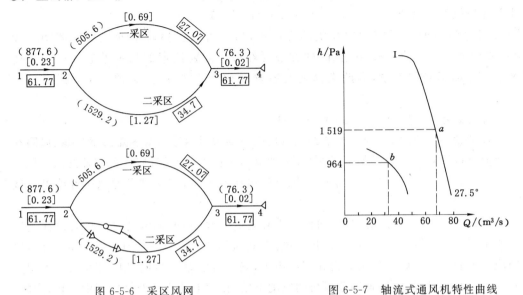

图 6-5-6　采区风网　　　　　　图 6-5-7　轴流式通风机特性曲线

在两个并联采区以外，总进风段和总回风段的总阻力为：
$$h_{1-2}+h_{3-4}=877.6+76.3=953.9\ (\text{Pa})$$

当矿井的自然风压很小或可忽略不计时，主要通风机能够供给两个并联采区使用的剩余风压为：
$$h_{fa}-(h_{1-2}+h_{3-4})=1\,519-953.9=565.1\ (\text{Pa})$$

二采区按需通过 34.7 m³/s 的风量时，其阻力是 1 529.2 Pa。这个数值超出主要通风机能够供给这个采区使用的剩余风压，故需在这个采区内安置一台合适的辅助通风机。这台辅助通风机要按以下两个数值来选择：

通过辅助通风机的风量为二采区的风量：
$$Q_{af}=34.7\ (\text{m}^3/\text{s})$$

辅助通风机的全风压：
$$h_{aft}=1\,529.2-565.1\approx964\ (\text{Pa})$$

它的全风压特性曲线应通过或大于这两个数值所构成的工作点 b。

一采区按需通过 27.07 m³/s 的风量时，其阻力是 505.6 Pa，这个数值小于主要通风机能够供给这个采区使用的剩余风压，即 $565.1-505.6=59.5$ (Pa)。

在此情况下，还要在一采区的回风流中安设调节风门，使它能够产生 59.5 Pa 的阻力。

② 选择合适的辅助通风机，同时调整主要通风机的风压曲线。在二采区安设一台辅助通风机，这台辅助通风机需用以下两个数值来选择：

通过辅助通风机的风量：
$$Q_{af}=34.7\ (\text{m}^3/\text{s})$$

辅助通风机的全风压：
$$h_{aft}=1\,529.2-505.6=1\,023.6\ (\text{Pa})$$

同时要调整主要通风机的静风压特性曲线,使它通过以下两个数值所构成的工作点:

主要通风机的风量 $\qquad Q_{af} = 68.6$ (m³/s)

主要通风机的静风压 $\quad h_{fs} = 953.9 + 505.6 = 1\,459.5$ (Pa)

以上讨论的两种选择辅助通风机的方法中,后一方法虽然辅助通风机所需功率较大,但主要通风机所需功率较小,比前种方法要经济。需要注意的是辅助通风机和主要通风机有着串联运转的关系,因此选择辅助通风机不能孤立进行,必须和主要通风机紧密配合。

2. 选择、安装和使用辅助通风机的注意事项

在选择辅助通风机时,必须根据辅助通风机服务期限以内通风最困难时的风量、风阻和风压等数值进行计算。在通风不困难时,如果辅助通风机性能不能调整,可在辅助通风机出风的风路上安设调节风门,以控制辅助通风机的风压和风量,如果辅助通风机性能可以调整,则应予以调整。

为了保证新鲜风流通过辅助通风机而又不致妨碍运输,一般把辅助通风机安设在进风流的绕道中,但在巷道中至少安设两道自动风门,其风门的间距必须大于一列车的长度,风门须向压力大的方向开启。如果安设在回风流中,安设方法基本相同,但要设法(如利用大钻孔)引入一股新鲜风流供给辅助通风机的电动机使用,使电动机在新鲜风流中运转,为此,安设电动机的房间必须和回风流严密隔开。

如辅助通风机停止运转时,必须立即打开巷道中的自动风门,以便利用主要通风机单独通风。当主要通风机停止运转时,辅助通风机也应立即停止运转,同时打开自动风门,以免发生相邻采区风流逆转、循环风再流入辅助通风机;此时还需根据具体情况,采取相应的安全措施。重新开动辅助通风机以前,应检查附近 20 m 以内的瓦斯浓度,只有在不超过规定时,才允许开动辅助风机。

在采空区附近的巷道中安置辅助通风机时,要选择合适的位置,否则,有可能产生通过采空区的循环风或漏风,加速采空区的煤炭自燃。

随着生产的发展,通风状况不断发展变化。因此,每隔一定时间,必须及时调节主要通风机和辅助通风机的工作点,使之相互配合。因为辅助通风机运转时,能够使它的进风路上的风流能量降低,使它的出风路上的风流能量提高。如果辅助通风机的能力过大,如图 6-5-6 所示,就有可能使 3 点空气的能量同 2 点空气的能量接近、相等,甚至超过。此时一采区将出现风量不足,没有风流,甚至发生逆转。以上三种现象都是安全生产所不允许的。若一旦出现上述情况时,其应急措施就是迅速增加二采区的风阻。

3. 增压调节法的优缺点及适用条件

增压调节法和降阻调节法比较,由于前者在阻力较大的风路中安装辅助通风机,故可不必提高主要通风机用于这条风路上的风压,而相当于主要通风机对这条风路的工作风阻下降,这点和降阻调节法很类似。一般来说,它比降阻调节法施工快,施工也较方便,但管理工作较复杂,安全性比较差。

和增阻调节法比较,其优点是虽然增压调节法要增加辅助通风机的购置费、安装费、电力费和绕道的开掘费等,但它若能使主要通风机的电力费降低很多,服务时间又长时,还是比较经济的;其缺点是管理工作比较复杂,安全性比较差,施工比较困难。

并联风网中各条风路的阻力相差比较悬殊,主要通风机风压满足不了阻力较大的风

路,不能采用增阻调节法,而采用降阻调节法又来不及时,可采用安装辅助风机的增压调节法。

但是煤矿井下使用辅助通风机具有较大安全隐患,2016版《煤矿安全规程》规定煤矿井下严禁安设辅助通风机。

二、矿井总风量调节

在矿井开采过程中,由于矿井产量和开采条件不断变化,常常要求调节矿井总风量。矿井总风量调节的主要措施是改变主要通风机的工况点,其方法有:改变主要通风机的特性曲线,改变主要通风机的工作风阻曲线。

(一)改变主要通风机的特性曲线

1. 改变轴流式通风机动轮叶片的安装角度

轴流式通风机的特性曲线随着动轮叶片安装角的变化而变化。

如图 6-5-8 所示,某抽出式通风的矿井,现用的主风机是轴流式,当其动轮叶片安装角为 27.5°时,静风压特性曲线是 I′曲线。为了满足前期生产需要,该主要通风机的风量 Q_f 为 68 m³/s,静风压是 1 519 Pa,即该主要通风机的工作点为 a 点。现因生产情况的变化,井巷通风的总阻力变为:$h_{fr}=1\ 862$ Pa;反对机械风压的自然风压为:$H_N=96$ Pa;通过主要通风机的风量仍需 68 m³/s。

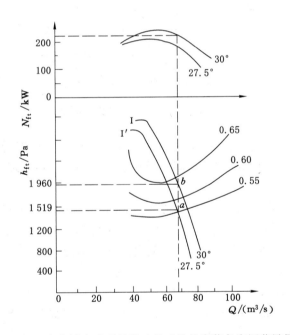

图 6-5-8　改变轴流式通风机动轮叶片的安装角度调节风量

为了满足现阶段生产要求,该风机应根据以下两个数值进行调节:

风机的风量:

$$Q_f=68\ \text{m}^3/\text{s}$$

考虑到自然风压的反作用,主风机的静风压:

$$h_{fs}=h_{fr}+H_N=1\ 862+96=1\ 958\ (\text{Pa})$$

根据上述 Q_f 和 h_{fs} 两个数值，找出风机的新工作点 b，根据 b 点的位置，须把风机的动轮叶片安装角调整到 30°，其静压特性曲线由 I′ 调到 I，自 b 点得到这台风机的输入功率约 220 kW，用此数值来衡量现用电动机的能力是否够用，再由 b 点得出其风机的静压效率是 0.64，b 点落在这台风机特性曲线的合理工作范围内。

2. 改变通风机的转数

改变风机的转数能改变风机的特性曲线，即转数愈大，通风机的风量和风压愈大。某压入式通风的矿井，其离心式通风机的全风压特性曲线为 I，如图 6-5-9 所示，转数为 n' (r/min)。它和工作风阻曲线相交于 M' 点，产生 Q_f' (m³/s) 的风量和 h_{ft} (Pa) 的全风压。如果生产要求通风机应产生的风压为 f_{ft} (Pa)，通过的风量为 Q_f (m³/s)。用比例定律可以求出新转数 n，即：

$$n = \frac{n' Q_f}{Q_f'}, \quad \text{r/min}$$

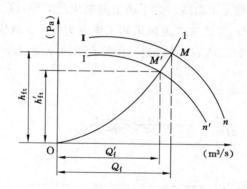

图 6-5-9 改变风机转数调节风量

再画出新转数 n 的全风压特性曲线 II，它和风阻曲线 1 的交点 M 即为新工作点。同时根据新转数的效率曲线和功率曲线（图中未画），看新工作点是否落在合理工作范围内，并验算电动机的能力。

改变通风机转数的方法，主要用于离心式通风机（因为轴流式通风机可以改变动轮叶片安装角度）。它的具体做法是，如果通风机和电动机之间是间接传动的，可改变胶带轮直径的大小来增加转数；如果通风机和电动机之间是直接传动的，则改变电动机的转数或更换电动机。

（二）改变主要通风机的工作风阻曲线

某矿抽出式风机是轴流风机，叶片安装角为 37.5°，静风压特性曲线为 I 曲线，如图 6-5-10 所示，工作点是 a 点，工作风阻 $R_f = 1\,107.4/(44.5)^2 = 0.56$ N·s²/m⁸，工作风阻曲线为 I 曲线。该风机叶片最大安装角为 40°，其静压曲线为 II 曲线。

如果生产要求主要通风机通过 50 m³/s 的风量，则由风压曲线 II 只能产生 1 048.6 Pa 的静风压，不能满足原有风压 1 107.4 Pa。如果用降低主要通风机工作风阻的调节方法，就必须设法将其工作风阻降低到 $R_f' = 1\,048.6/50^2 = 0.42$ N·s²/m⁸。用这个数值画出风阻曲线 2，使它通过工作点 b，这时主要通风机的静压效率接近 0.6，输入功率约 96 kW。

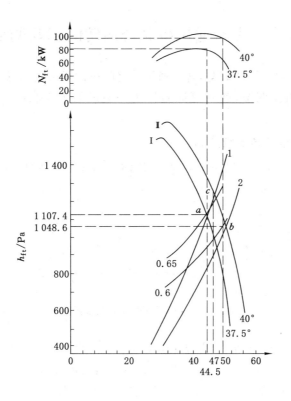

图 6-5-10 改变主要通风机的工作风阻曲线调节风量

如果不降低主要通风机的工作风阻,则工作点是 c 点,此时主要通风机只能通过 $47 \, \text{m}^3/\text{s}$ 的风量,不能满足要求。所以,当该矿所要求的通风能力超过主要通风机最大潜力又无法采用其他调节法时,就得根据 R_f 的数值用扩大井巷的断面,或开凿并联双巷,或增加进风井口等方法把主要通风机的工作风阻降低。

如果主要通风机的风量大于实际所需要的风量时,可以增加主要通风机的工作风阻,使总风量下降。如图 6-5-11 所示,由于离心式通风机的功率是随着风量的减少而减少,主要通风机的工作风阻由 R 增到 R' 时,其风量由 Q 降到 Q',主要通风机的输入功率则由 N 降到 N'。所以,对于离心式通风机可以利用设在风硐中的闸门进

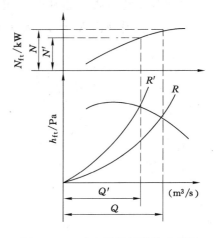

图 6-5-11 离心式通风机的功率随风量的减少而减少

行调节。当所需风量变小时,可以放下闸门以增加风阻来减少风量。对于轴流式通风机,当所需风量变小时,可以把动轮叶片安装角调小,它比增加工作风阻的方法,在电力消耗上要经济得多。

第六节　多台通风机联合运转的相互调节

采用多台通风机联合运转的矿井,各台通风机之间彼此联系,相互影响。若不注意在必要时进行各台通风机相互调节,就有可能破坏矿井通风的正常状况,甚至严重影响安全生产。

一、多台通风机联合运转的相互影响

图 6-6-1 是某矿简化后的通风系统,各项实测的通风数据是:两翼风机的公共风路 1—2 的风阻 $R_{1-2}=0.05$ N·s^2/m^8。

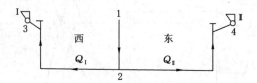

图 6-6-1　某矿简化的通风系统图

西翼主要通风机的专用风路 2—3 的风阻 $R_{2-3}=0.36$ N·s^2/m^8;西翼风机叶片角度是 35°,其静风压特性曲线是图 6-6-2 中的 I 曲线,这台风机的风量 $Q_I=40$ m^3/s,静风压 $h_I=1058$ Pa,风机的工作风阻 $R_I=1058/(40)^2=0.66$ N·s^2/m^8,工况点为 a 点。

东翼主要通风机的专用风路 2—4 的风阻 $R_{2-4}=0.33$ N·s^2/m^8;东翼风机的叶片角度是 25°,其静风压特性曲线是图 6-6-3 中的 II 曲线,这台风机的风量 $Q_{II}=60$ m^3/s,静风压 $h_{II}=1666$ Pa,工作风阻 $R_{II}=1666/(60)^2=0.46$ N·s^2/m^8,工作风阻曲线是 R_{II} 曲线,工

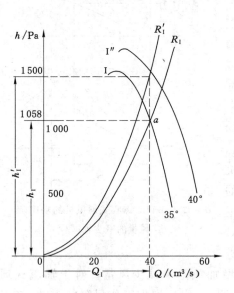

图 6-6-2　西翼主要通风机静风压特性曲线

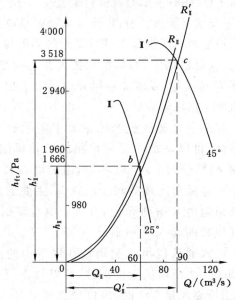

图 6-6-3　东翼主要通风机静风压特性曲线

作点为 b 点。

在上述已知条件下,按新的生产计划要求,东翼的生产任务加大以后,由于瓦斯涌出量增加,东翼主要通风机的风量需增加到 $Q'_{II}=90\ \mathrm{m^3/s}$。这时,为了保证东翼的风量需增加到 $90\ \mathrm{m^3/s}$(为了简便,不计漏风),矿井的总进风量也要增加,公共风路 1—2 的阻力和东翼主要通风机专用风路 2—4 的阻力都要变大,即风路 1—2 的阻力变为:

$$h'_{1-2}=R_{1-2}(Q_1+Q'_{II})^2=0.05\times(40+90)^2=845\ (\mathrm{Pa})$$

风路 2—4 的阻力变为:

$$h'_{2-4}=R_{2-4}(Q'_{II})^2=0.33\times(90)^2=2\,673\ (\mathrm{Pa})$$

因而东翼主要通风机的静风压(为了简便,不计自然风压)变为:

$$h'_{II}=h'_{1-2}+h'_{2-4}=845+2\,673=3\,518\ (\mathrm{Pa})$$

为此需要对东翼风机进行调整。当东翼主要通风机的叶片角度调整到 $45°$ 时,静风压特性曲线为 II′,当主要通风机通过 $90\ \mathrm{m^3/s}$ 的风量时,产生 $3\,518\ \mathrm{Pa}$ 的静风压,能够满足需要。这时东翼主要通风机的工作风阻则变为:

$$R'_{II}=3\,518/90^2=0.43\ (\mathrm{N\cdot s^2/m^8})$$

它的工作风阻曲线是 R'_{II} 曲线,新工况点是 c 点。

在上述东翼主要通风机特性曲线因加大风量而调整的情况下,西翼主要通风机特性曲线是否可以因风量不改变而不需要调整?如果西翼主要通风机特性曲线不调整,就成为东翼主要通风机用特性曲线 II′ 和西翼主要通风机特性曲线 I 联合运转对该矿进行通风,下面我们将讨论这种联合运转产生的影响。

先在图 6-6-4 上画出两主要通风机的特性曲线 I 和 II′,并根据各风路的风阻值画出 R_{1-2}、R_{2-3} 和 R_{2-4} 三条风阻曲线。

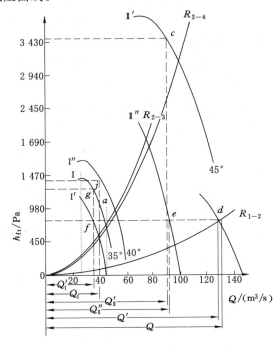

图 6-6-4　两通风机联合运转产生的影响

专用风路 2—3 的风量，就是西翼主要通风机的风量，而这条风路的阻力要由西翼主要通风机总风压中的一部分来克服，这就是说，风路 2—3 的风阻曲线 $R_{2\text{-}3}$ 和西翼主要通风机特性曲线Ⅰ之间是串联关系。因此，可用Ⅰ和 $R_{2\text{-}3}$ 两曲线按照"在相同的风量下，风压相减"的转化原则，绘出西翼主要通风机特性曲线Ⅰ为风路 2—3 服务以后的剩余特性曲线Ⅰ′（又名转化曲线）。

同理，用东翼风机特性曲线Ⅱ′和专用风路 2—4 的风阻曲线 $R_{2\text{-}4}$，按照上述串联转化原则，画出东翼主要通风机为风路 2—4 服务以后的剩余特性曲线Ⅱ″，经过以上转化，在概念上好比把两翼风机都搬到两翼分风点上，Ⅰ′和Ⅱ″两条曲线就是这两台风机为公共风路 1—2 服务的特性曲线。

因为风路 1—2 上的风量是两风机共同供给的，即两风机风量之和就是风路 1—2 上的风量。而风路 1—2 的阻力，两风机都要承担，即在每台风机的总风压中都要拿出相等的一部分风压来克服公共风路 1—2 的阻力。这在概念上好比两风机搬到分风点后，用它们的剩余特性曲线Ⅰ′和Ⅱ″并联特性曲线为风路 1—2 服务。因此，用曲线Ⅰ′和Ⅱ″按照在相同的风压下，风量相加的并联原则，画出它们的并联特性曲线Ⅲ，它和风路 1—2 的风阻曲线 $R_{1\text{-}2}$ 相交于 d 点，自 d 点画垂直线和横坐标相交得出矿井总风量 $Q' = 127$ m³/s，自 d 点画水平线分别交Ⅱ″和Ⅰ′两曲线于 e 和 f 两点，自这两点画垂直线和横坐标相交得出东翼的风量 $Q''_{\mathrm{II}} = 90.7$ m³/s，西翼的风量 $Q'_{\mathrm{I}} = 36.3$ m³/s。

以上说明，在上述图例的具体条件下，当东翼风机特性曲线调整到Ⅱ′而西翼风机特性曲线不作相应调整时，则矿井的总风量下降（Q' 比 Q 小 3 m³/s），通过西翼的风量供不应求（Q'_{I} 比 Q_{I} 小 3.7 m³/s），而通过东翼的风量却供大于求（Q''_{II} 比 Q'_{II} 大 0.7 m³/s）。

此外，从图中可以看出，公共风路 1—2 的风阻曲线 $R_{1\text{-}2}$ 越陡，调整后的矿井总风量 Q' 越小。这时，不仅西翼所需风量不能保证，而且东翼所需风量也不能满足。为安全运转起见，在每条风机特性曲线上，实际使用的风压不得大于这条特性曲线上最大风压的 90%。从图中还可以看出，只要风阻曲线 $R_{1\text{-}2}$ 再陡一些，西翼风机的工作点就会进入这台风机特性曲线的不安全工作区段，使运转不稳定。

此外，两台风机特性曲线相差越大或者西翼风机的能力越小，矿井所需要的风量就越难保证，西翼风机也有可能出现不稳定运转的情况，甚至在两主风机的特性曲线相差较大且公共风路的风阻较大的情况下，有可能造成公共风路的阻力达到西翼风机零风量下的风压（即风量等于零时的风压），这时整个西翼将没有风流。如果公共风路的阻力继续增大，甚至大于西翼风机零风量下的风压，这时西翼的风流就会反向或逆转，整个西翼变为东翼进风路线之一。

因此，对于两台或两台以上风机进行分区并联运转的矿井，如果公共风路的风阻越大，各风机的特性曲线相差越大，就越有可能出现上述通风恶化的现象，必须注意预防。

二、多台通风机不稳定运转的预防措施

通过以上分析可知，多台通风机并联运转时，公共风路的风阻越小，各台风机的能力越接近，则安全稳定运转越有保证。因此在进行通风设计时，要尽可能降低公共风路的风阻，一般地说，要求公共风路的阻力约为小风机风压的 30%。所以，在可能条件下，公共风路的断面要尽可能大些，长度要尽可能短些，或者使矿井的进风道数量尽可能多些。同时，还要尽量做到所选用的各台风机特性曲线基本相同，这就要求各采区或各翼所需要的风压和风量尽可能做到搭配均匀。

在生产管理工作中,要尽量使公共风路保持比较小的风阻值,不要在公共风路上堆积物品;如出现冒顶、塌陷或断面变形,必须及时整修。万一出现小风机不稳定的运转状况,可采用在大风机专用风路上加大风阻的临时措施,使大风机的风量和矿井总风量都适当减少,就能避免这种状况。更主要的是,为了预防大风机调整后的影响,须对其他风机做出相应的调整。例如,当生产情况要求东翼风机的特性曲线调整到 Ⅱ′时,西翼风机的特性曲线也必须及时调整,这是因为东翼风机风量增加,使通过公共风路的总风量增大,公共风路的阻力也增大。所以西翼风机的风量虽然不改变,但它的风压却要相应地增加,这样才能承担公共风路上所需要的风压。

根据这个道理,可用下式算出西翼风机专用风路所需要的风压:
$$h'_{2\text{-}3}=R_{2\text{-}3}Q_1^2=0.36\times40^2=576\ (\text{Pa})$$

前面已算出公共风路 1—2 所需要的风压 $h'_{1\text{-}2}=845$ Pa,所以西翼风机的总风压应为
$$h'_1=h'_{1\text{-}2}+h'_{2\text{-}3}=845+576=1\ 421\ (\text{Pa})$$

根据 h'_1 和 Q_1 两个数据所构成的新工作点 j,把西翼风机叶片角度调整到 $40°$,使它的特性曲线 Ⅰ″接近 j 点(略有富裕),西翼风机作了这样相应的调整,就能够保证井下各处所需的风量,以预防不稳定的通风状况。

西翼风机调整后,它的工作风阻变为:
$$R'_1=h'_1/Q_1'^2=1\ 421/40^2=0.89\ (\text{N}\cdot\text{s}^2/\text{m}^8)$$

用 R'_1 的数据,可在图 6-6-5 画出这台风机调整后的工作风阻曲线 R'_1,这曲线必然通过 j 点。同理,前面已算出东翼风机调整后的工作风阻 $R'_{\text{II}}=0.43$ N·s²/m⁸,并已在图中画出工作风阻曲线 R'_{II},这曲线必然通过新工作点 c。以上计算表明各风机的工作风阻不一定是常数($R_{\text{I}}<R'_{\text{I}}$、$R_{\text{II}}>R'_{\text{II}}$),当各风机的风量和矿井总风量的比值发生变化时,各风机的工作风阻也就跟着发生变化。

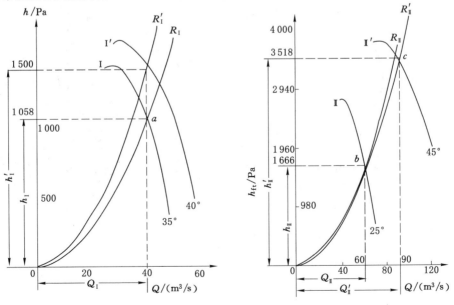

图 6-6-5　调整后的两风机特性曲线

　　在上例中,调整以后的两台风机都使用了叶片角度最大的特性曲线,但考虑到有时会出现反向自然风压或者风路的风阻变大等因素,可能会使两台风机的工作点都超出合理工作范围,造成运转不安全,而且噪音大。在此情况下,宜适当降低风路上的风阻,尽可能做到既保证矿井所需风量,又少用或不用风机叶片最大角度的特性曲线。

复习思考题与习题

6-1　什么是通风网络？其主要构成是什么？

6-2　怎样绘制通风系统网络图？

6-3　通风网络的基本术语有哪些？它们各自的含义是什么？

6-4　通风网络中风流流动的基本规律有哪些？试写出其数学表达式。

6-5　通风网络的基本形式有哪些？

6-6　串联风路与并联风路的安全性有何区别。

6-7　矿井风量调节的措施有哪几类？比较它们的优缺点。

6-8　写出简单角联风网角联分支的风向判别式,分析影响角联分支风向的因素。

6-9　简述矿井通风风量的增阻调节法。

6-10　两并联风路 A_{CD} 和 A_{BD} 的风阻均等于 R,若在两并联风路间开一条对角巷道 BC,$R_{AB}=R_{CD}=0.3R$,并且 $R_{AC}=R_{BD}=0.6R$,试判断对角巷道 BC 的风流方向,如题 6-10 图所示。

6-11　如题 6-11 图所示,由两条分支组成的并联风网中,其中 $R_1=1.186$ N·s^2/m^8,$R_2=0.794$ N·s^2/m^8,$S_1=S_2=10$ m^2。若总风量 $Q=40$ m^3/s,试求:

(1) 并联风网中各分支的自然分配风量;

(2) 若生产需要 $Q_1=10$ m^3/s,$Q_2=30$ m^3/s,用增阻法调节所增设风窗面积为多大？

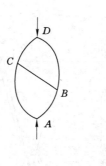

题 6-10 图

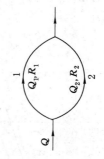

题 6-11 图

第七章　采区通风

通常,每个矿井都有几个采区同时生产,每个采区内有采煤工作面、备用工作面、掘进工作面和硐室(采区变电所和绞车房)等用风地点,是矿井通风的主要对象。做好采区通风是保证矿井安全生产的基础。为此,本章将对采区通风系统、长壁工作面通风方式、通风设施和减少漏风等基本内容的设计和日常管理工作进行阐述。

第一节　采区通风系统

一、采区通风系统的基本内容

采区通风系统是采区生产系统的重要组成部分,它包括采区进风、回风和工作面进、回风道的布置方式,采区通风路线的连接形式,以及采区内的通风设备和设施等基本内容。图7-1-1是采用轨道上山进风、输送机上山回风的采区通风系统。

二、采区通风系统的基本要求

采区通风系统主要取决于采煤系统(采煤方法),但又能在一定程度上影响着采区的巷道布置系统。完备的采区通风系统应能有效地控制采区内的风流方向、风量和风质;漏风少;风流的稳定性高,不易遭受破坏;有利于合理排放瓦斯,防止煤炭自燃,形成较好的矿内气候条件和有利于控制、处理事故,并使通风系统符合安全可靠、经济合理和技术可行的原则。其基本要求如下:

① 每一生产水平和采区都必须实行分区通风,即把井下各个水平、各个采区以及各个采煤工作面、掘进工作面和其他用风地点的回风各自直接排入采区的回风巷或总回风巷的通风布置方式。

② 准备采区,必须在采区内构成通风系统后,方可开掘其他巷道。采煤工作面必须在采区构成完整的通风、排水系统后,方可回采。每个上、下山盘区或采区都必须配置至少一条专门的回风道。采区进、回风道必须贯穿整个采区,严禁一段为进风巷,一段为回风巷。

③ 高瓦斯矿井、有煤(岩)与瓦斯(二氧化碳)突出危险的矿井的每个采区和开采容易自燃煤层的采区,必须设置至少1条专用回风巷;低瓦斯矿井开采煤层群和分层开采采用联合布置的采区,必须设置1条专用回风巷。所谓专用回风巷指在采区巷道中,专门用于回风,不得用于运料、安设电气设备的巷道,在煤(岩)与瓦斯(二氧化碳)突出区,专用回风巷还不得行人。

④ 采、掘工作面应实行独立通风。同一采区内,同一煤层上下相连的两个采煤工作面总长度不超过400 m,采煤工作面和与之相连接的掘进工作面,掘进工作面和与之相邻的掘进工作面,布置独立通风有困难时,都可采用串联通风,但串联通风的次数不得超过一次。

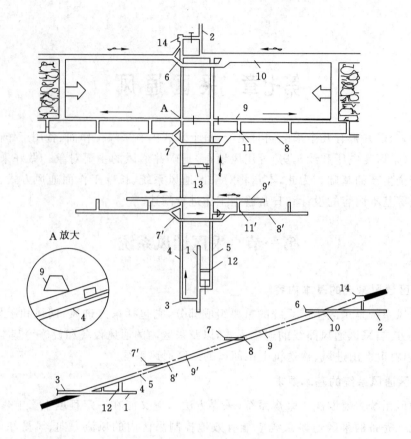

图 7-1-1　轨道上山进风、输送机上山回风的采区通风系统及网络

(a) 采区通风系统；(b) 采区通风网络图

1—2—3——采区下部车场；3—5—8——轨道上山；2—4—13′—13—12——输送机上山；5—6—7——中部车场；

8—9——上部车场联络巷；6—6′、7—10——区段轨道巷；6′—8——采面及其回风巷；6′—13——区段运输巷；

7—9——Ⅰ号采面系统巷；10—11——Ⅱ号采面系统巷；9—11——回风巷；10—13——掘进巷道；

3—4——区变电所；11—12——联络巷；12—14——回风石门

在地质构造极为复杂或残采地区，采煤工作面确需串联通风时，应采取安全措施，经上级主管部门批准，可以串联通风，但串联通风次数不得超过两次，三个采煤工作面的总长度不得超过 100 m。所有的串联通风，在进入串联工作面的风流中，必须装有瓦斯自动检测报警装置。在此种风流中，瓦斯和二氧化碳浓度都不得超过 0.5%，其他有害气体的浓度都应符合《规程》的规定。

开采有瓦斯喷出或有煤（岩）与瓦斯（二氧化碳）突出危险的煤层时，严禁任何 2 个工作面之间串联通风。

⑤ 有煤（岩）与瓦斯（二氧化碳）突出危险的采煤工作面不得采用下行通风。

⑥ 掘进工作面和采煤工作面的进风和回风，都不得经过采空区或冒顶区。无煤柱开采沿空掘巷和沿空留巷时，应采取防止从巷道的两帮和顶部向采空区漏风的措施。水采工作面采用经过采空区和冒露区回风时，必须使水采工作面有足够的新鲜风流，保证水采工作面及其回风道的风流中的瓦斯和二氧化碳浓度，都符合《规程》关于瓦斯浓度的规定。

⑦ 井下机电硐室必须设在进风风流中。如果硐室深度不超过 6 m，入口宽度不小于 1.5 m，时，可以采用扩散通风。个别井下硐室，经矿总工程师批准，可设在回风流中，但瓦斯浓度不超过 0.5%，并应安装瓦斯自动检测报警断电装置。

⑧ 采空区必须及时封闭。从巷道通至采空区的风眼，必须随着采煤工作面的推进逐个封闭通至采空区的连通巷道。采区开采结束后 45 天内，必须在所有与已采区相连接的巷道中设置防火墙，全部封闭采区。

⑨ 倾斜运输巷道，不应设置风门。如果必须设置风门时，应安设自动风门或设专人管理，并有防止矿车或风门碰撞人员，以及矿车碰撞风门的安全措施。开采突出煤层时，工作面回风侧不应设置风窗。

⑩ 改变一个采区的通风系统时，应报矿总工程师批准。掘进巷道与其他巷道贯通时，在贯通相距 15 m 时，地质测量部门必须向矿总工程师报告，并通知通风部门，通风部门事先必须做好调整风流的准备工作；贯通时，通风部门必须派干部在现场统一指挥；贯通后，必须立即调整通风系统，防止瓦斯积聚，并须待系统调整后的风流稳定，才可恢复工作。

三、采区进风上山和回风上山的选择

通常，一个采区布置两条上山：一条是输送机上山，另一条是轨道上山。当采区生产能力大、产量集中、瓦斯涌出量大时，可增设专用的回风上山。布置两条上山时，可用轨道上山进风、输送机上山回风；也可用输送机上山进风、轨道上山回风。这些做法各有利弊，现分析如下：

采用输送机上山进风、轨道上山回风的通风系统（图 7-1-2），由于风流方向与运煤方向相反，容易引起煤尘飞扬，使进风流的煤尘浓度增大；煤炭在运输过程中所涌出的瓦斯，可使进风流的瓦斯浓度增高，影响工作面的安全卫生条件，输送机设备所散发的热量，使进风流温度升高。此外，须在轨道上山的下部车场内安设风门，此处运输矿车来往频繁，需要加强管理，防止风流短路。

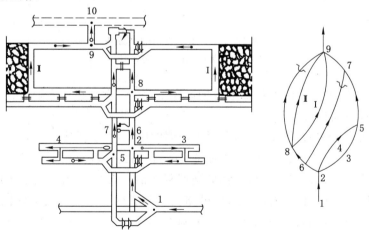

图 7-1-2　采用输送机上山进风、轨道上山回风的通风系统及网络

(a) 采区通风系统；(b) 采区通风网络

1—2—6—8—9——输送机上山；1—5——下部车场；5—7—9——轨道上山；8—Ⅰ—9——Ⅰ号采面系统巷；8—Ⅱ—9——Ⅱ号采面系统巷；6—7——变电所；2—3—5、2—4—5——区段掘进巷道；9—10——回风石门

采用轨道上山进风、输送机上山回风的采区通风系统(图 7-1-1),虽能避免上述的缺点,但输送机设备处于回风流中,轨道上山的上部和中部甩车场都要安装风门,风门数目较多。

以上选择应根据煤层赋存条件、开采方法以及瓦斯、煤尘及温度等具体条件而定。一般认为,在瓦斯煤尘严重的采区,采用轨道上山进风,输送机上山回风的采区通风系统较为合理。

第二节　长壁工作面的通风方式

一、长壁工作面的通风方式

长壁工作面在我国应用最广,其产量占全国回采总量的 85％ 以上。工作面的通风方式视瓦斯涌出量、开采工作条件和开采技术而异,按工作面进、回风巷的数量和位置,可分为 U 型、Y 型、E 型、W 型、Z 型等通风方式,其中 U 型应用最为普遍。

1. U 型通风方式

U 型通风方式系指采煤工作面有两条巷道,一条为进风道,一条为回风道。上行通风时,其下顺槽为进风道,上顺槽为回风道;下行通风时,则相反。图 7-2-1(a)为后退式 U 型通风方式的布置,此种通风方式对了解煤层赋存情况,掌握瓦斯、火的发生、发展规律较为有利。

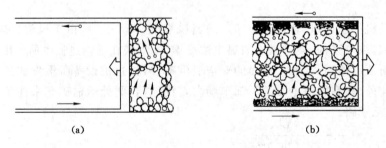

(a)　　　　　　　　　　　　　(b)

图 7-2-1　U 型工作面通风方式
(a) 后退式 U 型通风;(b) 前进式 U 型通风

由于巷道均维护在煤体中,因而巷道的漏风率较少。但存在下列缺点:

(1) 煤炭自燃威胁较大

当厚煤层分层开采时(图 7-2-2),采煤工作面的风流,由区段集中平巷 2,经联络眼 3,煤层分层平巷 4,进入采煤工作面,采空区的漏风风路,则由区段集中平巷 2,经由已封闭的联络眼密闭进入采空区内。当采空区内的联络眼封闭后,AB 段的风量明显下降,B 点的风压接近 A 点的风压,因此,漏风风路与通风风路构成并联网路形式。由并联网路的基本性质可知,位于采空区的联结眼虽已封闭,但其漏风方向是向采空区的,从而出现了漏风源。此时采空区的空气流动状态,如图 7-2-3 所示。由漏风源流入采空区的气体其渗流速度会不断下降,随采煤工作面的推进,采空区面积增大,漏风源的漏风量,则会相应下降,而由于联络眼密闭日久失修,漏风也会增加,加之漏风源处在巷道交叉点,又是生产期间的出煤口,浮煤多,因此容易发生自燃。

如当漏风源的位置位于采场上部边界时,且开采标高距地表近,当采用抽出式通风的矿

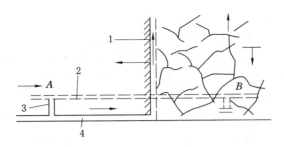

图 7-2-2　联络眼漏风路线

1——采煤工作面；2——区段集中平巷；3——联络眼；4——煤层分层平巷

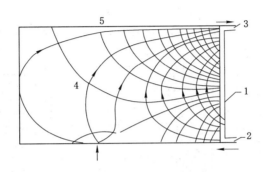

图 7-2-3　采空区下边界有漏风源时的空气流动状态

1——采煤工作面；2——进风巷；3——回风巷；4——上分层采空区；5——上分段采空区

井,采空区通过地表的裂隙漏风,均属采空区的漏风源,容易引起采空区自然发火。

当厚煤层分层后退式开采时,上分层停采线是位于采煤工作面进风巷的始端与回风巷末端的漏风通道,且风压差最大,持续漏风时间最长。加之停采线煤壁在采场支承压力作用下,容易片帮、压裂,或各分层停采线出现的重叠、交错,导致煤壁垮塌、压裂现象甚为严重,因此停采线又是浮煤积存最集中的地方。故而在停采线附近最易出现煤炭自燃现象。

当采煤工作面的进风巷在上分层采空区下掘进时,入风巷假顶会向上分层采空区产生连续漏风。沿风流前进的方向,风流逐渐增加,在采煤工作面进、回风巷的范围内,上分层采空区漏风如图 7-2-4 所示,靠停采线一侧的流线密度大,表示漏风量多,漏风压差大。在该区域内,两流线的间距是变化的,流线始末两端密,表示渗流速度高;中段疏,则速度低。当漏风适度时,停采线附近的浮煤带是风速连续变化的条带,必然存在容易引起自燃的风速区。

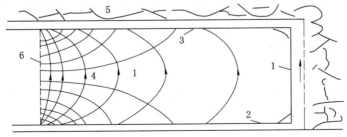

图 7-2-4　上分层停采线漏风状况

1——采煤工作面；2——进风巷；3——回风巷；4——上分层采空区；5——上分段采空区；6——停采线

（2）上隅角瓦斯浓度高

由于 U 型通风方式的采场边界通常是封闭的，当回采区段采用由上向下（沿倾斜）接续时，其上部边界是区段煤柱，下部边界为未采动的煤体，靠开切眼一侧为采区煤柱，这些均属于不漏风边界。当采煤工作面推进到一定距离，出现初次来压之后，采空区瓦斯涌出量会明显增加；当工作面采用上行通风时，大面积采空区释放的瓦斯会混入空气中，并沿流线进行方向，由下部逐渐向上部积累，使瓦斯浓度相应增高，造成上隅角瓦斯"积累"。

综上所述，U 型后退式通风方式多适用于瓦斯涌出量不大，且不易自然发火的煤层开采中；对瓦斯涌出量很大，且易自然发火的煤层，必须采用一系列特殊技术措施，才可应用。

2. W 型通风方式

W 型通风方式指采煤工作面有三条平巷，即上、下平巷进风或回风，中间平巷回风或进风的布置形式，如图 7-2-5 所示。

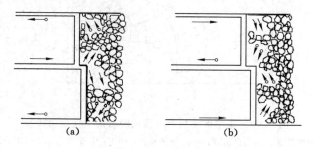

图 7-2-5　W 型工作面通风方式

（a）一进两回；（b）两进一回

W 型通风方式的优点如下：

① 相邻的两个工作面共用一条进风或回风巷道，从而减少了巷道的开掘和维护费用。

② 通风网路属并联结构，因而风阻小，风量大，漏风量小，利于防火。

③ 当上、下端平巷进风，且设运输机时，则在该巷中有回收、安装、维修采煤设备的良好环境。

④ 当中间平巷进风且设运输机时，既保证了运输设备处于新鲜风流中，又保证了进、回风巷的总断面比较接近，故在近水平煤层的综采工作面中应用较广。

3. Y 型通风方式

Y 型通风方式指在采煤工作面的上、下端各设一条进风道，另在采空区一侧设回风道，如图 7-2-6 所示，其优点为：

① 由于采空区的瓦斯通过巷旁支护流入回风平巷，这较好地解决了采煤工作面上隅角的瓦斯超限之患；

② 由于工作面上、下端均处于进风流中，故改善了作业环境；

③ 实行沿空留巷可提高采区回收率。

4. U＋L 型通风方式

U＋L 型通风方式由一条进风巷、一条回风巷、一条专用排瓦斯尾巷所组成，尾巷与回风巷之间每隔一定距离施工联络巷并予以封闭。随着工作面的推进，再将滞后于工作面的

联络巷依次打开,使得采空区及邻近层卸压瓦斯通过联络巷排至尾巷,如图 7-2-7 所示。其优点为:

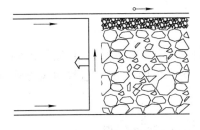

图 7-2-6 Y 型工作面通风方式

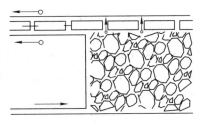

图 7-2-7 U+L 型工作面通风方式

① 可减少采煤工作面回风流中的瓦斯排放量和防止上隅角瓦斯超限;

② 尾巷不作回风用时可用于钻孔施工、铺设管路抽放瓦斯,还可用于下一邻近工作面的进风巷。

U+L 型通风方式适用于瓦斯涌出量大的采煤工作面,由于专用排瓦斯巷排放瓦斯时浓度不可控,可能形成"瓦斯库",2016 版《煤矿安全规程》取消了专用排瓦斯巷的相关条目。

5. E 型通风方式

E 型通风方式有三条通风巷道,其上平巷为回风巷,而下平巷及中间平巷为入风巷,如图 7-2-8 所示。下平巷和下部工作面回风速度降低,故可抑制煤尘的产生。与 U 型通风方式相比,E 型通风方式可使上部工作面气温降低。但采空区的空气流动相应发生了变化,迫使采空区的瓦斯较集中地从上部采煤工作面的上隅角涌出,使该处时常处于瓦斯超限状态,故仅适用于低瓦斯矿井。

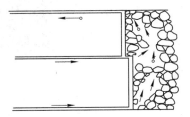

图 7-2-8 E 型工作面通风方式

6. Z 型通风方式

Z 型通风方式是 U 型通风方式的改进,图 7-2-9(a)所示为前进式 Z 型通风方式,其进风巷随采煤工作面推进而形成,回风平巷则为沿空留下的或预留的巷道。Z 型通风方式的优点为:

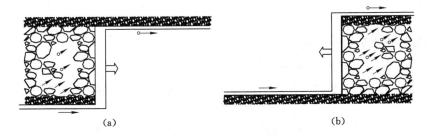

(a)   (b)

图 7-2-9 Z 型工作面通风方式

(a) 前进式;(b) 后退式

① 与前进式 U 型相比,巷道的采掘工程量较少;

② 进、回风巷只需在一侧采空的条件下维护;

③ 采区内进、回风巷的总长度近似不变,有利于稳定风阻、改善通风。

为了改善前进式 Z 型上隅角瓦斯积聚之患,最好应用后退式 Z 型的通风方式,如图 7-2-9(b)所示。但当采空区涌出的瓦斯量及漏风量较大时,其回风巷常易出现瓦斯超限现象。

7. 其他通风方式

除上述 6 种基本通风方式外,随煤层开采条件、开采技术、瓦斯赋存、自然发火倾向性的不同,还可采用 X、H、双 Z 等通风方式,其布置方式如图 7-2-10 所示。这些通风方式是在实践中不断发展、丰富起来的。

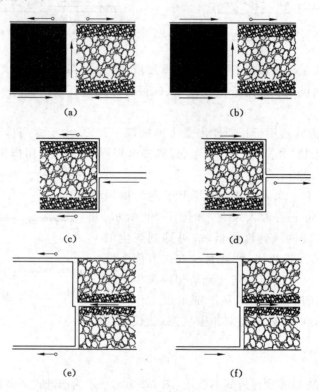

图 7-2-10 其他型通风方式

(a) X 型;(b) H 型;(c)~(f) 双 Z 型

二、采煤工作面风向的分析

1. 上行通风和下行通风的概念

上行通风和下行通风是针对风流方向与煤层倾向的关系而言的(图 7-2-11)。

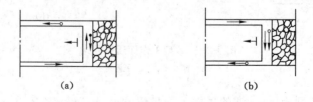

图 7-2-11 采煤工作面上行通风和下行通风

(a) 上行风;(b) 下行风

（1）上行通风

当采煤工作面进风巷道水平低于回风巷道水平时，采煤工作面的风流沿工作面的倾斜方向由下向上流动，称上行通风。

（2）下行通风

当采煤工作面进风巷道水平高于回风巷道水平时，采煤工作面的风流沿工作面的倾斜方向由上向下流动，称下行通风。

2．上行通风与下行通风的优缺点分析

（1）上行通风的优缺点

上行通风的优点是：

① 因瓦斯比空气轻，有一定的上浮力，其自然流动的方向和上行风流的方向一致利于带走瓦斯、较快地降低工作面的瓦斯浓度，在正常风速（大于 $0.5\sim0.8$ m/s）下，瓦斯分层流动和局部积聚的可能性较小。

② 采用上行通风时，工作面运输平巷中的运输设备位于新鲜风流中，安全性较好。

③ 工作面发生火灾时，采用上行通风在起火地点发生瓦斯爆炸的可能性比下行风要小些。

④ 浅矿井除夏季之外，采用上行通风时，采区进风流和回风流之间产生的自然风压和机械风压的作用方向相同，对通风有利些。

上行通风的主要缺点是：

① 上行风流方向与运煤方向相反，易引起煤尘飞扬，使采煤工作面进风流及工作面风流中的煤尘浓度增大。

② 煤炭在运输过程中所释放出的瓦斯，被上行风流带入工作面，使进风流和工作面风流中的瓦斯浓度升高，影响了工作面的安全卫生条件。

③ 采用上行风时，进风风流流经的路线较长，风流温度会由于风流压缩和地温加热而升高；又加上运输巷内设备运转时所产生的热量对风流的加热作用，故上行通风比下行通风工作面的气温要高些。

（2）下行通风的优缺点

下行通风的优点是：

① 采煤工作面及其进风流中的煤尘、瓦斯浓度相对较小些。

② 采煤工作面及其进风流中的空气被加热的程度较小。

③ 下行风流方向与瓦斯自然流向相反，当风流保持足够的风速时，就能对向上轻浮的瓦斯具有较强的扰动、混合能力，因此不易出现瓦斯分层流动和局部积聚的现象。

下行通风的主要缺点是：

① 采用下行风时，运输设备在回风巷道中运转，安全性较差。

② 工作面一旦起火，所产生的火风压和下行通风工作面的机械风压作用方向相反，会使工作面的风量减少，瓦斯浓度升高，故下行通风在起火地点引起瓦斯爆炸的可能性比上行通风要大些，灭火工作困难一些。

③ 浅矿井除夏季之外，采用下行风时，采区进风流和回风流之间产生的自然风压和机械风压的作用方向相反，降低了矿井通风能力，而且一旦主要通风机停止运转，工作面的下行风流就有停风或反风（或逆转）的可能。

综上所述,上行通风和下行通风各有利弊,但一般认为上行通风稍优于下行通风,尽管国内外有些矿井为了降低工作面气温、减少工作面的瓦斯和煤尘浓度,采用了下行通风方式,并取得了较好的效果。例如前苏联顿巴斯矿区在工作面使用下行风后,工作面回风流中的瓦斯浓度减少 20%~50%,工作面风流中的煤尘浓度降低了十分之一多,工作面的气温降低 2~5 ℃,工作面产量提高 50 万~100 万 t。尽管如此,各国的安全规程对下行风的使用目前仍采取谨慎态度。《规程》第 115 条规定:有煤(岩)与瓦斯(二氧化碳)突出危险的采煤工作面不得采用下行通风。

第三节　采区通风构筑物

为了保证井下各个用风地点得到所需风量,一方面不得不在通风系统中设置一些通风构筑物(如风桥、挡风墙、风门等),以控制风流的方向和数量;另一方面要防止它们造成大量漏风或风流短路。因此,必须正确设计通风构筑物,合理选择位置,保证施工质量,严格管理制度,否则会破坏通风的稳定性,带来严重后果。

矿井通风构筑物按其功能可分为三类:① 引导风流的设施,如风桥、导风板、风障、测风站等;② 调节风流的设施,如调节风窗;③ 隔断风流的设施,如密闭、风门、防爆门等。

一、风桥

在进风与回风平面相遇的地点设置风桥,构成立体交叉风路,使进风与回风分开,互不相混。

服务年限很长、通过风量大于 20 m³/s 的风桥,可用图 7-3-1 所示的绕道式风桥,绕道须做在岩石中。服务年限较长、通过风量为 1 020 m³/s 的风桥,可用图 7-3-2 所示的混凝土或料石风桥。在以上两类永久性风桥前后 6 m 以内的巷道小,支架要加固,风桥两端接口要严密,四周要固定在实帮和实顶底之中,壁厚不小于 0.45 m,风桥断面不小于巷道断面的五分之四,成

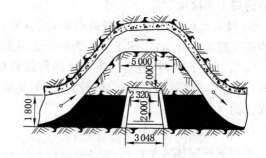

图 7-3-1　绕道式风桥

流线型,坡度小于 25°。服务年限短,通过风量小于 10 m/s 的随时风桥,可用图 7-3-3 所示的铁筒式风桥。铁筒直径不小于 750 mm,厚度不小于 5 mm,各类风桥都用不燃性材料建筑,漏风率不大于 2%,通风阻力不少于 150 Pa,风速不大于 10 m/s。

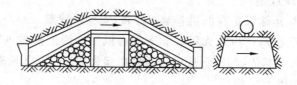

图 7-3-2　混凝土风桥

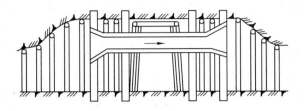

图 7-3-3　铁风筒风桥

二、调节风窗

调节风窗是在风门或密闭上方，开设一个面积可调节的矩形小窗门，移动窗板的位置可调节窗口的面积大小，从而改变巷道通过的风量，达到调节风量的目的，其结构如图 7-3-4 所示。

三、密闭

在需要堵截风流和交通的巷道内，须设置密闭。按服务年限长短，密闭分为永久性密闭和临时性密闭 2 种；按用途不同，密闭又可分为通风密闭、防火密闭、防水密闭和防爆密闭。

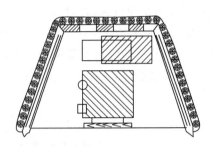

图 7-3-4　调节风窗

对于永久性密闭，其结构如图 7-3-5 所示，需用不燃性材料（如砖、料石、水泥等）建筑；密闭前无瓦斯积聚，前后 5 m 以内的巷道支护要完好，用防腐支架；无积煤、积水和淤泥，无片帮、冒顶；施工密闭前要开帮、掏槽、挖底，普通密闭墙其槽深不小于 200 mm；砌碹巷道要先破碹后掏槽，槽深不小于 300 mm；防火密闭墙其槽深不小于 500 mm；若见硬帮、底，与煤岩接实；矿井密闭墙厚度不小于 0.8 m，防火墙顶部厚度不小于 1.2 m；墙面要严、抹平、刷白、不漏风，1 m² 范围内凹凸不超过 1 cm，并抹有不少于 0.1 m 的裙边；密闭内有涌水时，要设反水管或反水池；有自然发火煤层的采空区密闭要设观测孔、灌浆孔，孔口要封堵严密；严禁其他管线等导电体通入密闭内；密闭前要设栅栏、警标、说明牌和检查箱。

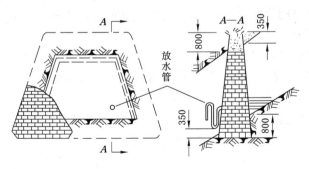

图 7-3-5　永久性密闭

对于临时性密闭，由于服务期限短，可用木柱、木板、可塑性材料等建造。木板要用鱼鳞式搭接，用黄泥、石灰抹面，无裂缝，基本不漏风；要设在帮顶良好处，见硬底、硬帮，与煤岩体接实；四周要掏槽，在煤中槽深不小于 0.5 m，在岩石中不小于 0.3 m，墙内外 5 m 巷道内支护良好,用防腐支架,无积煤、积水和淤泥,无片帮和冒顶;墙外要设置栅栏和警标。

四、风门

在人员和车辆可以通行、风流不能通过的巷道中,至少要建立两道风门,其间距要大于运输工具长度,以便一道风门开启时,另一道风门是关闭的。风门分为普通风门和自动风门。以行人为主、车辆运行不频繁的地点,可用图 7-3-6 所示的普通木制风门,这种风门的结构特点是门扇与门框呈斜面接触,接触处有可缩性衬垫,比较严密、结实,一般可使用 1.5~2 a。迎着风流方向用人力开启,靠门内外的压力差把门关紧;门框和门轴都要向关闭的方向斜 80°~85°,使风门能靠自重而关闭,门框下设门坎,过车的门坎要留有轨道穿过的槽缝;门墙两帮和顶底都要掏槽,在煤中掏槽深度不小于 0.3 m,在岩石中不小于 0.2 m,槽中要填实。门墙厚度不小于 0.3 m,门板要错口接缝,木板厚不小于 30 mm,铁板厚不小于 2 mm,通车巷道的门槛下部设挡风帘,通过电缆、水管或风管的孔口要堵严;风门前后 5 m 内的巷道要支护好,无空帮和空顶;漏风率不大于 2%。

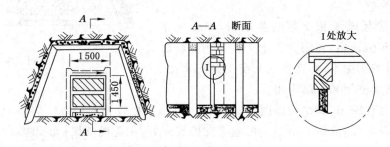

图 7-3-6 普通木制风门结构

自动风门是一种借助各种动力实现开启与关闭的风门。目前,国内的自动风门常采用的动力驱动系统有三种方式,即压气驱动、液压驱动和电动推杆驱动。

(1) 压气驱动系统

压气驱动装置是用矿井空压站为掘进提供的压缩空气作为风门的驱动动力,只要给压气电磁阀通电,使电磁阀开启,压气即可进入压气缸推动活塞往复运动,从而带动风门启闭。

(2) 液压驱动系统

液压驱动是用静水压力作驱动风门动力。静水压是靠垂直高差形成位能,通过管路和液压元件转换为机械能推动风门。其动作原理与压气驱动相似。

(3) 电动推杆驱动系统

当驱动电机通电旋转,通过减速,带动丝杠螺母,把电机的圆周运动变为直线运动,利用电机的正、反旋转完成推拉动作。电动推杆驱动系统与液(气)驱动系统相比,可省去复杂的管路、阀和液(气)压源。电动推杆具有系列防爆产品,可供煤矿选择使用。

三种风门动力源的性能比较见表 7-3-1。

近年来,自动风门技术发展迅速,各类产品不断在煤矿井下得到应用,具体内容可参考相关文献。

表 7-3-1　　　　　　　　　　　　　　　　风门驱动方式的比较

比较项目	液压驱动	气压驱动	电机驱动
驱动能力	受静水压力的限制	受压缩空气压力的限制	与电机功率及特性有关,受限制较小
安全性	1. 平稳均匀,无冲击 2. 过载无危险 3. 可用小功率电源触发控制	1. 平稳均匀,运行卡阻时,有冲击 2. 过载无危险 3. 可用小功率电源触发控制	1. 无延时控制器时,限位开关要可靠 2. 过载有危险 3. 电源功率大 4. 防潮、防水性差
可靠性	1. 水源压力不能低于额定压力 2. 工作介质要清洁,否则阀门易阻塞 3. 管路连接需严格密封,否则影响工作压力	1. 气压生产时有波动,影响输出力 2. 小型矿井不一定全天供应压气 3. 管路连接要求严格密封,否则影响工作压力	1. 停电时无法运行 2. 电机要有足够的功率
耐用性	耐用不易损	耐用不易损	硬连接时,不耐冲击
安装的复杂性	1. 需敷设管路,保证连接的密封性 2. 需要解决水压力问题 3. 需解决排水问题	1. 需敷设管路,保证连接的密封性 2. 需要解决气压力问题	1. 不需敷设管路 2. 需拉动力线 3. 电气安装较复杂
管理维护	1. 密封件易老化,需经常更换 2. 维修简单方便 3. 系统宜经常动作	1. 密封件易老化,需经常更换 2. 维修简单方便 3. 系统宜经常动作	1. 防潮防水能力差 2. 检修复杂 3. 冲击损坏需更换元件 4. 系统宜经常动作
适用条件	适宜高瓦斯和低瓦斯、有水源的矿井	适宜高瓦斯和低瓦斯、有压气源全天不停的矿井	适宜低瓦斯矿,大巷或主要进风巷,无淋水的地点

第四节　采区专用回风巷

《煤矿安全规程》2016 版第一百四十九条规定:"高瓦斯、突出矿井的每个采(盘)区和开采容易自燃煤层的采(盘)区,必须设置至少 1 条专用回风巷;低瓦斯矿井开采煤层群和分层开采采用联合布置的采(盘)区,必须设置 1 条专用回风巷。"近年来,为了遏制重特大瓦斯事故,煤矿安全生产监督管理总局出台《关于加强国有重点煤矿安全基础管理的指导意见》(安监总煤矿[2006]116 号)第 19 条再次明确指出"……高瓦斯和煤与瓦斯突出矿井采区必须设专用回风巷……"。而由于经济等原因,部分矿井还没有真正按要求执行,导致通风管理十分被动,矿井通风系统可靠性不高。布置采区专用回风巷对稳定采区通风系统、防止事故发生、减轻通风管理的难度、提高矿井通风系统的安全性有十分重要的意义。

一、专用回风巷的几种形式

所谓专用回风巷即指在采区巷道中,专门用于回风,不得用于运料、安设电气设备的巷道。在煤(岩)与瓦斯(二氧化碳)突出区,专用回风巷还不得行人。采区布置一般有以下两

种形式:

(1) 采用三条巷道布置,即轨道巷、胶带和专用回风巷,这种形式采用较多;

(2) 采用两条巷道布置,要考虑以下几种情况:

① 近距离多煤层联合布置时,采区设集中胶带巷,工作面煤流可以通过溜煤眼直接进入集中胶带巷,每层只有轨道和回风两条上下山;

② 胶带、轨道采用机轨合一,设置两条巷道实现专用回风;

③ 采区内采用矿车运输,运煤、运料共用一个系统,采用两条巷道布置实现专用回风巷。

图 7-4-1 所示的巷道 6 为采区的专用回风巷,这条巷道的设置不仅减少了上山风速,并且消除了用运输机上山或轨道上山回风的许多困难,从而减少和简化了通风构筑物的设置,提高了采区通风系统的可靠性。虽然专用回风巷开掘费用较高,但在高瓦斯煤层、容易自燃煤层开采时常采用。

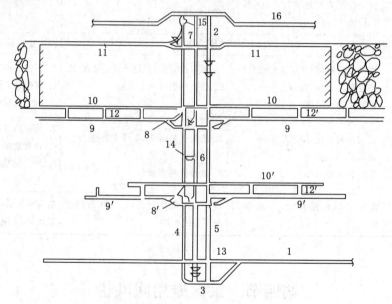

图 7-4-1 两进一回通风方式

1——阶段运输大巷;2——阶段回风石门;3——采区下部车场;4——采区轨道上山;
5——采区运输机上山;6——采区回风上山;7——采区上部车场;8,8′——采区中部车场;
9,9′——区段轨道巷;10,10′——区段运输巷;11——区段回风巷;12,12′——联络巷;
13——采区煤仓;14——采区变电所;15——绞车房;16——阶段回风巷

二、专用回风巷布置的原则

(1) 在采区专用回风巷布置设计时,要真正体现专巷专用。多条上下山巷道布置时,要结合开采情况,认真分析专用回风巷布置在哪一侧最优,尽使通风设施设置的数量最少。当采掘调整,需另外布置上下巷道时,所布置辅助回风上山也要实现专门回风。同时,在设计时,应合理设置通风设施,避免在专用回风巷内设置调节设施,以尽量减少通风阻力,确保通风系统合理、稳定。

(2) 在实施时,布置的采区专用回风巷必须贯穿整个采区的长度和高度。严禁将一条专用回风巷分为两段,一段为进风巷,另一段为回风巷。采区采用前进式开采时,必须先开掘采区上下山巷道,只有在形成专用回风巷段后才能进行工作面顺槽的掘进和回采。同时,采区上下山掘进时,回风上下山的掘进要超前于其他上下山,尽量实现分区通风。

三、布置采区专用回风巷的重要意义

1. 确保通风系统稳定

所谓通风系统稳定即指系统内各点的压能、风量、风速、温度、有害气体等保持相对的稳定,不至于大起大落,远距离工作面或角联段的风路不出现无风、微风或瓦斯积聚。布置专用回风巷后,可使该区域的通风系统不受运煤、运料、行人等因素的干扰,采区内的主要进、回风巷之间几乎不设联络巷风门。采、掘工作面风门管理一旦失误只影响本工作面通风,不会影响到相邻工作面及用风地点;而未设置采区专用回风巷则影响较大,若本工作面风门打开后,则本工作面通风风量增大而相邻工作面或用风地点风量受损,甚至影响整个矿井通风的安全与稳定。

2. 抑制采空区自然发火

采空区自然发火主要是由于遗留的浮煤遇漏风供氧而自燃,特别是综放开采,浮煤多,漏风通道多,容易发生自然发火。煤炭自燃必须同时具备三个条件:

① 具有自燃倾向的煤呈破碎状态并集中堆积存在;

② 通风氧化并有维持煤的氧化过程不断发展的时间;

③ 蓄热环境,而采空区漏风正是煤炭自燃的关键影响因素。

采空区漏风分三种:a. 漏风量太大,浮煤氧化但不易积蓄热量,不发生自燃;b. 漏风量太小,煤的氧化不能维持,也不发生自燃;c. 漏风量在前两者之间,适合煤炭氧化自燃,称为煤炭易自燃漏风量。当通风系统不稳定时,采空区周围的漏风量时大时小,风流量大时浮煤充分吸氧氧化,风流量小时聚热升温,几经反复,极易造成采空区浮煤自燃。通风系统是否稳定对防止采空区发火极为重要,而通风系统的稳定性又与专用回风巷有直接关系,所以采区专用回风巷的布置对抑制采空区自然发火极为有利。

3. 增强矿井抗灾能力

① 采区内布置了专用回风巷,一般不会发生太大的风流短路,也不会出现较大的无风、微风,而造成瓦斯积聚;

② 局部发生瓦斯积聚超限,当需排放瓦斯时,排放线路断电、撤人等环节都十分简单、安全,对周围工作面的影响小;

③ 当一个工作面发生瓦斯、煤尘爆炸或火灾事故时,只要通风系统未遭破坏,有毒有害气体可直接进入专用回风巷,相邻工作面人员撤离不受影响,可缩小灾区范围,减少人员伤亡,减少经济损失;

④ 在救灾过程中,由于运输和回风是独立分开的两条巷道,便于运料、行人,救援人员可迅速安全地接近灾区,有助于灾害事故快速处理。

四、专用回风巷的维护与管理

在采掘生产过程中重要注意专用回风巷的维护与管理,保证它的完整性,使其真正发挥应有的作用。掘工作面平巷时应先开拓回风绕道,平巷与回风上下山相交处都要砌筑风桥,回风绕道设置双向调节风门。切眼贯通时,在工作面回风顺槽口设置风门,进风平巷绕道砌

筑闭墙,这样贯通后即可形成全风压通风系统。在进、回风上下山之间设立正反向闭锁行人风门,以确保通风系统的稳定与可靠。

第五节　减少漏风的措施

采区内各个用风地点是矿井的主要供风对象,欲保证它们获得必需的新鲜风量,就必须尽力减少采区内外的各种漏风。除了减少通风构筑物的漏风而外,还必须减少近距离的进风与回风井之间、主要通风机附近、箕斗井底与井口、地表塌陷区、采空区、充填区、安全煤柱、平行反向的进风巷与回风巷之间、掘进通风的风筒接头等处的漏风。大量的漏风不仅浪费矿井的通风电费,而且严重影响矿井的安全生产。因此,将矿井各处漏风减少到允许界限以下,是通风技术管理工作的重要内容之一。

一、矿井漏风的分类

矿井漏风按其地点可分为外部漏风与内部漏风,前者是指地表与井下之间的漏风,例如主要通风机附近、箕斗井口等处的漏风;后者指井下各处的漏风。

矿井按漏风形式又可分为局部漏风与连续分布漏风,前者是指局限在一个地点的漏风,如风门、风桥、挡风墙等的漏风;后者是指在一个区段内风流沿途不断的漏风和采空区、掘进通风的风筒、纵向风墙、隔离煤柱等漏风。

二、矿井漏风率与有效风量率

所有独立回风的用风地点(采掘工作面、硐室及其他用风巷道等)实际得到的风量之和,称为矿井的有效风量 Q_R。相反,未送入用风地点就由通风机排出的总漏风称为矿井的总漏风量 Q_L。主风机的工作风量 Q_f 为

$$Q_f = Q_R + Q_L \tag{7-5-1}$$

Q_R 和 Q_L 的绝对值不能用来比较各个矿井的漏风程度,须用矿井漏风率与矿井有效风量率作为比较标准。

上述 Q_L 包括矿井的外部漏风量 Q_{Le} 和矿井的内部漏风量 Q_{Li},即 $Q_L = Q_{Le} + Q_{Li}$;而 Q_{Le} 则是 Q_f 与抽出式通风时来自井下的总回风量(或压入式通风时进入井下的总进风量)Q_m 之差,即 $Q_{Le} = Q_f - Q_m$;Q_{Li} 是 Q_m 与 Q_R 之差,即 $Q_{Li} = Q_m - Q_R$。

矿井的外部漏风率 P_{Le} 是 Q_{Le} 与 Q_f 的百分比,即

$$P_{Le} = \frac{Q_{Le}}{Q_f} \times 100\% = \left(\frac{Q_f - Q_m}{Q_f} \right) \times 100\% \tag{7-5-2}$$

装有风机的井口,其外部漏风率在无提升任务时,不得超过 5%;有提升任务时,不得超过 15%。

矿井的内部漏风率 P_{Li} 是 Q_{Li} 与 Q_f 的百分比,即

$$P_{Li} = \frac{Q_{Li}}{Q_f} \times 100\% = \left(\frac{Q_m - Q_R}{Q_f} \right) \times 100\% \tag{7-5-3}$$

矿井的总漏风率 P_L 是 P_{Le} 与 P_{Li} 之和,即

$$P_L = \frac{Q_L}{Q_f} \times 100\% = \left(\frac{Q_f - Q_R}{Q_f} \right) \times 100\% \tag{7-5-4}$$

矿井的有效风量率 P_R 是 Q_R 与 Q_f 的百分比,即

$$P_R = \frac{Q_R}{Q_f} \times 100\%$$ (7-5-5)

把实测值代入以上各式,便可算得各漏风率和有效风量率。

三、提高矿井有效风量的途径

提高矿井有效风量是一项经济性的工作,贯穿设计、施工和生产管理等方面。

① 矿井的开拓方式、通风方式与开采方式对漏风有较大影响。在进风井与回风井的布置方式上,对角式的漏风量比中央式的要小;中央分列式的漏风又比中央并列式的要小,在中央并列式中,用竖井开拓的漏风量比斜井开拓的漏风量要小,采用抽出式主要通风机时进风路线上的漏风量比压入式主要通风机要小;在采区开采顺序和工作面的回采顺序方面,后退式的漏风情况比前进式要好;充填采煤法的漏风情况比冒落式采煤法要好;留煤柱开采的漏风情况比无煤柱开采要好;采区进风与回风道布置在岩层中的漏风情况比布置在煤层中的要好。经验证明,对于自然发火严重的矿井,选用漏风量少的开拓方式和开采方法尤为重要。

② 采区内外所有通风构筑物(风门、风桥、密闭、主风机反风装置、防爆门、井口密闭、纵向风墙等)的漏风,一般是矿井总漏风的主要组成部分,故必须如前所述,除了认真设计选型、正确选择位置、保证施工质量外,还要加强日常检修,严格管理制度。

③ 要注意减少前进式回采的采空区漏风,除加强采空区的密封程度而外,还要尽可能减少平行反向的进风巷与回风巷之间影响漏风的能量差。为此,就要保持进风巷、工作面和回风巷各处有足够的断面,使沿程阻力较小。如图 7-5-1 所示,当需要在回风巷设置调节风窗时,不能设置在采空区范围的 3~4 段以内,而要设在煤柱带 4~5 段以内。如果设在 3~4 段内(例如设在 3′点),则风窗的阻力就会使 3′~4 段的能量坡度线整个下降,由图中的实线变为虚线。把 2′点与 3′点之间的能量差由 $h_{2'-3'}$ 增加到 $h'_{2'-3'}$,把 1 点与 4 点之间的能量差

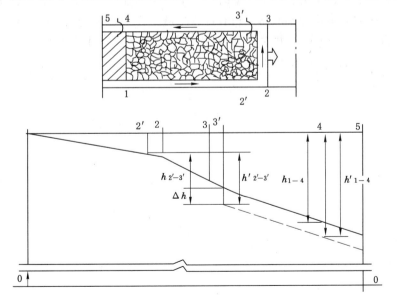

图 7-5-1 采煤工作面压力坡线图

由 h_{1-4} 增加到 h'_{1-4},因而,采空区的漏风量增加。如果把风窗设在 4～5 段内,则 $3'$～4 段的能量坡度线不变,$h_{2'-3'}$ 和 h_{1-4} 保持不变,采空区的漏风量不会增加。如果条件不允许,则可在 1～2 段或 3～4 段内适当的位置安装一台辅助通风机,适当提高 $3'$ 和 $4'$ 点的能量,以减少采空区的漏风量。

④ 使用箕斗井提煤的矿井日益增多,但箕斗井一般不得兼做进风井或回风井。为此,箕斗井底的煤仓中必须留有足够的煤炭,防止大量漏风。箕斗井兼作回风井时,井上下装卸装置和井塔都必须有完善的密封措施,其漏风率不超过 15%。采区煤仓和溜煤眼内都要有一定的存煤,不得放空,以免大量漏风。

⑤ 抽出式通风的矿井,要注意减少地表塌陷区或浅部古窑向井下漏风。为此,必须查明塌陷区或古窑的分布情况,及时填堵它们和地表相通的裂缝或通道。

复习思考题与习题

7-1 采区通风系统包括哪几部分?

7-2 采区通风系统基本内容和基本要求有哪些?

7-3 上行通风和下行通风的概念是什么?试分析二者的优缺点。

7-4 通风系统中有哪些通风构筑物?

7-5 长壁工作面通风系统有哪些类型?试阐述各自的特点和适用性。

7-6 试比较运输机上山和轨道上山进风的优缺点和适用条件。

7-7 矿井漏风有哪些危害?

7-8 提高矿井有效风量的技术途径有哪些?

7-9 解释专用回风巷的含义。

7-10 某矿井井下有 3 个采煤工作面,4 个掘进工作面,4 个硐室,全部独立通风。测得每一采煤工作面的风量均为 500 m^3/min,每一掘进工作面的风量均为 240 m^3/min,每一硐室的风量均为 80 m^3/min,矿井总风量为 3 200 m^3/min,矿井主通风机的风量为 3 400 m^3/min,求矿井的有效风量和漏风量。

第八章　矿井通风系统设计

矿井通风系统设计(design of the mine ventilation system)是矿井总体设计的一个重要组成部分,是保证矿井安全生产的重要环节。因此,矿井通风系统设计必须密切配合其他生产环节来周密考虑、精心设计以达到最佳效果。

矿井通风系统设计的基本任务是结合矿井开拓与开采设计,建立一个安全可靠、技术先进、经济合理和便于管理的通风系统,并在此基础上计算各用风地点所需风量、总风量与总风压,选择矿井通风设备。对于新建矿井的通风设计,既要考虑当前的需要,又要考虑长远发展的要求。而对于改建或扩建矿井的通风设计,必须对矿井原有的生产与通风情况做出详细的调查,分析通风存在的问题,考虑矿井生产的特点和发展规划,充分利用原有的井巷与通风设备,在原有的基础上提出更完善、更切合实际的通风设计。

无论新建、改扩建矿井的通风设计,都必须贯彻党的技术经济政策,遵照国家颁布的煤矿安全规程、技术操作规程、设计规范和相关的规定。

矿井通风设计依据的基础资料有以下几方面:

① 矿井自然条件:地质、地形图;煤岩中的游离二氧化碳含量;煤层的瓦斯含量和压力以及瓦斯和二氧化碳涌出量;煤的自燃倾向性及自然发火期;煤尘爆炸性指数;矿区气候条件(年最高、最低气温和年平均气温,常年主导风向,地温及地温增深率)。

② 矿井生产条件:矿井年产量及服务年限;矿井的开拓、开采与运输系统;各采区储量及按年限分配的位置与产量分配情况;同时开采的煤层数、采区数、采掘工作面数;井下同时工作的最多人数;同时爆破的最多炸药消耗量;井巷断面及支护形式等。

③ 邻近生产矿井与通风设计有关的经验数据或统计资料及风量计算方法。

④ 各种技术经济参数、性能的资料以及有关法规与政策规定。

在符合实际情况时,应尽可能多地收集和准备以上基础资料,以达到最佳的矿井通风系统设计,大大提高矿井的安全生产及效益。

矿井通风设计的主要步骤和内容:

① 拟定矿井通风系统,绘制通风系统图;

② 矿井总风量的计算与分配;

③ 计算矿井通风系统总阻力;

④ 选择矿井通风设备;

⑤ 矿井通风费用概算。

第一节　矿井通风系统的拟定

风流由入风井口进入矿井后,经过井下各用风场所,然后进入回风井,由回风井排出矿井,风流所经过的整个路线称为矿井通风系统(mine ventilation system)。矿井通风系统由通风机和通风网路两部分组成。

一、矿井通风系统

矿井通风系统是矿井生产系统的主要组成部分,包含矿井通风方式(the types of mine ventilation system)、通风方法(ventilation mode)和通风网络(ventilation network)。矿井通风方式是指进风井(或平硐)和回风井(或平硐)的布置方式,可分为中央式、对角式和混合式等;矿井通风方法是指产生通风动力的方法,有自然通风法和机械通风法(压入式、抽出式);矿井通风网络是指井下各风路按各种形式连接而成的网络。

(一)通风方式

按进风井与回风井之间的相互位置关系将矿井通风系统分为如下 3 种类型。

1. 中央式通风系统(central ventilation system)

按井筒沿井田倾斜位置的不同分为以下两种类型:

(1)中央并列式——进风井与回风井沿井田走向及倾斜均大致并列于井田的中央,两井底可以开掘到第一水平[见图 8-1-1(a)],也可将回风井只掘至回风水平[见图 8-1-1(b)]。后者一般适用于较小型矿井。

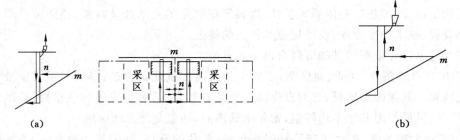

(a)   (b)

图 8-1-1 中央并列式通风系统

这种通风系统一般适用于煤层瓦斯和自然发火问题都不严重,埋藏深、倾角大,但走向不大(一般不大于 4 km)的矿井。

(2)中央边界式——进风井大致位于井田走向中央,回风井大致位于井田浅部边界沿走向的中央,向上两井相隔一段距离,回风井的井底高于进风井的井底,如图 8-1-2 所示。

图 8-1-2 中央边界式通风系统

这种通风系统适用于瓦斯和自然发火比较严重的缓倾斜煤层,埋藏较浅,走向不大的矿井。

2. 对角式通风系统(diagonal ventilation system)

按进、回风井走向和位置可将矿井通风系统分为如下 2 种类型:

(1)两翼对角式——进风井大致位于井田走向的中央,出风井位于沿浅部走向的两翼附近(沿倾斜方向的浅部),如图 8-1-3 所示;如果只有一个回风井,且进、回风分别位于井田的两翼称为单翼对角式。

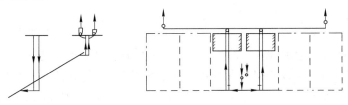

图 8-1-3 两翼对角式通风系统

这种通风系统适用于走向长度较大(一般超过 4 km),井型较大,煤层上部距地表较浅,瓦斯和自然发火较严重的矿井。

(2)分区对角式——进风井大致位于井田走向的中央,每个采区各有一个出风井,无总回风巷,如图 8-1-4 所示。

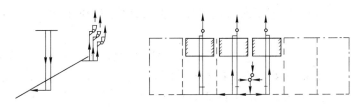

图 8-1-4 分区对角式通风系统

这种通风系统适用于煤层距地表浅,地表起伏(高低)较大,无法开掘浅部总回风道的矿井。

3. 区域式通风系统(distributed ventliation system)

在井田的每一个生产区域开凿进、回风井,分别构成独立的通风系统即区域式通风系统,如图 8-1-5 所示。

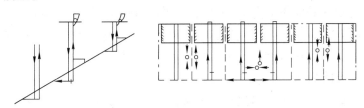

图 8-1-5 区域式通风系统

4. 混合式通风系统(combined ventilation system)

混合式通风系统的进风井与回风井有三个以上井筒,包括中央式和对角式混合、中央式和中央边界式混合等。这种通风系统主要适用于井田范围较大,多煤层、多水平开采的矿井,大多用于老矿井的改造和扩建。

(二)通风动力及通风方法

按通风方法获得的动力来源可将矿井通风系统分为自然通风(natural ventilation)和机械通风(mechanical ventilation)两种。

1. 自然通风

利用自然因素产生的通风动力使空气在井下巷道流动的通风方法叫作自然通风。(详见第五章第一节)

2. 机械通风

利用通风机运转产生的通风动力,致使空气在井下巷道流动的通风方法叫作机械通风。按通风机(通风机)的工作方式将矿井通风系统分为抽出式、压入式和压抽混合式三种。

(1) 抽出式(exhaust)——主要通风机安装在回风井口,在抽出式主要通风机的作用下,整个矿井通风系统处在低于当地大气压力的负压状态。

抽出式通风的优点是:当主要通风机因故停止运转时,井下风流的压力提高,可使采空区瓦斯涌出量减少,有利于瓦斯管理,比较安全;外部漏风量少,通风管理比较简单;与压入式通风相比,不存在向下水平过渡时期改变通风方法的困难。缺点是当地面存在小窑塌陷区并和开采裂隙沟通时,抽出式通风会把小窑中积存的有害气体抽到井下,并使工作面的有效风量减少。

(2) 压入式(forced)——主要通风机安设在进风井口,作压入式工作,井下风流处于正压状态。

压入式通风的优点是:节省风井场地,施工方便,主要通风机台数少,管理方便;开采浅部煤层时采区准备较容易,工程量少,工期短,出煤快;能用一部分回风把小窑塌陷区的有害气体压到地面。其缺点是:井口房、井底煤仓及装载硐室漏风大,管理困难;风阻大,风量调节困难;由第一水平的压入式过渡到第二水平的抽出式,改造工程量大,过渡期长,通风管理困难;当主要通风机因故停止运转时,井下风流压力降低,可能在短时间内引起采空区或封闭区的瓦斯大量外涌;主要通风机位于工业场地内时有噪声影响。

一般认为高瓦斯矿井不宜采用压入式通风。低瓦斯矿井的第一水平有地表漏风,矿井地面地形复杂、高差起伏,无法在高山上安装主要通风机,总回风巷维护困难时,可以考虑采用压入式通风。

(3) 压抽混合式(combined)——在入风井口设一风机作压入式工作,回风井口设一风机作抽出式工作。通风系统的进风部分处于正压,回风部分处于负压,工作面大致处于中间,其正压或负压均不大,采空区通连地表的漏风因而较小,因而该通风系统适用于自然发火严重的矿井。其缺点是使用的通风机设备多,管理复杂。

二、拟定矿井通风系统

矿井通风系统的拟定是矿井通风设计的基础部分,主要是拟定矿井风流路线,进风与出风井的布置方式,矿井主要通风机的工作方法。

1. 通风系统的拟定原则和要求

选择矿井通风系统的因素较多,只要抓住起决定作用的主要因素,同时注意其他因素,进行全面分析,就有可能选定比较合理的通风系统。

拟定矿井通风系统应严格遵循安全可靠、投产较快、出煤较多,通风基建费用和经营费用之总和最低以及便于管理的原则。

拟定通风系统的原则如下:

① 矿井通风网路结构合理;集中进、回风线路要短,通风总阻力要小;多阶段同时作业时,主要人行运输巷道和工作点上的污风不串联。

② 内、外部漏风少。

③ 通风构筑物和风流调节设施及辅助通风机要少。

④ 充分利用一切可用的通风井巷,使专用通风井巷工程量最小。

⑤ 通风动力消耗少,通风费用低。

为使拟定的矿井通风系统安全可靠和经济合理,必须对矿井作实地考察和对原始条件作细致分析。

拟定通风系统的基本要求是:

① 每个矿井和阶段水平之间都必须有两个安全出口。

② 进风井巷和采掘工作面的进风流的粉尘浓度不得大于 $0.5\ mg/m^3$。

③ 新设计的箕斗井和混合井禁止做进风井,已做进风井的箕斗井和混合井必须采取净化措施,使进风流的含尘量达到上述要求。

④ 主要回风井巷不得作人行道,井口进风不得受矿尘和有毒有害气体污染,井口排风不得造成公害。

⑤ 矿井有效风量率应在 85％以上。

⑥ 采场、二次破碎巷道和电耙道,应利用贯穿风流通风;电耙司机应位于风流的上风侧;有污风串联时,应禁止人员作业。

⑦ 井下破碎硐室和炸药库,必须设有独立的回风道。

⑧ 主要通风机一般应设反风装置,要求 10 min 内实现反风,反风量大于 40％。

选择通风系统时,应根据矿体赋存条件和开采特点,拟定几个可行方案进行详细的技术经济比较,择优选出。

2. 矿井主要通风机工作方法的选择

根据矿井实际情况,结合上述机械通风中对主要通风机工作方法抽出式、压入式和混合式三种类型的描述的特点,选择适当的矿井主要通风机工作方法。

一般来说,矿井主要通风机工作方法多采用抽出式。当地形复杂、老窑多,且出风井较多时,可采用压入式通风。

3. 矿井进风井与出风井布置方式的选择

根据矿井实际情况,结合上述中央式、对角式和混合式通风系统的特点及适用条件,选择适当的矿井进风井与出风井布置方式。

一般来说,中央式通风系统具有井巷工程量少、初期投资省的突出优点,在矿井建设初期宜优先采用;有煤与瓦斯突出危险的矿井、高瓦斯矿井、煤层易自燃的矿井及有热害的矿井,宜采用对角式或分区对角式通风;当井田面积较大时,初期可采用中央式通风,逐步过渡为对角式或分区对角式。

按照以上的原则和步骤初步拟定一个矿井的通风系统,事实上有时会出现这样的情况,即在某些条件下,几种通风系统都可考虑,很难确定哪种最好。这时就得进行方案的比较,即除了作技术分析外,还要进行经济比较,然后选定。

第二节 矿井风量计算和分配

矿井总风量即井下各个工作地点的有效风量(effective air quantity)与各条风路上的漏风量(leakage air quantity)之总和。

按《规程》要求,设计矿井的风量应由省(区)煤炭局确定,且需依照矿井整个服务年限内各个时期的通风要求分水平进行计算,以保证合理通风。

一、矿井总风量计算方法

根据 2016 版《煤矿安全规程专家解读》和 2008 版《矿井通风能力核定标准》,生产矿井总进风量按下列要求分别计算,并取其中最大值。

(一)按井下同时工作的最多人数计算

$$Q_{ra} \geqslant 4 \times N \times k_{aq}, \quad m^3/min \tag{8-2-1}$$

式中　N——井下同时工作的最多人数,人;

　　　k_{aq}——矿井通风需风系数(矿井风量备用系数,包括矿井内部漏风和配风不均匀等因素,抽出式 k_{aq} 取 1.15~1.20,压入式 k_{aq} 取 1.25~1.30)。

(二)按采煤、掘进、硐室及其他用风巷道实际需要风量的总和计算

矿井需要风量按各采掘工作面、硐室及其他用风巷道等用风地点分别进行计算,包括按规定配备的备用工作面需要风量,现有通风系统应保证各用风地点稳定可靠供风。

$$Q_{ra} \geqslant \left(\sum Q_{cfi} + \sum Q_{hfi} + \sum Q_{uri} + \sum Q_{sci} + \sum Q_{rli} \right) \times k_{aq} \tag{8-2-2}$$

式中　Q_{ra}——矿井需要风量,m^3/min;

　　　Q_{cfi}——第 i 个采煤工作面实际需要风量,m^3/min;

　　　Q_{hfi}——第 i 个掘进工作面实际需要风量,m^3/min;

　　　Q_{uri}——第 i 个硐室实际需要风量,m^3/min;

　　　Q_{sci}——第 i 个备用工作面实际需要风量,m^3/min;

　　　Q_{rli}——第 i 个其他用风巷道实际需要风量,m^3/min;

　　　k_{aq}——矿井通风需风系数(矿井风量系数,包括矿井内部漏风和配风不均匀等因素,抽出式 k_{aq} 取 1.15~1.20,压入式 k_{aq} 取 1.25~1.30)。

1. 采煤工作面需风量

每个采煤工作面需风量,应按瓦斯、二氧化碳涌出量和爆破后的有害气体产生量以及工作面气温、风速和人数等规定分别进行计算,然后取其中最大值,并进行风速验算。采煤工作面有串联通风时,应使每一个串联工作面空气中的有害气体、粉尘、气温和风速均符合《规程》要求。

高瓦斯工作面通常以按瓦斯算得的风量为最大。低瓦斯工作面供风主要考虑气候条件。高温工作面如果用通风方法不能使气温符合《规程》规定,则需采取制冷和空调降温措施。

(1)低瓦斯矿井的采煤工作面按气象条件或瓦斯涌出量(用瓦斯涌出量计算,采用高瓦斯计算公式)确定需风量,其计算公式为:

$$Q_{cfi} = 60 \times 70\% \times v_{cfi} \times S_{cfi} \times k_{chi} \times k_{cli} \tag{8-2-3}$$

式中　v_{cfi}——第 i 个采煤工作面的风速,按采煤工作面进风流的温度从表 8-2-1 中选取,
　　　　　　m/s;

　　　　S_{cfi}——第 i 个采煤工作面的平均有效断面积,按最大和最小控顶有效断面的平均值
　　　　　　计算,m²;

　　　　k_{chi}——第 i 个采煤工作面采高调整系数,具体取值见表 8-2-2;

　　　　k_{cli}——第 i 个采煤工作面长度调整系数,具体取值见表 8-2-3;

　　　　70%——有效通风断面系数;

　　　　60——单位换算产生的系数。

表 8-2-1　　　　　　　　　　　　采煤工作面进风流气温与对应风速

采煤工作面进风流气温/℃	采煤工作面风速/(m/s)
<20	1.0
20～23	1.0～1.5
23～26	1.5～1.8
26～28	1.8～2.5
28～30	2.5～3.0

表 8-2-2　　　　　　　　　　　采煤工作面采高调整系数 k_{ch}

采高/m	<2.0	2.0～2.5	>2.5 及放顶煤面
系数 k_{ch}	1.0	1.1	1.2

表 8-2-3　　　　　　　　　　　采煤工作面长度调整系数 k_{cl}

采煤工作面长度/m	长度风量调整系数 k_{cl}
<15	0.8
15～80	0.8～0.9
80～120	1.0
120～150	1.1
150～180	1.2
>180	1.30～1.40

（2）高瓦斯矿井按照瓦斯涌出量计算

根据《规程》,按采煤工作面回风流中瓦斯的浓度不超过 1% 的要求计算:

$$Q_{cfi} = 100 \times q_{cgi} \times k_{cgi} \tag{8-2-4}$$

式中　Q_{cfi}——第 i 采煤工作面需风量,m³/min;

　　　　q_{cgi}——第 i 采煤工作面回风巷风流中瓦斯的平均绝对涌出量,m³/min;

　　　　k_{cgi}——第 i 采煤工作面考虑瓦斯涌出不均衡的通风系数,正常生产时连续观测 1 个
　　　　　　月,日最大绝对瓦斯涌出量与月平均日瓦斯绝对涌出量的比值,可由实测统
　　　　　　计得到。一般机采工作面取 $k_{cgi}=1.2\sim1.6$;炮采工作面取 $k_{cgi}=1.4\sim2.0$。

100——按采煤工作面回风流中瓦斯的浓度不应超过1%的换算系数。

对于高瓦斯矿井,如工作面风量过大,可使工作面风速超限,导致煤尘飞扬,或由于供风不足而导致瓦斯超限。应酌情采用瓦斯抽放以及喷雾注水等措施。

在采用抽排措施时,式(8-2-4)中的q_{cgi}应为风流排出的工作面瓦斯量,不包含抽排的瓦斯量。

(3) 按二氧化碳涌出量的计算

$$Q_{cfi} = 67 \times q_{cci} \times k_{cci} \qquad (8-2-5)$$

式中 q_{cci}——第i个采煤工作面回风巷风流中平均绝对二氧化碳涌出量,m^3/min;

k_{cci}——第i个采煤工作面二氧化碳涌出不均匀的备用风量系数,正常生产时连续观测1个月,日最大绝对二氧化碳涌出量和月平均日绝对二氧化碳涌出量的比值;

67——按采煤工作面回风流中二氧化碳的浓度不应超过1.5%的换算系数。

(4) 按炸药量计算需风量

① 一级煤矿许用炸药

$$Q_{cfi} \geqslant 25A_{cfi} \qquad (8-2-6)$$

② 二、三级煤矿许用炸药

$$Q_{cfi} \geqslant 10A_{cfi} \qquad (8-2-7)$$

式中 A_{cfi}——第i个采煤工作面一次爆破所用的最大炸药量,kg;

25——每千克一级煤矿许用炸药需风量,m^3/min;

10——每千克二、三级煤矿许用炸药需风量,m^3/min。

(5) 按工作人员数量验算

按每人供风$\geqslant 4$ m^3/min:

$$Q_{ai} \geqslant 4 \times N_i \qquad (8-2-8)$$

式中 N_i——第i个采煤工作面同时工作的最多人数,人;

4——每人需风量,m^3/min。

(6) 按风速进行验算

按最低风速验算,各个采煤工作面的最低风量:

$$Q_{cfi} \geqslant 60 \times 0.25 S_{cbi} \qquad (8-2-9)$$

$$S_{cbi} = l_{cbi} \times h_{cfi} \times 70\% \qquad (8-2-10)$$

式中 S_{cbi}——第i个采煤工作面最大控顶有效断面积,m^2;

l_{cbi}——第i个采煤工作面最大控顶距,m;

h_{cfi}——第i个采煤工作面实际采高,m;

0.25——采煤工作面允许的最小风速,m/s;

70%——有效通风断面系数。

按最高风速验算,各个采煤工作面的最高风量:

$$Q_{cfi} \leqslant 60 \times 4.0 S_{csi} \qquad (8-2-11)$$

$$S_{csi} = l_{csi} \times h_{cfi} \times 70\% \qquad (8-2-12)$$

综合机械化采煤工作面,在采取煤层注水和采煤机喷雾降尘等措施后,验算最大风量。备用工作面亦应满足按瓦斯、二氧化碳、气温等规定计算的风量,且最少不得低于采煤工作面实际需风量的 50%。

$$Q_{cfi} \leqslant 60 \times 5.0 S_{csi} \tag{8-2-13}$$

式中　S_{csi}——第 i 个采煤工作面最小控顶有效断面积，m^2；

　　　　l_{csi}——第 i 个采煤工作面最小控顶距，m；

　　　　4.0——采煤工作面允许的最大风速，m/s；

　　　　5.0——综合机械化采煤工作面，在采取煤层注水和采煤机喷雾降尘等措施后允许的

　　　　　　　　最大风速，m/s。

（7）布置有专用排瓦斯巷的采煤工作面实际需要风量计算

$$Q_{cfi} = Q_{cri} + Q_{cdi} \tag{8-2-14}$$

$$Q_{cri} = 100 \times q_{gri} \times k_{cgi} \tag{8-2-15}$$

$$Q_{cdi} = 40 \times q_{gdi} \times k_{cgi} \tag{8-2-16}$$

式中　Q_{cri}——第 i 个采煤工作面回风巷需要风量，m^3/min；

　　　　Q_{cdi}——第 i 个采煤工作面专用排瓦斯巷需要风量，m^3/min；

　　　　q_{gri}——第 i 个采煤工作面回风巷的排瓦斯量，m^3/min；

　　　　q_{gdi}——第 i 个采煤工作面专用排瓦斯巷的风排瓦斯量，m^3/min；

　　　　40——专用排瓦斯巷回风流中的瓦斯浓度不应超过 2.5% 的换算系数。

2. 掘进工作面需风量

每个独立通风的掘进工作面需风量，应按瓦斯或二氧化碳涌出量、炸药用量、局部通风机实际吸风量、风速和人数等规定要求分别进行计算，并取其中最大值。

（1）按瓦斯（或二氧化碳）涌出量计算

$$Q_{hfi} = 100 \times q_{hgi} \times k_{hgi} \tag{8-2-17}$$

式中　q_{hgi}——第 i 个掘进工作面回风流中平均绝对瓦斯涌出量，m^3/min，抽放矿井的瓦斯

　　　　　　　　涌出量，应扣除瓦斯抽放量进行计算；

　　　　k_{hgi}——第 i 个掘进工作面瓦斯涌出不均匀的备用风量系数，正常生产条件下，连续

　　　　　　　　观测 1 个月，日最大绝对瓦斯出量与月平均日绝对瓦斯涌出量的比值；

　　　　100——按掘进工作面回风流中瓦斯的浓度不应超过 1% 的换算系数。

（2）按二氧化碳涌出量计算

$$Q_{hfi} = 67 \times q_{hci} \times k_{hci} \tag{8-2-18}$$

式中　q_{hci}——第 i 个掘进工作面回风流中平均绝对二氧化碳涌出量，m^3/min；

　　　　k_{hci}——第 i 个掘进工作面二氧化碳涌出不均匀的备用风量系数，正常生产条件下，

　　　　　　　　连续观测 1 个月，日最大绝对二氧化碳涌出量与月平均日绝对二氧化碳涌出

　　　　　　　　量的比值；

　　　　67——按掘进工作面回风流中二氧化碳的浓度不应超过 1.5% 的换算系数。

（3）按炸药量计算

① 一级煤矿许用炸药

$$Q_{hfi} \geqslant 25 A_{hfi} \tag{8-2-19}$$

② 二、三级煤矿许用炸药

$$Q_{hfi} \geqslant 10 A_{hfi} \tag{8-2-20}$$

式中　A_{hfi}——第 i 个掘进工作面一次爆破所用的最大炸药量，kg。

按上述条件计算的最大值,确定局部通风机吸风量。

(4) 按局部通风机实际吸风量计算

① 无瓦斯涌出的岩巷

$$Q_{hfi} = \sum (Q_{afi} + 60 \times 0.15 S_{hdi}) \qquad (8\text{-}2\text{-}21)$$

② 有瓦斯涌出的岩巷、半煤岩巷和煤巷

$$Q_{hfi} = \sum (Q_{afi} + 60 \times 0.25 S_{hdi}) \qquad (8\text{-}2\text{-}22)$$

式中　Q_{afi}——第 i 个局部通风机实际吸风量,m^3/min;

　　0.15——无瓦斯涌出岩巷的允许最低风速;

　　0.25——有瓦斯涌出的岩巷,半煤岩巷和煤巷允许的最低风速;

　　S_{hdi}——第 i 个局部通风机安装地点到回风口间的巷道最大断面积,m^2。

(5) 按掘进工作面同时作业人数计算

每人供风≥4 m^3/min:

$$Q_{hfi} \geqslant 4 N_{hfi} \qquad (8\text{-}2\text{-}23)$$

式中　N_{hfi}——第 i 个掘进工作面同时工作的最多人数,人。

(6) 按风速进行验算

① 验算最小风量

无瓦斯涌出的岩巷:

$$Q_{hfi} \geqslant 60 \times 0.15 S_{hfi} \qquad (8\text{-}2\text{-}24)$$

有瓦斯涌出的岩巷、半煤岩巷和煤巷

$$Q_{hfi} \leqslant 60 \times 0.25 S_{hfi} \qquad (8\text{-}2\text{-}25)$$

② 验算最大风量

$$Q_{hfi} \leqslant 60 \times 4.0 S_{hfi} \qquad (8\text{-}2\text{-}26)$$

式中　S_{hfi}——第 i 个掘进工作面巷道的净断面积,m^2。

3. 井下硐室需风量

各个硐室的实际需要风量,应根据不同类型的硐室分别进行计算,遵循井下不同硐室的配风原则。

(1) 爆破材料库

井下爆破材料库配风必须保证每小时 4 次换气量:

$$Q_{uri} = 4 V_i / 60 \qquad (8\text{-}2\text{-}27)$$

式中　Q_{uri}——第 i 个井下爆炸材料库需要风量,m^3/min;

　　V_i——第 i 个井下爆炸材料库的体积,m^3;

　　4——井下爆炸材料库内空气每小时更换次数。

但大型爆破材料库不应小于 100 m^3/min,中、小型爆破材料库不应小于 60 m^3/min。

(2) 充电硐室

$$Q_{uri} = 200 q_{hyi} \qquad (8\text{-}2\text{-}28)$$

式中　Q_{uri}——第 i 个充电硐室需要风量,m^3/min;

　　q_{hyi}——第 i 个充电硐室在充电时产生的氢气量,m^3/min;

　　200——按其回风流中氢气浓度不大于 0.5% 的换算系数。

但充电硐室的供风量不应小于 $100\ \text{m}^3/\text{min}$。

（3）机电硐室

发热量大的机电硐室，应按照硐室中运行的机电设备发热量进行计算：

$$Q_{\text{ur}i} = \frac{3\,600 \sum W_i \theta}{\rho c_p \times 60 \Delta t_i} \tag{8-2-29}$$

式中　$Q_{\text{ur}i}$——第 i 个机电硐室的需要风量，m^3/min；

$\sum W_i$—— 第 i 个 机电硐室中运转的电动机（或变压器）总功率（按全年中最大值计算），kW；

θ——机电硐室发热系数，数值见表 8-2-4；

ρ——空气密度，一般取 $\rho = 1.20\ \text{kg/m}^3$；

c_p——空气的定压比热，一般可取 $c_p = 1.000\,6\ \text{kJ/(kg·K)}$；

Δt_i——第 i 个机电硐室的进、回风流的温度差，K。

表 8-2-4　　　　　　　　　　　　　**机电硐室发热系数(θ)表**

机电硐室名称	发热系数
空气压缩机房	0.20～0.23
水泵房	0.01～0.03
变电所、绞车房	0.02～0.04

机电硐室需要风量应根据不同硐室内设备的降温要求进行配风；采区小型机电硐室，按经验值确定需要风量或取 $60\sim80\ \text{m}^3/\text{min}$；选取硐室风量，应保证机电硐室温度不超过 30 ℃，其他硐室温度不超过 26 ℃。

4. 其他用风巷道的需风量

各个其他用风巷道的需风量(Q_{et})，应根据瓦斯涌出量和风速分别进行计算，采用其中最大值。

（1）按瓦斯涌出量计算

其他用风巷道，应按其中风流瓦斯浓度不超过 0.75% 计算需风量。

$$Q_{\text{rl}i} = 133 q_{\text{rg}i} \times k_{\text{rg}i} \tag{8-2-30}$$

式中　$q_{\text{rg}i}$——第 i 个其他用风巷道平均绝对瓦斯涌出量，m^3/min；

$k_{\text{rg}i}$——第 i 个其他用风巷道瓦斯涌出不均匀的备用风量系数，取 1.2～1.3；

133——其他用风巷道中风流瓦斯浓度不超过 0.75% 所换算的常数。

（2）按风速验算

① 一般巷道

$$Q_{\text{rl}i} \geqslant 60 \times 0.15 S_{\text{rc}i} \tag{8-2-31}$$

② 架线电机车巷道

有瓦斯涌出的架线电机车巷道

$$Q_{\text{rl}i} \geqslant 60 \times 1.0 S_{\text{re}i} \tag{8-2-32}$$

无瓦斯涌出的架线电机车巷道

$$Q_{rli} \geqslant 60 \times 0.5 S_{rei} \tag{8-2-33}$$

式中　Q_{rli}——第 i 个一般用风巷道实际需要风量，m^3/min；

　　　S_{rci}——第 i 个一般用风巷道净断面积，m^2；

　　　S_{rei}——第 i 个架线电机车用风巷道净断面积，m^2；

　　　0.15——一般巷道允许的最低风速，m/s；

　　　1.0——有瓦斯涌出的架线电机车巷道允许的最低风速，m/s；

　　　0.5——无瓦斯涌出的架线电机车巷道允许的最低风速，m/s。

（3）矿用防爆柴油机车需要风量的验算

$$Q_{ei} = 5.44 \times N_{dli} \times P_{dli} \times k_{dli} \tag{8-2-34}$$

式中　Q_{rli}——第 i 个地点矿用防爆柴油机车尾气排放稀释需要的风量，m^3/min；

　　　N_{dli}——第 i 个地点矿用防爆柴油机车的台数，台；

　　　P_{dli}——第 i 个地点矿用防爆柴油机车的功率，kW；

　　　k_{dli}——配风系数，第 i 个地点使用 1 台矿用防爆柴油机车运输时，k_{dli} 为 1.0。该地点使用 2 台矿用防爆柴油机车运输时，k_{dli} 为 0.75。该地点使用 3 台及以上矿用防爆柴油机车运输时，k_{dli} 为 0.50；

　　　5.44——每千瓦每分钟应供给的最低风量，m^3/min。

矿井使用矿用防爆柴油机车时，应进行风量验算，排出的各种有害气体被巷道风流稀释后，其浓度应符合《煤矿安全规程》的规定。如果有害气体浓度超出规定范围时，应按照有害气体的允许浓度重新计算该巷道的需风量。

二、生产矿井风量的分配

1. 配风的原则和方法

根据实际需要由里向外进行配风，先定井下采掘工作面、火药库、充电硐室等各用风地点所需的有效风量，再加上逆风流方向和各风路上允许的漏风量，得到矿井总风量；若再加上因体积膨胀的风量（总进风量的 5%），得出矿井的总回风量；最后加上抽出式主要通风机井口和附属装置的允许外部漏风量，得出通过主要通风机的总风量。对于压入式通风的矿井，通过压入式主要通风机总风量即矿井总风量与外部漏风量之和。

2. 配风的依据

配风量必须符合《规程》中下列有关规定：关于氧气、瓦斯、二氧化碳和其他有毒有害气体安全浓度的规定；关于最高风速和最低风速的规定（见表 8-2-1）；关于采掘工作面和机电硐室最高温度的规定；关于冷空气预热的规定；以及关于空气中粉尘安全浓度的规定等。

表 8-2-1　　　　　　　　　　井巷中风流速度表

井巷名称	最低允许风速/(m/s)	最高允许风速/(m/s)
无提升设备的风井和风硐	—	15
专为升降物料的井筒	—	12
风桥	—	10
升降人员和物料的井筒	—	8
主要进、回风道	—	8

井巷名称	最低允许风速/(m/s)	最高允许风速/(m/s)
架线电机车巷道	—	8
运输机巷道,采区进、回风道	0.25	6
采煤工作面、掘进中的煤巷和半煤岩巷	0.25	4
掘进中的岩巷	0.15	4
其他人行巷道	0.15	—

沿途漏风,尤其是风流短路,较大地影响了通风的安全性和经济性,因此应尽量减少沿途漏风和风流短路。沿途允许漏风率参考表 8-2-2。如果实际漏风率超过表中数据时,应该采取有效的防漏措施,并加强管理。

在装有局部通风机的巷道内,巷道的风量应按不小于局部通风机风量的 1.43 倍计算。

表 8-2-2 　　　　　　　　　　　　　通风设施允许漏风率

漏风地点	允许的漏风率/%	漏风地点	允许的漏风率/%
无提升设备时	5	有提升设备时	15
风门	2	风桥	1
风墙	基本不漏	采空区	5～10

在串联掺新的风量中,应使其中瓦斯、二氧化碳的浓度不超过 0.5%,且使其他有害气体的浓度不超过安全浓度。

总之,由于生产矿井的配风依据都可以通过实测确定,故只要细致进行生产矿井的配风工作,就可以比较准确地进行风量的分配。

3. 生产矿井风量的分配

在各个用风地点,将各用风点计算的风量值乘以备用系数 K_{wz},就是配给用风地点所在巷道的风量。掘进巷道配风量的确定如图 8-2-1 所示。但是采煤工作面的风量只配给各自计算的风量,由备用系数确定的风量考虑从采空区漏走的风量。因此 U 型通风的上平巷和下平巷的风量是采煤工作面的计算风量乘以备用系数,如图 8-2-2 所示。

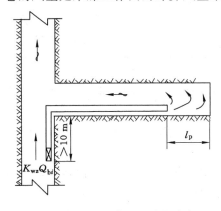

图 8-2-1　掘进巷道配风量的确定

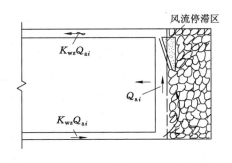

图 8-2-2　U 型通风的上平巷和下平巷风量的确定

从各个用风地点开始,逆风流方向而上,遇分风点则加上其他风路的分风量,得到未分风前那一条风路的风量,作为该风路的风量,直至确定进风井筒的总进风量。这一风量应该等于刚才计算的矿井总风量,如图 8-2-3 所示。如果是压入式通风,则要加上矿井外部漏风量,才能得出通过压入式主要通风机的总风量。

然后又从各个用风地点开始,顺风流方向而上,遇汇合点则加上其他风路的风量一起分配给汇合后那一条风路,作为该风路的风量,直至确定回风井筒的总回风量。这一风量也应等于刚才计算的矿井总风量,如图 8-2-4 所示。如果是抽出式通风,则加上抽出式主要通风机井口和附属装置的允许漏风量(即矿井外部漏风量),得出通过抽出式主要通风机的总风量。

图 8-2-3 进风路线的配风计算   图 8-2-4 回风路线的配风计算

第三节 矿井通风阻力计算

矿井通风总阻力即风流由进风井口到出风井口,沿一条通路(风流路线)各个分支的摩擦阻力和局部阻力的总和,用 h_m 表示。矿井通风总阻力是选择矿井主要通风机的重要依据之一。为了合理地选用矿井主要通风机,必须正确计算出矿井通风总阻力。

一、矿井通风总阻力计算原则

① 矿井通风系统总阻力应满足表 8-3-1 的要求。

表 8-3-1   **系统的通风阻力**

矿井通风系统风量/(m³/min)	系统的通风阻力/Pa	矿井通风系统风量/(m³/min)	系统的通风阻力/Pa
<3 000	<1 500	3 000~5 000	<2 000
5 000~10 000	<2 500	10 000~20 000	<2 940
>20 000	<3 920		

② 矿井井巷的局部阻力,新建矿井(包括扩建矿井独立通风的扩建区)宜按井巷摩擦阻力的 10% 计算,扩建矿井则宜按井巷摩擦阻力的 15% 计算。

③ 矿井通风网路中有较多的并联系统,计算总阻力时,应以其中阻力最大的路线作为依据。

④ 应计算出困难时期的最大阻力和容易时期的最小阻力,使所选用的主要通风机既满足困难时期的通风需要,又能使通风容易时期工况合理。

二、矿井通风总阻力的计算

对于有两台或多台主要通风机工作的矿井,矿井通风阻力应按每台主要通风机所服务的系统分别计算。

　　在主要通风机的服务年限内,随着采煤工作面及采区接替的变化,通风系统的总阻力也将随之变化。为了使主要通风机在整个服务期限都能满足需要且有较高的运转效率,需要按照开拓开采布局和采掘工作面接替安排,对主要通风机服务期内不同时期的系统总阻力的变化进行分析。当可根据风量和巷道参数(断面、长度等)直接判定出最大总阻力路线时,可按该路线的阻力计算矿井总阻力;当不能直接判定时,应选几条可能最大的路线进行计算比较,然后确定该时期的矿井总阻力。

　　矿井通风系统总阻力最小时称为通风容易时期,矿井通风系统总阻力最大时称为通风困难时期。对于通风容易和困难时期,要分别画出通风系统图。按照采掘工作面及硐室的需要分配风量,再由各段风路的阻力计算矿井总阻力。

　　沿着通风容易和困难时期的风流路线,依次计算各段摩擦阻力 h_{fi},然后分别累计得出容易和困难时期的总摩擦阻力 h_{fe} 和 h_{fd},再加上局部阻力,因局部阻力取总摩擦阻力的 10%或 15%,总摩擦阻力再乘以该系数(扩建矿井乘以 1.15)后,得两个时期的矿井总阻力 h_{me} 和 h_{md}。

　　通风容易时期总阻力:

$$h_{me} = (1.1 \sim 1.15)h_{fe} \tag{8-3-1}$$

　　通风困难时期总阻力:

$$h_{md} = (1.1 \sim 1.15)h_{fd} \tag{8-3-2}$$

　　式(8-3-1)和式(8-3-2)中 h_f 按下式计算:

$$h_f = \sum_{i=1}^{n} \left(\frac{\alpha_i l_i u_i}{s_i^3} Q_i^2 \right) \tag{8-3-3}$$

式中　　h_f——矿井通风总阻力,Pa;

　　　　α——井巷摩擦阻力系数,N·s²/m⁴,可在第三章的摩擦系数表中查得;

　　　　l——井巷长度,m;

　　　　u——井巷净断面周边长,m,用附录Ⅲ有关公式计算;

　　　　s——井巷净断面积,m²,用第三章有关公式计算;

　　　　Q——分配给各井巷的风量,m³/s。

　　对于小型矿井,一般只计算困难时期的通风总阻力。

第四节　矿井通风设备选型

　　矿井通风设备包括主要通风机和它的电动机,所以选择矿井通风设备须先选好主要通风机,然后再选择恰当的电动机。

一、矿井通风设备的要求

　　① 矿井必须装设两套同等能力的主要通风设备,其中一套备用;

　　② 选择通风设备应满足第一开采水平各个时期工况变化,并照顾下一水平的通风需要且使通风设备长期高效率运行;当工况变化较大时,根据矿井分期时间及节能情况,应分期选择电动机,但初装电动机的使用年限不宜少于 10 年;

　　③ 通风机能力应留有一定的余量,轴流式通风机在最大设计负压和风量时,轮叶运转

角度比允许范围小 5°；离心式通风机的选型设计转速不宜大于允许最高转速的 90%；

④ 矿井主要通风机房，应有两回直接由变（配）电所输出的供电线路，线路上不应分接任何负荷；

⑤ 所选电动机应满足通风机在整个启动过程及稳定运行中的力矩要求，如用同步电动机拖动轴流式通风机时，还应校验其牵入转矩；

⑥ 为简化供电系统，避免中间变压，当电动机功率较大可以选用高压电动机时，应尽量优先选用高压电动机；

⑦ 在通风机的服务年限内，其在矿井最大和最小阻力时期的工况点，均应在合理的工作范围之内，使通风机稳定、经济地运转；

⑧ 一个井筒尽量采用单一通风机的工作制度；

⑨ 主要通风机必须装有反风设备，必须能在 10 min 内改变巷道中的风流方向；

⑩ 装有主要通风机的回风井口，应安装保护通风机的防爆门。防爆门应设计成因事故打开后易于复原，并在通风机反风时不被风流顶开。

二、主要通风机的选择

1. 计算通风机风量 Q_f

由于井口防爆门及主要通风机反风门等处的外部漏风，风机风量 Q_f 应大于矿井风量 Q_m，并由下式求出：

$$Q_f = kQ_m \tag{8-4-1}$$

式中　Q_f——主要通风机通风量，m^3/s；

$\quad\quad Q_m$——矿井需风量，m^3/s；

$\quad\quad k$——漏风损失系数，风井不做提升用时取 1.1；箕斗井兼作回风用时取 1.15；回风井兼作升降人员取 1.2。

2. 计算通风机风压

通风机全压 H_{td} 和矿井自然风压 H_N 共同作用以克服矿井通风系统的总阻力 h_m、通风机附属装置（风硐和扩散器）的阻力 h_d 及扩散器出口动能损失 h_{vd}。当自然风压与通风机风压作用相同时取"－"；自然风压与通风机风压作用反向时取"＋"。

根据提供的通风机性能曲线，由下式求通风机风压：

$$H_{td} = h_m + h_d + h_{vd} \pm H_N \tag{8-4-2}$$

进一步讲，离心式通风机大多提供全压曲线，而轴流式通风机大多提供静压曲线。通风容易时期自然风压与通风机风压作用相同，通风机有较高功率，故从通风系统阻力中减去自然风压 H_N；通风困难时期自然风压与通风机风压作用反向，故通风系统阻力需加上自然风压 H_N。所以，对于抽出式通风矿井：

离心式通风机：

容易时期：
$$H_{td\,min} = h_m + h_d + h_{vd} - H_N \tag{8-4-3}$$

困难时期：
$$H_{td\,max} = h_m + h_d + h_{vd} + H_N \tag{8-4-4}$$

轴流式通风机：

容易时期：
$$H_{sd\,min} = h_m + h_d - H_N \tag{8-4-5}$$

困难时期：
$$H_{sd\,min} = h_m + h_d + H_N \tag{8-4-6}$$

对于压入式通风系统,式(8-4-3)、式(8-4-4)中的 h_{vd} 表示出风井的出口风压,h_d 表示风硐的阻力。

3. 初选通风机

根据计算的矿井通风容易时期通风机的 Q_f、$H_{sd\ min}$(或 $H_{td\ min}$)和矿井通风困难时期通风机的 Q_f、$H_{sd\ min}$(或 $H_{td\ min}$),在通风机特性曲线上选出满足矿井通风要求的通风机。

4. 求通风机的实际工况点

要求主要通风机在两个时期的工况点都在特性曲线的合理工作范围内。因为根据 Q_f、$H_{sd\ min}$(或 $H_{td\ min}$)和 Q_f、$H_{sd\ min}$(或 $H_{td\ min}$)确定的工况点,即设计工况点不一定恰好在所选择通风机的实际工况点。在必须根据通风机的工作阻力,在特性曲线上确定其实际工况点。

(1)计算通风机的工作风阻

用静压特性曲线时:

$$R_{sd\ min} = \frac{H_{sd\ min}}{Q_f^2} \tag{8-4-7}$$

$$R_{sd\ max} = \frac{H_{sd\ max}}{Q_f^2} \tag{8-4-8}$$

用全压特性曲线时:

$$R_{td\ min} = \frac{H_{td\ min}}{Q_f^2} \tag{8-4-9}$$

$$R_{td\ max} = \frac{H_{td\ max}}{Q_f^2} \tag{8-4-10}$$

(2)确定通风机的实际工况点

在通风机特性曲线图中做通风机工作风阻曲线,该工作风阻曲线与风压曲线的交点即为实际工况点。

5. 确定通风机的型号和转速

根据各台通风机的工况参数(Q_f、H_{sd}、η、N)对初选的通风机进行技术、经济和安全性比较,最后确定满足矿井通风要求,技术先进、效率高和运转费用低的通风机的型号和转速。

三、主要通风机的电动机的选择

1. 电动机功率的计算

通风机输入功率按通风容易及困难时期,分别计算通风机所需输入功率 N_{min}、N_{max}:

$$N_{min} = \frac{Q_f H_{sd\ min}}{(1\ 000\eta_s)} \tag{8-4-11}$$

$$N_{max} = \frac{Q_f H_{sd\ max}}{(1\ 000\eta_s)} \tag{8-4-12}$$

或

$$N_{min} = \frac{Q_f H_{td\ min}}{(1\ 000\eta_t)} \tag{8-4-13}$$

$$N_{max} = \frac{Q_f H_{td\ min}}{(1\ 000\eta_t)} \tag{8-4-14}$$

式中 η_t，η_s——分别表示通风机全压效率和静压效率；

$N_{\min}$，$N_{\max}$——分别表示矿井通风容易时期和通风困难时期通风机的输入功率，kW。

2. 电动机台数及种类的确定

当 $N_{\min} \geqslant 0.6 N_{\max}$ 时，可选一台电动机，电动机功率为：

$$N_c = N_{\max} \cdot k_e / (\eta_e \eta_{tr}) \tag{8-4-15}$$

当 $N_{\min} \leqslant 0.6 N_{\max}$ 时，选两台电动机，电动机功率为：

初期：

$$N_{e\min} = \sqrt{N_{\min} N_{\max}} \cdot k_e / (\eta_e \eta_{tr}) \tag{8-4-16}$$

后期：

$$N_e = N_{\max} \cdot k_e / (\eta_e \eta_{tr}) \tag{8-4-17}$$

式中 k_e——电动机容量备用系数，取 $1.1 \sim 1.2$；

η_e——电动机效率，取 $0.9 \sim 0.94$（大型电机取较高值）；

η_{tr}——传动效率，电动机与通风机直联时取 1；胶带传动时取 0.95。

根据周围的工作环境，通风机一般选用开启式或防护式电动机。选择电动机时还应全面综合考虑通风机调整及矿井功率因数补偿的要求。一般情况下，当电动机功率小于 200 kW 时，宜选用低压鼠笼式电动机。大于 250 kW 时，宜选用高压鼠笼式电动机。大于 400 kW 及以上时，宜选用同步电动机，其优点是在低负荷运转时用来改善电网功率因数，使矿井经济用电；其缺点是这种电动机的购置和安装费较高。

当矿井风压变化较大时，可考虑分期选择电动机，但每台电动机的使用年限一般不少于 10 年。

3. 电动机的启动方式

电动机的启动方式，可分为直接启动和降压启动。当启动电压降不超过 15%，而又能自动启动时，则采用直接启动。鼠笼型电动机应优先考虑采用直接启动，只有不允许直接启动时才考虑降压启动。降压启动分自耦变压器降压启动、星-三角形降压启动、延边三角形降压启动、电抗器降压启动及频敏变阻启动等几种方式。

第五节 生产矿井的通风系统改造

随着矿井生产能力的不断提高、水平延伸、范围扩大，在生产系统进行技术改造的同时必然要进行通风系统的技术改造。

矿井通风系统改造是一项复杂的技术工作，应该依靠科学技术进步，有目标、有计划并按步骤进行。

一、明确改造目标和任务

通风系统改造之前，必须明确改造的目标和任务，即明确改造后通风系统所服务的时间区间和生产布局及其对通风系统（风量和风压）的要求，以保证改造后的通风系统与生产能力相适应，并具有技术可行、安全可靠、经济合理等特点。

二、调查当前通风系统

制定改造方案之前，应对通风系统进行全面、系统的调查，摸清矿井通风系统现状，发现存在问题,为制定改造方案提供切合实际的基础资料;切不可盲目进行,否则可能会导致不良后果。

通风系统调查的主要内容有:

① 进行主要通风机装置的性能测定,了解主要通风机的实际性能;测定风机内部的各种间隙,检查叶片、导叶的安装角度以及风硐中风流控制设施的严密程度,查看风硐和扩散器的结构、断面、转弯和扩散器出口风流的速度分布;测定电机的负荷率。

② 预测待采地区的瓦斯涌出量和地温变化。高瓦斯矿井瓦斯涌出量预测的准确性在很大程度上决定风量计算的精度,高温矿井要预测矿井待采地区的风温。

③ 对矿井通风系统中最大阻力路线进行测定;了解其阻力分布和阻力超常区段,为降低矿井阻力提供依据;对主要分支的风阻值以及一些典型巷道的(摩擦)阻力系数进行测算,为核定矿井通风能力和网路解算积累基础资料。

④ 查明漏风现状。矿井漏风有内部和外部之分。矿井外部漏风测定可结合通风机性能测定进行;内部漏风总量虽然较大,但分布点多,各点的漏风一般很小,用常规的方法难以测定。常用的方法有示踪气体法、烟雾管法,也可测定主风路上漏风分支前后两点风量之差进行计算,但要求测风结果具有足够的精度。

三、分析当前通风系统

在通风系统调查的基础上,应结合改造目标分析研究下列问题。

1. 核算矿井的通风能力

矿井的通风能力包括主要通风机能力和井巷通过能力两部分。

(1) 主要通风机装置通风能力核定

核定主要通风机能力有如下两种方法:

① 计算机模拟法:根据矿井生产能力,安排采掘接替和生产布局,计算采掘工作面的需风量,确定其服务期内通风最困难的时期,绘制该时期的通风网路图;利用现有的主要通风机最大叶片安装角时的性能曲线进行按需分风网路解算,确定主要通风机的最大排风量和关键路线上用风地点的供风量是否满足需风要求。

② 作图法:按上述方法计算出矿井通风困难时期主要通风机的工作风量 Q_f 和工作压力 H_s,计算主要通风机的工作风阻;然后在实测的风机曲线上作风阻曲线,求其在通风困难时期的工况点(供风量)是否满足需风要求。

(2) 井巷通过能力核定

一般按井巷风速和总回风巷中的瓦斯浓度验算通风系统总回风需要的最小断面 S_{min}:

$$S_{min} = \frac{Tq}{846vC} \tag{8-5-1}$$

式中　T——验算系统的最大设计日产量,t;

　　　v——《规程》允许的最大风速,m/s;

　　　C——总回风巷允许的最高瓦斯浓度,$C = 0.75\%$;

　　　q——通风系统服务区内的瓦斯相对涌出量,m^3/t。

如果总回风巷的最小断面大于计算值 S_{min},则认为井巷的通过能力满足要求;否则,不能满足要求,可根据上式验算矿井每翼或每一采区回风巷的通过能力。

2. 矿井最大阻力路线的阻力分布

矿井最大阻力路线的阻力分布如果不正常，应找出不正常的原因。并且主要通风机与通风网路应匹配，网路结构应合理；风量分配和风量调节应合理，风流的利用率应高。

四、拟定改造方案

根据矿井生产发展规划、采掘布局以及通风系统调查的基础资料来拟定改造方案，其总原则是：立足现状，着眼长远，因地制宜，对症下药，投资少，见效快；既要保证安全生产，又要增风节能。

1. 在拟定通风系统改造方案时需要注意的问题

① 先考虑现有通风系统的改造，后考虑打新巷道、开新井和更换新设备；既要充分利用现有通风系统、井巷和通风设备，又要在改造中采用先进的技术装备；

② 注意采取新措施；

③ 降低最大阻力路线上的通风阻力，提高风机装置综合效率；

④ 对多主要通风机工作的通风系统应综合考虑，使各个通风系统都能充分发挥其通风能力；

⑤ 编制多种通风方案，应用计算机解算通风网路，进行优选。

2. 确定改造后矿井各个时期的通风能力

① 根据地质条件、技术水平慎重确定改造后的井型，制定长远生产规划，避免改造工程尚未完成，又需进行新的技术改造。

② 合理安排生产布局，优化网路结构，提高通风效果。有时矿井总的通风能力是够的，但由于生产布局不合理而造成通风困难。因此，矿井的通风系统应根据生产布局确定，而一旦通风系统形成后，就应根据矿井的各系统或各采区的通风能力安排生产。

③ 风量计算力求符合实际。生产矿井应根据配风经验，合理确定配风系数，计算矿井需风量。

④ 确定主要通风机服务期内通风困难时期和通风容易时期，计算两个时期的最大阻力路线，以使主要通风机的工况点始终处于合理的工作范围之内。

3. 拟定改造方案

优选改造方案可按提出方案、比较方案和优化确定方案三个步骤进行。拟定改造方案是优选方案的基础。拟定方案应从实际出发，并注意采取综合措施。改造方案可以从以下几方面考虑：

（1）改变通风网路。即根据矿井原有通风网路结构的特点和改造后的采掘布局及其需风要求，适当开掘新巷，使矿井通风网路结构更加合理，且与主要通风机的能力相匹配，以充分发挥现有主要通风机的通风能力。在生产矿井通风系统改造过程中，只有针对原有网路特点及薄弱环节采取切实可行的措施加以改造和调整，使通风网路结构合理，才能获得较好的技术和经济效益。

（2）开掘新风井，改变通风系统。随着矿井向深远方向发展，当生产布局和产量重心的转移、风路的不断加长以及瓦斯涌出量的增加造成风量增加和通风阻力增大时，有必要在边远采区增开新的风井，以缩短风路。

（3）调整和改善通风系统。在多风机运行的矿井中，应及时根据风机的能力及其与风网的匹配性调整通风系统。

（4）改造通风网路,降低通风阻力。如果风阻超过了最大合理值,就会造成不应有的浪费。因此,需要在通风系统最大阻力路线上的阻力超常区段,采取扩修失修巷道、增加并联巷道、增大其通风断面等措施来降低通风阻力。

（5）改造主要通风机装置,提高主要通风机装置的效率。

① 更换高效通风机。按以往的经验,服务年限达 3 年以上者,根据矿井风量、风压的需要选用新型的高效通风机,在经济上是合算的。

② 进行通风机改造。被淘汰的通风机,可进行改装扭曲叶片、改造导叶、减片和处理径向间隙以及离心式通风机更换高效转子等改造工作。

③ 合理设置附属装置。合理设置风硐、风门等附属装置是提高通风机综合效率的重要方面。若通风阻力大、漏风多、结构不合理,综合效率必然低下。为此,必须从设计的源头上把关,对不合理的要逐步改造。

（6）提高通风设施质量,加强通风管理,提高有效风量率。有些矿井的通风能力不足是由于风流控制设施的质量差、漏风大而造成的,因而加强通风管理,即可提高有效风量率。

第六节　矿井通风系统安全性评价

煤矿井下煤炭自燃、瓦斯、粉尘、有害气体致中毒和窒息等灾害事故所占比例较高,危害较大,其主要致因是矿井通风系统不完善。所以,应努力提高矿井通风系统的安全性,以便增强防灾和抗灾能力。

矿井通风系统由通风动力及其装置、通风井巷网络、风流监测与控制设施等组成。其任务是利用通风动力,以最经济的方式,向井下各用风地点提供优质、量足的新鲜空气,以保证井下作业人员的生存、安全和改善劳动环境的需要;在发生灾变时,能有效、及时地控制风向及风量,并配合其他措施,防止灾害的扩大。完成上述任务的可靠程度通常以矿井通风系统的安全可靠性来衡量。评价矿井通风系统安全可靠性的目的在于:及时发现矿井通风系统中存在的问题和安全隐患,调整和改造系统;优化通风设计,准确编制事故预防与处理方案,同时,指导现场通风安全管理。

矿井通风系统是一个复杂、动态的系统,受到众多、复杂的内外因素影响,其安全可靠性评价属于多因素综合评价问题。

一、矿井通风系统安全性定义

矿井通风系统安全性定义应包含两层意思:一是必须保证矿井正常生产;二是能够预防和控制灾害的发生、发展。具体来说,矿井通风系统的安全性应满足下列要求:

① 矿井通风系统的结构合理、完备,整套系统稳定可靠;

② 井下各用风地点的风量满足要求,且其可控性强;

③ 有利于排除瓦斯、矿尘、热源和防止煤炭自燃;

④ 具有控制各种自然灾害的能力,既能抑制事故的发生,又可在由其他原因引起事故时及时地控制和消除事故。

二、安全性评价指标

指标应能反映矿井通风系统各组成部分的安全质量。从安全角度出发对矿井通风系统进行全面分析,并参考《煤矿安全规程》与《生产矿井质量标准化标准》中有关规定、指标和现场科技人员的经验,再按照有关原则来确定,可考虑下列 9 个评价指标。

① 主要通风机运转稳定性。主要通风机的稳定运转与否决定着矿井通风系统的安全可靠程度。

② 各用风地点是否实行分区通风且风量足够。每一生产水平都必须布置回风巷,实行分区通风;采煤和掘进工作面都应采用独立通风;为了防止瓦斯、矿尘和热害事故,要求风量足够。

③ 矿井通风量供需比。矿井实际风量应大于或等于井下所需风量,它能保证各用风地点风量足够,也可改善井下劳动环境和保障安全生产。

④ 通风设备的自动监控系统。主要通风机和局部通风机正常运转很重要:风门失控会造成风流短路和通风系统紊乱,危及井下生产的安全。所以,通风设备需要安装自动监控系统。

⑤ 调节设施的合理性。井下的风门、风窗等调节设施越多,矿井通风系统的稳定性就越低。因此需要时应选择适当位置且尽量少地安装这些设施。

⑥ 是否有利于排除瓦斯和矿尘、防治煤炭自燃及降温。瓦斯、矿尘的积聚会引起爆炸事故;煤炭自燃则直接威胁着矿井安全生产,这些均与矿井通风系统及其设备密切相关。

⑦ 矿井通风压力。其值越高,井下风量越大,漏风率也越大,管理越困难,因而易引起瓦斯积聚和煤炭自燃。

⑧ 反风系统的灵活程度。进行反风是井下发生火灾、爆炸事故时防止灾害扩大的重要措施。主要通风机必须安装反风设施,并能在 10 min 内改变巷道中风流方向且风量不小于正常值的 40%。

⑨ 隔爆装置完善程度。隔爆装置是阻止瓦斯、煤尘爆炸传播的有效办法。当矿井开采具有爆炸危险和瓦斯含量高的煤层时,其两翼、相邻的采区、煤层和工作面,都要设置水棚或岩粉棚实行隔离。

第七节　矿井通风能力核定

在矿井进行通风系统设计后,便进入生产阶段。由于井下采掘影响,或井下瓦斯有害气体的涌出量加大,矿井实际生产的通风能力小于设计的通风能力,使矿井用风地点风量不足,导致事故的发生。所以,《煤矿安全规程》规定,矿井每年必须核定生产能力和通风能力,按实际供风量核定矿井产量,即"以风定产",严禁超通风能力生产。

一、矿井通风能力核定内容

《煤矿生产能力核定标准》第二十八条规定,通风系统生产能力核定的主要内容如下:

检查采煤工作面、掘进工作面及井下独立用风地点的基本状况;核查矿井通风机的运转状况(主要通风机的电动机运行功率不应超过额定功率、主要通风机系统的保护及相关设施安全、风量和风压与实际情况是否一致、主要通风机装置运行效率应不小于最高效率的70%);实行瓦斯抽排的矿井,必须核查矿井抽放瓦斯系统的稳定运行情况;矿井有两个及以上并联主要通风机通风系统时,应按照每一个主要通风机通风系统分别进行通风系统生产能力核定,矿井的通风系统生产能力为每一通风系统生产能力之和。矿井必须按照每一通风系统生产能力合理组织生产。

矿井有两个以上通风系统时,用总体核算法核定时需要以每一个通风系统的进风量、上年度实际需风量和上年度平均日产量作为计算依据,计算出每一个通风能力,然后对每一个通风系统生产能力进行累加。用由里向外核算法核定时,需要对每一个通风系统能力的采掘工作面能力进行计算,然后对每一通风系统的生产能力进行累加。

二、矿井通风能力核定程序

(1) 发展和改革委员会和煤炭生产许可证颁发管理机关负责煤矿生产能力核定工作;

(2) 煤矿生产能力核定具有煤炭生产许可证的矿(井)位单位;

(3) 煤矿生产能力变化的,须进行重新核定;

(4) 煤矿生产能力核定工作包括以下三个阶段:

① 煤矿企业组织核定;② 主管部门审查;③ 煤炭生产许可证颁发管理机关审查确认;

(5) 煤矿企业应在生产能力发生变化后六十日内,组织完成生产能力核定工作,并按照隶属关系向主管部门(单位)报送核定报告;

(6) 负责煤矿生产能力审查的主管部门(单位)为各级煤炭行业管理部门负责;

(7) 主管部门(单位)接到所属煤矿企业生产能力审查申请后,应在三十日内组织完成并签署意见,连同企业申请材料,按照隶属关系报煤炭生产许可证颁发管理机关。

三、矿井通风能力核定方法

《煤矿生产能力核定标准》规定对于实际产量在 30 万 t/a 以下的小型矿井采用总体核算法,对于实际产量在 300 万 t/a 及以上的大、中型矿井采用由里向外算法。

1. 总体核算法

(1) 对于低瓦斯矿井:

$$P = \frac{Q \times 330}{qK \times 10^4} \tag{8-7-1}$$

式中　P——矿井通风能力,万 t/a;

Q——矿井总进风量,m³/min;

K——低瓦斯矿井通风能力系数,取 1.3～1.5;

q——平均日产吨煤所需风量,m³/(t·min)。

(2) 对于高瓦斯、突出矿井和有冲击地压的矿井:

$$P = \frac{330 \times 24 \times 60 \times 0.75\% \times Q}{10^4 \times \sum K_{va} \times q_{rg}} \tag{8-7-2}$$

$$\sum K_{va} = K_{tf} \cdot K_{mg} \cdot K_{sa} \cdot K_{il} \tag{8-7-3}$$

式中　$\sum K_{va}$——综合系数,见表 8-7-1;

q_{rg}——矿井瓦斯相对涌出量,m³/t;

q_{rg}——取值不小于 10,小于 10 时按 10 计算。

在通风能力核定时,当矿井进行瓦斯抽放时,应扣除矿井永久抽放系统所抽出的瓦斯。扣除瓦斯抽放量时应符合以下要求:

① 与正常生产的采掘工作面风排瓦斯量无关的抽放量不扣除(如封闭已开采完的采区进行瓦斯抽放作为瓦斯利用补充源等)。

② 未计入矿井瓦斯等级鉴定计算范围的瓦斯抽放量不扣除。

③ 扣除部分的瓦斯抽放量取当年的平均值。

④ 若本年进行瓦斯等级鉴定的矿井,取本年矿井瓦斯等级鉴定结果;本年未进行完瓦斯等级鉴定的矿井,取上年度矿井瓦斯等级鉴定的结果。

表 8-7-1 $\sum K$ 取值表

综合系数	系　数	取值范围	备　注
$\sum K_{va} = K_{tf} \cdot$ $K_{mg} \cdot K_{sa} \cdot K_{il}$	矿井产量不均衡系数 K_{tf}	产量最高月平均日产量与年平均日产量之比	
	矿井瓦斯涌出不均衡系数 K_{mg}	高瓦斯矿井不小于 1.2,突出矿井、冲击地压矿井不小于 1.3	
	备用工作面用风系数 K_{sa}	$K_{sa} = 1.0 + 0.5 n_{sa}$	n_{sa}:备用工作面数
	矿井内部漏风系数 K_{il}	矿井总进风量年平均值与矿井有效风量年平均值之比	

2. 由里向外核算法

生产矿井需风量核定计算根据采煤、掘进工作面、硐室及其他巷道等用风地点分别进行计算,且现有的通风系统必须保证各用风地点稳定可靠供风。其计算方法与本章第二节中的"矿井总风量计算方法"基本相同,在此不予赘述。

按照矿井总进风量与矿井各用风地点的需风量(包括按规定配备的备用工作面)计算出采、掘工作面个数 m_1,m_2(按合理采掘比计算),取当年度每个采掘工作面的计划产量,计算矿井通风能力:

$$A = \sum_{i=1}^{m_1} A_{ci} + \sum_{j=1}^{m_2} A_{hj} \qquad (8\text{-}7\text{-}4)$$

式中　A——矿井通风能力,万 t/a;

　　　A_{ci}——第 i 个采煤工作面正常生产条件的年产量,万 t/a;

　　　A_{hj}——第 j 个掘进工作面正常掘进条件下的年进尺换算成煤的产量,万 t/a;

　　　m_1——采煤工作面的数量,个;

　　　m_2——掘进工作面的数量,个。

3. 通风能力验证

矿井通风能力主要从矿井主要通风机性能、通风网络、用风地点的有效风量和矿井稀释瓦斯的能力等方面进行验证。

4. 通风能力核定结果

按照以上方法计算的通风系统生产能力为矿井初步通风生产能力,凡不符合《煤矿安全规程》的,以及有下列情况的,应扣除相应部分的产量,从而核定最终的通风系统生产能力。

① 通风系统不合理、瓦斯超限区域的产量,应从矿井通风系统生产能力中扣除;

② 高瓦斯矿井、突出矿井没有专用回风巷的采区,没有形成全风压通风系统、没有独立完整通风系统的采区的产量,应从矿井通风系统生产能力中扣除;

③ 供风量不足的采掘工作面,核定时应去除此采掘工作面,使其他用风地点满足要求,计算时应从矿井通风能力中扣除采掘工作面的产量;

④ 存在不符合有关规定的串联通风、扩散通风、采空区通风的用风地点,应从矿井通风系统生产能力中扣除相应采掘工作面的产量。

因此,最终通风系统生产能力计算结果为:

$$A_z = A - A_k \tag{8-7-7}$$

式中　A_z——矿井最终通风系统生产能力,万 t/a;

　　　A_k——扣除区域的年产量,万 t/a。

第八节　矿井通风系统设计案例

本章对矿井通风系统设计从通风系统拟定、风量计算、通风总阻力计算、通风设备选型等方面进行了详细地介绍。本节将以矿井通风系统设计实例加以阐述。

一、矿井通风系统设计步骤

① 矿井设计概况,包括矿区概述及井田地质特征、井田开拓方式、巷道布置与采煤方法等;

② 矿井通风系统拟定,包括通风系统的基本要求、通风方式的选择与技术和经济比较、通风机的工作方法等;

③ 确定采区及采煤工作面的通风方式并分别做技术比较;

④ 确定掘进工作面的通风方式、所需风量、掘进通风设备的选型以及掘进通风技术管理和安全措施;

⑤ 计算矿井总进风量和各用风地点的供风量,并做风速校验;

⑥ 确定矿井通风容易时期和困难时期的阻力路线,并绘制两个时期的通风系统立体图和网络图;计算矿井总阻力与等积孔,评价矿井通风难易程度;

⑦ 矿井通风设备的选型,包括不同季节自然风压的计算、通风机的选择、电动机的选择、通风设备的安全技术要求、概算吨煤通风费用等。

二、矿井通风系统设计案例

某矿 300 万 t/a 新井通风安全设计。

（一）矿井设计概况

1. 矿区概述及井田地质特征

该矿位于宿州市东南 13 km 处,属宿州市埇桥区管辖,西北距淮北市 64 km,处于宿东矿区北部,南邻芦岭煤矿,西北均以 10# 煤层露头为界,深部至 −1 000 m 水平。井田走向长 9 km,倾斜宽 1.5～5.8 km,勘探面积 26.3 km²。矿井工业储量 318.255 Mt,矿井可采储量 281.087 Mt,设计生产能力为 300 万 t/a,服务年限为 72.1 a。

本矿井可采煤层有 8#、10# 煤层,其煤层平均厚度分别为 9.71 m、5.82 m。该矿为煤与瓦斯突出矿井,目前全矿的绝对瓦斯涌出量为 31.15 m³/min,相对瓦斯涌出量为 10.03 m³/t,其中掘进工作面的瓦斯涌出量为 5.5 m³/min,采煤工作面的瓦斯涌出量为 11.3 m³/min。瓦斯赋存表现为北低南高的特点。该矿各主要煤层均属于有煤尘爆炸危险性的煤层,且 7#、10# 煤层属于有可能自然发火的煤层,8# 煤层属于很容易自然发火的煤层,煤层自然发火期一般是 3～6 个月。

2. 井田开拓

工业广场处于井田中央,工业广场中央布置主副井两个井筒,井田上部边界中央布置一个回风立井。主井装备箕斗,用于煤炭提升;副井装备罐笼,用于提升材料、矸石,升降人员,并装备有梯子间、排水管、通讯电缆等设备,同时用作进风井。

井田深度跨度较大,8#、10#煤层均属缓倾斜煤层,故设计为立井两水平开采。一、二水平标高分别为-535 m 和-835 m,开采方式均为采区式开采。

矿井共有四个井筒:主立井位于工业广场,担负全矿 3 Mt/a 的煤炭运输;副立井位于工业广场,担负全矿材料和设备提升;南、北回风立井位于井田南北翼,担负南北翼的全部回风。矿井轨道大巷和运输大巷布置于岩层,局部半煤岩及岩巷;回风大巷布置于煤层。

3. 巷道布置与采煤方法

(1)采区巷道布置及生产系统:井田走向长约 9 km,共设计划分 7 个采区($C_1 \sim C_7$),且均是两翼采区,开采顺序为 $C_1 \rightarrow C_2 \rightarrow C_3 \rightarrow C_4 \rightarrow C_5 \rightarrow C_6 \rightarrow C_7$。一水平上山倾斜长度设计为 730 m,由于 8#、10#煤层均为高瓦斯双突煤层,通风质量要求高,因此将其划分为 4 个区段,每个工作面的斜长为 150 m。

(2)采煤方法:主采煤层选用综采开采工艺,倾斜长壁全部垮落一次采全高的采煤方法。工作面推进方向确定为后退式。根据工作面的关键参数选用配套设备:液压支架 ZF6000/17.5/28、采煤机 MG300/720AWD、刮板输送机 SGZ-764/630、SZB-764/132 型转载机、LPS-1000 型破碎机、SSJ1000/2×160 型带式输送机。采煤机截深 0.6 m,其工作方式为双向割煤,追机作业,工作面端头进刀方式。工作面用先移架后推溜的及时支护方式。

(3)回采巷道布置:区段平巷采用双巷布置,即工作面两侧分别布置一条区段回风巷和一条区段运输巷,转载机、破碎机、可伸缩胶带输送机、设备列车等均布置在运输巷中。区段平巷均采用矩形断面,锚网支护。

(二)矿井通风系统拟定

1. 矿井通风系统的基本要求

投产快、出煤多、安全可靠、技术经济指标合理是矿井通风系统的基本要求,具体如下:① 矿井至少有两个通地面的安全出口;② 进风井口利于防洪,且不受粉尘、有害气体污染;③ 北方矿井,井口需装供暖设备;④ 总回风巷不得作为主要行人道;⑤ 工业广场不得受通风机的噪音干扰;⑥ 装有胶带机的井筒不得兼作回风井;⑦ 装有箕斗的井筒不得作为主要进风井;⑧ 可独立通风的矿井,采区尽可能独立通风;⑨ 通风系统要为防瓦斯、火、粉尘、水及高温创造条件;⑩ 通风系统有利于深水平或后期通风系统的发展变化。

2. 矿井通风方式的选择

矿井通风方式的选择应综合考虑自然因素和经济因素,如煤层赋存条件、冲击层深度、矿井瓦斯等级、井巷工程量、通风运行费等。根据回风井的位置的不同,矿井通风方式可分为中央并列式、中央分列式、两翼对角式、采区式和混合式通风(各通风方式示意图见本章第一节中"矿井通风系统"内容),并对前四种通风方式的优缺点及适用条件做了比较(见表8-8-1)。

3. 矿井通风方案技术和经济比较

(1)技术比较。由于该矿为高瓦斯突出矿井,自然发火严重,通过对比,方案二和方案三比方案一和方案四优势明显。

表 8-8-1　　　　　　　　　　　　　　　　　通风方式比较

通风方式	优　　点	缺　　点	适用条件
方案一：中央并列式	初期投资较少，工业场地布置集中，管理方便，工业场地保护煤柱小，保护井筒的煤柱较少，构成矿井通风系统的时间短	风路较长，风阻较大，采空区漏风较大	煤层倾角较大，埋藏深，但走向长度并不大，而且瓦斯、自然发火都不严重
方案二：中央分列式	通风阻力较小，内部漏风小，增加了一个安全出口，工业广场没有主风机的噪音影响；从回风系统铺设防尘洒水管路系统较方便	建井期限略长，有时初期投资稍大	煤层倾角较小，埋藏较浅，走向长度不大，而且瓦斯、自然发火比较严重
方案三：两翼对角式	风路较短，阻力较小，采空区的漏风较小，比中央并列式安全性更好	建井期限略长，有时初期投资稍大	煤层走向较大（超过 4 km），井型较大，煤层上部距地表较浅，瓦斯和自然发火严重的新矿井
方案四：采区式通风方式	除通风线路短、几个分区域可以同时施工的优点外，有利于处理矿井事故，运送人员设备也方便	工业场地分散、占地面积大、井筒保护煤柱较多	井田面积较大，局部瓦斯含量大，采区离工业广场较远

（2）经济比较。方案二和方案三的经济比较主要从巷道开拓工程量、费用及巷道维护费用、通风设施购置费用和通风电费等方面考虑。巷道开拓及维护费用只比较两方案中不同（或多出）巷道，相同巷道不再作经济比较（详细计算过程略）。

综上所述，通风总费用比较如表 8-8-2 所示。

表 8-8-2　　　　　　　　　　　　　　　通风总费用比较

方案项目	中央并列式/万元	两翼对角式/万元
井巷掘进费	2 931.54	1 527.98
井巷维护费	63.04	42.672
通风设备费	250	500
总　费　用	3 244.58	2 070.652

综上可知，通过技术和经济两因素对比，方案三投资少且适用本矿条件，两翼对角式通风作为本矿优选的通风方式。

4. 通风机工作方法

矿井通风机的工作方法有抽出式、压入式及压抽混合式三种，各种工作方法均有其各自的优缺点（具体详见本章第一节中"通风动力及通风方法"内容）。经过对比分析，由于本矿为高瓦斯突出矿井，自然发火危险性大，且走向长、开采面积大等因素，采用抽出式通风可使漏风量减少，安全可靠，通风管理简单，较压入式和压抽混合式通风具有明显的优势。

（三）采区通风

采区通风系统是矿井通风系统的主要组成单元，也是采区生产系统的重要组成部分，其合理与否影响着全矿井的通风质量和安全状况。在通风系统中，要尽量避免角联风路，减少采区漏风量;采煤工作面和掘进工作面都应该实现独立通风;采区布置独立的回风道,实行分区通风。

1. 采区上山通风系统

根据第七章第一节"采区通风系统"中关于采区进风上山和回风上山的优缺点及适用条件的概述,并结合本矿井为高瓦斯突出矿井的实际条件,确定一个采区布置三条上山,分别为运输上山、轨道上山和回风上山。采用轨道上山进风,回风上山回风的通风方式,运输上山仅进少量风,供行人和维修使用。这种布置方式使运输上山风速较小,也不致轨道上山风速太大,且车辆通过方便,上山绞车房便于得到新鲜风流,进风流污染少,工作面环境好。

2. 采煤工作面通风方式

(1)采煤工作面通风系统

工作面通风方式的选择与回风的顺序、通风能力和巷道布置有关。目前工作面通风系统形式主要有"U"、"Y"、"E"、"W"、"Z"型等,各形式均具有其各自的优缺点和适用条件(详见第七章第二节中"长壁工作面的通风方式")。结合该矿瓦斯赋存及开采条件等,U型通风方式以风流系统简单、漏风小等优点在该矿得以采用。

同时,结合第七章第二节中"采煤工作面风向的分析"关于上行通风与下行通风优缺点及适用条件的概述,由于 $8^{\#}$ 和 $10^{\#}$ 煤层倾角为 $20°$,确定采煤工作面为上行通风。

(2)通风构筑物

为使井下各用风地点得到所需风量,保证风流的预定通风路线,须在某些通风巷道交叉口附近的巷道设置通风设施,如风桥、挡风墙、风门等以控制风流。为防止这些设施漏风或风流短路,须对通风设施进行合理设计及位置选择,保证通风设施的可靠性。

(四)掘进通风

掘进巷道时,为了稀释和排除自煤岩体内涌出的有害气体、爆破产生的炮烟和矿尘,保持掘进头的良好气候条件,必须对掘进头进行独立通风,即向掘进面送入新鲜风流,排出含有烟尘的污浊空气。本设计采区达产时,配备两个煤巷掘进头。

1. 掘进工作面通风方式

掘进通风总的可以分为总风压通风法和局部动力通风法。出于掘进面通风必须做到风质好、风量稳定等因素,本设计决定采用局部动力通风,采用局部通风机进行掘进面的通风。

局部通风机通风是矿井广泛采用的掘进通风方法,是由局部通风机和风筒组成一体进行通风。按其工作方式分为压入式通风、抽出式通风和混合式通风。由于混合式通风适用于大断面长距离的岩巷掘进通风,而该矿采煤工作面属于普通断面、短距离岩巷掘进,因此本次设计只考虑压入式和抽出式两种方式。

根据第五章第一节中"局部通风机通风"关于压入式通风与抽出式通风优缺点比较,可以看出,两种通风方式各有利弊。但局部风机压入式通风安全可靠性较好,故在煤矿中得到广泛应用。综合本井田的瓦斯浓度、掘进条件、粉尘浓度等因素,本次设计采用压入式掘进通风。

2. 煤(岩)巷掘进工作面需风量

各掘进工作面所需风量计算如下:

(1)按压入式通风方式通风:

$$Q_y = 25A \tag{8-8-1}$$

式中　Q_y——采用压入式通风时,稀释、排除掘进巷道炮烟所需风量,m^3/min;

　　　A——为同时爆破的炸药量,kg,最大取 6.5 kg。

将数据代入式(8-8-1),可得 Q_y 为 137.6 m^3/min。

(2) 按瓦斯涌出量、人数、炸药量计算需风量的具体过程参照第八章第二节中"掘进工作面所需风量"计算内容,计算得需风量分别为 165 m^3/min,120 m^3/min 和 162.5 m^3/min。

综上,计算的掘进巷道所需风量最大值为 165 m^3/min。

(3) 按风速进行验算

① 按《煤矿安全规程》规定煤巷掘进工作面的风量满足:

$$Q_{min} \geqslant 15S, \quad m^3/min \tag{8-8-2}$$

$$Q_{max} \leqslant 240S, \quad m^3/min \tag{8-8-3}$$

式中　S——煤巷掘进巷道断面积,15.19 m^2。

$$Q_{max} = 240 \times 15.19 = 3\ 645.6\ (m^3/min)$$

$$Q_{mim} = 15 \times 15.19 = 227.85\ (m^3/min)$$

由风速验算可知,$Q=165$ m^3/min 不符合风速要求。

根据配风经验取 250 m^3/min,经风速验算符合要求。

② 按照《煤矿安全规程》规定岩巷掘进工作面的风量满足:

$$Q_{min} \geqslant 9S, \quad m^3/min \tag{8-8-4}$$

$$Q_{max} \leqslant 240S, \quad m^3/min \tag{8-8-5}$$

式中　S——岩巷掘进巷道断面积,19.8 m^2。

$$Q_{max} = 240 \times 19.8 = 4\ 752\ (m^3/min)$$

$$Q_{mim} = 9 \times 19.8 = 178.2\ (m^3/min)$$

按照以上方法(式中 S 取 22 m^2)可以计算出岩巷掘进最大需风量为 162.5 m^3/min,不满足风速验算要求。

对于岩巷掘进根据配风经验取 200 m^3/min,经风速验算符合要求。

3. 掘进通风设备选型

(1) 风筒的选择

掘进通风使用的风筒有金属风筒和帆布、胶布、人造革等柔性风筒。柔性风筒重量轻,易于储存和搬运,连接和悬吊也较方便。胶布和人造革风筒防水性能好,且适合于压入式通风。考虑到本设计掘进头距离较长,为经济起见,决定使用胶皮风筒,其具体参数见表 8-8-3。

表 8-8-3　　　　　　　　　　　　　　　风筒规格及接头形式

风筒类型	风筒直径/mm	接头方法	百米风阻/(N·s²/m⁸)	节长/m	壁厚/mm	风筒质量/(kg/m)
胶皮风筒	1 000	双反边	13.88	30	1.2	4.0

① 风筒风阻

风筒的风阻包括摩擦风阻和局部风阻,风筒长度为 1 500 m,由其百米风阻值得风筒总风阻为:

$$R_\mathrm{P}=200/100\times13.88=27.76\;(\mathrm{N\cdot s^2/m^8})$$

② 风筒的漏风率

柔性风筒的漏风风量备用系数 φ 值可通过第五章第二节中"风筒"内容的公式(5-2-5)计算。通过代入数据,柔性风筒的漏风风量备用系数 φ 为1.09。

(2)局部通风机选型

上述已计算出掘进工作面所需风量、风筒风阻以及风筒漏风率,根据计算结果,参照第五章第三节中"局部通风机设计步骤"关于局部通风机的选型内容,可计算出局部通风机的工作风量和工作风压,分别为 272.5 m³/min 和 532.75 Pa,进而选择局部通风机。

矿用局部通风机一般为轴流式通风机,其具有体积小,便于安装和串联运转,效率高等优点。本设计根据局部通风机工作风量 Q_a 和工作全风压 H_t 选取 FD-No5/15 型轴流式风机,其工作参数见表 8-8-4。

表 8-8-4　　　　　　　　　　局部通风机参数

风机类型	功率/kW	电压/V	转速/(r/min)	级数	风量/(m³/min)	风压/Pa
FD-No5/15	2×7.5	380/660	2900	2	190~250	200~3200

4. 掘进通风技术管理和安全措施

① 保证工作面有足够的新鲜风流

② 局部通风机的管理工作,主要是保证局部通风机安全正常运转,减少漏风,降低风筒阻力,提高工作面的有效风量,加强局部通风机管理及检查。

(五)矿井风量计算与分配

1. 矿井总风量的计算

矿井总风量是井下各个工作地点的有效风量和各条风路上的漏风的总和。本设计采用由里向外细致配风的算法,对生产矿井总进风量按照如下几种方案分别计算,并取其最大值。

方案1:按井下同时工作的最多人数计算;

方案2:按采煤、掘进、硐室及其他地点实际需风量的总和计算,其中采煤工作面用风量可按瓦斯、二氧化碳涌、炮烟及其他有害气体、粉尘的情况,且使工作面有适宜的气温和风速,分别进行计算,然后取其最大值。(具体计算公式参见第八章第二节中的"矿井总风量计算方法")

经计算,按方案2计算的需风量总和较方案1大,计算结果为 8 842.24 m³/min,即 147.37 m³/s。

2. 矿井风量分配

矿井风量分配应根据如下原则进行:① 各用风地点风量、瓦斯和有害气体的浓度,应根据《规程》要求不得超过规定限度;② 对于掘进工作面风量,一般根据巷道断面的大小、送风距离以及煤岩巷三个因素按所选局部通风机性能供风;③ 井下火药库、变电所、绞车房应单独供风。

分配方法如下:① 矿井总风量按采区布置分别配 Q_{ai},Q_{bi},Q_{ci},Q_{di} 的用风量;② 从总风量中减去 $\sum Q_{ai}$,$\sum Q_{bi}$,$\sum Q_{ci}$,$\sum Q_{di}$,余下的风量与漏风量按采区的产量比例进行分配。

此部分风量可作为采区内增加新的用风地点或采区接替所需保留的人行道和维护巷道用风。具体风量分配如表 8-8-5 所示。

表 8-8-5　　　　　　　　　　　　　　　风量分配表

通风地点		数量	单位需风量/(m³/min)	总风量/(m³/min)
采煤工作面		2	1 640.52	3 281.04
备用工作面		1	820.26	820.26
掘进头	煤巷	9	250	2 250
	岩巷	2	200	400
硐室	变电所	2	100/80	180
	绞车房	2	80	160
	火药库	1	100	100
	充电硐室	1	80	80
	机电泵房	1	80	80
$\sum Q_{其他}$				337.6
总计				7 688.9
总风量(包含 K)				8 842.24

配风完成后，根据每条巷道的分风量和巷道的断面积，求出每条巷道的实际风速，然后与规程规定的各类巷道的最大和最小允许风速进行比较(具体数值见本章第二节中的"生产矿井风量的分配")，验证所取风量是否满足要求。

经巷道风速验算，各类采煤工作面、掘进面、井筒、巷道等均满足规程规定。

(六)矿井通风阻力计算

矿井通风阻力的大小是选择通风设备的主要依据。对于主要通风机的选择，工作风压要满足最大的阻力要求，因此须首先确定容易、困难时期的最大阻力路线。矿井通风阻力基本原则见本章第三节中"矿井通风总阻力计算原则"内容。

1. 通风容易时期和困难时期的确定

所谓矿井通风容易时期和通风困难时期是指在一台主要通风机的服务年限内(15～30年)，矿井阻力最小的时期(通常在达产初期)和最大的时期(通常在生产后期)。

本矿井采用两翼对角式通风，在矿井服务年限内，在两翼上部边界沿走向开凿南北回风井。根据采掘计划，为达到生产任务，由两个采区同时开采，所以可将 C₁ 和 C₂ 采区同时开采第一个工作面(达产初期，即 8101 和 8201 工作面)阶段确定为通风容易时期。由于 C₁ 采区服务年限为 28.3 年，C₂ 采区服务年限为 26.1 年，当矿井开采 25 年时，即 C₁ 采区开采 10107 工作面，C₂ 采区开采 10208 工作面式，此时作为回风上山的运输上山是最长的，并且此时会比达产初期多 2 个岩巷掘进面和一个采区变电所，故将此时确定为通风困难时期。矿井的通风容易及困难时期，都在回风井主要通风机服务年限内。对应于两时期的通风系统立体示意图和通风网络图如图 8-8-1 所示。

2. 通风阻力计算

矿井通风阻力包括摩擦阻力和局部阻力。摩擦阻力是风流与井巷周壁摩擦以及空气分

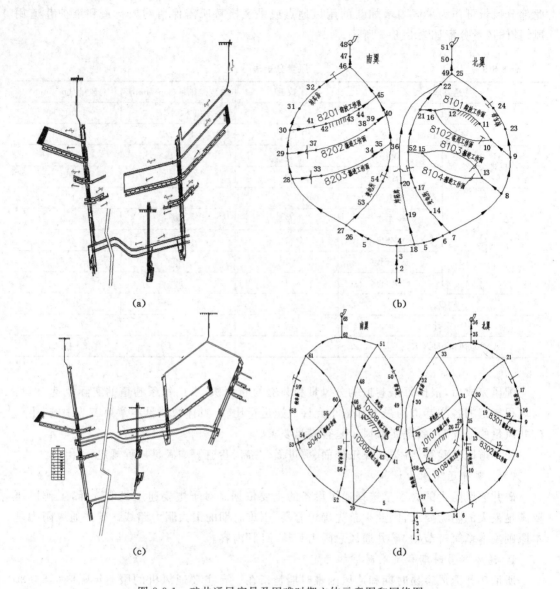

图 8-8-1　矿井通风容易及困难时期立体示意图和网络图

子间的扰动和摩擦而产生的阻力,由该阻力引起的风压损失是摩擦阻力损失。摩擦阻力按下式计算:

$$h_{\mathrm{fr}} = \alpha L U Q^2 / S^2, \mathrm{Pa} \tag{8-8-6}$$

式中　α——井巷摩擦阻力系数,N·s²/m⁴;

　　　L——井巷长度,m;

　　　U——井巷净断面周边长,m;

　　　Q——通过井巷的风量,m³/s;

　　　S——井巷净断面积,m²。

各井巷的摩擦阻力计算结果略。

3. 矿井通风总阻力

沿着通风容易和困难时期的风流路线,依次计算各段路线的摩擦阻力 h_{fi},然后分别累计得到容易和困难时期的总摩擦阻力 h_{fe} 和 h_{fd},再加上局部阻力(初建矿井局部阻力取总摩擦阻力的 10%,扩建矿井取总摩擦阻力的 15%),得到两个时期的矿井总阻力 h_{me} 和 h_{md}(具体公式参见本章第三节中"矿井通风总阻力的计算"内容),此外,还可计算出矿井等积孔以及矿井通风总风阻。

矿井通风阻力是选择主要通风机的重要因素,计算出通风阻力的大小,就能确定所需通风压力的大小,并以此作为选择通风设备的依据。

可用表 8-8-6 判断矿井通风的难易程度。

表 8-8-6　　　　　　　　　　　　矿井通风难易程度评价

等积孔/m^2	风阻/(N·s^2/m^8)	通风阻力等级	难易程度评价
<1	>1.416	大阻力矿井	难
1~2	1.416~0.355	中阻力矿井	中
>2	<0.355	小阻力矿井	易

代入数据,分别计算出矿井南翼和北翼通风容易时期和困难时期的矿井总阻力、等积孔以及风阻,且可知本矿井通风容易、困难时期均为通风容易矿井。

(七) 矿井通风设备选型

1. 矿井自然风压的基本原则

所用的通风机除应具有安全可靠、技术先进、经济指标好等优点外,还应符合下列要求:

① 选择通风机一般应满足第一水平各个时期的阻力变化要求,并适当照顾下一水平通风机的需要。当阻力变化较大时,可考虑分期选择电动机,但初装电机械的使用年限不宜小于 10 年。

② 留有一定的余量,轴流式通风机在最大设计风量和风压时,叶片安装角度一般比最大允许使用值小 5°,离心式通风机的转数一般不大于允许值的 90%。

③ 通风机的服务年限内,其矿井最大和最小阻力的工作点均应在合理工作范围内。

④ 考虑风量调节时,应尽量避免采用风硐闸门调节。

2. 矿井自然风压

矿井进、回风井空气柱的容重差以及高度差和其他自然因素所形成的压力成为自然风压,它对矿井主要通风机的工况点会产生一定的影响,因此设计中应考虑自然风压的影响。

自然风压用下式计算:

$$H_N = \Delta \rho g Z, \quad Pa \tag{8-8-7}$$

式中　H_N——矿井自然风压,Pa;

　　　Z——地面与井底车场的标高差,m;

　　　$\Delta \rho$——进风井筒与出风井筒空气平均密度差(见表 8-8-7),kg/m^3。

为简化计算,井下各处的空气密度均认为是进风井和回风井的空气密度的平均值。

表 8-8-7　　　　　　　　　　　空气平均密度一览表

季节地点	进风井筒/(kg/m³)	出风井筒/(kg/m³)
冬	1.22	1.20
夏	1.20	1.22

将平均密度差 $\Delta\rho$ 和标高差 Z 代入式(8-8-7),即可计算出冬季和夏季的自然风压分别为 104.86 Pa 和 -104.86 Pa,且冬季自然风压有利于矿井通风,而夏季自然风压阻碍矿井通风。

3. 通风机选择

主要通风机的选择主要从通风机的风量和风压两方面考虑,具体计算方法参见本章第四节中的"主要通风机的选择"内容,此处不做重复概述。

经计算,容易时期南翼和北翼通风机的工作风量分别为 76.42 m³/s 和 85.69 m³/s;困难时期南翼和北翼通风机的工作风量分别为 80.33 m³/s 和 98.89 m³/s。

为了拓宽主要通风机的工作范围,在通风容易时期应计算帮助主要通风机的最大自然风压。故根据自然风压的特性,应选在冬季计算;同理,计算通风困难时期的自然风压应选在夏季。将前文计算的通风总阻力、自然风压等参数代入相应公式可得容易时期南翼和北翼通风机风压分别为 1 112.99 Pa 和 1 129.9 Pa;困难时期南翼和北翼通风机的风压分别为 1 743.56 Pa 和 1 444.19 Pa。

(1) 通风机工况点

容易时期通风机工况点:

北翼:$R_1 = H_{sd,min1}/Q_{f1} = 1\ 129.9/85.69 = 0.154$ (N·s²/m⁸)

南翼:$R_1' = H_{sd,min2}/Q_{f2} = 1\ 112.99/76.42 = 0.191$ (N·s²/m⁸)

困难时期通风机工况点:

北翼:$R_2 = h_{rf,max1}/Q_{f1}^2 = 1\ 239.33/98.89^2 = 0.127$ (N·s²/m⁸)

南翼:$R_2' = h_{rf,max2}/Q_{f2}^2 = 1\ 538.7/80.33^2 = 0.238$ (N·s²/m⁸)

(2) 通风机选择

根据上述计算得出的通风机工作风量及风压,决定选用 2K60 矿用通风机。在通风机特性曲线图上绘制通风机的工作风阻曲线,风阻曲线与通风机特性曲线的交点即为通风机的实际工作点,再由实际工作点确定通风机的南北风井各个工作参数,见表 8-8-8 和表 8-8-9。南、北风井通风机装置性能曲线略。

表 8-8-8　　　　　　　　　　　北风井通风机实际工作参数

时期	叶片安装角/(°)	转速/(r/min)	风压/Pa	风量/(m³/s)	效率/%	输入功率/kW
容易	30	750	1 141.2	86.4	75.6	134.2
困难	35	750	1 376.5	104.3	76.2	200.6

表 8-8-9　　　　　　　　　　　　　　　南风井通风机实际工作参数

时期	叶片安装角/(°)	转速/(r/min)	风压/Pa	风量/(m³/s)	效率/%	输入功率/kW
容易	25	750	1 208.1	81.2	73.6	132.5
困难	30	750	1 926.3	86.2	78.1	208.6

4. 电动机选择

主要通风机电动机的选择需考虑电动机功率、电动机台数及种类的确定,以及电动机的启动方式等,相关计算依据请参考本章第四节中"主要通风机的电动机的选择"内容。根据计算结果,确定北翼风井和南翼风井分别选用沈阳实力电机生产的 YKK4502-8/250KW 型和 YB400S-6 型三相异步电动机作为主要通风机的配套电机,其技术特征见表 8-8-10 和表8-8-11。

表 8-8-10　　　　　　　　　　　　　　　北翼风井电动机参数

型号	功率/kW	电压/V	电流/A	效率/%	转速/(r/min)	启动方式
YKK4502-8	280	6 000	43.7	92.5	750	开启式

表 8-8-11　　　　　　　　　　　　　　　南翼风井电动机参数

型号	功率/kW	电压/V	电流/A	效率/%	转速/(r/min)	启动方式
YB400S-6	280	6 000	49.6	92.5	750	开启式

5. 矿井主要通风设备要求

① 主要通风机必须安装在地面,装有通风机的井口必须封闭严密,其外部漏风率在无提升设备时不得超过 5%,有提升设备时不得超过 15%。

② 主要通风机须保证经常运转。

③ 须装置两套同等能力的通风机,其中一套作备用。在建井期间可装置一套通风机和一部备用电动机。备用通风机或备用电动机和配套通风机,必须能在 10 min 内开动。

矿井不得采用局部通风机群作为主要通风机用。在特殊条件下,作临时使用时,必须报主要通风机管理,制定措施,报省(区)煤炭局批准。

④ 装有主要通风机的出风井口,应安装防爆门。

⑤ 主要通风机至少每月由矿井机电部门检查 1 次。改变通风机转数或风叶角度时,必须报矿总工程师批准。

⑥ 进风井口必须布置在不受粉尘、灰土、有害和高温气体侵入的地方;进风井筒冬季结冰,对工人健康和提升设施有一定的危害,必须设暖风设备。

⑦ 采煤工作面和掘进工作面都应独立通风,特殊情况下串联通风必须符合《煤炭安全规程》第 117 条有关规定。

⑧ 完善矿井通风系统,合理分配风量,降低并控制负压,以减少漏风,每个面回采结束,要将其两顺槽就近连通并及时加以密闭,使采空区处于均压状态。

6. 通风附属装置及其安全技术

(1) 通风附属装置

矿井反风就是当矿井发生突变时及时使风流反向,控制灾害和灾情发展的应变措施。为保证主通风机运转安全可靠,除通风机机体外,仍需设置系列附属装置,如反风装置、防爆门、风硐、扩散器及消音装置等,具体可参见第四章第五节"矿井主要通风机附属装置"内容。

(2) 通风设备的安全技术要求

按照有关原则,并根据现场科技人员的经验,可对通风设备提出以下几点安全技术要求:① 主通风机运转稳定性能好。其稳定性能决定着矿井通风系统的安全可靠程度。② 通风设备的自动监控系统完备。主要通风机和局部通风机正常运转很重要;风门失控会造成风流短路和通风系统紊乱,危及井下生产安全。因此,它们须安装自动监控系统。③ 反风系统的灵活程度要高。进行反风是井下发生火灾、爆炸事故时防止灾害扩大的重要措施,主要通风机必须安装反风设施,并能在 10 min 内改变巷道内风流方向且风量不小于正常值的 40%。

(八) 矿井通风费用概算

矿井通风费用包括:电费、设备折旧费、材料消耗费、通风员工工资费用、专为通风服务的井巷工程折旧费和维护费。吨煤通风成本是通风设计和管理的重要经济指标。所述吨煤通风成本是上述各吨煤通风费用之和(相关详细的计算过程此处不作具体介绍)。

通过计算,该矿井通风容易时期和困难时期的吨煤通风成本分别为 5.16 元/t 和 5.22 元/t。

(九) 结论

本矿井采用抽出式通风,设计风井在整个服务年限内通风阻力较小,风机运转平稳,通风均比较容易;吨煤通风成本低,比较经济;所选用的轴流式风机效率高,电耗少;用反风道反风安全可靠;每个采区工作面都有独立的通风系统,通风系统较为简单;本矿采用注浆防灭火技术有利于防止自燃火灾,矿井抗灾能力强。在工作面通过预抽瓦斯大大降低了瓦斯浓度,提高了通风系统的安全性。

通风安全设施主要有:风门、调节风窗、防爆水棚、回风井井口防爆门、进风井井口防火铁门等。

矿井采掘工作面独立通风,井下硐室实现了独立通风。

综上所述,本矿井通风系统简单、合理、稳定,通风方式合理,配风满足需要,通风设施齐全有效,抗灾能力强。

复习思考题与习题

8-1 矿井通风系统包括哪几部分?

8-2 矿井通风方法有哪些?它们有什么特点?

8-3 拟定矿井通风系统的原则和要求有哪些?

8-4 矿井通风方式有哪几种?试简述其各自的优缺点和适用条件。

8-5 矿井通风系统安全性评价的目的和作用有哪些?

8-6 简述矿井通风设计的步骤。

第九章　矿内热环境及空气调节

第一节　矿内热源

随着采矿工业的发展,矿井开采深度逐渐增加。随着综合机械化程度的不断提高,地热和井下设备向井下空气散发的热量显著增加,而且矿井瓦斯、地压等问题也日趋严重,从而使井下工作环境越来越恶化。矿井通风工作面临越来越大的困难。此外,一些地处温泉地带的矿井,虽然开采深度不大,但由于从岩石裂隙中涌出的热水或与热水接触的高温围岩放热,也使矿内气温升高,湿度增大。矿内高温、高湿环境严重影响井下作业人员的身体健康和生产效率,已造成灾害——热害。将引起矿井气温升高的环境因素统称为矿井热源。矿井主要热源大致分为以下几类。

一、地表大气

井下的风流是从地表流入的,因而地表大气温度、湿度与气压的日变化和季节性变化势必影响到井下。

地表大气温度在一昼夜内的波动称为气温的日变化,它是由地球每天接受太阳辐射热和散发的热量变化造成的。虽然地表大气温度的日变化幅度很大,但当它流入井下时,井巷围岩将产生吸热或散热作用,使风温和巷壁温度达到平衡,井下空气温度变化的幅度就逐渐地衰减。因此,在采掘工作面上,基本上察觉不到风温的日变化情况。当地表大气温度发生持续数日的变化时,这种变化才能在采掘工作面上察觉到。

地表大气的温度、湿度的季节性变化对井下气候的影响要比日变化深远得多。研究表明,在给定风量的条件下,无论是日变化还是季节性变化,气候参量的变化率均和其流经的井巷距离成正比,和井巷的截面积成反比。

地面空气温度直接影响矿内空气温度。尤其对浅井,影响就更为显著。地面空气温度发生着年变化、季节变化和昼夜变化。地面空气温度的变化每一天都是随机的,但遵守一定的统计规律。这种规律可以近似地以正弦曲线表示,如下式所示:

$$t = t_0 + A_0 \sin\left(\frac{2\pi\tau}{365} + \varphi_0\right), ℃ \tag{9-1-1}$$

式中　t_0——地面年平均气温,℃;

φ_0——周期变化函数的初相位,rad;

A_0——地面气温年波动振幅,℃,它可以按照下式计算:

$$A_0 = \frac{t_{max} - t_{min}}{2} \tag{9-1-2}$$

式中　t_{max},t_{min}——最高、最低月平均温度,℃。

地面气温的周期性变化,使矿井进风路线上的气温也相应地发生周期性变化,井下气温的变化要稍微滞后于地面气温的变化。

二、流体的自压缩(或膨胀)

严格来说,流体的自压缩并不是一个热源,它是空气在重力作用下将其位能经摩擦转换为焓,所以流体温度升高。由于在矿井的通风与空调中,流体的自压缩温升对井下风流的参量具有较大影响,所以一般将它归结为热源予以讨论。

矿井深度的变化,使空气受到的压力状态也随之而改变。当风流沿井巷向下(或向上)流动时,空气的压力值增大(或减小)。空气的压缩(或膨胀)会放热(或吸热),从而使矿井温度升高(或降低)。由矿内空气的压缩或膨胀引起的温度变化值可按下式计算:

$$\Delta t = \frac{(n-1)}{n} \frac{g}{R}(Z_1 - Z_2) \tag{9-1-3}$$

式中　Δt——温度变化值,℃;

　　　n——多变指数,对于等温过程,$n=1$,对于绝热过程,$n=1.4$;

　　　g——重力加速度,9.81 m/s²;

　　　R——气体常数,对于干空气,$R=287$ J/(kg·K);

　　　Z_1,Z_2——1、2 地点的标高,m。

在绝热情况下,$n=1.4$,则式(9-1-3)可简化为:

$$\Delta t = \frac{\Delta Z}{102} \tag{9-1-4}$$

式中　ΔZ——标高差,m。

上式表明,井巷垂深每增加 102 m,空气由于绝热压缩释放的热量使其温度升高 1 ℃;相反,当风流向上流动的时候,则又因绝热膨胀,使其温度降低。实际上,由于矿内空气是湿空气,空气的含湿量也随着压力的变化而变化,因此热湿交换的热量有时掩盖了压缩(或膨胀)放出(或吸收)的热量,所以实际的温升值与计算值是略有差别的。

三、围岩散热

当流经井巷风流的温度不同于初始岩温时,就会产生换热。即使是在不太深的矿井里,初始岩温也要比风温高,因而热流往往是从围岩传给风流。在深矿井里,这种热流是很大的,甚至于超过其他热源的热流量之和。

围岩向井巷传热的途径有二:一是通过热传导自岩体深处向井巷传热,二是经裂隙水通过对流将热量传给井巷。井下未被扰动的岩石的温度(原岩温度)随着与地表的距离加大而上升,其温度的变化是由自围岩径向向外的热流造成的。原岩温度的具体数值取决于地温梯度与埋藏深度。在大多数情况下,围岩主要以传导方式将热传给巷壁,当岩体裂隙水向外渗流时则存在着对流传热。

在井下,井巷围岩里的热传导是非稳态过程,即使是在井巷壁面温度保持不变的情况下,由于岩体本身就是热源,自围岩深处向外传导的热量值也随时间而变化。随着时间的推移,被冷却的岩体逐渐扩大,因而需要从围岩的更深处将热量传递出来。

由于地质和生产上的原因,围岩向风流的传热是一个非常复杂的过程,计算也非常烦琐。不同的学者提出了不同的计算方法,为了使理论计算成为可能,一般要进行下列假设:

① 井巷的围岩是均质且各向同性的。

② 在开始分析时,岩石温度是均一的,且等于该处岩石的原岩温度。

③ 巷道的横断面积是圆形的，且热流流向均为径向。

④ 在巷道走向壁面和横截面上各点处，换热条件保持不变。

⑤ 在所分析的巷段里，空气的温度是恒定不变的。

当上述 5 条假设条件均能够满足时，则单位长度巷道的围岩热流量可用下式进行计算：

$$q = 2\pi\lambda T(Fo)(t_{gu} - t_s) \tag{9-1-5}$$

式中　q——单位长度巷道的围岩所传递的热流量，W/m；

　　　λ——围岩的导热率，W/(m·K)；

　　　t_{gu}——围岩的原岩温度度，℃；

　　　t_s——巷道壁面的温度，℃；

　　　$T(Fo)$——考虑到巷道通风时间、巷道形状以及围岩特性的时间系数，可用傅立叶数
　　　　　　来描述：

$$Fo = \theta a / r^2 \tag{9-1-6}$$

式中　Fo——傅立叶数；

　　　θ——巷道通风时间，s；

　　　r——巷道的半径，m；

　　　a——围岩的导温系数（热扩散系数），m^2/s。

$$a = \lambda / \rho_r \cdot c_r \tag{9-1-7}$$

其中，ρ_r 为围岩的密度，kg/m^3；c_r 为围岩的比热容，J/(kg·K)。

当风流的干球温度 t_a 等于巷道壁面的温度 t_s 时，则在时间 θ 里，从巷道单位面积上传递的热流量为：

$$q/A = \sqrt{\lambda \rho_r c_r / \pi\theta}(t_{gu} - t_s) \tag{9-1-8}$$

式中　A——巷道表面积，m^2。

则从零时刻开始累计的热量为：

$$Q/A = 2\sqrt{\lambda \rho_r c_p \theta / \pi}(t_{gu} - t_a) \tag{9-1-9}$$

此处 Q 为从零时刻开始累计的热量值。

由于岩体内的温度梯度很陡，这就意味着热阻主要来源于岩体本身，因而岩石表面与风流间的热阻相对较小。实测表明，岩石裸露数星期之后，其表面温度几乎和风温相同，温差不超过 1%。

四、机电设备的放热

随着机械化程度的提高，煤矿中采掘工作面机械的装机容量急剧增大。机电设备所消耗的能量除了部分用于做有用功外，其余全部转换为热能并散发到周围的介质中去。由于在煤矿井下，动能的变化量可以忽略不计，所以机电设备做的有用功是将物料或液体提升到较高的水平，即增大物料或液体的势能。而转换为热能的那部分电能，几乎全部散发到流经设备的风流中。回采机械的放热能使风流温度上升 5～6 ℃，是使工作面气候恶化的主要原因之一。

现将煤矿井下常用的机电设备的散热情况叙述如下：

① 通风机。由热力学可知，通风机不做任何有用功，因而输送通风机的电动机上所有的电能均转换为热能，并散发到其周围的介质中。所以流经通风机的风流的焓增应等于通

风机输入的功率除以风流的质量流量,并直接表现为风流的温升。由于井下通风机基本上是连续运转的,所以不用计算其时间的利用率。

② 提升机。提升机主要是用于运送人员、材料及提升矿物、岩石的。在运送人员时,提升机所做的净功为零;与提升的矿物、岩石量相比,下送材料的数量一般可以忽略不计,所以它的放热量也可略而不计。

提升机消耗的电能中有一部分用于对矿物、岩石做有用功(增大它们的位能),其余的则以热的形式散失。在这些热量里,一部分是由电动机散发掉的,其余的则由绳索等以摩擦热的形式散发到周围的介质中去。电能转换为热能的比重则取决于提升机的运行机制。

③ 照明灯。所有输送到井下照明灯用的电能均转换为热能,并散发到周围介质中去。井下灯具是连续工作的,所以它们散发的热量值是一个定值。

④ 水泵。在输给水泵的电能中,只有一小部分是消耗在电动机及水泵的轴承等摩擦损失上,并以热的形式传给风流,余下的绝大部分用于提高水的位能。当水向下流动时,一小部分电能用以提高水温,这个温升取决于进水的温度。当进水温度为 30 ℃时,水压每增加 1 MPa,水温约上升 0.022 ℃;当水温低于 3 ℃时,温升可忽略不计。

不论何种机电设备,其散给空气的热量一般情况下均可用下面的通式进行计算:

$$Q_e = (1 - \eta)NK, \quad \text{J/s} \tag{9-1-10}$$

式中　N——机电设备的功率,W;

　　　K——机电设备的时间利用系数;

　　　η——机电设备效率,%;当机电设备处于水平巷道做功时,$\eta = 0$。

五、运输中煤炭及矸石的散热

运输中的煤炭以及矸石的散热量,实质上是围岩散热的另一种表现形式。其中以在连续式输送机上的煤炭的散热量最大,致使其周围风流的温度上升。

实测表明,在高产工作面的长距离运输巷道里,煤岩散热量可达 230 kW 或更高一些。煤炭及矸石在运输过程中的散热量可用下式进行计算:

$$Q_K = m_K c_K \Delta t_K, \quad \text{kW} \tag{9-1-11}$$

式中　Q_K——运输中煤炭及矸石的散热量,kW;

　　　m_K——运输中煤炭及矸石的量,kg/s;

　　　c_K——运输中煤炭及矸石的平均比热容,在一般情况下,$c_K \approx 1.25$ kJ/(kg·℃);

　　　Δt_K——运输中煤炭及矸石在所考察的巷段里被冷却的温度值,℃。

在大量运输的情况下,一般可用下式近似计算 Δt_K:

$$\Delta t_K \approx 0.002\,4L^{0.8}(t_K - t_{fm}), \quad ℃ \tag{9-1-12}$$

式中　L——运输巷段的长度,m;

　　　t_K——运输中煤炭及矸石在所考察的巷段始端的平均温度,一般取 t_K 较该采面的原岩温度低 4～8 ℃;

　　　t_{fm}——在所考察的巷段里,风流的平均湿球温度,℃。

另外,由于洒水抑尘,输送机上的煤炭及矸石总是潮湿的,所以在其显热交换的同时总伴随着潜热交换。大型的现代化采区的测试表明,风流的显热增量仅为风流总得热量的 15%～20%,而由于风流中水蒸气含量增大引起的潜热交换量约占风流总得热量的 80%～

90％,即在运输煤炭及矸石所散发出来的热量中,煤炭及矸石中水分蒸发散热量在风流总得热量中所占比重很大。

由以上结果,可以用下式计算运输中煤炭及矸石的散热所致风流干球的温升及含湿量的增量:

$$\Delta t_{aK} = \frac{0.7Q_K \times 0.15}{m_a c_p} \tag{9-1-13}$$

$$\Delta d_K = \frac{0.7Q_K \times 0.85}{m_a \gamma} \tag{9-1-14}$$

式中　Δt_{aK}——运输中煤炭及矸石散热引起的风流干球温升,℃;

　　　Δd_K——运输中煤炭及矸石散热引起的风流含湿量的增量,kg/kg;

　　　γ——水的汽化潜热,kJ/kg,$\gamma = 2\,500$ kJ/kg。

六、热水的散热

对于大量涌水的矿井,涌水可能使井下气候条件变得异常恶劣。我国湖南的 711 铀矿和江苏的韦岗铁矿就曾因井下涌出大量热水,采矿作业无法安全、持续地进行,经采用超前疏干后,生产才得以恢复。因而在有热水涌出的矿井里,应根据具体的情况,采取超前疏干、阻堵、疏导等措施,或者使用加盖板水沟排出,杜绝热水在井巷里漫流。

一般情况下,涌水的水温是比较稳定的。在岩溶地区,涌水的温度一般同该地初始岩温相差不大。例如在广西合山里兰煤矿,其顶底板均为石灰岩,其煤层顶板的涌水量较当地初始岩温低 1～2 ℃;底板涌水温度较当地初始岩温高 1～2 ℃。如果涌水是来自或流经地质异常地带的话,水温可能更高,甚至可达 80～90 ℃。

七、其他热源

1. 氧化放热

因为煤炭的氧化放热(oxidizing heat)是一个相当复杂的问题,故很难将煤矿井下氧化放热量同井巷围岩的散热量区分开来。实测表明,在正常情况下,一个采煤工作面的煤炭氧化放热量很少能超过 30 kW,所以不会对采面的气候条件产生显著的影响。但是当煤层或其顶板中含有大量的硫化铁时,其氧化放热量可能达到相当可观的程度。

当井下发生火灾时,根据火势的强弱及范围的大小,可能形成大小不等的热源,但它一般只是个短期现象。在隐蔽的火区附近,则有可能使局部岩温上升。

2. 人员放热

井下工作人员的放热量主要取决于他们所从事工作的繁重程度以及持续工作的时间。一般煤矿工作人员能量代谢产生的热量为:休息时每人的散热量为 90～115 W;轻度体力劳动时每人的散热量为 250 W;中等体力劳动时每人的散热量为 275 W;繁重体力劳动时(短时间内)每人的散热量为 470 W。

虽然可以根据在一个工作地点工作的人员数及其劳动强度、持续时间计算出他们的总放热量,但其量很小,一般不会对井下的气候条件产生显著的影响,所以可忽略不计。

3. 风动机具

压缩空气在膨胀时,除了做有用功外还有冷却作用,加上压缩空气的含湿量比较低,所以也能为工作地点补充一些较新鲜的空气。但是压缩空气入井时的温度普遍较高,且在煤矿中用量也较少,所以其影响可忽略不计。

此外,如岩层的移动、炸药的爆炸都有可能产生出一定数量的热量,但它们的作用时间一般很短,所以也不会对井下气候条件产生显著的影响,故忽略不计。

八、矿内热环境

井下作业不仅是一项高耗能作业,而且其危险性很大。如果井下温度很高,不仅影响高温作业中的工人的身体健康,降低劳动生产效率,而且威胁到井下的安全生产。研究人体与热环境的关系有利于采取适当的措施以保护矿工的身体健康和提高劳动生产率。

1. 矿内热环境对人体健康的影响

人体是通过辐射、传导、对流和汗液蒸发这四种方式散热。辐射散热是将人体的热量以热射线的形式散发给温度较低的周围环境的过程,传导散热是当空气温度低于人体的皮肤温度时,热量自人体传导给空气的过程。对流散热是借助空气不断的流动将体热散发到空气中的过程。汗液蒸发散热是人体通过汗液的分泌和蒸发向外界散发热量的过程。辐射散热主要取决于环境温度;传热散热主要取决于周围空气温度;对流散热主要取决于周围空气的温度和流速;汗液蒸发散热主要取决于周围空气的相对湿度和流速。在正常情况下,人体依靠自身的调节机能,使产热量和散热量之间保持着动态平衡,体温维持在 36.5~37 ℃之间。

影响人体热平衡的矿内气候条件参数是空气的温度、相对湿度和流速。这三参数对人体热平衡产生综合的作用。其综合效果可用等效温度来衡量,它是指以气静止不动而相对湿度为 100% 的条件下使人产生某种热感觉的空气温度,来代表不同风速、不同相对湿度、不同气温条件下使人产生的同一热感觉,故也称为同感温度。

人在井下高温环境中工作,由于产热、受热量大,人体保持热平衡比较困难。一旦人体通过辐射、对流与传导和蒸发散热的方式不能及时地将体内多余的热量散发出去,多余的热量就在体内蓄存起来。当体内蓄热量超过人体所能耐受的限度时,体温就会升高。随着体温的升高会伴随产生头痛、头晕、耳鸣、恶心、呕吐以致晕厥等。

在热害严重的高温矿井,会导致下列热损害:① 热击:体温骤然升到 40 ℃ 或更高,出汗停止,皮肤干燥,停止散热,病人可能休克或变得狂躁。② 热痉挛:主要是失盐太多引起疲累、头晕、肌肉疼痛,导致胃痉挛。③ 热衰竭:疲劳、头痛、头晕、理智模糊、有时出汗微少。

某高温高湿矿井,各种大功率机械电气设备 30 多台,总功率为 160 kW,生产过程中产生大量热量。机采面机组内外防尘喷雾洒水、支架用水、煤层注水等各方面原因,加之采深大,通风条件不佳,造成机采面风流呈现高温高湿特征。工作面进风巷平均温度为 29 ℃,平均湿度为 96%(正常宜人的湿度为 60% 左右),其井下作业环境对矿工的身心健康水平和安全生产水平都有较大的影响。现场调研发现,每年 6、7、8 月份,当地进入高温阴雨天气,该矿回采工区部分职工突患多发性皮肤病。其病理特征是:皮肤呈红色丘疹状,分布于四肢、胸腹部等处,融合成片,有的占体表皮肤总面积的 40% 以上。刺痒难忍,非常痛苦。虽经皮肤科多次诊疗,均不见效。由于矿工休息不好,工作精力不宜集中。工人带病工作,浑身不适,其正常作业动作受到影响,误操作增加,影响了安全生产,是事故发生的隐患。

2. 矿内热环境对劳动生产效率的影响

热环境对人的精神状态和体力影响很大,它直接关系到每个人在劳动过程中能量消耗和作业能力。人们在劳动时所消耗的能量是有肌肉细胞中的三磷酸腺苷(ATP)分解提供的。在高温高湿的环境中从事繁重的体力劳动,需要的能量很多,而形成 ATP 的速度不能满足需要。在高温高湿环境中作业,随着劳动强度的加大,加在人体的热负荷增多,当热负荷超过一定限度时,首先感到闷热不舒适,这对人体极易产生疲劳,劳动效率下降。

据研究分析知,高温对工作效率的影响,大体有几个阶段,在温度达 27~31 ℃范围时,主要影响是肌部用力的工作效率下降,并且促使用力工作的疲劳加速。当温度高达 32 ℃以上时,需要较高注意力的工作及精密性工作的效率也开始受影响。

据调查,井下工人在热环境中劳动效率大大下降,即使劳动时间缩短,工人也难以坚持。据苏联学者报告,矿内气温超过标准 1 ℃,工人劳动效率便降低 6%~8%。在五十年代国外就有学者指出:不论工作的复杂性如何,当等效温度在 27 ℃至 30 ℃之间,人的作业能力就显著下降。从图 9-1-1 可见,当等效温度由 27 ℃增高到 30 ℃时,生产效率明显下降;当等效温度为 34.5 ℃时,生产效率下降到等效温度为 27 ℃时的 25%。图 9-1-2 是对铲土工人所做的实验,它表明了温度和空气速度对体力劳动效率的影响,当湿球温度为 27.2 ℃时,工作效率为 100%,随着温度的升高和空气速度的降低,工作效率则明显下降。

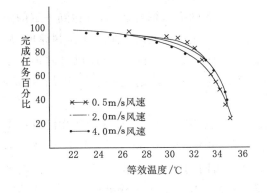

图 9-1-1　等效温度与生产
效率的关系

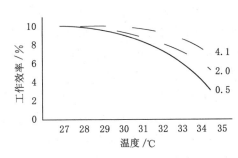

图 9-1-2　体力劳动工作效率与
温度和风速关系

高温高湿矿井因存在高温问题,致使生产能力降低,基建进度迟缓,甚至被迫停产。一般情况下,采掘劳动生产率下降 20%~23%,最高达 40%~45%。前苏联顿涅茨克劳动卫生和职业病研究所的测试资料显示:在风速为 2 m/s,相对湿度为 90% 的条件下:气温为 25 ℃时,劳动生产效率为 90%;30 ℃时为 72%;32 ℃时为 62%。

综上所述,高温高湿的生产环境必然使劳动生产效率降低,所以创造一个良好的劳动环境,无疑对矿工劳动能力的发挥是有益的,同时也就大大提高了劳动生产效率。

3. 热环境对生产安全的影响

随着开采深度的增加,矿内空气温度逐渐升高,严重地恶化了职工劳动环境。根据《规程》规定,生产矿井采掘工作面的空气温度不得超过 26 ℃;采掘工作面的空气温度超过 30 ℃,必须采取降温措施逐步解决。

高温高湿环境不仅严重地危害了人体的身体健康,而且时刻威胁着生产的正常进行。因为人体在热环境中,中枢神经系统受到抑制,使注意力分散,降低了动作的准确性和协调性。高温高湿的环境容易使工人处于昏昏欲睡的状态,且工人心理上易烦躁不安,加上繁重的体力劳动,工人的机警能力降低,从而使事故的发生率上升。

第二节　矿井降温的一般措施

一、增加风量,降低风温,改善矿内气候条件

增加风量是矿井广泛采用的行之有效的降温方法。增加风量的两个优点是:一是减少环境对单位风量的加热量,以降低风流的温度;二是提高风速,改善井下气候条件,增加矿工的舒适感。随着流过巷道的风量增加,从矿岩中放出的氧化热和其他热源放出的热量,分散在更大数量的空气中,使风流温度降低。

虽然风速增加会使巷道的放热加强,致使空气的总吸热量增加,但是在其他条件相同的情况下,风流的温升却会有所降低,同时,巷道围岩冷却带的形成速度加快。因此,增加风量除能降低风流的温升外,还能加速围岩的放热过程,降低围岩的放热强度。当然,增加风量时还应注意风速不能超过《煤矿安全规程》规定的最高允许风速。

在一定条件下增加风量,特别是与其他防止风流受热的措施综合运用,可达到一定的降温效果。这种方法在一定开采深度内,较人工制冷降温方法更为经济。但是增加风量时,矿井负压和通风机功耗也随之分别呈二次方和三次方增加。计算表明,对于通风时间不少于一年的巷道中风速超过 4 m/s 和通风时间超过一年的巷道中风速超过 5 m/s,增加风量的降温效果就不十分显著了。

据实际观察和理论分析,加大风量对降低气温和湿度均有作用,不过这种作用随着风量的增加而渐渐减弱,其减弱程度依具体条件而异。风量由 200 m³/min 增加到 400 m³/min,与由 400 m³/min 增加到 800 m³/min 的降温作用是相同的。另外,巷道壁面潮湿程度越高,风流的温升越小,但含湿量和热焓的增量越多,通常认为这对于干燥巷道的环境条件较好。实际上,巷道壁面越潮湿,但气温比较低,从适宜劳动的观点出发还是有利的。总之,增加风量既能降温、降湿,又能提高风速、改善劳动条件。

二、建立采区新风井,缩短进风路线,优化通风系统

围岩散热是煤矿的主要热源,缩短进风路线是减少风流经过高温围岩,大大减少了围岩的放热,能够改善采掘工作面的高温状况。目前煤矿主要采用中央式、两翼对角式和分区式。采用两翼或分区风井进风,则可大大缩短进风路线长度,两翼式的进风路线长度比中央式可缩短 50%,3 个分区的进风路线长度比中央式可缩短 67%。据资料报道,在风速相同时,大巷的终端风温两翼式比中央式约低 2.1～6.3 ℃,分区式比中央式约低 2.3～9.6 ℃。

三、采用下行通风降低工作面气温

改善掘进和采煤工作面的温度条件还可以借助改变风流方向来实现,即使新风流经回风水平的巷道自上而下地流过工作面。这样,煤的氧化放热,煤岩运输过程中放热,机电设备、矿井水及各种局部热源放热,不再使新鲜风流受热而升温。此外,由于回风水平的地温比运输水平低,故风流与围岩热交换的吸热量亦将减少。

根据现场实测,进入采煤工作面的风流温度,在下行通风时比上行通风低 2.0～2.5 ℃。当下行通风或上行通风的工作面入风温度、风速相同时,其工作面排风流的最终温度主要取决于煤层倾角,倾角每增加 10°,下行风温度便比上行风降 1 ℃。

四、减少机电设备的散热

三河尖煤矿是现代化矿井,机械化程度高,设备容量大。为减少机电设备散热,井下各变配电硐室、泵房、大型绞车房以及为采掘工作面服务的其他固定机电设备硐室等力争实现独立通风,使机电设备散发的热量直接排入回风流。另外,尽量减少采掘工作面的空机运转时间,尽可能避免将散热量大的机电设备布置在采掘工作面的进风巷,以减少机电设备散热造成矿井空气温度升高。

五、利用调热巷道降温

利用调热巷道通风一般有两种方式。一种是在冬季将低于 0 ℃ 的空气由专用风道通过浅水平巷道调热后再进入正式进风系统。在专用风道中应尽量使巷道围岩形成强冷却圈,若断面许可,还可洒水结冰,储存冷量。当风温向零度回升时,即予关闭,待到夏季再启用。

另一种方式是利用开在恒温带的浅风巷做调温巷道,在夏季降低矿中入风温度。利用调热巷道降温和预热冬季入风。

六、减少工作面热源

对采掘工作面进行喷雾、洒水,既起到防尘作用,又起到降温作用。对相邻采煤工作面预注浆,既防火又降低采空区的温度。利用采煤工作面顺槽布置钻孔进行煤层注水,预冷煤体,既起到降尘作用,又使煤体冷却,起到降温作用。减少采空区漏风,因为从采空区漏入采煤工作面和回风巷中的风流带进大量的热量,所以它是一个较大的热源,应采取注浆、风障、均压等措施减少采空区漏风。

七、巷道隔热

巷道隔热是将导热率较低的隔热材料加上胶凝剂喷涂于巷道表面起隔离岩温的作用。当东翼局部地段发生异常高温时,可用炉渣、珍珠岩或聚乙烯泡沫等材料喷涂岩壁,起到隔热降温的作用。但巷道隔热费用较高,难以大范围采用,仅作为一种辅助手段,适用于热害严重的局部地段,今后随着适合煤矿井下使用的高性能、低价格、来源丰富的隔热材料的研究开发,巷道隔热技术将得到进一步推广和应用。

八、充填法管理顶板

采用充填法管理顶板,因采空区内没有不断冒落的岩石,顶板岩石的散热量小,采空区被充填后,采空区的漏风大大降低,从而减少了采空区漏风所携带出来的热量。此外,充填物的温度比围岩和空气的温度低,可以对矿井空气起冷却作用。采用全部充填法代替原来的全部垮落法管理顶板,可使工作面气温下降 10 ℃。根据三河尖煤矿的实际情况,随着充填材料的改进,吸热降温充填材料的开发利用,将来在村下、铁路、河下等保护煤柱下采煤时,可考虑采用此法。

九、个体防护

对于采取措施后,矿井气温仍然达不到规定要求时,可实行个体防护,如减少工时,发放高温补贴、短裤、背心、冰糕、防中暑的饮料和药品等。

第三节　矿井制冷与井下空调系统

如上所述,矿井降温措施分为有制冷设备系统的特殊措施和无制冷设备系统的一般措施两类。通风降温措施属于无制冷设备系统的一般措施,而矿井空调系统的采用就是有制冷设备的特殊措施。矿井空调是生产性空调,采用制冷设备为井下作业人员创造一种不危害健康,并能保持一定生产效率的工作环境。

一、矿井空调系统的工作原理

矿井空调系统由制冷剂、载冷剂(冷水)和冷却水 3 个独立的循环系统组成。其循环系统的工作原理如图 9-3-1 所示。

1. 制冷剂循环系统

制冷机通过制冷剂的循环制取冷量。制冷剂循环系统由压缩机、冷凝器、蒸发器、节流阀及连接管道组成。制冷剂的循环是由制冷机不停地工作来完成的。

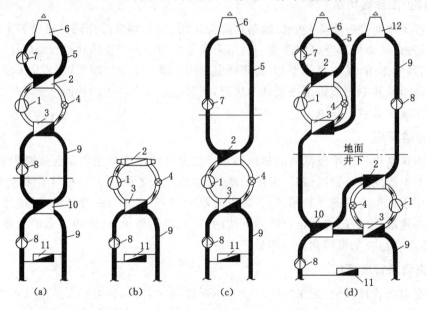

图 9-3-1　矿井空调系统工作原理

1——压缩机;2——冷凝器;3——蒸发器;4——节流阀;5,9——冷却水管;6——冷却塔;
7——冷却水泵;8——冷水泵;10——高低压换热器;11——空冷器;12——蒸发式冷却器

如图 9-3-1 所示,制冷剂在蒸发器中吸收载冷剂(冷水)的热量而被汽化为低压低温的蒸汽。该蒸汽被压缩机吸入,并经压缩升压升温。高压高温蒸汽再进入冷凝器,并在其中将热量传递给冷却水而被冷凝成液体。液体制冷剂经节流阀降压降温后又进入蒸发器中,继续吸收载冷剂的热量,由此达到制冷的目的。

2. 载冷剂循环系统

由于制冷站的位置不同,而形成不同的载冷剂循环系统。当制冷站设在井下时[图 9-3-1(b)、(c)],其循环系统由蒸发器、空气冷却器及冷却水管组成。当制冷站设在地面时[图 9-3-1(a)],载冷剂有两个循环系统,即由蒸发器、高低压换热器及冷却水管构成一次循环系统及由高低压换热器、空气冷却器和冷却水管构成二次循环系统。当地面和井下同时设制冷站时[图9-3-1(d)]，一次循环系统由蒸发器、高低压换热器、冷凝器(井下)、蒸发式冷却器和连接管道组成；二次循环系统是由蒸发器(井下)、高低压换热器、空气冷却器和冷却水管(井下)组成。

载冷剂在空冷器中吸收风流的热量后，通过冷却水管回流到蒸发器中(当制冷站设在地面时回流到高低压换热器中)。在蒸发器中，载冷剂将热量传递给制冷剂而自身温度降低。低温载冷剂又通过冷却水管供给空冷器，继续吸收风流的热量，达到降温目的。

3. 冷却水循环系统

冷却水循环系统由冷凝器、冷却塔(或称水冷却装置)和冷却水管道组成。制冷剂在蒸发器中吸收载冷剂的热量和在压缩机中被压缩的热量，在冷凝器中传递给冷却水。冷却水吸收这部分热量后，经管道进入冷却塔。在冷却塔中，冷却水把热量传递给空气而本身温度降低。较低温度的冷却水，经管道再流回冷凝器，继续吸收载冷剂的热量，达到连续排除冷凝热的目的。当地面、井下同时设制冷站时[图9-3-1(d)]，井下制冷机的冷凝热是通过一次载冷剂排掉的。

总之，矿井制冷空调就是通过上述3个循环系统连续、同时工作来达到降低矿内风流温度的目的。

二、矿井空调系统的基本类型

目前国内外常见的冷冻水供冷、空冷器冷却风流的矿井集中空调系统的基本结构模式如图9-3-2所示。

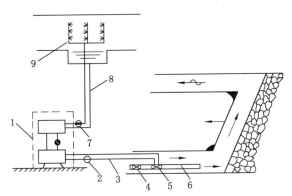

图9-3-2　矿井空调系统结构模式

1——冷站；2——冷水泵；3——冷水管；4——局部通风机；5——空冷器；

6——风筒；7——冷却水泵；8——冷却水管；9——冷却塔

如图9-3-2所示，矿井集中空调系统由制冷、输冷、传冷和排热四个环节所组成。这四个环节的不同组合便构成了不同的矿井空调系统。这种矿井空调系统，若按制冷站所处的位置不同来分，可以分为以下三种基本类型。

1. 地面集中式空调系统

地面集中式空调系统将制冷站设置在地面，冷凝热也在地面排放，而在井下设置高低压换热器将一次高压冷冻水转换成二次低压冷冻水，最后在用风地点上用空冷器冷却风流。其结构如图9-3-3所示。

这种空调系统还有另外两种形式,一种是集中冷却矿井总进风,在用风地点上空调效果不好,而且经济性较差;另一种是在用风地点上采用高压空冷器,这种形式安全性较差。实际上后两种形式在深井中都不可采用。

地面集中式空调系统优点:厂房施工、设备安装、维护、管理方便;可用一般型制冷设备,安全可靠;冷凝热排放方便;冷量便于调节;无需在井下开凿大断面硐室;冬季可用天然冷源。

地面集中式空调系统缺点:高压载冷剂处理困难;供冷管道长,冷损大;需在井筒中安装大直径管道;空调系统复杂。

2. 井下集中式空调系统

井下集中式空调系统如按冷凝热排放地点

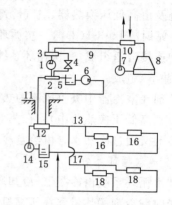

图 9-3-3　地面集中式空调系统

1——压缩机;2——蒸发器;3——冷凝器;
4——节流阀;5,15——水池;6,7,14——水泵;
8——冷却塔;9——冷却水管;10——热交换器;
11,13,17——冷水管;12——高低压换热器;
16,18——空冷器

不同又可分为两种布置形式。

(1)制冷站设置在井下,并利用井下回风流排热,如图 9-3-4 示。这种布置形式优点:系统比较简单,冷量调节方便,供冷管道短,无高压冷水系统;缺点:由于井下回风量有限,当矿井需冷量较大时,井下有限的回风量就无法将制冷机排出的冷凝热全部带走,致使冷凝热排放困难,冷凝温度上升,制冷机效率降低,制约了矿井制冷能力的提高。由上述优缺点可知,这种布置形式只适用于需冷量不太大的矿井。

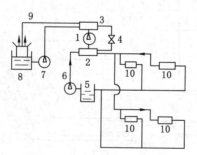

图 9-3-4　井下制冷站(井下排除冷凝热)

1——压缩机;2——蒸发器;3——冷凝器;4——节流阀;5——水池;6——冷水泵;
7——冷却水泵;8——冷水池;9——冷却塔;10——空冷器

(2)制冷站设置在井下,冷凝热在地面排放,如图 9-3-5 所示。这种布置形式虽可提高冷凝热的排放能力,但需在冷却水系统中增设一个高低压换热器,系统比较复杂。

井下集中式空调系统优点:供冷管道短、冷损少;无高压冷水系统;可利用矿井水或回风流排热;供冷系统简单,冷量调节方便。

井下集中式空调系统缺点:井下要开凿大断面的硐室;对制冷设备要求严格;设备安装、管理和维护不方便。

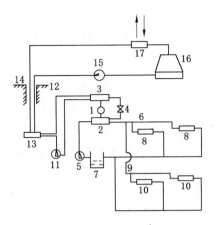

图 9-3-5 井下制冷站（冷凝热在地面排放）

1——压缩机；2——蒸发器；3——冷凝器；4——节流阀；5,11——冷水泵；

6,9,12——冷水管；7——冷水池；8,10——空冷器；13——高低压换热器；

14——冷却水管；15——冷却水泵；16——冷却塔；17——换热器

3. 井上、下联合式空调系统

这种布置形式是在地面和井下同时设置制冷站，冷凝热在地面集中排放，如图 9-3-6 所示。它实际上相当于两级制冷，井下制冷机的冷凝热借助于地面制冷机冷水系统冷却。

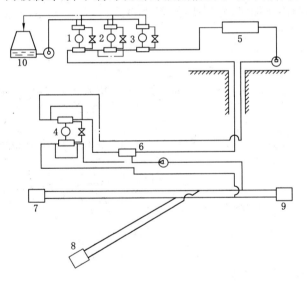

图 9-3-6 井上、下联合式空调系统

1,2,3,4——制冷机；5——空气预冷器；6——高低压换热器；7,8,9——空冷器；10——冷却塔

联合式空调系统优点：可提高一次载冷剂回水温度，减少冷损；可利用一次载冷剂将井下制冷机的冷凝热带到地面排放。

联合空调系统缺点：系统复杂；设备分散，不便管理。

根据上述三种集中式矿井空调系统的优缺点，设计时究竟采用何种形式应根据矿井的具体条件而定。

此外，对不具备建立集中式空调系统条件的矿井，在个别热害严重的地点也可采用局部移动式空调机组。我国安徽淮南、浙江长广、江苏徐州、山东新汶等矿区都先后在掘进工作面使用过局部空调机组。但若在矿井较大范围内使用，显然在技术和经济上都不合理。

三、典型矿井空调工程

孙村煤矿经历了从水冷降温系统过渡到冰冷降温系统的发展阶段，现存的制冷方式属冰冷低温辐射降温方式，应用国际最先进的冰冷低温辐射降温核心技术，按照"地面制冰、分区输送、合理分配、工作面降温"的研究思路，经国内外制冷降温权威专家研究论证后，在原水冷系统的基础上改造而成，于2004年6月15日正式投入使用。该项技术首先在孙村煤矿的两个采煤工作面和六个掘进迎头投入使用，通过多种方式综合降温后，经实际测试，采掘工作面平均温度可降低5～7 ℃。其中，2421采煤工作面进风由31 ℃降至24 ℃，下面上头降至27 ℃，上面上出口降至28 ℃。该技术还具有适应性强、可充分利用冰的潜能，适用于井下大面积降温的优点。经过二期工程改造，矿井制冰规模将由目前日产500 t提高到1 000 t以上。目前已在孙村煤矿建成了集工程设计、产品制造、技术指导、设备安装调试于一体的全国煤矿制冷降温研发基地。孙村煤矿在矿井热害治理方面取得了巨大成绩，并形成了一整套合理的降温制冷方案，改善了该矿井的生产条件，在技术领域走在全国的前列。

孙村煤矿制冷工程系统由以下几部分组成。

1. 制冷系统

制冷系统包括制冷压缩机、氨泵机组、供水系统、蒸发冷凝系统、氨液输送系统、检测控制系统，如图9-3-7所示。

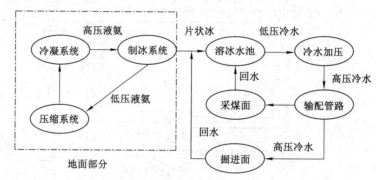

图 9-3-7　制冷系统

（1）制冷压缩机

如图9-3-8所示，制冷压缩机是制冷系统的核心装置。它的作用是实现氨气的物态转化，将气态的氨压缩成为液态提供给冷凝系统，实现能量的蓄积。

驱动电机参数：额定电压6 kV，800 kW，980 r/min，异步电机。

压缩机参数：输出液氨压力1.5～1.8 MPa，78 ℃。

（2）氨泵机组

氨泵机组的功能是对液态氨进行传递、输送，将经过多级沉淀、过滤、冷凝、蒸发以后的氨液送给下一级制冰系统，如图9-3-9所示。

（3）供水系统

图 9-3-8 压缩机

图 9-3-9 氨泵机组

如图 9-3-10 所示,供水系统的作用是实现对制冷机组、蒸发冷凝系统的降温。机组容量:2×5.5 kW,380 V,1 450 r/min。

(4) 蒸发冷凝系统

本单元的作用是实现液态氨的蒸发、冷凝、降温。

图 9-3-10 供水系统

(5) 氨液输送系统

输氨管路分为高压和低压两种,高压管路是将氨泵送来的液态氨送往制冰站,低压管路是把气态的氨从制冰站送往制冷压缩机。

2. 制冰系统

制冰系统主要包括制冰机组、供水系统、输冰管路、电控部分。

(1) 制冰机组如图 9-3-11、图 9-3-12 所示。

图 9-3-11 制冰机房

图 9-3-12 制冰机内部

高压液氨在制冰机腔内扩散吸热,自身由液态变为气态带走水分中的热量,使之在机腔内壁上冷凝成冰片,刮板在电机驱动下慢速旋转将其刮下传给下一级。

(2)供水系统提供足够的制冰水源。

(3)输冰管路包括地面、井筒两部分(冰片最大约 400 mm²)。地面采用大螺距对旋蜗杆驱动输送管路,井筒用直径 300 mm 管路以自由落体形式输送。

3. 制冷系统井下部分

主要包括:溶冰水池、冷水加压、输配管路、工作面散冷系统。从井筒下来的冰片坠入井底溶冰池后溶解,经冷水机组加压按照井下各采煤、掘进工作面环境温度以及其需冷量的大小配备不同管径的输水管路输送。到达工作面后进入空冷器与空气中的热源进行能量交换,吸热后的水经回水管路返回溶冰池,放热、溶冰、加压,再进入工作面循环往复,从而达到制冷的效果。

复习思考题与习题

9-1 什么是矿井热源?矿井主要热源大致可分为哪几类?

9-2 矿井空调系统由哪几个独立的循环系统组成?各循环系统工作原理是什么?

9-3 矿井空调系统有哪几种基本类型?各有什么优缺点?

9-4 矿井降温的一般措施有哪些?分别论述各种措施的降温原理。

9-5 简述通风降温的作用及效果。

9-6 高温矿井优化矿井通风系统时,一般应考虑哪些原则?

9-7 简述冰冷低温辐射降温系统的组成和工作原理。

第十章　矿尘防治

第一节　矿尘及其职业健康危害

一、矿尘

矿尘一般指矿物开采或加工过程中产生的微细固体集合体。根据矿尘的存在状态,常把沉积于器物表面或井巷四壁之上的称为落尘;把悬浮于井巷空间空气中的称为浮尘(或漂尘)。落尘与浮尘在不同风流环境下是可以相互转化的。防尘技术研究的对象主要是悬浮于空气中的矿尘,所以一般所说的矿尘就是指这种状态的矿尘。现在还没有对矿尘进行统一的分类方法,按其性质和形态,可以作如下分类:

矿尘按成分可分为煤尘、岩尘和其他粉尘。其中,煤尘是从爆炸角度定义的,一般指粒径(尘粒的平均横截面直径)在 0.75~1 mm 以下的煤炭微粒;岩尘则是从工业卫生角度界定的,一般指粒径在 10~45 μm 以下的岩粉尘粒;此外,井下还有少量金属微粒、爆破时产生的人工有机粉尘(如烟尘)和进行砌碹、锚喷作业时产生的人工无机粉尘(如水泥粉尘)等附加粉尘。

矿尘按颗粒的大小可分为粗尘、细尘、微尘和超微矿尘。粗尘是直径大于 40 μm 的矿尘,是一般筛分的最小直径,极易沉降;细尘直径为 10~40 μm,在明亮的光线条件下,肉眼可以看到,在静止空气中呈加速沉降;微尘直径为 0.25~10 μm,用普通光学显微镜可以观察到,在静止空气中呈等速沉降;超微矿尘直径小于 0.25 μm 的矿尘,要用超倍显微镜才能观察到,可长时间悬浮于空气中,并能随空气分子作布朗运动。

矿尘按对人体的危害程度分为呼吸性粉尘和非呼吸性粉尘。呼吸性粉尘是指能被吸入人体肺部并在肺泡内沉积的微细粉尘,主要指粒径在 5~7 μm 以下的粉尘,特别是 2 μm 以下的粉尘。呼吸性粉尘和非呼吸性粉尘之和即为全尘(总粉尘)。

按矿尘有无毒性可分为有毒、无毒、放射性矿尘等;

按矿尘爆炸性可分为易燃、易爆和非燃、非爆炸性矿尘。

矿尘浓度的大小直接影响着矿尘危害的严重程度,是衡量作业环境的劳动卫生状况和评价防尘技术效果的重要指标。因此,《煤矿安全规程》2016 版第六百四十条对井下作业场所空气中粉尘(总粉尘、呼吸性粉尘)浓度做了明确规定,见表 10-1-1。

表 10-1-1　　　　　　　煤矿井下作业场所空气中矿尘浓度标准

粉尘种类	游离 SiO_2 含量/%	时间加权平均容许浓度/(mg/m³)	
		总尘	呼尘
煤尘	<10	4	2.5

粉尘种类	游离 SiO₂ 含量/%	时间加权平均容许浓度/(mg/m³)	
		总尘	呼尘
矽尘	10~50	1	0.7
	50~80	0.7	0.3
	≥80	0.5	0.2
水泥尘	<10	4	1.5

二、矿尘的职业健康危害

1. 对人体的局部危害

具有局部刺激性及腐蚀性的矿井矿尘对身体的局部刺激性或腐蚀性也可引起全身症状及其他器官或组织的病变。如对眼睛可产生局部的机械性刺激作用,多见于接触煤尘的工人中。某些矿尘落入眼内后,泪液可使其溶解,而且结膜的吸收能力又较皮肤与黏膜为强,所以当毒物被吸收后,首先对眼球神经和眼球组织造成损伤,引起角膜炎、结膜炎。煤矿矿尘作为一种吸入性抗原可引起变态反应导致皮肤病,除此之外,某些矿尘粒子在皮肤上沉积并经皮肤吸收,可刺激皮肤或引起皮肤病。

2. 矿尘对呼吸系统的作用

当矿井矿尘落于鼻、咽、气管、支气管时,尤其是尖锐的粒子如玻璃、石英、钢铁、青铜、硅石等矿尘常能损伤呼吸道黏膜,随后细菌通过损伤的黏膜侵入呼吸道组织中造成感染,即使不造成损伤也往往会引起黏膜充血肿胀分泌亢进,引起卡他性炎症——鼻炎、咽炎、喉炎、气管炎等,这种炎症初期多半是肥厚性炎症,纤毛上皮失去正常作用,而后期则变为萎缩性炎症,这时呼吸道的纤毛上皮细胞及腺上皮细胞萎缩。因此发炎时呼吸道对矿尘粒子的排除和抑留机能就降低,从而促进尘肺的发生。

第二节 矿尘的物化性质及测定

一、矿尘基本性质

1. 矿尘的分散度

在全部矿尘中各种粒径范围(区间)内的尘粒所占的百分比叫作矿尘的分散度,也叫粒径(粒度)分布。它表征着煤(岩)被破碎的程度,通常有 2 种计算方法。

(1) 数量分散度,指各粒径区间尘粒的颗粒数占总颗粒数的百分比,用公式表示为:

$$P_{mi} = \frac{n_i}{\sum n_i} \times 100\% \qquad (10\text{-}2\text{-}1)$$

式中 n_i——某粒径区间尘粒的颗粒数。

(2) 质量分散度,指各粒径区间尘粒的质量占总质量的百分比,用公式表示为:

$$P_{mi} = \frac{m_i}{\sum m_i} \times 100\% \qquad (10\text{-}2\text{-}2)$$

式中 m_i——某粒径区间尘粒的质量,mg。

矿尘分散度是衡量矿尘颗粒大小构成的一个重要指标,是研究矿尘性质与危害的一个重要参数。矿尘总量中微细颗粒多,所占比例大时,称为高分散度矿尘;反之,如果矿尘中粗大颗粒多,所占比例大,则称为低分散度矿尘。矿尘的分散度越高,危害性越大。

即使是同一矿尘,用不同方法计算的分散度,在数值上也不尽相同,甚至相差很大,故必须说明。煤矿多采用数量分散度,矿尘一般划分为 4 个粒径区间:小于 2 μm、2～5 μm、5～10 μm 和大于 10 μm。据一些实测资料,在实行湿式作业的情况下,矿尘数量分散度大致是:小于 2 μm 占 46.5%～60%;2～5 μm 占 25.5%～35%;5～10 μm 占 4%～11.5%;大于 10 μm 占 2.5%～7%。一般情况下,5 μm 以下尘粒占 90% 以上,说明矿尘危害性很大,也难于沉降和捕获。矿尘的分散度通常可用表格、曲线或分布函数等表示。

2. 矿尘的密度

固体磨碎而形成的矿尘,其密度与母料相同。但是,如果它经受表面氧化等作用,则其密度将发生变化。由冷凝过程形成的矿尘粒子,如 ZnO、MgO、Fe_2O_3 之类的冶金烟尘或碳黑等会大规模凝集。由于包含空气,这些凝集成的集合体的密度小于组成集合体的单个矿尘粒子的密度,燃料粉煤产生的飞尘粒子含有熔融的空心球(煤胞),其密度大大低于只根据物料性质推算的密度。当研究从人为发生源排放出来的矿尘粒子,在大气中扩散、污染环境的问题,以及推算和说明除尘器的性能时,应当考虑矿尘粒子的实际密度。测量矿尘的密度通常可以用比重容器法测量,这类方法还可测量液体、气体的密度。首先称量出空比重瓶的质量 W_0,注入密度为 d_R 的参考液体(注意该液体不应溶解待测的矿尘,并应湿润该矿尘),称量出总质量 W_R。倒去参考液,将比重瓶干燥,装入经过表面处理的待测矿尘样品,并称出比重瓶与矿尘样品的总质量 W_S。再将此装有矿尘样品的比重瓶注入参考液并浸没全部矿尘,在比恒温稍高的温度下进行减压试验,目的是驱除可能在矿尘界面上所存在的气体。然后在冷至恒温温度下继续注满参考液体,再依上述恒温等步骤,称得比重瓶、矿尘样品及参考液三者的总质量 W_T。由上列数据 W_0,W_R,W_S 及 W_T,按下式计算出待测矿尘的密度:

$$d_s = \frac{(W_S - W_0)d_R}{(W_R - W_0) - (W_T - W_S)} \tag{10-2-3}$$

3. 矿尘的湿润性

液体对固体表面的湿润程度,取决于液体分子对固体表面作用力的大小,而对同一矿尘尘粒来说,液体分子对尘粒表面的作用力又与液体的力学性质即表面张力的大小有关。表面张力愈小的液体,对尘粒越容易湿润。不同性质的矿尘对同一性质的液体的亲和程度是不相同的,这种不同的亲和程度称为矿尘的湿润性。

矿尘湿润性还与矿尘的形状和大小有关,球形粒子的湿润性比不规则形状的粒子要小;矿尘越细,亲水能力越差。如石英的亲水性好,但粉碎成粉末后亲水能力大大降低。尘粒与水雾粒的相对运动速度较高时尘粒易被吸湿。粉尘的吸湿能力还随着环境温度的上升而下降,随气压的增加而增强。

矿尘的湿润性不同,当其沉于水中时会出现两种不同的情况,如图 10-2-1 所示。矿尘湿润的周长(虚线)为水(1)、气(2)、固(3)三相互相作用的交界线。在此有三种力的作用:气与固的交界面的表面张力 σ_{23},气与水的交界面的表面张力 σ_{12},水与固的交界面的表面张力 σ_{13}。这里 σ_{13} 及 σ_{23} 作用于尘粒的表面内,而 σ_{12} 作用于接触点的切线上,切线与尘粒表面的

夹角 θ 称为湿润角或边界角。若忽略重力及水的浮力作用,在形成平衡角 θ 时,上述三种力应处于平衡状态,平衡条件为:

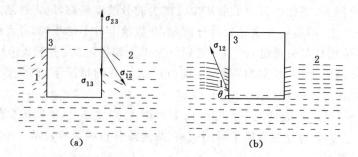

图 10-2-1 矿尘的湿润性

(a) 亲水性尘粒;(b) 疏水性尘粒

$$\sigma_{23} = \sigma_{13} + \sigma_{12} \cos \theta \qquad (10\text{-}2\text{-}4)$$

$$\cos \theta = \frac{\sigma_{23} - \sigma_{13}}{\sigma_{12}} \qquad (10\text{-}2\text{-}5)$$

$\cos \theta$ 的变化由 1 到 -1,θ 角的变化为 $0 \sim 180°$。这样可以用湿润角 θ 来作为评定矿尘湿润性的指标:① 亲水性矿尘 $\theta \leqslant 60°$,如石英、方解石的湿润角 θ 为 $0°$,石灰石粉、磨细的石英粉 θ 为 $60°$;② 湿润性差的矿尘 $60° < \theta < 85°$,如滑石粉(θ 为 $70°$),以及焦炭粉及经热处理的无烟煤粉等;③ 疏水性矿尘 $\theta > 90°$,如碳黑、煤粉等。

粉体的湿润性还可以用液体对试管中矿尘的湿润速度来表征,通常取湿润时间为 20 min,测出此时的湿润高度 L_{20}(mm),于是湿润速度为

$$U_{20} = \frac{L_{20}}{20} \text{(mm/min)} \qquad (10\text{-}2\text{-}6)$$

将 U_{20} 作为评定矿尘湿润性的指标,可将矿尘分为四类(表 10-2-1)。

表 10-2-1   矿尘对水的湿润性

粉尘类型	Ⅰ	Ⅱ	Ⅲ	Ⅳ
湿润性	绝对憎水	憎水	中等亲水	强亲水
U_{20}/(mm/min)	<0.5	0.5~2.5	2.5~3.5	>8.0
矿尘举例	石蜡、沥青	石墨、煤	石英	锅炉飞灰

在除尘技术中,矿尘的湿润性,是选用除尘设备的主要依据之一。对于湿润性好的亲水性矿尘(中等亲水、强亲水),可选用湿式除尘器。为了加强液体(水)对矿尘的浸润,往往要加入某些湿润剂,减少固、液之间的表面张力,增加矿尘的亲水性,提高除尘效率。

4. 自燃性和爆炸性

当物料核研磨成粉料时,总表面积增加,系统的自由表面能也增加,从而提高了矿尘的化学活性,特别是提高了氧化产热的能力,这种情况在一定的条件下会转化为燃烧状态。矿尘的自燃是由于矿尘氧化反应产生的热量不能及时地散发,而使氧化反应自动加速所造成的。

各类矿尘的自燃温度相差很大。根据不同的自燃温度可将可燃性矿尘分成两类。第一

类矿尘的自燃温度高于周围环境的温度,因而只能在加热时才能引起燃烧。第二类矿尘的自燃温度低于周围空间的温度,甚至在不加热时都可能引起自燃。这种矿尘造成的火灾危险性最大。在封闭或半封闭空间内(包括矿井各种坑道)可燃性悬浮矿尘的燃烧会导致化学爆炸,但只是在一定浓度范围内才能发生爆炸。这一浓度称为爆炸的浓度极限。能发生爆炸的矿尘最低浓度和最高浓度称为爆炸的下限和上限。处于上下限浓度之间的矿尘都属于有爆炸危险的矿尘。

5. 矿尘的电性质

矿尘是一种微小粒子,因空气的电离以及尘粒之间的碰撞、摩擦等作用,使尘粒带有电荷,可能是正电荷,也可能是负电荷,带有相同电荷的尘粒,互相排斥,不易凝聚沉降;带有相异电荷时,则相互吸引,加速沉降,因此有效利用矿尘的这种荷电性,也是降低矿尘浓度,减少矿尘危害的方法之一。

6. 矿尘的光学特性

矿尘的光学特性包括矿尘对光的反射、吸收和透光强度等性能。

(1)尘粒对光的反射能力。光通过含尘气流的强弱程度与尘粒的透明度、形状、大小及气流含尘浓度有关,但主要取决于浓度和尘粒大小。当尘粒直径大于 $1\ \mu m$ 时,光线由于被直接反射而损失,即光线损失与反射面面积成正比。当浓度相同时,光的反射值随粒径的减小而增加。

(2)尘粒的透光程度。含尘气流对光线的透明程度,取决于气流含尘浓度的高低。当浓度为 $0.115\ g/m^3$ 时,含尘气流是透明的,可通过 90% 的光;随着浓度的增加,其透明度将大为减弱。

(3)光强衰减程度。当光线通过含尘气流时,由于尘粒对光的吸收和散射等作用,会使光强减弱。

在矿尘的监测中,经常利用其光学特性来测定它的浓度和分散度。

二、矿尘浓度测定

1. 采样目的

(1)对井下各作业地点的矿尘浓度进行测定,以检查是否达到国家卫生标准;

(2)测定作业点矿尘的粒度分布及其矿物组成的化学、物理性质;

(3)研究各种不同采掘工序的产尘状况,提出解决办法;

(4)评价各种降尘措施的效果。

2. 矿尘浓度表示方法

20 世纪 50 年代世界各国对矿尘浓度有两种表示方法:一种以单位体积空气中矿尘的颗粒数(PP/cm^3)表示,即计数表示法;另一种以单位体积空气中矿尘的重量(mg/cm^3)表示,即计重表示法。50 年代初,英国医学界通过流行病学对尘肺病的研究,认识到尘肺病的缘由,它不仅与吸入的矿尘质量、暴露时间、矿尘成分有关,而且在很大程度上与尘粒的大小有关。此后英国医学研究协会在 1952 年提出呼吸性矿尘的定义:即进入肺泡的矿尘。同时给出 BMRC 采样标准曲线,后来美国卫生家协会给出 ACGIH 采样标准曲线,这一定义和两种呼吸性矿尘采样标准曲线于 1959 年在南非召开的国际尘肺会议上得到承认,同时确定了以计重法表示矿尘浓度。采样方式亦逐渐由瞬时、短周期渐渐偏向长周期定点监测。采样标准曲线如图 10-2-2 所示。

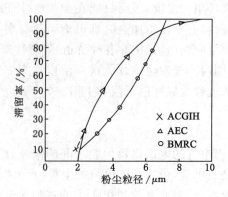

图 10-2-2　呼吸性矿尘标准曲线

三、采样器种类

1. 全尘浓度采样器

一定体积的含尘空气通过采样头,不同粒径的矿尘颗粒都被阻留于夹在采样头内的滤膜表面,根据滤膜的增重和通过采样头的空气体积,计算出空气中的矿尘浓度,采样方式如图 10-2-3 所示。

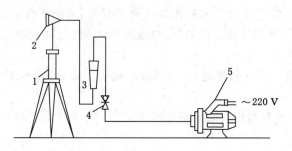

图 10-2-3　滤膜测尘系统

1——三角支架;2——滤膜采样头;3——转子流量计;4——调节流量螺旋夹;5——抽气泵

2. 呼吸性矿尘采样器

呼吸性矿尘采样器的设计,按照分离过滤原理,在采杆头部加设前置装置,对进入含尘气流中的大颗粒尘粒进行淘析,所以前置装置亦称淘析器。按淘析器分离原理,有以下三种类型:① 平板淘析器:按重力沉降原理设计;② 离心淘析器:按离心分离原理设计;③ 冲击分离器:按惯性冲击原理设计,如图 10-2-4 所示。

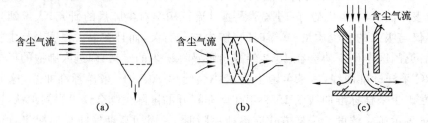

图 10-2-4　呼吸性矿尘采样器分离原理示意图

3. 两级计重矿尘采样器

两级计重矿尘采样器的分级方法,也是采用惯性冲击原理进行设计的,它是以7.07 μm为呼吸性矿尘上限粒径进行尘粒分级,第一级采用涂油玻璃板作截留平面,截留非呼吸性矿尘,第二级以玻璃纤维滤纸为滤料,阻留呼吸性矿尘。

四、测尘仪工作原理(举例)

1. 呼吸性矿尘采样器

AQH-1呼吸性矿尘采样器如图10-2-4所示。

该采样器属便携式标准采样器,该采样器可以在一个工作班连续采样,用实验室天平称量出所采集到的矿尘总重量,计算出一个工作班内的呼吸性矿尘的平均浓度(即工作班平均暴露浓度),从而为评价矿尘作业环境的卫生条件及为尘肺病研究提供数据。

采样原理如图10-2-5所示,微电机4带动薄膜气泵7抽吸含尘空气,气流以2.5 L/min的稳定流量流经淘析器2和过滤器11。淘析器是水平安装的,具有四个通道,它根据重力沉降原理设计对粒径进行分选,粒度较大的尘粒(非呼吸性矿尘)滞留其内,让粒度较小的尘粒(呼吸性矿尘)通过。淘析器的分选效能符合BMRC曲线,通过淘析器的矿尘由置于过滤器内的滤膜13捕集。从过滤器出来的干净气流,经气泵7、稳流盒6,通过流量计10排入采样器壳体,并保持微小压力,防止矿尘进入采样器壳体内,稳流盒的作用是减小气流的脉动,提高流量稳定性。吸气泵的吸气总体积,通过计数器5显示。微电机由稳压电路控制,以恒速转动,保证流量稳定。

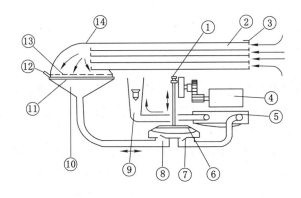

图 10-2-5　AQH-1型呼吸性矿尘采样器原理示意图

另外,ACGT-1型矿用个体矿尘采样器也是一种测定平均班暴露矿尘浓度采样器,淘析器为微型旋流分离器,分离效率符合BMRC曲线。该采样器附有液晶显示计时装置,显示累计采样时间,为计算平均班矿尘浓度提供了方便。

2. 两级计重矿尘采样器

两级计重矿尘采样器,其主机部分与其他采样器一样,需要一个恒定的采集含尘空气的流量,主要的区别在于采样头的结构。两级计重的采样器,大多数按惯性原理利用气流中粒子的惯性冲击,粗大粒子在冲击板上沉积的装置,进行分级计重。分级效率,可按惯性参数进行设计,可以与BMRC曲线拟合。

第三节　煤工尘肺病及其预防

一、煤工尘肺

1. 发病人群

煤工尘肺系指煤矿工人长期吸入生产环境中粉尘所引起的肺部病变的总称。煤工尘肺主要发生在地下开采工中,露天煤矿开采工中患病率很低。在井下巷道掘进过程中凿岩、爆破、装碴、运输等工序主要接触矽尘,工人多患矽肺;单纯接触煤尘的工种有采煤工、装煤工、选煤工、洗煤工等,工人多患煤肺,发病工龄一般为 20 年左右;有许多工人工作调动频繁,他们既接触矽尘又接触煤尘,这部分工人多患煤矽肺,其发病工龄约为 15 年。一般煤肺约占煤工尘肺的 10%,矽肺约占 10% 以下,煤矽肺约占煤工尘肺 80% 以上。另外大量接触煤粉的其他作业工人,如码头卸煤工、煤球制作工人也可发生煤肺。

2. 病理改变

(1)煤肺的病理改变:肉眼所见,肺表血可见大小不等的煤尘斑,呈暗黑色。尘斑周围有肺气肿。显微镜下可见煤尘斑病灶中网织纤维、胶原纤维与煤尘混在一起。病灶与肺间质纤维化相连,周围有肺气肿。间质纤维化程度比煤矽肺轻,肺门淋巴结轻度肿大,质地较硬,切面呈黑色。

(2)煤矽肺的病理改变:肺表面可见大量的黑色的结节和煤斑,直径约 2～3 mm。部分病人有胸膜肥厚,随着病变加重,肺的硬度、重量增加,体积加大;肺切面可见到高出表面的煤矽结节,直径约 1～3 mm。病灶周围可有肺气肿,有的可见大块纤维化病变。支气管旁,隆突部及肺门淋巴结可增大,变硬。

3. 症状和体征

一般煤肺在发病之前肺功能通常无异常变化,在合并支气管炎或肺部感染时才会出现相应症状。咳嗽时一般为轻微干咳,但煤矿工人中慢性支气管炎患病率较高,一般矿工中也多见咳嗽。合并肺部感染时,咳嗽加重,伴咳痰,可咳出含煤尘或胆固醇结晶的粘痰,少有咯血。煤工尘肺患者大多有不同程度的胸闷或胸痛感觉,表现为间断隐痛或针刺痛,劳动后或剧咳时更明显。突发剧烈胸痛并伴有呼吸困难者,可能有自发性气胸。有些病例呼吸道症状与 X 线表现不相称,X 线片上表现轻微,但气急症状很严重。

随着接触粉尘时间的增加,可出现气短和咳嗽加重症状。胸片表现也随之加重。呼吸困难加重与大块肺纤维化发展往往相一致,痰呈黑色,量较多。当大块纤维化部位发生缺血坏死形成空洞,则经常咳出大量黑痰。当合并急性感染时也可咳出大量脓性痰。

一般多数煤工尘肺患者甚至到Ⅱ、Ⅲ期也无阳性体征,偶有发绀和杵状指,有各种并发症时才出现相应的体征。晚期病人有口唇青紫,不能平卧,活动后心慌等症状。

4. 并发症

煤工尘肺主要并发症为慢性支气管炎和肺气肿,呼吸道感染、自发性气胸和慢性肺源性心脏病、肺结核、类风湿尘肺等。煤工尘肺合并肺结核的发生率约为 22%,这使病变明显加重,特别是对于煤肺可迅速进展为进行性大块纤维化,且抗结核治疗效果差。

5. 煤工尘肺的预防和治疗

(1)对煤矿工人定期体检,对患有煤工尘肺者应及时调离。煤工尘肺与矽肺一样为一种不可逆性疾病,但是如果在单纯性煤工尘肺时及时调离煤尘接触环境可防止或减慢病变发展成复杂性煤工尘肺。当发展至复杂性煤工尘肺时,即使不再接触煤尘,病情仍可继续发展。

(2)药物治疗。

(3)物理治疗。其中全肺大容量灌洗是近年来尘肺治疗方面的新方法,但对此尚有不同看法。有人认为肺灌洗只能洗出肺内部分惰性粉尘、尘细胞,不能洗出肺内已形成纤维包裹的粉尘,因此对阻止肺组织纤维化进程意义不大。多数学者认为肺灌洗可洗出大量粉尘、含尘细胞及肺泡内非细胞成分,对缓解和减轻尘肺病变的发生、发展将起有益作用,而且尘肺病变早期进行全肺大容量灌洗,效果会更好。其确切疗效有待在严格对照下作前瞻性研究等来评价。

(4)应积极处理其并发症。促使戒烟以减轻慢性支气管炎症状,延缓肺气肿的发展。对有肺结核者,应给予有效而正规的抗结核治疗。对有合并肺部感染者及心功能不全者应给予相应治疗。并发类风湿尘肺者,可用糖皮质激素治疗,泼尼松 40 mg/d,出现疗效后应维持较长时间。必要时加用环磷酰胺、硫唑嘌呤等免疫抑制剂。

二、影响尘肺发病的因素

1. 粉尘的分散度

某种粉尘中,各种粒径的颗粒的粒数或质量所占的比例,称为粉尘的粒数或质量分散度或粒径分布。其中细微颗粒占的比例越大,称为分散度越高。分散度的大小决定着粉尘在空气中停留时间的长短、被吸入人肺的机会多少和参与人体理化反应的难易。

粉尘的分散度越大,比表面积(即单位体积分散相中所有粒子的表面积的总和)越大,它的物理活性与化学活性也越高,因而越容易参与理化反应,致使发病快,病变也严重。

粉尘是污染物质的媒介物,分散度越大,粉尘表面吸附空气中的有害气体、液体以及细菌病毒等微生物的作用增强,粉尘还会和空气中的二氧化硫联合作用,加剧对人体的危害。

实验证明,粉尘的分散度影响进入人体的量,粉尘粒子大小也对尘肺发病机制有一定的影响,但在尘肺发病过程中起决定作用的还是进入肺内粉尘的性质和质量,这就和粉尘的浓度和接尘的时间有关。

2. 粉尘的浓度

粉尘的浓度越高,人体吸入的量越多,发病率越高,发病工龄越短。

20 世纪 50 年代以来,我国劳动卫生标准对于粉尘的规定一直采用最高容许浓度(Maximum Allowable Concentration,MAC),其定义是指工人工作地点空气中有害物质所不应超过的数值,指任何有代表性的采样均不得超过的浓度,这种采样法测得的是环境瞬时浓度。然而工作场所粉尘浓度在不同地点和时间波动很大,可相差几倍、几十倍甚至更多。因此,短时间、大流量一次采样的代表性是不够的,MAC 不足以评价工人实际的接触。

另一方面,尘肺的发病不但和工作场所空气中粉尘的种类、总粉尘浓度有关,还和呼吸性粉尘浓度关系密切。由于矽尘对人体健康危害严重,因此我国《工作场所有害因素职业接触限值》(GBZ 2.1—2007)中,规定了工作场所空气中,不同种类粉尘的总粉尘和呼吸性粉尘的职业接触限值(occupational exposure limit,OEL),对粉尘的具体限值主要有时间加权平均值(time-weighted average,TWA)和短时间接触值(short-term exposure limit,STEL)

的容许浓度。

3. 接触粉尘工龄

工龄越长,发病率越高。但这也与诊断技术有关,如果诊断技术好,可以早期发现尘肺,以致发病工龄变短。

4. 粉尘物理和化学特性

影响尘肺发病的粉尘的物理特性包括颗粒的硬度、形状、溶解度、荷电性、吸附性等。

硬度大小与肺纤维病变大小不能成正比关系,它不是一个重要的尘肺发病因素,只是较硬的粉尘对肺泡壁及支气管的局部机械刺激作用大些。

粉尘颗粒的形状对尘肺的发病有一定影响,但对其影响程度有一定争议。例如有棱角的边缘锐利的粉尘,更易伤害上呼吸道黏膜。但是形状不规则的粉尘粒子,下降时所受的空气阻力大,表面积也较大,接触以及沉降在呼吸道的机会就多,进入肺泡的就少,肺部更不易发生病变。

粉尘的溶解度对尘肺发病影响与粉尘自身特性有关。引起中毒的粉尘或引起变态反应的粉尘(如铍等),其溶解度越大,对人体的危害性也越大;而引起尘肺的粉尘(如石英、石棉等),其致病力与溶解度关系很小。溶解度大,对机体的刺激性会减小,但只要高浓度、长时间的吸入粉尘就会引起病变。

粉尘吸附的有害气体或病菌会加剧其对人体的致病性。

根据粉尘引起疾病的危害程度来看,粉尘的化学性质比物理性质的影响更重要。粉尘由于其化学性质不同对人的危害性大不相同,如铍、锰、砷等粉尘最易引起中毒,对尘肺来讲,则以游离二氧化硅的危害性为最大。而游离二氧化硅中,又以结晶型游离二氧化硅致肺纤维化能力最强。

5. 上呼吸道、肺部、心脏和其他疾患

例如鼻的滤尘效能低,则尘肺发病率高;肺部疾患可使肺功能减低,加重矽肺的病情。我国对接触矽尘作业工人规定的就业禁忌症中,就包括肺部疾患,如慢性支气管炎、支气管喘息、支气管扩张症、肺结核(钙化者除外)、肺硬化、肺气肿等;对于器质性心脏病而言,如心脏瓣膜病、心肌器质性疾病等往往会引产肺部瘀血,而瘀血本身就易促使纤维性变的产生。

第四节　矿尘爆炸及其预防

一、可燃矿尘爆炸条件

矿尘爆炸归结起来有以下 5 个方面的因素:

(1) 要有一定的矿尘浓度。矿尘爆炸所采用的化学计量浓度单位与气体爆炸不同,气体爆炸采用体积分数表示,而矿尘浓度采用单位体积所含矿尘粒子的质量来表示,单位是 g/m^3 或 mg/L,如浓度太低,矿尘粒子间距过大,火焰难以传播。煤尘最低爆炸极限一般为 $50\ g/m^3$,最强爆炸浓度一般为 $150\sim350\ g/m^3$,这由煤的挥发分含量来确定。实际上,煤尘浓度达到 $50\ g/m^3$ 时已是一个使人窒息的环境,这么大的煤尘浓度不太可能在平常的矿井通风条件下存在。但是,在没有防尘措施的情况下,工作面割煤滚筒周围是能够产生这样高的煤尘浓度的。另外,即使通风巷道中积尘不多,但在爆炸冲击波的作用下,在空气中扬起这些煤尘时也能够发生爆炸。

（2）要有一定的氧含量。一定的氧含量是矿尘得以燃烧的基础。

（3）要有足够点火能量的点火源。矿尘爆炸所需的最小点火能量比气体爆炸大 $1\sim2$ 个数量级，大多数矿尘云最小点火能量在 $5\sim50$ mJ 量级范围。

（4）矿尘必须处于悬浮状态，即矿尘云状态。这样可以增加气固接触面积，加快反应速度。

（5）矿尘云要处在相对封闭的空间，压力和温度才能急剧升高，继而发生爆炸。

上述条件中，前三个条件是必要条件，即所谓的矿尘爆炸"三要素"，后两个条件是充分条件。

二、可燃矿尘爆炸机理

矿尘爆炸机理可简单以图 10-4-1 来描述。

一般认为，矿尘爆炸过程如下：

（1）供给粒子表面以热能，使其温度上升；

（2）粒子表面的分子由于热分解或干馏作用，变为气体分布在粒子周围；

（3）气体与空气混合生成爆炸性混合气体，进而发火产生火焰；

（4）火焰产生热能，加速矿尘分解，循环往复放出气相可燃性物质与空气混合，进一步发火传播。

因此，矿尘爆炸时的氧化反应主要是在气相内进行的，实质上是气体爆炸，并且氧化放热速率要受到质量传递的制约，即颗粒表面氧化物气体要向外界扩散，外界氧也要向颗粒表面扩散，这个速度比颗粒表面氧化速度小得多，就形成控制环节。所以，实际氧化反应放热消耗颗粒的速率，最大等于传质速率。

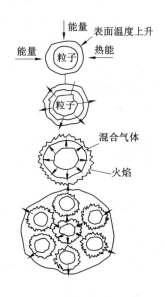

图 10-4-1　矿尘爆炸机理

归纳起来，矿尘爆炸有如下特点：

（1）燃烧速度或爆炸压力上升速度比气体爆炸要小，但燃烧时间长，产生的能量大，所以破坏和焚烧程度大。

（2）发生爆炸时，有燃烧粒子飞出，如果飞到可燃物或人体上，会使可燃物局部严重炭化和人体严重烧伤。

（3）如图 10-4-2 所示，静止堆积的矿尘被风吹起悬浮在空气中时，如果有点燃源就会发生第一次爆炸。爆炸产生的冲击波又使其他堆积的矿尘扬起，而飞散的火花和辐射热可提供点火源又引起第二次爆炸，最后使整个矿尘存在场所受到爆炸破坏。

（4）即使参与爆炸的矿尘量很小，但由于伴随有不完全燃烧，故燃烧气体中含有大量的 CO，所以会引起中毒。在煤矿中因煤粉爆炸而身亡的人员中，有一大半是由于 CO 中毒所致。

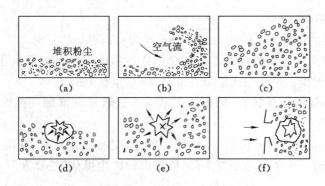

图 10-4-2　矿尘爆炸的扩展

三、煤尘爆炸的主要特征及效应

煤尘爆炸具有同瓦斯爆炸相类似的特点。

1. 产生高温高压

煤尘爆炸时释放出大量的热量,可使爆源附近的气体温度升高,达到 2 300~2 500 ℃。正是这种高温会导致煤尘连续爆炸。煤尘爆炸使爆源周围气体浓度骤然上升,从而使气体压力突然增大。实验巷道爆炸压力测定结果见表 10-4-1。

表 10-4-1　　　　　　　　　　　　　　煤尘爆炸压力

距爆源点距离/m	爆炸压力/kPa	
	有障碍物	无障碍物
91.5	157.9	31.4
120.9	571.9	45.1
137.2	1048.7	109.9

在矿井发生的煤尘爆炸事故中,表现出离爆源越远而破坏越严重的特点。在沉积煤尘较严重的井下巷道中,爆炸压力将随着距爆炸源的距离的延长会跳跃式地增大。在爆炸扩展过程中,如果遇到障碍物或巷道断面突然变化以及拐弯时,则爆炸压力将增加得更大。

2. 爆炸的冲击波及火焰

爆炸冲击波分为正向冲击波和反向冲击波。

(1)正向冲击波

煤尘爆炸时产生的高温高压,促使煤源周围的气体及爆炸火焰以极快的速度向外扩散冲击,形成强大的冲击波,造成人员的伤亡、机械设备及巷道的破坏等。这种破坏力极强的扩散冲击称为正向冲击波,其冲击波速度最大可达 2 340 m/s。

(2)反向冲击波

因煤尘爆炸在爆源附近的火焰和气体高速向外冲击,加上爆炸时产生的部分水蒸气凝结,所以瞬时间就会在爆源附近形成气体稀薄的低压区或负压区,导致被挤压的爆炸烈焰和高温气体高速度返回爆源,从而形成反向冲击波。虽然反向冲击波比正向冲击波能量较弱,速度减缓,但其燃烧力强,生成的有毒气体浓度较高(一氧化碳浓度可达 6%),而且它是沿着已经遭到破坏区域的反冲击,因此其破坏性更大。

3. 生成有毒有害气体

煤尘爆炸会产生大量的有毒有害气体。如果反应充分,主要是产生有害的二氧化碳(CO_2)气体,当反应不充分时,就会产生相当多的剧毒一氧化碳(CO)气体。据测定,生成的一氧化碳浓度高达 2%~3%,有时甚至达 6%~8%。而《规程》规定:在井下空气中的 CO 最高容许浓度为 0.002 4%。所以,煤尘爆炸时,大量人员伤亡,多半是一氧化碳中毒造成的。因此,入井人员应携带自救器。

4. 产生焦皮渣和黏块

对于结焦煤尘(气煤、肥煤及焦煤的煤尘),在煤尘爆炸时,只有一部分煤尘完全烧成灰烬,其余的仅仅表面烧焦,形成一种独特的、烧焦的皮渣或黏块,黏附在支护棚架、煤壁岩帮或顶板等上面。如图 10-4-3 所示,皮渣是烧焦到某种程度的煤尘的聚合体,其形状呈椭圆形,黏块的断面形式呈三角形,其厚度有时达几厘米。

（a）　　　　　　　（b）

图 10-4-3　煤尘的黏块和皮渣形式
(a) 煤尘的黏块;(b) 烧焦的煤尘的皮渣

根据煤尘爆炸产生的皮渣和黏块在支柱上的位置,可以直观判断煤尘爆炸的强度。判断结果见表 10-4-2。

表 10-4-2　　　　　　　　　　　　煤尘爆炸强度的直观判断

爆炸强度类别	传播速度	皮渣和黏块在支柱上的位置
弱爆炸	较慢	支柱两侧,迎风侧较密
中等强度爆炸	较大	主要在支柱的迎风侧
强爆炸	极大	支柱的背风侧,迎风侧有火烧痕迹

皮渣和黏块是煤尘爆炸或瓦斯煤尘爆炸区别于瓦斯爆炸的主要特征。

对于不结焦煤尘,在煤尘爆炸时,它的挥发分含量必将减少,利用这一特点也可以判断煤尘是否参与了爆炸。

5. 煤尘爆炸具有传播效应

煤尘爆炸过程大致可分为三个阶段。第一阶段:煤尘爆炸刚刚形成。此时,爆炸冲击波速度要明显高于爆炸火焰速度,从时间上看,冲击波速度要快 1 s 左右,在距离上体现为火焰滞后于冲击风流约 100 m。此阶段的动压可达 0~1.1 bar;静压:0~1 bar。这样的结果是:超前的冲击波促使沉积煤尘扬起弥漫于整个巷道空间而达到爆炸浓度,当火焰到来时就会引起煤尘的二次爆炸。第二阶段:由于爆炸连续进行,其爆炸强度也不断增加,此时,爆炸的动、静压可分别达到 0.1~2.5 bar 与 1.0~5.0 bar,火焰滞后时间减小到 200 ms 左右,滞后距离大致为 80 m。在此阶段传播效应仍维持着,爆炸强度也越来越大。当巷道内有充足的沉积煤尘时,爆炸强度迅速增加,达到第三阶段,即烈爆阶段。在此阶段中,火焰传播速度已十分接近冲击波速度(时间上只差 1 ms,距离仅差 1 m 左右),动、静压也分别达到 2.5 bar 与 5 bar 以上。

在煤尘爆炸的传播过程中,巷道中相对固定点的气体运动方向不是固定不变的。由于压力波的后稀疏作用,以及压力波遇到不同物质密度的交界面时的反射作用,巷道中的气体运动方向会发生多次逆转,即会出现所谓的反向冲击现象。

6. 煤尘爆炸的感应期

从煤尘受热分解产生足够数量的可燃气体到形成爆炸所需的时间,称为煤尘爆炸的感应期,一般为 40~250 ms。它主要取决于煤尘的挥发分含量,挥发分越大,感应期越短。

四、影响煤尘爆炸的主要因素

煤尘爆炸受到诸多因素的影响。有些因素能提高其爆炸危险性,而有些因素则能抑制和减弱其爆炸危险性。认识并掌握这些影响因素,对于预防和避免煤尘爆炸事故的发生,有着很重要的作用。

1. 煤尘的可燃挥发分

煤尘的可燃挥发分是煤尘爆炸性的重要影响因素。一般情况下,挥发分越高,煤尘越易发生爆炸,爆炸的强度也越高。煤尘中的挥发分主要取决于煤的变质程度。煤变质程度越低,挥发分含量越高;煤变质程度越高,挥发分含量就越低。我国各种牌号的煤尘挥发分含量依次增高的顺序为无烟煤、贫煤、焦煤、肥煤、气煤、长焰煤和褐煤,具体参见表 10-4-3。

表 10-4-3 不同煤质的挥发分含量

类别	无烟煤	贫煤	瘦煤	焦煤	肥煤	气煤	弱黏结煤	不黏结煤	长焰煤	褐煤
挥发分含量/%	0~10	10~20	14~20	14~30	26~>37	30~>37	>37	>37	>37	>40

另外,还常用可燃挥发分指数(V_{daf}),又称为煤尘爆炸指数,作为判断煤尘爆炸强弱的一个指标。其计算式如下:

$$V_{daf} = \frac{V_{ad}}{100 - A_{ad} - M_{ad}} \times 100\%$$ (10-4-1)

式中 V_{daf}——可燃挥发分指数,%;

V_{ad}——工业分析煤样的挥发分,%;

A_{ad}——工业分析煤样的灰分,%;

M_{ad}——工业分析煤样的水分,%。

可燃挥发分指数越高,煤尘的爆炸性越强,煤尘的爆炸下限也越低,其变化规律如表 10-4-4 所示。

表 10-4-4 可燃挥发分指数与爆炸性的关系

可燃挥发分指数/%	<10	10~15	15~28	>28
爆炸性	一般不爆	较弱	较强	强烈

应该注意,此方法仅仅用来判断煤尘爆炸的强弱,不能以此作为判断煤尘是否爆炸的根据。这是因为煤的成分很复杂,影响煤尘爆炸的因素也很多,同一类煤的挥发分成分和含量也不一样。有的煤尘可燃挥发分指数虽高于10%,却无爆炸危险。例如,四川松藻二井煤尘可燃挥发分指数为12.92%,但该井煤尘经实验确定为无爆炸危险的煤尘。有的煤尘可燃挥发分指数虽低于10%,却具有爆炸危险。例如,萍乡矿务局青山煤矿煤尘可燃挥发分指数为9.05%,但该矿煤尘经实验定为有爆炸危险的煤尘。

2. 煤尘的水分

煤尘中的水分对尘粒起着粘结作用,使颗粒变大,从而降低了煤尘的飞扬能力。同时,水分起着吸热降温的作用,降低了煤尘的燃烧和爆炸性,因此,煤尘的水分只是在煤尘起爆时有抑制作用。煤尘爆炸一旦发生,煤尘本身的水分所起的抑制和减弱煤尘爆炸的作用就显得微不足道了。根据实验,即使含水分25%的煤尘,其湿润程度已呈稠泥状,它仍能参与强烈的爆炸。

3. 煤尘的灰分

煤尘中的灰分是不可燃物质。灰分能吸收热量起到降温阻燃的作用,并能阻止煤尘飞扬,使其迅速沉降,以及对煤尘爆炸的传播起到隔爆作用。煤尘中的灰分对煤尘爆炸性的影响见表10-4-5。

表 10-4-5　　　　　　　　　　　灰分对煤尘爆炸性的影响

煤尘的灰分/%	煤尘爆炸性
<20	影响不大
30~40	显著减弱
60~70	失去爆炸性

4. 煤尘的粒度

一般情况下,煤尘分散度越高,粒径越小,接触空气的表面积越大,煤尘对空气分子的吸收性就越强,就容易受热和氧化,也加快了煤尘释放可燃气体的速度。所以说,煤尘粒度越小,爆炸性越强。试验表明:粒径小于100 μm 的煤尘都能参与爆炸,粒径小于75 μm 的煤尘是爆炸的主体。但是,粒径小于30 μm 的煤尘,其爆炸性增强的趋势较平缓,当粒径小于10 μm 时,煤尘爆炸趋于减弱。这是由于过细的煤尘,极易在空气中迅速被氧化成灰烬所致。

5. 煤尘的浓度

煤尘的浓度是决定煤尘由燃烧能否转为爆炸以及爆炸性强弱的重要条件。其规律如下:超过30~45 g/m³(煤尘爆炸的下限浓度),则随着煤尘浓度增加,爆炸强度也增大;而当浓度达300~400 g/m³(煤尘爆炸威力最强的浓度)后,则随着煤尘浓度增加,爆炸强度将减弱;当煤尘浓度超过1 500~2 000 g/m³(爆炸的上限浓度)时,就不会发生爆炸。

根据煤尘在空气中完全燃烧的反应式: $C+O_2=CO_2$,即12 g的碳与32 g的氧为完全反应,1 m³ 空气含氧量为1 293 g/m³×23%=297.39 g/m³,煤尘在空气中爆炸反应最强含量为32:297.39=12:X,X=112 g/m³。而据实验测定空气中煤尘含量为300~400 g/m³时,爆炸威力最强。

6. 井下空气中的瓦斯含量

井下空气中瓦斯的存在,会降低煤尘爆炸的下限浓度,瓦斯浓度越高,煤尘爆炸的下限浓度就越低。瓦斯浓度与煤尘爆炸下限的关系见表 10-4-6。

表 10-4-6   瓦斯浓度与煤尘爆炸下限的关系

空气中的瓦斯浓度/%	0.5	1.0	1.5	2.0	2.5	3.0
煤尘爆炸下限浓度/(g/m³)	35	28	22	16	10	6

辽宁省煤矿研究所曾对不同挥发分含量的煤尘试样分别在不同瓦斯浓度下进行爆炸实验,其结果如图 10-4-4 所示。图中表明:曲线 1、2、3、4 指挥发分较高的煤尘,在没有瓦斯存在的条件下,也能够单独爆炸。而曲线 5、6、7、8 指中等挥发分含量的煤尘,单独不易爆炸,只有在瓦斯浓度达到一定数值时,才能爆炸。由此可以看出,尽管煤尘的挥发分含量不同,但瓦斯的存在都可使煤尘爆炸下限降低。

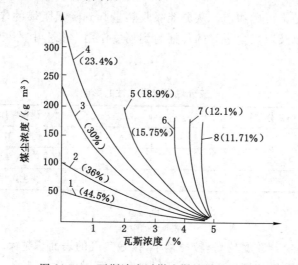

图 10-4-4   瓦斯浓度对煤尘爆炸性的影响

7. 引爆热源和爆炸环境

对于任何一种爆炸性煤尘,其能够发生爆炸,环境温度必须达到或超过最低点燃温度。引爆热源的温度越高,能量越大,就越容易引燃煤尘,且初始爆炸强度也越大;反之,温度越低,能量越小,则引燃煤尘的可能性也就越小,即使能引起爆炸,其威力也不大。

煤尘爆炸的空间状况对煤尘爆炸的强烈程度也有很大的影响。例如,爆炸空间的形状和容积的大小,空间的长短和断面积大小及其变化情况,空间内有无障碍物,通道中间有无拐弯等,都对爆炸的发展有一定的影响。

五、煤尘爆炸的预防

(一)预防煤尘爆炸技术措施

预防煤尘爆炸的措施,概括起来有三个方面:即防止浮游煤尘飞扬;防止沉积煤尘重新飞扬并参与爆炸;防止产生引爆火源。

应将设法减少生产过程中煤尘的生成量,降低浮尘和落尘量,作为防止煤尘爆炸的根本性措施。通常所讲的防止煤尘爆炸措施,主要是针对沉积煤尘参与爆炸而采取的防爆措施。

我国《规程》规定,必须及时清除巷道中的浮煤,清扫或冲洗沉积煤尘,定期撒布岩粉;应定期对主要大巷刷浆。

1. 防止浮游煤尘飞扬

发生煤尘爆炸的条件是必须存在高浓度煤尘云,而消除可爆性煤尘云的飞扬状态就消除了煤尘爆炸的一个重要产生条件。因而采取湿式作业、喷雾洒水、煤层注水预湿煤体等降尘措施,就是要控制煤尘飞扬,预防煤尘爆炸事故的发生。此外,合理的巷道风速有利于浮游粉尘沉降到巷道底板,不同颗粒直径的粉尘,都存在一个最优排尘风速。

2. 防止沉积煤尘重新飞扬参与爆炸

(1) 清扫和冲洗

① 对输送机巷道、运煤转载点附近、翻罐笼附近及装车站附近等地点的沉积煤尘定期进行清扫,并将堆积的煤尘和浮煤清除出去。一般情况下,正常通风时,应从入风侧由外往里清扫,并尽量采用湿式清扫法。

② 对沉积强度较大的巷道,可采取水冲洗的方法,冲洗时,可选择软管或水车冲洗,应保证每平方米巷道冲洗水量不小于 2 L。井下所有管路每 100 m 必须预留接洒水管的三通,并采取措施确保防尘管路中的水压、水量等符合防尘要求。冲洗巷道的周期按煤尘的沉积强度及煤尘爆炸的下限决定。所谓煤尘沉积强度是指每天每立方米巷道空间中煤尘沉积的质量(克)大小而言的。在距尘源 30 m 的范围内,沉积强度大的地点,应每班或每日冲洗 1 次;距尘源较远或沉积强度小的巷道,可几天或一周冲洗 1 次;运输大巷可半月或 1 个月冲洗 1 次。

(2) 撒布岩粉

在开采有煤尘爆炸危险的矿井,定期在巷道内撒布惰性岩粉,增加沉积煤尘的不燃成分,这也是防止煤尘爆炸的重要措施。

撒播岩粉对防止煤尘爆炸的作用是:处于落尘层面上的岩粉,能阻止煤尘飞扬;随同煤尘一起飞扬的岩粉能吸热并使爆炸的反应链断裂。

爆炸火焰对泥岩粉的化学组分无大的影响,但对石灰岩粉的影响较大。当爆炸产生 800 ℃ 以上高温时,石灰岩粉能分解出 CO_2 和 CaO,并吸收一定的热量,可降低火焰温度。此外,生成的 CO_2 量占比达 4% 时,可降低爆炸程度,抑制火焰的传播。英国的试验证实,1 kg 煤尘需 2.08 kg 泥岩粉才能惰化,而用石灰岩粉只需 1.35 kg。

① 撒布岩粉应符合《煤矿安全规程》和《煤矿井下粉尘防治规范》的有关规定。井下所有运输和回风巷,穿过具有煤尘爆炸危险煤层的石门,经常有煤尘沉积发生的地点及工作面下出口(除非巷道潮湿煤尘水分大于 12%)都必须定期撒布岩粉。撒布岩粉的巷道长度,不得小于 300 m,如果巷道长度小于 300 m 时,全部巷道都应撒布。撒布岩粉可采用手工撒布法和压气喷撒法。操作人员应站在风流的上方,巷道的所有表面包括顶、帮、底以及背板后暴露处,都应用岩粉覆盖。巷道内煤尘和岩粉的混合粉尘中,不燃物质组分不得低于 80%;如果巷道风流中含有 0.5% 以上的瓦斯,则不燃物质的组分不得低于 90%。

② 岩粉撒布周期,按下式计算:

$$T = \frac{W}{P} \tag{10-4-2}$$

式中　T——岩粉撒布周期,d;

　　　W——煤尘爆炸下限浓度,g/m³;

　　　P——煤尘的沉积强度,g/(m³·d)。

③ 岩粉(包括岩粉棚的岩粉)的质量,应符合下列要求:

A. 可燃物的含有率不超过 5%;

B. 游离二氧化硅含有率不超过 10%;

C. 不含有任何有害或有毒的混合物(如磷、砷等);

D. 岩粉的粒度必须全部通过 50 目筛(小于 0.3 mm),其中 70%以上通过 200 目筛(小于 0.075 mm)。一般采用石灰石($CaCO_3$)岩粉。

撒布岩粉用量一般以岩粉和煤尘的混合物中不燃物质的含量而定,对于瓦斯煤层不得低于 80%,非瓦斯煤层不得低于 70%。国外实验表明,不同类型巷道的岩粉撒布量并不是一个定值,而应以沉积煤尘的挥发分含量为标准确定岩粉的撒布量(具体见表 10-4-7)。

④ 撒布岩粉的巷道,应遵守有关规定,定期进行取样检查。

表 10-4-7　　　　　　　　　积尘挥发分含量与岩粉的撒布量关系表

挥发分含量/%	20	25	30	35
岩粉的撒布量/%	>50	>60	>68	>72

(3) 巷道刷浆

运输大巷刷石灰浆,一般每年应组织 1 次。巷道刷浆有利于巷道附着煤尘时及时发现和处理,同时,利用浆液的黏结作用,使沉积煤尘黏结,失去飞扬能力。刷浆所用石灰浆为生石灰和水按 1:15(体积比)配制,将石灰倒入水中搅拌后,把粒径大于 0.8 mm 石灰渣滤除,倒入盛浆密封容器或喷浆车,利用气压或泵压进行喷洒刷白,喷浆应保证浆膜均匀,用浆量可按每平方米 0.6~0.8 L 计算。

国外广泛应用黏结法作为防止煤尘爆炸的补充措施。能用于刷浆的材料除了石灰水外,也可用吸水物质 $NaCl$、$CaCl_2$、$MgCl_2$ 等制成粉状或加湿润剂做成糊状,撒在或喷洒在沉积煤尘的巷道中。如德国在 20 世纪 70 年代开始用浓度为 32%的 $CaCl_2$ 溶液黏结巷道积尘,取得良好效果。由于 $CaCl_2$ 具有潮解性和吸湿性,当 $CaCl_2$ 用量达到 228 g/m² 时,使用 160 天后,其黏结性依然良好。前苏联也在 $CaCl_2$ 溶液中加入非离子性湿润剂,或在 $NaCl$ 溶液中加入 27%的 $CaCl_2$,均匀喷洒在巷道壁面上,也能使巷道保持长期潮湿。

3. 防止产生引爆火源

(1) 消除井下明火

明火作业是井下安全生产的最大隐患。要消除井下一切引爆火源,首先就要严格执行《规程》关于消除明火的规定,井口要建立入井检查制度,禁止携带烟草及点火工具下井;井口房和主要通风机房附近 20 m 内禁止用烟火和炉火取暖;井下禁止使用电炉和大灯泡取暖,井下和井口房内不准从事电焊、气焊和喷灯焊接等工作;在井下发现煤层自燃时应立即采取措施加以扑灭。

(2) 消除瓦斯引燃

近年来,由于防尘供水系统的健全,生产中产生的煤尘得到较好的湿润,单纯的煤尘爆炸事故已不多见,但由瓦斯燃烧或爆炸造成的煤尘爆炸事故还时有发生,因此预防并及时处理瓦斯超限和积聚,防止瓦斯燃烧或爆炸引起煤尘爆炸。消灭瓦斯超限和积聚,主要是要保证矿井及各工作场所风量充足,实行分区通风、合理配风,禁止不合理的串联通风、采空区通风和扩散通风,对于已积聚瓦斯的巷道要及时按规定予以排放。要加强通风管理,提高通风设施的质量,减少漏风。在瓦斯管理上,要完善监测手段,装备自动化的监测设施,禁止微风或无风作业,巷道中不得有积聚瓦斯的空洞和独头盲巷,掘进巷道不得出现循环风流。贯通巷道或贯穿采空区时,都必须严格检查瓦斯,不得有超限、积聚现象。总之,防止瓦斯事故要严格执行好国家安全生产监督管理总局近年来一直要求的"以风定产,先抽后采,监测监控"方针。

（3）消除放炮火焰

放炮喷出火焰或残燃物飞散,是引起煤尘爆炸的一个重要原因,因此要加强对火药和放炮的管理。放炮必须使用煤矿安全炸药,并按规定充填炮泥和装药,严禁放明炮和放糊炮。

（4）消除电器失爆

井下使用的所有电气设备,都必须按规定采用隔爆型设备,电气防爆设备要及时检查维修,严禁失爆,切实把好电气设备的入井关、安装使用关、维护检修关,保证电气设备的防爆性能和综合保护的灵敏可靠,严禁带电作业,杜绝"鸡爪、羊尾"等不合格的电缆接头。井下供电应严格按《规程》有关规定执行。

（5）消除其他火源

斜巷运输应有防止跑车的保险装置,以防发生跑车事故时摩擦起火;对高瓦斯区域和高瓦斯工作面还应有防止金属支柱或轨道碰撞产生火花的技术措施;必须采用阻燃运输胶带,防止胶带长期摩擦造成发热着火;对井下所用油脂品要落实专人管理;采取措施消除采空区及井下其他地点产生 35 ℃以上的高温和煤炭自然发火。

（二）预防煤尘爆炸组织措施

（1）矿井的各级领导都必须坚持"安全第一,预防为主,综合治理"的安全生产方针,切实把这一方针贯穿到生产的全过程中去,摆正安全与生产的关系,坚决杜绝在条件不成熟、措施不落实、安全监察不到位的情况下,盲目赶产量、抢任务而组织生产。

（2）加强爆破管理,严禁打浅眼、放糊炮、明炮以及封泥不足、不用水炮泥等不符合有关规定的爆破作业,爆破作业必须执行"一炮三检"和"三人联锁爆破"制度。爆破工还要加强火药管理,禁止火药的乱拿乱放。

（3）各矿井必须长期坚持"一通三防"齐抓共管责任制,做到量化细化,通风安监部门要对责任制度执行情况定期进行考核,做到有奖有罚,以真正发挥"齐抓共管"安全保障网络的作用。

（4）各矿井必须将煤矿安全质量标准化工作当作一项重要的基础工作来抓。一个综合防尘达标的矿井可以从根本上防止煤尘爆炸事故的发生。

（5）采取多种培训形式,切实加强对特殊工种的工人和通防专业管理干部、专业技术人员的培训和教育,使他们不仅懂得瓦斯、煤尘爆炸的危害,而且还要掌握发生瓦斯、煤尘爆炸的原因及其规律。同时要求各矿把职工的冒险蛮干行为以及造成的危害收集汇编作为教训加以解剖分析,使职工得到借鉴和警戒,从而防止类似事故的发生。

（6）建立奖罚制度。对防尘、爆破工作做得好的集体和个人,要进行奖励,对那些不遵守防尘制度,违章放炮者,给予必要的处分和经济制裁,以利于此项工作的开展,保证矿井的安全生产。

第五节　矿尘治理方法

一、采煤工作面矿尘治理

（一）煤层注水防尘

煤层注水是采煤工作面最重要的防尘措施,它是在回采前预先在煤层中打若干钻孔,通过钻孔注入压力水,使其渗入煤体内部,增加煤的水分和尘粒间的黏着力,并降低煤的强度和脆性,增加塑性,减少采煤时煤尘的生成量;同时将煤体中原生细尘黏结为较大的尘粒,使之失去飞扬能力。

煤层的湿润过程实质上是水在煤层裂隙和孔隙中的运动过程,是一个复杂的水动力学和物理化学过程的综合。水在煤层中的运动可以分为压差所造成的运动和它的自运动。压差所造成的运动是水在煤层中沿裂隙和大的孔隙按渗透规律流动。自运动与注水压力无关,它取决于水的重力和水与煤炭的化学的、物理化学的作用。自重使水在裂隙与孔隙内向下运动;化学作用是水作用于煤层内的无机和有机的组分,使之氧化或溶解;物理化学作用包括毛细管凝聚、表面吸着和湿润等。压差和重力造成的水渗透流动,时间不长,范围不大,湿润效果不高,一般只能达到 $10\%\sim40\%$。物理化学作用是煤层湿润的主导作用,可以持续很长时间,并能使煤体均匀、充分地湿润,将湿润效果提高到 $70\%\sim80\%$。此外,煤层注水破坏了煤体内原有的煤-瓦斯体系的平衡,形成了煤-瓦斯-水三相体系,这个体系内各个介质间发生着相互作用。

水在煤层中的运动,主要是注水压力、毛细管力和重力三种力综合作用克服煤层裂隙面的阻力、孔隙通路的阻力和煤层的瓦斯压力。

注水后的煤层,在回采及整个生产流程中都具有连续的防尘作用,而其他防尘措施则多为局部的。采煤工作面产量占全矿井煤炭总产量的 90%,因此煤层注水对减少煤尘的产生,防止煤尘爆炸,有着极其重要的意义。

（二）机采工作面综合防尘

机采工作面包括普采工作面、高档普采工作面和综合机械化采煤工作面。普采工作面和高档普采工作面所有防尘措施在综采工作面中都会用到,除此之外,综采工作面(特别是综采放顶煤工作面)还需采取一些其他的防尘措施。因此,本节主要讨论综采工作面(综采放顶煤工作面)的综合防尘。目前,综合机械化采煤工作面是现代化矿井井下的主要尘源,必须采取综合防尘措施。除采用煤层注水或采空区灌水预湿煤体的技术外,还必须通过以下几个方面的技术途径减少矿尘的产生量,降低空气中的矿尘浓度:

①　对采煤机的截割机构应选择合理的结构参数及工作参数;

②　对采煤机需设置合理的喷雾系统与供水系统;

③　采用合理的通风技术及最佳排尘风速;

④　为液压支架设置移架喷雾系统;

⑤　对放煤口必须设置喷雾洒水系统;

⑥　对煤炭输送、转载及破碎机破煤等生产环节应采取有效的防尘措施;

⑦ 采煤机司机、移架工、放煤工等离尘源近,接触矿尘较多的人员,必须作好个体防护措施。

1. 采煤机喷雾降尘

采煤机喷雾降尘系统是直接降低机采工作面产尘量的最关键的装置,对采煤机喷雾降尘装置必须经常维护,确保对采煤机割煤时产尘的有效抑制作用。

(1)喷雾系统

① 喷雾冷却系统

喷雾冷却系统分为以下三类:

第一类:只设内喷雾和冷却系统,而不设外喷雾系统。水进机组总水门后分成两路:一路不减压而直接供内喷雾;另一路减压后经过电机及牵引部冷却器,然后放掉。

第二类:设内、外喷雾和冷却系统。水的分配有以下 2 种方式:

水进机组总水门后分成两路:一路不减压而直接供内喷雾;另一路减压后分成两个支路:一支路经过电机和牵引部冷却器供外喷雾;另一支路直接供外喷雾。DY-150 型采煤机即属于这类系统。

水进入机组,经分配器分成四路:第一、二路经左、右截煤部管路到左、右滚筒和挡煤板上的内、外喷雾喷嘴;第三路经牵引部冷却器到左截煤部的外喷雾喷嘴;第四路经电动机的冷却套到右截煤部外喷雾喷嘴。MLS$_3$-170 型采煤机即属于这类系统,如图 10-5-1 所示。

第三类:只设外喷雾和冷却系统,不设内喷雾系统。水进入机组总水门后分成两路:

一路直接供外喷雾;另一路经过电机和牵引部冷却器供外喷雾。

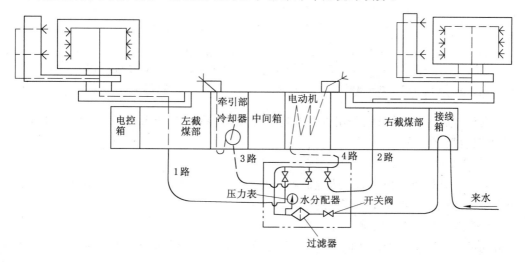

图 10-5-1 MLS$_3$-170 型采煤机的冷却与喷雾系统

需要指出的是,由于《煤矿安全规程》2016 版第 647 条规定:采煤机必须安装内、外喷雾装置。割煤时必须喷雾降尘,内喷雾工作压力不得小于 2 MPa,外喷雾工作压力不得小于 4 MPa,喷雾流量应当与机型相匹配。如果内喷雾装置不能正常喷雾,外喷雾压力不得小于 4 MPa。无水或喷雾装置不能正常使用时必须停机。因此,近年来生产的采煤机都已采用兼具内、外喷雾的喷雾洒水降尘系统。

② 内喷雾送水方式

采用内喷雾时必须把压力水送到旋转的滚筒上，其送水方式基本上有内部送水和外部送水2种。内部送水是从空心滚筒轴中送水;外部送水是从挡煤板架处将水送进滚筒。

把压力水送进喷嘴的送水方式，有外铺管式和内通道式两种。前者是将水管绕焊在叶片非运煤的侧面上，通过水管送水;后者是通过叶片内部的通路供水。

(2) 喷雾降尘效果

滚筒采煤机的喷雾降尘效果与采用的喷嘴类型、型号、喷嘴的布置、喷雾参数、煤尘性质及割煤方向等很多因素有关。因此，各个国家或不同矿井所取得的降尘效果均有差异。在不同的采煤机上，采用 PZ 型喷嘴和符合要求的喷雾参数时，全尘的降尘率达 80%～86%。德国对 EDW300L 型滚筒采煤机组采用各种喷雾方式的降尘效果进行了考察，结果表明:内、外喷雾再附加喷嘴喷雾，其降尘率最高，但对呼吸性矿尘的降尘率也只有 70%左右;其次是内喷雾加外喷雾，降尘率为 65%以上;只用内喷雾时，降尘率为 62%;只用外喷雾时，降尘率为 52%，如图 10-5-2 所示。

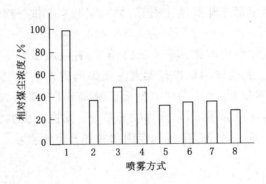

图 10-5-2　各种喷雾方式的降尘率

1——无喷雾;2——内喷雾;3——外喷雾;4——挡板上喷雾;5——内喷雾加外喷雾;

6——内喷雾加喷嘴喷雾;7——外喷雾加喷嘴喷雾;8——内、外喷雾加喷嘴喷雾

国内外经验表明，采煤机采用内外喷雾相结合，并将大部分水(60%～80%)用于内喷雾，均可获得良好的降尘效果。

2. 通风排尘

通风排尘是采煤工作面综合防尘措施中的一个重要方面。它是通过选择工作面的通风系统和最佳通风参数以及安装简易的通风设施来实现的。

(1) 矿尘在井巷中的沉降分布

流动的空气除了平均风速以外，还存在着脉动风速。脉动风速一方面促进尘粒扩散下沉，另一方面又能阻止尘粒的重力沉降。所以风流中的尘粒沉降比静止空气中的尘粒沉降复杂，现在多用经验公式计算。

尘粒在流动空气中的沉降速度仍然与粒径的平方成正比。沉积矿尘(以煤尘为例)在井巷内的分布，经观察察得知:悬浮于空气中的煤尘一部分随风流带出矿井，而大部分却沉积在井巷里，回风巷内沉积量最多;从尘源开始，粒径大的先沉积下来，粒径小的则随风漂流沉积在较远的地方;就巷道断面来看，沉积在巷道顶板和两帮的矿尘粒径小的较多，而底板上的矿尘粒径大的较多，它们的重量分布是底板上最多、两帮次之、顶板最少。

(2) 选择最佳通风参数，保证通风排尘效果采煤工作面浮游矿尘的形成和扩散,受工作面风速和运动形式主宰,决定通风除尘效果的主要因素是风速。当采煤机组及与其配套的液压支架以及工作面通风系统确定之后,工作面的断面和相应的风速即确定了下来,此时如果风速过低,微细矿尘不易排除;过高则落尘会被吹起,将增大空气中的矿尘浓度。因此从工作面防尘角度出发,有一最佳排尘风速,其值的大小随开采煤体的水分、采煤机的生产能力和采取的其他防尘措施的不同而不同。例如煤层注水后煤体水分增加 1% 时,最优排尘风速要增加 0.1～0.15 m/s;采煤机能力每分钟增加 1 t,最优排尘风速应平均增加 0.065 m/s;当采取其他防尘措施的降尘效果达到98%～99% 时,风速可增加到 3～4 m/s。由于受如上所述各种因素的影响,各国煤矿的最佳排尘风速值不尽相同,而且不可能是一个恒定值。如原苏联规定回采工作面风速为1.5～3 m/s;美国矿业局实测表明:当工作面平均风速为 2.3～2.5 m/s 时,采煤机司机处的矿尘浓度最低,而风速超过 2.5 m/s 时,矿尘浓度又呈增高趋势(图 10-5-3);德国的实测结果也表明:当煤的湿度为 3%～4%(按质量百分比)、平均风速为 2.3～2.5 m/s 时,工作面的矿尘浓度最低(图 10-5-4),当风速大于 4.5 m/s 时,矿尘浓度增大,但当煤的水分增加为 5%～8% 时,影响就小些;我国一般认为采煤工作面最佳排尘风速为 1.4～1.6 m/s。

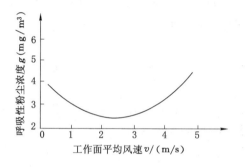

图 10-5-3 采煤机司机接触矿尘
浓度与风速的关系

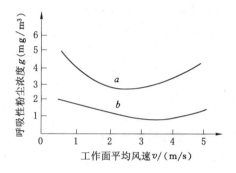

图 10-5-4 德国测定的风速与矿尘
浓度的关系

a——湿度为 3%～4%;b——湿度为 5%～8%

综上所述,最佳排尘风速一般为 1.5～4.0 m/s。实际上综采工作面的风速一般都超过了 1.5 m/s,瓦斯涌出量越大,风速越高,有的已达到 4 m/s(《煤矿安全规程》规定的采煤工作面允许最高风速)。为了适应高速通风的现状,必须加强防尘措施,以使最佳排尘风速与实际通风风速相一致。

3. 选择适宜的生产工艺

工人作业时遭遇的尘害威胁程度,往往和生产工艺有关。以采煤机割煤方式为例,采用单向割煤和双向(穿梭)割煤时产尘强度大不相同。

(1) 改进型单向割煤方式

为了减少采煤机司机的截尘量,单向割煤通常由下巷向上巷方向割煤,前滚筒切割顶煤,后滚筒切割底煤(俗称前顶后底方式),此时割煤方向与工作面风流方向一致,前后滚筒司机附近的矿尘浓度均低于由上巷向下巷的单向割煤时的浓度。但尽管如此,后滚筒割底煤时仍有矿尘危及司机,因此提出了改进型单向割煤方式。

所谓改进型单向割煤方式,是指当两端可调高滚筒采煤机由下巷向上巷方向割煤时(割煤行程),前滚筒切割整个采高,后滚筒空载运行或只切割少量底煤;底煤由后滚筒在采煤机从上巷向下巷方向回程时(清底行程)切割。采用这种方式,除采煤机在下巷口进刀外,通常可保证在其余作业时间内前后滚筒司机在新鲜风流中工作。这种方式的缺点是对移架工不利,因为移架必须在采煤机由上巷向下巷行驶时,以一定距离追机进行,致使移架工总是处于采煤机回风侧的含尘风流中。因此,改进型单向割煤方式更适合于单端可调高滚筒采煤机。

(2) 加强型双向割煤方式

采用双滚筒采煤机时,为提高单产和缩短控顶时间,一般采用双向割煤方式。但随着出煤量的增加,产尘量也将显著增加。为此,美国采用一种称为加强型双向割煤方式,采煤机使用直径分别为 152 cm 和 119 cm 的两个滚筒。当采煤机顺风割煤时,靠近回风巷侧的大直径(前)滚筒切割整个采高,靠近进风巷侧的小直径(后)滚筒空行;在逆风向割煤行程中,小滚筒切割煤层中间部分煤体,大滚筒切割顶煤和底煤。采用这种割煤方式,由于小滚筒截割速度较慢而且不装挡煤板,所以产尘较少,采煤机司机遭受尘害也较轻。

4. 抽尘净化

最有前途的空气除尘方法是吸尘,其主要优点是可以防止各种矿尘首先是最细的浮游矿尘的扩散和传播。吸入含尘空气,然后在空气净化装置中捕尘。

(1) 微型旋流集尘器

美国研制和使用的微型旋流集尘器由多个微型旋流集尘管和喷雾器组成。它可安装在采煤机上,与通风机串联使用(图 10-5-5)。

当含尘风流由位于采煤机底托架和采煤机两端的集尘器入口抽入时,空气和煤尘与喷雾器形成的水雾相混合,煤尘遇水后落在各旋流管的内壁上,变成煤泥排出,从而使空气得到净化。

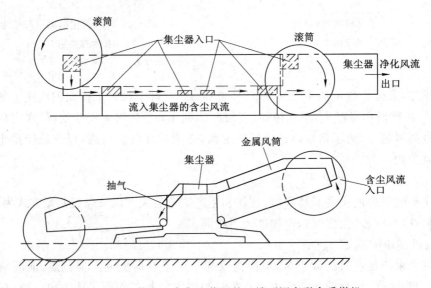

图 10-5-5　装有一套集尘装置的双端可调高联合采煤机

(2) 过滤除尘器

英国诺顿煤矿机采工作面采用的过滤除尘器如图 10-5-6 所示。煤尘被吸入带网罩的导流筒中,然后经纤维过滤器过滤,煤尘沉积在除尘装置中,可随时清除。这种除尘器用于某些特殊场合,例如截割断层和偶然截割顶板时,即使对采煤机截割部采取内外喷雾也难以将空气中的矿尘浓度降下来,可采用过滤除尘装置。实测表明,当采高 1.8 m、进风量 5 m³/s、除尘器的处理风量 0.6 m³/s 时,除尘率达 62%,如再加上内外喷雾措施,工作面的矿尘浓度将会大为降低。

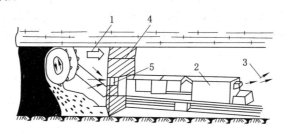

图 10-5-6　机采工作面过滤除尘器除尘

1——主风流;2——除尘装置;3——净化后风流;4——防尘罩;5——导流筒

（3）工作面回风流的除尘器除尘

原苏联煤机所为扩大矿用吸尘器的应用范围,研制成功用于采煤工作面回风流除尘的捕尘装置。装置的技术性能为:除尘系数不少于 0.98;能力为 150 m³/min;耗水量 15 L/min;需要的额定功率 15 kW,噪音级 85 dB,装置（连同消音器）长度 1 775 mm。

这种捕尘装置在一个采用下行通风的刨煤机工作面试验,安设在运输机平巷,它是一个带有消音器的吸尘器,挂在工作面输送机的传动装置上,并和它一起在平巷输送机上方移动,这就使它与产尘源（从工作面输送机向平巷输送机上转载煤）保持恒定的距离。该装置外形尺寸较小,便于安装,能改善采区的劳动卫生条件。

二、掘进工作面矿尘治理

在巷道掘进过程中的破岩方式主要有爆破方式（打眼爆破）和机械方式两种。下面分别论述破岩过程中的防尘措施。

（一）爆破破岩方式防尘技术

采用爆破破岩方式主要包括打眼和爆破两个工序,防尘技术主要有:

1. 打眼防尘

采用爆破破岩方式的第一道工序是钻眼,钻眼时产生的岩石矿尘必须及时排除。排粉方法有干式和湿式两种。

（1）湿式打眼

湿式打眼是岩巷掘进综合防尘的主要措施,也是防尘工作的起码要求。湿式排粉是将一定压力的水经由水针和钎子中心孔送入炮眼底部,以冲洗和湿润眼内岩尘,使岩粉在充分润湿后排出,这样能有效地防止矿尘飞扬,使空气中矿尘浓度从干式排粉的每立方米数千毫克降低到 10 mg/m³ 左右,再辅以其他综合防尘措施,就能使岩尘浓度达到《煤矿安全规程》所允许的 2 mg/m³ 以下,而达到降尘之目的。

（2）干式捕尘凿岩

干式排粉是将压气导入钎子中心孔送到炮眼底部将岩粉吹出,这种排粉法使工作面矿尘飞扬,对工人健康十分有害,易使工人患矽尘病。

在水源缺乏的矿井、冬季容易冰冻的地区或某些岩石不适合湿式打眼的条件下,以及在一些尚无供水设施的零散工程中,干式捕尘凿岩是降尘的有效措施。

2. 爆破防尘

用水炮泥代替黏土填塞炮眼,不但可以提高炮眼利用率,降低炸药消耗量,而且有显著的降尘效果。水炮泥制作简单,使用方便,成本低,为各国广泛采用。

水炮泥是用无毒、不燃的聚乙烯塑料薄膜热压成型,有刀把式和自封式两种结构。自封式水炮泥(图 10-5-7)性能较好,具有注水方便、迅速,封口严密不漏水的优点。

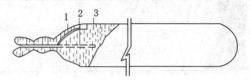

图 10-5-7 自封式水炮泥
1——逆止阀注水后位置;2——逆止阀注水前位置;3——水

爆破瞬间,部分水借助于爆破产生的压力压入煤层裂隙中湿润煤体,部分水在高温高压下汽化。放炮后瞬间,温度降低,水蒸气冷却成雾滴,碰撞、湿润尘粒,从而起到降尘的作用。

使用前,向袋内盛满高出作业地点气压 2~50 kPa 的压力水。在炮眼中的装填位置如图 10-5-8 所示。充填长度一般为装药长度的一半,眼外部用黏土炮泥填塞捣实,使水炮泥处于 100 kPa 正压状态。

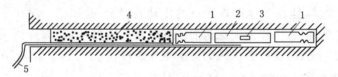

图 10-5-8 水炮泥装填示意圈
1——水炮泥;2——炸药;3——雷管;4——黏土炮泥;5——引爆导线

(二)机械破岩方式防尘技术

现在煤矿广泛使用掘进机进行机械方式破岩(煤)。掘进机按照适用的煤岩类别不同,分为煤巷掘进机、岩巷掘进机和半煤岩巷掘进机。其中以煤巷掘进机为主,主要适应于全煤巷道的掘进。岩巷掘进机主要适应于全岩巷道的掘进,半煤岩巷掘进机既适应于煤巷的掘进,又适应于半煤岩巷道的掘进。

掘进机主要由截割机构、装运机构、行走机构、转载机构、液压系统、喷雾除尘系统和电气系统等部分组成。

其中设有 3 MPa 的内喷雾及外喷雾装置,能较好地冷却截齿和提高灭尘效果。一般来讲,掘进机圆锥形截割头上装有镐形截齿。每条截割线上有两个截齿。内喷雾喷嘴对准截齿的硬质合金头。

图 10-5-9 为冷却喷雾系统。从图中可知,当水泵液压马达运转时,水泵从水箱内吸水,而排出的水经冷却器后分为两路,一路向内外喷雾系统供水,另一路通入截割电动机水套内,对电动机进行冷却后,经流量开关回水箱。当截割电动机冷却水流量低于 20 L/min 时,

流量开关自动动作,指示灯熄灭。

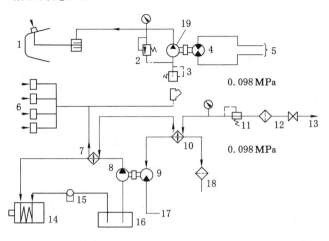

图 10-5-9 冷却喷雾系统

1——截割头内喷雾;2——压力调节阀;3——减压阀;4,9——液压马达;5——通往换向阀油路;
6——截割头外喷雾;7——水冷却器;8——水泵;10——油冷却器;11——减压阀;12——Y 型过滤器;13——供水;
14——截割电动机;15——流量开关;16——水箱;17——通往八联换向阀;18——通往油箱油路;19——喷雾泵

通过喷雾系统的水除了供应截割头外喷雾用水外,还被喷雾泵吸入,增压后向截割头内喷雾系统中的喷嘴供水,内外喷雾同时抑尘。

(三)添加湿润剂防尘

采用湿式打眼时,在水中添加湿润剂,可大大改善水对煤体和矿尘的湿润能力,提高降尘效果。这种防尘措施日益受到各国重视。

1. 湿润剂的除尘机理

湿润剂是由亲水基和疏水基两种不同性质基团组成的化合物。湿润剂物质溶于水中时,其分子完全被水分子包围,亲水基一端被水分子吸引而朝向水中,疏水基一端被水分子排斥而朝向空气中,于是湿润剂物质分子在水液表面上形成紧密排布的定向排列层,即界面吸附层。由于界面吸附层的存在,水的表面层分子与空气接触面积大大缩小,导致水溶液表面张力降低。同时,朝向空气的疏水基与矿尘粒子之间有吸附作用,因而把尘粒带入水中,使其得到充分湿润。

2. 湿润剂类型

湿润剂一般有阴离子型、阳离子型、非离子型之分。所谓离子型,是表面活性剂溶于水时能电离生成离子的湿润剂。凡不能电离、不生成离子的叫作非离子型湿润剂。常用阴离子型和非离子型湿润剂,单独使用阳离子型湿润剂的情况不多。

(四)干式过滤除尘技术

干式过滤除尘是指在抽出式风机的负压作用下,前方含尘气体经集气吸尘罩、负压风筒进入除尘系统过滤室,粉尘被捕集在滤筒外壁,清洁空气穿过滤筒进入净气室,随后经风机排出;当滤筒外壁捕集的粉尘过多时,会导致除尘系统运行阻力过大,此时需要进行脉冲喷吹清灰操作,将滤筒外壁的粉尘振落至除尘系统底部并由卸灰装置排出。

德国最早研制了掘进工作面干式袋式除尘系统。国内中国矿业大学安全工程学院率先研发了多种型号的矿用干式过滤除尘系统,如表 10-5-1 所示,全尘除尘效率高达 99% 以上,成功应用于掘进工作面、转载点和喷浆作业面等场所,尤其适用于西北部干旱缺水矿区以及煤岩松软矿区。

表 10-5-1 干式除尘器技术性能表

型号	净化风量/(m³/min)	吸风口直径/mm	除尘器阻力/kPa
KCG-200D	184~216	500	0.6
KCG-300D	276~324	600	1.2
KCG-400D	268~432	800	2.3

例如,干式过滤除尘系统应用在冀中能源葛泉煤矿,除尘系统出风口粉尘浓度 0~1 mg/m³(近零排放),设备全尘除尘效率达 99% 以上。另外干式过滤除尘系统在神宁集团羊场湾煤矿、淮南集团丁集煤矿、中铁四局京沈客专朝阳隧道等地均有应用,并具有良好的除尘效果。干式过滤除尘系统在掘进工作面的安装示意图如图 10-5-10 所示。布置方式如下:

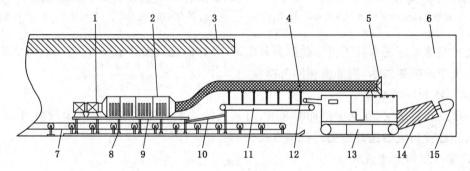

图 10-5-10 干式过滤除尘系统安装示意图

1——风机;2——除尘器;3——正压风筒;4——负压风筒;5——吸尘罩;6——掘进工作面;7——胶带输送机;8——滚轮;9——支架平台;10——连杆;11——转载机;12——风筒支架;13——掘进机;14——摇臂;15——切割头

(1)延伸胶带机机尾(轨道),将支架平台放置在胶带机机尾轨道上,支架平台下部安装滚轮、前端通过连杆与转载机连接固定在一起,骨架风筒通过风筒支架固定在转载机上方,实现支架平台、骨架风筒与转载机同步移动。

(2)除尘器出风口通过骨架风筒连接抽出式风机入口,除尘器和风机骑跨式安装在支架平台上,支架平台宽度与电机平台的宽度一致,长度以除尘器及风机的总长度为准。

(3)吸尘罩安装在掘进机摇臂后距离迎头 3 m 以内,通过骨架风筒与除尘器入风口连接在一起。

三、矿物运输及转载矿尘治理

在掘进过程中,采掘下来的煤炭、矿石都要经过转载、运输环节进行处理。转载运输的防尘方法主要包括喷雾洒水、捕尘以及泡沫除尘等技术。

(一)喷雾洒水

喷雾洒水降尘由于具有简单易行、经济,且降尘效果较好等突出优点,至今仍是国内外转载运输综合防尘的基本措施。特别是不同结构及控制方式的自动喷雾洒水装置,具有按需动作,控制较先进,应用广和降尘效果显著等特点,适宜现场采用。按照喷雾洒水方式的不同,常见的喷雾洒水方式主要有以下几种控制方式:机械式、磁控式和光电控制式自动喷雾洒水装置。

(二)捕尘

在德国等大型煤矿井下的固定式或半固定式装车点、输送机转载点及翻笼等处,装上防尘罩把尘源隔离,再抽出防尘罩中的高浓度含尘空气并进行净化,这种方法称为捕尘法。除尘器可以是湿式捕尘器或风水引射吸尘器。

不采取喷雾降尘措施时,设置防尘罩,从防尘罩中抽出含尘空气,并在捕尘器中将含尘空气加以净化。这种除尘系统的除尘效果主要取决于防尘罩的合理布置和正确决定有关的技术参数。

布置原则:

(1)抽尘管不能布置在溜槽的出口附近(图10-5-11),以避免将煤粉抽入抽尘管,并减小捕尘器的工作负荷,不能在出煤口很近的地方抽尘,以避免矿尘从防尘罩中跑出。

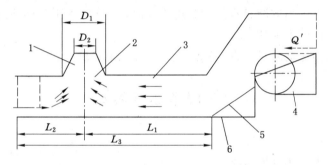

图 10-5-11 胶带输送机转载点防尘罩抽尘净化系统布置示意图

1——抽尘管;2——进气口;3——防尘罩;4——上胶带输送机;5——溜槽;6——下胶带输送机

(2)抽尘管的进气口应当布置在防尘罩中涡流强度高的含尘气流带之外,这个气流带位于防尘罩的上部、从溜槽算起的 $1.5B$ 范围内(B 为胶带的宽度)。

(3)在抽尘管的进气口附近要形成抽入空气的活性带。这个活性带的长度在垂直于进气口平面的方向上等于其直径,在进气口平面的方向上约等于其直径的 3 倍。抽入空气的活性带不应当在煤流引射的气流涡流带范围以内。

据苏联研究表明,煤沿溜槽掉落引射的空气量一般等于从防尘罩中抽出的空气总量的 $40\%\sim60\%$。

(三)泡沫除尘

苏联、波兰、美国等对泡沫除尘进行过大量研究,不仅应用于掘进机,采煤机工作时除尘,而且用于输送机转载点、矿车翻罐笼及原煤溜槽等处除尘。特别是运输那些难以湿润的煤炭或使用快速胶带输送机运输原煤的情况,更适合使用这种除尘方法。

1. 泡沫的产生及特性指标

泡沫的产生有物理方法和化学方法两种。用于除尘用的泡沫一般是用物理方法产生的空气机械泡沫。它是通过喷嘴将起泡能力很强的泡沫剂溶液均匀地喷洒于发泡网格上,在网孔上形成薄膜,再经风流的吹激,使每个网孔连续不断地形成气液两相的空气机械泡沫。

气流使泡沫离开网格,并沿着输送管流动,输往尘源处。在与矿尘的碰撞、隔离、湿润、沉积等多种机理的作用下,几乎可以捕集所有与之相遇的矿尘,特别是对微细矿尘具有很强的集聚能力。

影响起泡的因素不仅与起泡剂的物理化学性质有关,而且还与起泡的方法、系统的几何特征及起泡过程本身的动力特性有关,如液膜表面张力的大小、发泡气压的高低、风流速度、网格孔的大小及材质种类、喷射体雾粒大小及喷雾状态等。

表示泡沫特性的指标是泡沫的倍数(K)和强度(t)。

① 泡沫的倍数。泡沫的倍数可分为低倍数(5~50)、中倍数(50~200)、高倍数(>200)。

② 泡沫的强度。其是指泡沫的稳定程度,是以泡沫从产生的瞬时起到完全破裂的时间或半数泡沫破裂的时间来表示的。也可以以液面形成的单个气泡的持续时间来确定。

2. 发泡剂

能够产生泡沫的液体叫作发泡剂。纯净的液体是不能形成泡沫的,只有溶液内含有粗粒分散胶体、胶质体系或者细粒胶体等形成的可溶性物质时才能产生泡沫。溶液的非均质性是起泡的基本条件。当溶液具有最大非均质性时,其产泡最佳,当溶液达到饱和时,会如同纯净液体一样不能产生泡沫。

用于除尘用的泡沫剂应是无毒、易溶于水、来源充足且价廉。

复习思考题与习题

10-1 矿尘对人体有哪些危害?

10-2 矿尘对环境有哪些危害?

10-3 可燃矿尘爆炸的条件是什么?

10-4 简述可燃矿尘爆炸的机理。

10-5 简述矿尘浓度的测定方法。

10-6 简述矿尘粒度分布的测定方法。

10-7 简述炮采与机采工作面的主要产尘工序和矿尘分布特点?

10-8 采煤工作面煤层注水防尘原理是什么?

10-9 简述机采工作面综合防尘措施的技术要点。

10-10 炮掘工作面防尘主要措施有哪些?

10-11 机掘工作面防尘主要措施有哪些?

10-12 湿润剂有几种类型?湿润剂的除尘机理是什么?

10-13 矿物运输及转载矿尘治理主要措施有哪些?

10-14 泡沫除尘机理是什么?可用于什么场合下的除尘?

第十一章　矿井噪声控制

第一节　矿井噪声源及其危害

噪声污染为矿井的主要污染源之一,几十年前就已经引起人们的注意。随着地下矿山生产机械化水平的高度发展,井下的采掘和运输作业过程中要消耗大量的能量,这种高耗能带来了高强度的噪声。强烈噪声不仅对听觉系统造成损害,还会对神经系统、心血管系统等产生不良影响。因此,在努力提高采掘机械化水平,实行强化开采的同时,还要重视井下的噪声危害,对井下的通风机、压风机和风锤等噪声源进行有效控制。

一、井下主要噪声源

煤矿噪声存在于煤矿生产各个主要生产环节,据调查,全国煤矿有近70%的设备超过国家规定的90dB(A)标准,尤以地面和井下机电设备运转产生的噪声最为突出。特别是井下噪声有强度大、声级高、声源多、干扰时间长、反射能力强、衰减慢等特点。井下工作时,工人的活动受工种的限制,大部分工人都局限在各种不同的巷道和硐室内,因此可以选择人员密集的作业活动的地点,来分析工作环境噪声的来源。

1. 采煤工作面

采煤工作面的噪声源最主要的是采煤机和刮板输送机等大型机械。采煤机及刮板输送机正常运行示意图如图11-1-1所示。

图 11-1-1　采煤机和刮板输送机

采煤机发出的噪声来自于自身机械噪声和切割煤体产生的噪声。根据调查表明,采煤机自身噪声和它的工作功率有关,割煤噪声随着割煤速度和截深的增加而增高。采煤机噪声一般在90~110 dB(A)之间。

2. 掘进工作面

钻机的噪声级范围为 100～120 dB(A)。岩石掘进工是遭受井下噪声危害最严重的工种之一。掘进面的噪声属于气体动力噪声和机械噪声的复合噪声，噪声强度甚至达到了 120 dB(A) 以上，噪声的直接来源即钻机和钻机凿岩。作业中的掘进机如图 11-1-2 所示。

图 11-1-2　作业中的掘进机

井下放炮的噪声因强度不同很难用声压级来衡量。放炮的时间虽然很短，但是产生的巨大冲击波可以波及很远，往往产生强度非常大的噪声。如不采取防护措施，在极短的时间内即可造成永久性听力丧失。工作在一线的掘进放炮工长年经受着这种巨大噪声的折磨。因此，井下炮工耳聋检出率高的主要原因是由于放炮爆破产生的脉冲性噪声和强大的冲击波的作用。

3. 设置通防设备的巷道

设置通防设备的巷道和硐室的噪声来源主要是大型流体动力设备。局部通风机的噪声级一般在 90～120 dB(A) 之间，并且随功率的增加和设备使用年限的延长，噪声级不断增高。新局扇使用约一年后，噪声级升高约 10～15 dB(A)，一般一台局扇的使用周期都在 5 年左右，所以，局扇的噪声级一般都在 120～140 dB(A) 以上。加之平时维护保养不周，导致局扇变形损坏，噪声级会更加高。除局部通风机之外，还有空气压缩机[70～85 dB(A)]、水泵[85～100 dB(A)]等设备。这些矿山通防机械产生的噪声不仅声压级高、低频突出，而且几乎是长时间不断的存在，工人不仅在工作时候接触，在上下井的路上也可能会遭受其危害。

4. 其他噪声

其他噪声来源于运输提升，如矿井提升罐笼、绞车、胶带运输机等机械运输设备。其产生的多为摩擦噪声，如果个别部件损坏或者老化，则噪声更加严重。有研究表明，某矿运输段罐笼工接触到的噪声强度长时间保持在 107 dB(A) 左右，运输电车司机在工作过程中接触到的噪声强度为 90.3 dB(A)，占到工作时间的 55.4%。而在巷道交叉点或某些通风构筑物处，气流波动可产生严重的空气动力性噪声；因此工人在井下群体作业时，人员嘈杂，加之环境恶劣，相互信息交流容易产生不畅，有可能无法接受有效信息或接受错误信息。

二、噪声与人体危害

近年来，对煤矿噪声危害的调查多集中在地面企业，对煤矿井下噪声危害调查的研究相对较少。其实,煤矿井下存在多种强噪声源,噪声强度均达到或超过了国家职业卫生标准。

噪声对人体的损害可分为特异性危害和非特异性危害。特异性危害针对的是听力方面,而非特异性危害是针对机体除听力以外的其他器官的。煤矿系统的生产性噪声超标严重,听力损伤发病率高,噪声致聋将成为仅次于尘肺病的第二大职业病。煤矿工人长期工作在高噪声环境下而没有采取有效的防护措施,将产生永久性听力损失,甚至导致严重的职业性耳聋。井下采掘工作面的放炮爆破等这类巨大的噪声又称为脉冲噪声,在极短的时间内即可使听觉器官组织结构发生急性损坏,引起鼓膜破裂出血,造成永久性听力丧失,这也称为噪声性外伤性耳聋。

强噪声除了可导致耳聋外,还可对人体的心血管系统、神经系统、消化系统等产生严重危害。若下井工作的矿工如果没有准备,可能会遭受严重惊吓,产生心理阴影甚至造成精神失常。在突发性强噪声的作用下可使人的中枢神经系统活化,从而扰乱心脏节律,引起恶性心律不齐,发生心室纤颤以至于昏迷、死亡。

第二节　矿井降噪方法

噪声污染的三要素是声源、声传播途径和噪声接触者,只有三者同时存在时才能构成噪声污染。因此,解决噪声污染必须从这三部分入手。噪声控制中除声源降噪外,吸声、隔声、消声、隔振、阻尼、个体防护、噪声源的合理布局被称为降噪设计七大措施。

一、噪声治理工程技术要求

煤矿企业要提高对噪声危害严重性的认识,要严格按照《职业卫生标准》等标准制度对工作场所噪声控制的要求(见表 11-2-1、表 11-2-2),调查清楚本矿井的噪声危害程度,按照要求定期开展噪声危害因素检测,并针对自身具体情况制定降噪、防噪措施。

表 11-2-1　　　　　　　　　　　工作场所噪声职业接触限值

接触时间	接触限值/[dB(A)]	备注
5 d/w,=8 h/d	85	非稳态噪声计算 8 h 等效声级
5 d/w,≠8 h/d	85	计算 8 h 等效声级
≠5 d/w	85	计算 40 h 等效声级

表 11-2-2　　　　　　　　　　工作场所脉冲噪声职业接触限值

工作日接触脉冲次数 n	声压级峰值/[dB(A)]
$n \leqslant 100$	140
$100 < n \leqslant 1\,000$	130
$1\,000 < n \leqslant 10\,000$	120

二、声源降噪及噪声源布局控制

降低声源所产生的噪声,是防治噪声污染最根本的途径。煤矿井下需要长期不间断运行的设备,如发电机、局部通风机等,可以通过改进设备的结构设计来达到控制噪声源头的效果。同时还可以通过提高机械的加工质量和装配精度来控制设备运行过程中产生的噪声。

声源降噪法在煤矿井下应用广泛,对井下局部通风机的噪声进行抑制的过程就属于典型的声源降噪。通常,局部风机所产生的噪声可以分为机械噪声、电动噪声及空气动力噪声,并认为空气动力噪声为风机噪声的主要部分。为了减少气动噪声的产生,可以在风机进风口及排风口安装消声器,并在出风口设置整流装置,改善蜗壳的结构形式,改善风机叶轮的气体流道或在出风口外接柔性风筒来抑制机身的震颤等,其目的就是为了削弱风机产生噪声的能力,从源头上控制噪声的产生而不是在噪声产生后进行被动的防御。

声源布局控制也可以看作是声源降噪的一部分,因为同声源降噪方法类似,其研究对象也是噪声源。一般在地面工业企业项目建设前,要对其噪声源进行环境影响评价,保证厂界及厂外区域噪声达到相应的标准值。依据基础设计的平面布置图来确定各个声源和障碍物的位置,计算各评价点的噪声值。因此,当声源位置、源强确定后,在没有声屏障的条件下,必然存在一个距声源的最小允许间距,其他建筑一旦低于此防护间距进行修建,则该建筑所处的区域的噪声会超标。声源布局控制就是为了合理安排噪声源的位置及源与源之间的相对位置,确定"禁设区",也即噪声会超标的区域,为布置其他降噪措施提供依据。

但是,煤矿井下生产环境的特殊性使得声源布局的控制变得尤为困难。主要有以下两点特殊性限制了在井下开展控制噪声源布局的顺利进行:① 噪声源种类繁多但是分布较集中,主要分布于采煤工作面、掘进工作面和水泵房等场所;② 在噪声源集中的场所一般空间狭窄、封闭,不具备规划、设计噪声源布局的客观条件。因此,还应将防噪降噪的重点放在其他措施上。

三、隔声降噪

隔声是噪声控制中一个比较传统的方法,其原理是用高密度、高比重的材料将声源封闭起来,如用隔声壁、封闭的金属空间等将声源与外部需要寂静的空间隔离,从而使声源如发动机的噪声不影响到其他环境等。要达到良好的隔声效果,声源与隔声罩之间必须是"软连接"或是无机械连接,而且具有良好的密封。隔声技术应用的结构形式很多,不同的结构形式,同一种结构应用于不同的场合其隔声性能都将发生变化。除此之外,材料的隔声性能也会因条件的变化而发生变化,所以为有效地达到一定的隔声量,须依据噪声源的频率特征和现场的实际工况,设计合理的隔声结构形式和有效的隔声材料。

隔声是将噪声源和接收者分开或隔离,阻断空气的传播,从而达到降噪目的的措施。采用隔声的方法是控制工业噪声简便而有效的措施之一。

通常用无量纲透射系数 τ 来衡量隔声设备的隔声效果。τ 是指透射过去的声能与隔声设备接收到的总声能的比值,$\tau = E_t / E_i$。τ 值越小,表明透射过去的声能越少,即隔声效果越好。反之,τ 值越大,隔声性能越差。隔声原理如图 11-2-3 所示。

四、吸声装置降噪

利用吸声材料(大多由多孔材料制成)或由吸声结构形成的共振结构(金属或木质板穿孔,在其后设置空腔)吸收声能,将入射声能转化为其他形式的能量(如热能)来消耗掉,降低噪声。吸声降噪是噪声控制的重要手段之一,适于处理反射噪声。吸声原理如图 11-3-4 所示。

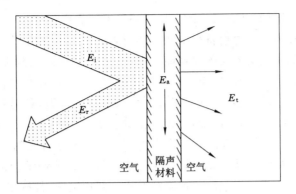

图 11-2-3 隔声原理示意图

E_i——入射总声能;E_r——被材料或结构反射的声能;E_a——被材料或结构吸收的声能;

E_t——透过材料或结构的声能

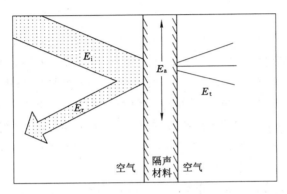

图 11-2-4 吸声原理示意图

E_i——入射总声能;E_r——被材料或结构反射的声能;E_a——被材料或结构吸收的声能;

E_t——透过材料或结构的声能

实际上,任何材料都有一定的吸音能力。吸音性能的大小一般用吸音系数来衡量,吸音系数 a 计算公式如下:

$$r = \frac{E_r}{E_i} \tag{11-3-1}$$

式中 r——发射系数。

五、消声装置降噪

消声器可在允许气流通过时阻止声音传输,包括阻性消声器、抗性消声器和阻抗复合型消声器。消声器是防治空气动力性噪声的主要装置,主要应用在风机进、出口和排气管口以及通风换气的地方。通风机消声器如图 11-2-5 所示。

六、隔振、阻尼降噪

几乎所有的煤矿井下生产设备在运行的过程中都不可避免地会产生振动,同时振动必然产生噪声,

图 11-2-5 通风机消声器

因振动而产生的噪声对煤矿井下员工的工作环境造成很大的污染。为了控制机械设备的耦合振动和结构噪声,必须对动力设备采取相应的行之有效的隔振措施。所谓隔振,是隔离振动的简称,要求在振源和接受体间附加耗能子系统(如隔振器),以减小振动向接受体传递,进而通过隔离振动来达到减少产生噪声的目的。

阻尼是指机械设备系统损耗能量的能力。从减振的角度看,就是将机械振动的能量转变为热能或其他可以损耗的能量,从而达到减振的目的。阻尼就是充分运用阻尼耗能的一般规律,从材料、工艺、设计等各项技术问题上发挥阻尼在减振方面的潜力,以提高机械结构的抗振性、降低机械设备的振动进而降低机械噪声。煤矿井下经常会用到的小到螺栓上用到的橡胶垫片,大到为井下大型运输设备研制的橡胶减振装置,都属于阻尼减振。

隔振、阻尼减振既有相同点也有不同点,关系类似于隔声和吸声。隔振是为了防止或减弱振动能量从振源的传递,阻尼减振主要研究的问题是如何将振动过程中释放的能量吸收或损耗掉。

七、个体防护

在声源和传播途径上均无法采取有效措施以达到预期效果的时候,只有从噪声的接受者来考虑。井下噪声环境中的工作人员的个人防护,如佩戴个人的防噪用品(护耳器),这些都可不同程度地隔掉一部分噪声,使感受声级降低到可接受水平,这也是目前煤矿采用的主要抗噪方法。然而,噪声对人体的影响可分为两类——特异性和非特异性影响。前者是指噪声对人听觉系统的损伤,后者指噪声对人中枢神经系统、心血管系统、内分泌系统及消化系统的不同程度的损伤。因此,噪声主要对人体听觉器官会产生巨大的伤害,同时伴随伤害除听觉系统外其他全身性的器官和组织。

个体防噪用具可以说是井下工作员工抵御噪声伤害的最后一道防线,而井下作业人员所佩戴的用来防噪的劳保用品一般只限于护耳器或防噪耳塞。虽然在噪声环境下,人体听觉器官会受到最主要的伤害,但是其他噪声所产生的非特异性伤害同样值得煤矿管理人员的重视。有调查表明,对大量工作在噪声环境(90~100 dB(A))下工人进行临床症状询问和身体检查,结果显示心悸、头痛与接触噪声相关显著;高血压与接触噪声有显著相关性;心电图显示窦性心率过缓、窦性心律过速和心肌受损与接触噪声有显著相关。虽然从医学、生物上还无法准确证实噪声对人体器官造成伤害的机制,但是,从防御噪声伤害人体器官的角度来说,个体防噪用具应不仅仅局限于对耳部的保护,更应该是全身性的噪声防护,只有这样才能充分削弱噪声对人体的伤害程度。

复习思考题与习题

11-1 煤矿主要噪声源有哪些?

11-2 噪声对人体有何危害?

11-3 工作场所噪声职业接触限值是多少?

11-4 矿井降噪有哪些主要方法? 其降噪的机理是什么?

11-5 噪声治理的技术要求是什么?

第十二章　矿内放射性气体防治

第一节　铀及其放射性衰变

铀元素广泛存在于地壳与海洋中。据估计,地壳岩石中的铀元素含量为 4 g/t。铀原子的结构很不稳定,亚原子粒子的释放导致铀核改变或衰变为一个新的元素——钍元素。放射性元素衰变的过程持续发生着,转变为不同的元素,直到达到一个稳定的结构,这个过程从地壳形成之前就开始进行。

铀系列元素的衰变产物大多数以固体形式存在,除了氡(Rn)为气体形式。这种气体形式有助于氡从矿物晶体中逃脱并散发到岩石的孔隙结构中,使得氡气从裂缝网络或互联孔隙进入大气中。但是,释放的氡会衰变为微小的固体颗粒,即氡子体,黏附于粉尘或其他气溶胶微粒,或者作为自由离子悬浮于空气中。如果氡释放的速度过高,或者没有进行良好的通风,过量的氡及氡子体的衰变所造成的放射现象一旦达到标准就会影响人的健康。这种现象有可能发生在靠近含有铀矿的岩石的封闭环境。氡是个潜在问题,每个新的矿产资源在进行开发前都应该监测其存在性。这种危险性也存在于地面建筑物的地下。

铀矿中最大的问题是氡并且必须采取特别的预防措施,以避免人员因为吸入并有可能留在肺泡中的氡子体而造成肺癌。

本章将概述氡衰变过程、量化氡放射的机制和氡子体在地下岩石孔隙中的迁移过程。同时,讨论氡测量方法以供存在大量氡放射的矿井通风系统设计作为参考。

一、原子结构以及放射

现今对于原子结构的定义为:净正电荷的质子与不带电的中子组成的原子核,周围环绕有带负电荷的电子。原子核所带电荷按照一个电子的单位电荷表示。任意给定原子的原子序数表示原子核的核电荷数。图 12-1-1 给出了铀衰变过程和其对应的半衰期。相对原子质量是最接近原子质量的整数。

电离辐射的种类有很多,铀系列衰变过程中有三种重要的电离辐射。一个 α 粒子带有两个单位的正电荷和大量的氦-4。因此当一个 α 粒子从原子核中释放,该元素的原子序数就会减 2,原子质量减 4,从而形成衰变过程的下一个元素。从图 12-1-1 中可以看出铀衰变链中 α 粒子释放所处的能级。α 粒子的能级相对较低,穿透力较低,能够被几厘米的空气完全吸收,不能穿透人类皮肤表层。

但是,如果 α 粒子进入人类肺部,会导致肺泡壁内细胞发生病变,有可能造成肺癌。

一个 β 粒子带有一个负电荷,其质量可以忽略不计(电子)。β 粒子释放后,元素的相对原子质量不变,但是核电荷数增加 1。这个过程可以表示为图 12-1-1 中从右到左相对原子质量分别为 234、214、210 的移动。β 粒子不仅会损害肺器官,还可以穿透人的皮肤,使其细胞组织发生病变。

α 和 β 辐射都存在亚原子微粒的释放。然而，γ 跃迁是一种高频电磁波形式（类似 X 射线），穿透力很强，可以穿透人的身体。

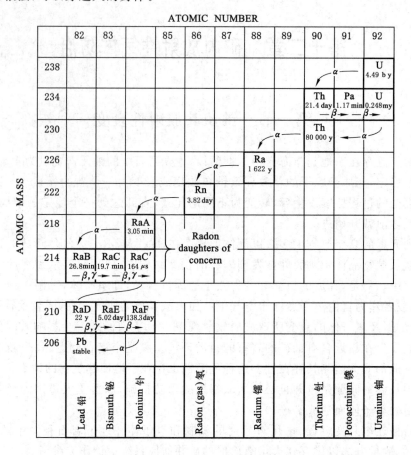

图 12-1-1　铀衰变过程和其对应的半衰期

氡气，通过氡子体 RaA，RaB，RaC 和 RaC′ 的分解产生 α、β、γ 辐射

二、放射性衰变及其半衰期

原子衰变的速度 I，取决于放射性同位素的数量和衰变可能性。

$$I = \lambda N, \text{dis/s} \tag{12-1-1}$$

式中　λ——材料的衰变常数，是衡量任何一个原子衰变的可能性。对于氡来说，$\lambda = 2.1 \times 10^{-6}$ dis/s；

　　　N——现有的原子核数；

　　　dis/s——原子每秒钟衰变的数量。

这个过程也可以表示为

$$I = -\frac{dN}{dt}, \text{dis/s} \tag{12-1-2}$$

新鲜的放射性物质样品，所有的原子都能够分裂为衰变链条的下一个元素。但是随着这一过程的继续，就会有一些原子不再分解。因此物质的衰变速率呈指数形式减小。下面的公式表示了一定时间后不再进行分裂的原子数量。

$$N = N_0 \exp(-\lambda t) \tag{12-1-3}$$

式中　N_0——原始的原子数量；

　　　t——时间。

由式(12-1-2)和式(12-1-3)可得

$$I = -\frac{d}{d_t}\{N_0 \exp(-\lambda t)\} = \lambda N_0 \exp(-\lambda t) \tag{12-1-4}$$

将原始条件 $I = \lambda N_0$ 代入可得

$$I = I_0 \exp(-\lambda t), \mathrm{dis/s} \tag{12-1-5}$$

由公式可以看出，放射性也随时间呈指数形式衰减。图 12-1-2 所示为衰变曲线。

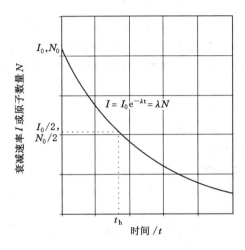

图 12-1-2　衰变速率 I、原子数量 N 和原始物质随时间衰减指数

半衰期 t_h 为当 I 和 N 均达到原始值的一半时所用的时间

衰变曲线以指数形式向 0 趋近，因此，放射元素的衰变寿命理论上是无限的。元素衰变过程中更有用的数据指标是半衰期，意思为最初原子衰变到一半所用的时间。根据公式 $I = \lambda N$，衰变速率在这一时间也减少了一半。半衰期与衰减常数之间有个简单的关系：

起初，$I = I_0$，半衰期时　　　　$I = \dfrac{I_0}{2} = I_0 \exp(-\lambda t_h)$

因此　　　　　$\exp(-\lambda t_h) = \dfrac{1}{2}$　或者　$-\lambda t_h = \ln\left(\dfrac{1}{2}\right) = -0.693\,1$

得到　　　　　　　　　　　$t_h = \dfrac{0.693\,1}{\lambda}\ \mathrm{s}$

将氡的 $\lambda = 2.1 \times 10^{-6}\ \mathrm{dis/s}$ 代入，得到

$$t_h(\text{radon}) = \frac{0.693\,1}{2.1 \times 10^{-6}} = 0.33 \times 10^3\ \mathrm{s}\ \text{或者}\ 3.82\ \mathrm{d}$$

铀衰变过程中其他元素的半衰期从铀-238(4.49 by)到 RaC'(164 μs)不同，分别为：

钋(polonium)，$^{218}\mathrm{Po}$ 或者镭 A，RaA 3.05 min

铅(lead)，$^{214}\mathrm{Pb}$ 或者镭 B，RaB 26.8 min

铋(bismuth)，$^{214}\mathrm{Bi}$ 或者镭 C，RaC 19.7 min

钋(polonium),Po^{214}或者镭 C′,RaC′ 164 μs

还有 lead Pb^{210}或者镭 D, RaD 22 年

矿井中氡的问题不仅仅在于它是气体,易于混进通风气流中,还在于对它的半衰期的考虑。氡气是镭 Ra226 的衰变产物。镭的半衰期是 1 622 年,远远大于矿井的开采寿命。因此,氡的来源可以认为是无限的。氡的半衰期是 3.82 天,一些氡在它离开矿井前就开始衰变。更为重要的是,氡子体 RaA、RaB、RaC 和 RaC′,短的半衰期表明它们很容易衰变,从而释放出 α、β、γ 辐射。这种现象对于铀矿的通风系统的设计具有严重的影响。

在先前的部分提到用原子每秒钟的衰变数量(dis/s),评价放射性水平。这个单位称作贝可(Bq),因法国物理学家 Becquerel 在 1896 年发现的铀盐具有放射性而命名。

$$1 \text{ Bq} = 1 \text{ dis/s}$$

另一种不太合理但是被广泛使用的放射性单位名称为居里(Curie)。这个名字是因法国的居里夫妇在第一次分离并发现镭和其他一些放射性元素时所命名的。

一个居里(Ci),相当于一克镭的放射性,更准确地说,衰变的速度为每秒钟 3.700×10^{10} 个原子。

$$1 \text{ microcurie} = 1 \text{ } \mu\text{Ci} = 10^{-6} \text{Ci} = 37 \ 000 \text{ dis/s}$$
$$1 \text{ picocurie} = 1 \text{ pCi} = 10^{-12} \text{Ci} = 0.037 \text{ dis/s}$$

因此,1 pCi=0.037 Bq 或者 1 Bq=27 pCi。

之前对于放射性对人体的损害标准认为氡子体平均水平为 100 pCi/litre 对人体是安全的。这已经是减去三分之一以后的量。但是,100 pCi/litre 是人们工作可接受的水平。这个条款被写进 Working Level(WL),并广泛针对于氡子体。

电离电磁辐射产生的 γ 射线的计量单位是伦琴(Roentgens)。伦琴定义为 X 射线或 γ 辐射每 0.001 293 g 空气产生的 1 静电单位(1 cc at 101.324 kPa and 0 ℃)。用人体伦琴当量(Rem)来描述对人体造成的影响。它表示 1 伦琴 X 或 γ 射线产生的电离辐射所造成的生物效应。剂量率引用 mRem/hour。

伦琴和 Rem 是电离辐射和生物用量中应用最为广泛的单位,然而,它们并不是国际标准单位。

$$1 \text{ C/kg(Coulomb per kilogram)} = 3 \ 876 \text{ Roentgens}$$
$$1 \text{ Sv(Sievert)} = 1 \text{ J/kg} = 100 \text{ Rems}$$

Sievert(西韦特)是很大的单位,辐射剂量是 Sievert 的千分之一,一次胸部 X 光检查相当于 0.2 mSv。

第二节 井 下 氡 气

虽然矿岩体看起来很致密,但各种矿岩体都有一定数量的连通孔隙,氡沿着孔隙的运动就和它在空气中运动一样。另外,所有矿岩体都不同程度地存在着或多或少的大小裂隙,这些连通的孔隙和裂隙即为氡在矿岩体内传播的通道。放射性衰变产生的氡子体固体微粒在图 12-1-1 中给出。

由于 RaD 的半衰期是 22 年,因此只考虑到 RaC′就可以。又由于 RaC′的半衰期只有 164 μs,因此其衰变的影响是伴随着 RaC 一起产生的。

氡子体形成的固体微粒随着气流移动时有可能停留在岩石中的矿物表面,但是剩余的氡会继续衰变后排放到矿井中。然后氡子体就会黏附在气溶胶颗粒或以粒子形式存在于气流中。

在本章中,主要介绍测算在岩石中的移动和通风气流中氡子体的数量的方法。

一、氡放射性

当一个 α 粒子从镭原子中释放出来时,由此产生的反冲原子氡可以通过约 3×10^{-8} m 的矿物质和 6×10^{-5} m 的空气。然而,氡的扩散系数在矿物晶体中是非常小的,因此,尽管氡原子在晶体中运动,但单个原子的运动距离相对于大多数矿物颗粒的大小较小,任何一个氡原子逸出成孔的概率也较小。尽管如此,逸出的氡原子的数量已经足够对铀矿山的安全造成影响。

氡的扩散迁移服从 Fick 第一扩散定律。描述氡浓度 C 的方程式如下:

$$C = C_\infty p \left\{ 1 - \exp\left[-x \sqrt{\frac{\lambda \phi}{D}} \right] \right\}, \quad \text{PCi/m}^3 \tag{12-2-1}$$

式中　C_∞——距岩石内部无限远距离的氡浓度,pCi/m³;

　　　x——深度坐标,m;

　　　λ——氡的衰变常数（2.1×10^{-6} Bq）,Bq;

　　　ϕ——岩石的孔隙率,%;

　　　D——氡在岩石中的扩散系数,m²/s。

氡的浓度单位需要注意:通常使用的体积浓度的单位对于氡来说太大,因此用每立方米氡的放射性水平来表示氡的浓度。

公式(12-2-1)是基于多孔性岩层表面的氡浓度为 0 的假设。岩石表面真实的氡析出率可以通过测量或计算得到。

$$J = C_\infty \sqrt{\lambda D \phi}, \quad \frac{\text{pCi}}{\text{m}^2 \text{s}} \tag{12-2-2}$$

岩石中氡浓度的最大值 C_∞ 的计算公式为

$$C_\infty = \frac{B}{\lambda \phi}, \quad \frac{\text{pCi}}{\text{m}^2 \text{s}} \tag{12-2-3}$$

B 是单位岩石的析出率(有时称为射气率),可以从岩石样品中测得。不同岩石的 B 和 J 相差几个数量级。注意,J 表示固体岩石表面的氡析出率,B 表示破碎岩石的氡析出率。

$$J = B \sqrt{\frac{D}{\lambda \phi}}, \quad \frac{\text{pCi}}{\text{m}^2 \text{s}} \tag{12-2-4}$$

不同介质的氡的扩散率在表 12-2-1 中给出。通过图 12-2-1 可以评估不同岩石孔隙率中氡的扩散率。需要注意的是,不同类型与条件下的孔隙流体,其扩散系数存在很大的差异。

图 12-2-2(a)为氡浓度在岩石内部的线性分布情况(利用式 12-2-1 和式 12-2-3 计算得到,式中 $B = 2$ pCi/(m³·s),$\lambda = 2.1 \times 10^{-6}$Bq)。

表 12-2-1   不同介质氡的扩散系数

介质	扩散系数 $D/\mathrm{m^2/s}$	介质	扩散系数 $D/\mathrm{m^2/s}$
致密岩石	0.05×10^{-6}	空气	$(10 \sim 12) \times 10^{-6}$
岩石(孔隙率 6.2%)	0.2×10^{-6}	水	$0.011\,3 \times 10^{-6}$
岩石(孔隙率 7.4%)	0.27×10^{-6}	冲积土	$(3.6 \sim 4.5) \times 10^{-6}$
岩石(孔隙率 12.5%)	0.5×10^{-6}	混凝土	$(0.001\,7 \sim 0.003) \times 10^{-6}$
岩石(孔隙率 25%)	3×10^{-6}		

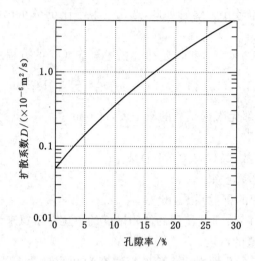

图 12-2-1 岩石孔隙率与扩散系数 D 的变化曲线

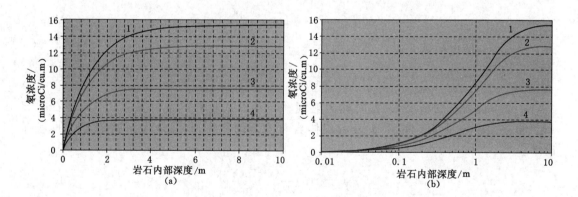

图 12-2-2 氡浓度在岩石内部分布情况

(a) 氡浓度在岩石内部的线性分布情况[利用式(12-2-1)和式(12-2-3)计算得到,
式中 $B=2\ \mathrm{pCi/(m^3 \cdot s)}$,$\lambda=2.1\times10^{-6}\ \mathrm{Bq}$];(b) 氡浓度在岩石内部的对数分布情况

图 12-2-2 给出了四种不同孔隙率下的氡浓度曲线,表 12-2-2 给出了相应的扩散系数。这些曲线表明,氡放射的峰值发生在岩石破碎成 10 cm 大小的碎片时。然而,小于这一尺寸时,孔隙中氡浓度改变相对较小,尤其是较高孔隙率的岩石。

表 12-2-2　　　　　　　　　　　　　不同孔隙率下氡的扩散系数

曲线	孔隙率/%	扩散系数 $D/(m^2/s)$
1	6.2	0.2×10^{-6}
2	7.4	0.27×10^{-6}
3	12.5	0.5×10^{-6}
4	25	3.0×10^{-6}

　　排放到巷道内的氡不仅仅来自于围岩表面,还来自于有孔隙的旧的或其他的工作区域。因此,总的发射物为一种混合气体和它们的颗粒物子体。为了分析氡子体的增长量,虚构一种实验手段。从包含有 100 pCi/L 氡的一公升过滤气体开始考虑。氡会立刻衰变为 RaA,它们的半衰期只有 3.05 min。因此,第二个氡子体 RaB 不久就会出现,但是它们的半衰期为 26.8 min,在实验的前 20 min 不需要考虑 RaC(和 RaC′)的浓度。现在,初始量中的氡气体在缓慢递减(半衰期为 3.82 天),同时氡子体开始生成并在短时间内开始衰变。由于其相对小的半衰期,RaA 的浓度在几分钟内就会达到动态平衡状态。图 12-2-3 描述了氡子体从最初氡浓度为 100 pCi/L 的增长状态。

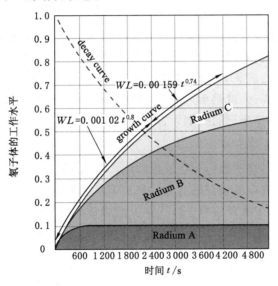

图 12-2-3　每个氡子体在初始值为 100 pCi/L 的氡浓度下的增长曲线,
氡和氡子体总量的衰变曲线并与增长曲线成镜像

　　30 h 后达到完全平衡,将这段时间称为空气的"年龄"。但是,全寿命的 80% 在 90 min(5 400 s)时就已经达到。达到长期平衡时,每种氡子体的原子数量与它们的半衰期成正比。尽管图 12-2-3 展示了氡子体的增长,但与此同时,每个氡子体也在进行着衰变。因此,图 12-2-3 的镜像也显示相应的衰变曲线。到达完全平衡时,每个氡子体的增长曲线和衰变曲线水平,增长与衰变的大小相等,符号相反。

　　从图 12-2-3 可以清楚地看出,为避免氡子体的衰变所造成的健康危害,应有充足的气流,尽可能快地消除巷道内的氡。并且,旧工作区域的气流接近静止,含有的氡子体浓度最高,一旦发生泄漏,氡子体从旧的工作区域进入流动气流中,工作区域的氡子体浓度会达到严重的水平。

二、氡的危害

3.82 天的半衰期所产生的氡衰变的放射性在短时间内对肺部造成的影响是有限的。但是,由较短半衰期的氡子体所产生的放射性对呼吸系统会造成严重伤害。此外,细小颗粒会吸附于黏膜上并留存于肺组织中。也就是说,相较于氡气体本身,氡子体对人类健康造成的危害更大。

氡的危害有两个特点:一是隐蔽性,二是随机性。

所谓隐蔽性,有两重含义:氡作为一种化学物质,无色、无味,数量极微,难以觉察;另一方面,氡的危害主要是辐射生物效应,它的直接作用(对生命物质的破坏或传输的能量)相对机械力伤害、烫伤、触电而言是很微小的,但由此引发的复杂生物化学过程可以导致严重的伤害。例如,短期接受 1 Sv 剂量照射时,在生物体内产生的电离,激发分子的比例只有一亿分之一,传输的能量相当于 2×10^{-4} cal/g。这本身是微小而难以觉察的,但它可以导致明显的放射病症状(呕吐、疲倦、血象变化等)。氡的放射作用一般是慢性的,一年内 0.1Sv 直接作用是不可能觉察到的,即无相关的自我感觉,但它仍可能引发肺癌。这就是人们常说的"潜伏期"。

所谓随机性,就是指氡致肺癌是随机性现象。对于一个人,可能发生也可能不发生,只有确定的几率。也就是说,只对人数众多的群体才能体现出确定的发病率。这就像大家熟知的吸烟可能导致肺癌的现象一样,也是随机性现象。对大量的人群统计,吸烟者的肺癌发病率明显地比不吸烟者高;但就某个人而言,吸烟者不一定得肺癌,也不能根据某个人长期吸烟却活到 90 岁未得肺癌来证明吸烟无害。

三、极限阈值

空气中不同粉尘与燃烧产物的存在增加肺癌产生的概率,而铀矿工人患肺癌的高发率是由于氡子体的存在。现存计量评估的方法是基于累积照射量。现在除少数国家(如法国)按氡浓度计算照射量外,多数是按氡子体子体 α 潜能计算累积照射,用的单位是"工作水平小时"和"工作水平月"。规定 1 工作水平月＝170 工作水平小时,并按这个累积照射量来估计其遭受危害的可能性 δ。

$$\delta = \frac{\sum (\mathrm{WL} \times t)}{170} \quad \mathrm{WLM} \tag{12-2-5}$$

式中　t——照射时间,h。

　　WLM——工作水平月。

最普遍接受的 TLV(极限阈值)为煤矿工人所承受的照射量一年内不可超过 4 WLM。法律规定在连续三个月内的极限阈值为 2 WLM,并且每一时刻的上限为 1.0 WL。

一年的 TLV 值为 4 WLM 相当于每个月为 4/12＝0.33 WLM,也就是说平均辐射水平为 0.33 WL。

长期暴露于低放射性水平环境中对人体造成的影响存在很大的争议,预期极限阈值应进一步下降。在此期间,国际放射保护委员会建议,除了维持在规定的极限阈值以内,辐射水平应保持"尽可能低的水平"。这被称为 ALARA 准则。这种模糊的规定应包含矿山管理,当暴露的 TLV 值超过规定时应通知检查员进行检查;并且应该对减轻这种问题的合理措施作出示范。

γ(电离)辐射的极限阈值为每年 5 伦琴。当 γ 辐射量超过平均每小时 2 毫伦琴时,就会强制安装个人辐射剂量计,记录每个人的累积照射量。

第三节 氡探测技术与手段

当放射性物质与其他原子发生碰撞时,可能会产生温度或二次辐射增加等影响。这种影响是可以测量的,并且是初级发射水平函数。通常有热探测器和光敏探测器两种辐射测量仪器。

对于热探测器,在一个真空容器中,将辐射定向到一些热电偶(热电堆)或者电阻温度计的热接点上。热传感器温度增加,引起的电流输出的大小代表辐射水平。另一种使用的是敏感的气体温度计。热探测器易于损坏,不适合便携式仪器。

使用最广泛的辐射测量仪器是光敏探测器。这种探测器使用的是一种被照射时能够发射出光子(光量子)的材料,通常使用硫化锌为材料。光子是通过用光电倍增管(PMT)将光放大转变为电脉冲计量和显示的。

一、氡子体浓度测量

如前所述,这里所说的氡子体是指氡的短寿命子体。氡子体是固体,在空气中以气溶胶形式存在,通常的采样、测量方法为:通过滤膜收集空气中的氡子体,然后测量滤膜上的放射性计数,从而计算得到空气中的氡子体浓度。

滤膜上氡子体放射性产生和衰变的过程可以由放射性衰变基本方程——贝特曼方程描述并求解。

氡子体测量基于以下假设或基础:

① 取样过程中空气中各氡子体的浓度不变;

② 取样过程中取样流速不变;

③ 滤膜对各种氡子体均有相同的过滤效率和自吸收;

④ 采用氡及其子体的简化衰变链。

测量氡子体浓度的仪器有很多。库斯尼兹(Kusnetz)法是最早出现的氡子体子体潜能测量方法,由美国人库斯尼兹创立。该方法的基本原理是:以一定流速收集空气样品 5 min,等待 40～90 min,然后测量滤膜上的 α 放射性,通过公式计算得到氡子体潜能浓度。输出能量的脉冲会延时一段时间,这依据活性大小,但是相对于延迟周期来说较小,通常为 1～2 min。氡子体浓度的计算公式为:

$$WL = \frac{C \cdot CE}{TF \cdot V} \tag{12-3-1}$$

式中　C——测量计数率,频数/min;

　　　CE——反效率(仪器因素);

　　　TF——采样点与计数区间中点之间 40～90 min 延迟的时间因子(见图 12-3-1);

　　　V——样品体积,L。

Kusnetz 和其他类似方法的缺点是样品与测量之间存在时间延迟,这使得一些样品在

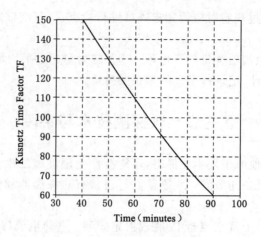

图 12-3-1　Kusnetz 方法的时间因子

此期间发生了转变。其他方法还有马尔科夫法和托马斯三段法。

马尔科夫法是快速测量氡子体潜能浓度的方法。这种方法操作简单,测量时间较少,测量的准确度满足辐射防护的要求。其缺点是由于测量时间较短,计算结果受氡子体间平衡关系涨落变化影响,导致结果误差相对较大。根据计算在氡子体间平衡比变化较大时,方法误差达 10%。

托马斯三段法是最常用的氡子体浓度及氡子体 α 潜能浓度测量方法。这种方法所采用的装置简单,能够测量出单个的氡子体浓度,由此计算出的氡子体 α 潜能浓度由于不受氡子体间平衡比的影响,因而准确度较高。不方便之处是在测量期间稍不留神就会错过三个测量段的准确启停时间,因而测量期间一定要集中精力注意时间,注意三个测量段的准确启停。

二、氡气浓度测量

在氡气及其子体测量中,选择适宜的方法是取得合理结果的关键。目前常用的氡及其子体测量方法较多,有的能够快速而准确地给出氡浓度的瞬时值;有的能给出一段时间的平均值;有的轻便无源,适合于现场使用。测量方法的选择不仅要保证满足研究问题的需要,还应考虑时间、费用等其他因素。下面介绍几种常用的测量方法。

1. 电离室法

它的工作原理是,含氡气体进入电离室后,氡及其子体放出的 α 粒子使空气产生电离,电离室的中央电极积累的正电荷使静电计的中央石英丝带电。在外电场的作用下,石英丝发生偏转,其偏转速度与其上的电荷量成正比,也就是与氡浓度成正比。测出偏转速度就可知道氡的浓度。本方法的优点是:方法可靠,直接快速,既可以直接收集空气样品进行测量,也可以使空气不断流过测量装置进行连续测量,在实验室使用可较快地给出氡浓度及其动态变化。其缺点是灵敏度低(探测下限为 $10 \sim 40 \text{ Bq/m}^3$),不适合低水平测量,不宜做环境氡普查测量使用。

2. 闪烁室法

它的工作原理是,氡进入闪烁室后,氡及其子体衰变产生的 α 粒子使闪烁室壁的 ZnS(Ag)产生闪光,光电倍增管将光信号变成电脉冲,经电子线路放大后记录下来。单位时间内的脉冲数与氡浓度成正比,从而可确定氡浓度。

此方法的优点是:探测下限低,操作简便,准确度高。其缺点是:测量时间较长(3 h 以上),要求的设备较多(比如 FD125 型氡针分析器需要和智能定标器配套使用),装置笨重,不便于现场使用。沉积于室内壁的氡子体难于清除,使用时应经常用氮气或老化空气清洗。保存时应充入氮气封闭以保持较低的本底,以保持测量的准确性。

3. 双滤膜法

双滤膜法是在空气泵抽气过程中,入口滤膜滤掉空气中已有的氡子体,"纯氡"在通过双滤膜筒的过程中又生成新的子体。其中的一部分为出口滤膜所收集。测量出口滤膜上的 α 放射性活度,根据氡子体的积累衰变规律即可求出待测空气中的氡浓度。该方法的优点是既可用来测氡子体浓度(进气口滤膜),也可测氡浓度(出气口滤膜),其探测下限低(约为3.7 Bq/m³),方便快速。其缺点是必须确保出口滤膜不被滤膜之外的氡污染,即必须防止衰变筒和滤膜漏气。本方法受相对湿度的影响较大,影响的程度对不同大小和形状的双滤膜筒有所不同,相对湿度越大,滤膜上测得的 α 放射性活度越大。解决的办法是将双滤膜筒在不同相对湿度下刻度,求得相应的刻度系数。加大衰变筒体积可以提高灵敏度,但衰变筒太大不便携带。此外该装置要使用电源,不便野外使用。

4. 静电扩散法

该方法的原理是,由于探测器所在腔体内外存在氡浓度差(或者使用空气泵吸入),外面的氡通过扩散进入腔内,0.25 h 左右建立平衡。往往在腔体的外面使用泡沫或者其他材料来阻挡氡子体的进入。扩散到灵敏体积中的氡衰变产生氡子体,主要是²¹⁸Po正离子,在电场作用下被收集在中央电极上由²¹⁸Po再衰变产生的。粒子被收集,经电子学线路整形,计数得到相应的脉冲数。通过相对刻度就可以确定待测空气的氡浓度。该方法的优点是探测限较低,既可用于室内氡浓度的测量,也可连续监测氡浓度的动态变化。

三、个体放射量测定器

铀矿山的辐射危害来自氡子体的内照射及 γ 外照射,分别占到辐射剂量的80%、15%左右,因此铀矿工人的个人剂量监测就是对他们所受到的氡子体内照射和 γ 外照射个人剂量进行监测。由于铀矿山井下特殊的工作环境,工作人员所受到的剂量较高。根据对某铀矿的调查,井下工人年个人剂量超过 15 mSv 的占到66%。因此尤其需要开展个人剂量监测。1998 年,核工业第六研究所采用自行研制的 KF-606 型个人剂量计,在某铀矿山开始实施工作人员的个人剂量监测。

1. 氡子体内照射测量原理

氡子体内照射测量采用无源扩散室型氡累积测量方法,通过氡与氡子体平衡比,将佩戴者工作期间所受到的氡累积照射量转换为氡子体照射量,进而计算氡子体内照射剂量。

剂量计佩戴者所处工作环境空气中的氡扩散进入剂量计的扩散室内,扩散室内外氡浓度快速达到平衡,则扩散室内的氡(及其子体)衰变的 α 粒子入射到 CR39 探测器上形成潜径迹,潜径迹的数量正比于氡浓度与工作时间的乘积(氡照射量)。

佩戴结束后,将剂量计中的 CR39 探测器取出,经过恒温、恒时、恒浓度的化学溶液处理,潜径迹扩大为径迹,通过光学显微镜摄像头将径迹图送入计算机,计算机自动分析计数,读出径迹密度。显然,径迹密度也正比于氡浓度与工作时间的乘积(氡照射量),即:

$$E_{Rn} = \int_T C_{Rn} dt = K(n - n_b) \qquad (12\text{-}3\text{-}3)$$

式中　E_{Rn}——氡照射量；

　　　T——工作时间；

　　　C_{Rn}——工作环境中的空气氡浓度；

　　　n——CR39 探测器的径迹密度；

　　　n_b——CR39 探测器固有本底径迹密度；

　　　K——刻度系数。

因此，如果已知剂量计佩戴人员在佩戴期间的氡与子体平衡比的平均值为 F，则佩戴者所受到的氡子体内照射个人有效剂量 H_R 为：

$$H_R = K_R E_{Rn} F = K_R KF(n_R - n_b) \qquad (12\text{-}3\text{-}4)$$

K_R 是氡子体照射量到内照射有效剂量的转换系数。

2. γ 外照射测量原理

γ 外照射测量也采用无源累计测量方法。剂量计佩戴者所处工作环境中的 γ 贯穿辐射入射到热释光探测器上形成发光中心，发光中心的数量正比于 γ 外照射强度与工作时间的乘积。

佩戴结束后，将剂量计中的热释光探测器取出，放在热释光测量仪上测量，则仪器的热释光计数正比于发光中心数量也即 γ 外照射量，有：

$$E_\gamma = \int_T A dt = K(N - N_b) \qquad (12\text{-}3\text{-}3)$$

式中　E_γ——γ 照射量；

　　　T——工作时间；

　　　A——工作环境中的 γ 外照射强度；

　　　N——热释光探测器的发光计数；

　　　N_b——热释光探测器的本底发光计数；

　　　K——刻度系数。

从而得到佩戴者所受到的个人 γ 外照射有效剂量 H_γ：

$$H_\gamma = K_\gamma E_\gamma = K_\gamma K(N - N_b) \qquad (12\text{-}3\text{-}6)$$

式中，K_γ 为 γ 照射量到外照射有效剂量的转换系数。

第四节　放射性气体防治

一、通风系统调整

由于氡的最大允许浓度与子体的最大允许浓度不同，所需风量的计算应该按这两个标准分别进行，并选用其中的最大者。

排氡所需的通风量是按井下氡的析出量计算的。

井下氡析出量包括：

（1）岩壁表面的氡析出量：

$$E_1 = \delta SPK, \quad Ci/s \qquad (12\text{-}4\text{-}1)$$

式中　δ——单位当量氡析出率，Ci/m^2；

　　　S——岩壁表面积，m^2；

　　　P——平均含铀品味；

　　　K——铀镭平衡系数。

单位当量氡析出率是用实测方法确定的。实测的条件应当接近于生产时使用的条件。平均含铀品位是按面积加权平均求得。K 大于 1 表明岩石中镭比铀多，反之则铀比镭多。

（2）崩落岩石的氡析出量：

$$E_2 = 7.14 \times 10^{-7} nPWK，\quad Ci/s \tag{12-4-2}$$

式中　n——岩石的射气系数；

　　　W——崩落的矿石量，t。

岩石的射气系数也需要通过实测确定。

（3）矿井水的氡析出量：

$$E_3 = 0.278B(C_0 - C_1)，\quad Ci/s \tag{12-4-3}$$

式中　B——矿井涌水量，m^3/h；

　　　C_0——地下水中的氡浓度，Ci/L；

　　　C_1——地下水被排至地表时的剩余氡浓度，Ci/L。

于是矿井氡的总析出量为：

$$E = E_1 + E_2 + E_3$$

排氡所需的通风量为：

$$Q = E/1\,000(C_{MPC} - C')，\quad m^3/s \tag{12-4-4}$$

式中　C_{MPC}——国家规定氡的最大允许浓度，Ci/L；

　　　C'——进风的氡浓度，Ci/L。

这个公式适用于计算井下某个局部空间的通风量，如某一硐室、采场、工作面等。如果用于计算全矿井通风量，公式中的氡气总析出量实质上是从总入风口到工作面局部出风口这一段区间里氡的总析出量。从工作面出风口到矿井总排风口之间还会有相当数量的氡析出。如果在回风道内无人工作，这一部分氡析出量可以不计，按上式进行计算。如果在回风道内有时会有人工作的话，就必须保证回风道内的氡浓度不超过 2×10^{-10} Ci/L。这时，全矿井的氡总析出量包括从总入口到总排风口间的全部氡析出量，计算公式相应地改为：

$$Q = E/1\,000(2 \times 10^{-10} - C')，\quad m^3/s \tag{12-4-5}$$

有些采矿方法（如留矿法）要在井下贮存大量矿石。这些矿石的氡析出量就不能按崩落矿石量计算。有人建议像计算岩壁表面的氡析出量那样按它的面积计算，并按岩壁单位当量氡析出率的九倍选用这个参数。这时，计算公式为：

$$E_4 = 9\delta SPK，\quad Ci/s \tag{12-4-6}$$

实际上，这种条件下造成氡析出的主要原因是矿石堆内的空气流动，通风状况对氡析出量的多少影响很大。上述方法仅仅是粗略的计算。

一般说来，如果井下产生氡的主要场所的换气次数不少于 6（次/h），那么，当这个场所中氡浓度不超过国家规定的浓度时，氡子体的浓度也不会超过国家的规定。或者说，风流在产生氡的主要区域的停留时间不超过 10 min 时，按排氡计算的通风量已能满足排除氡子体的要求。

二、稀释与混合

放射速率恒定时，非放射性气体浓度的升高与通过新鲜空气的流量成反比。由于放射性衰变的持续，这一现象并不适用于氡子体。如果通风孔或者采矿场的空气是无污染的，并且氡子体析出速率保持不变，那么氡子体的出口工作水平与停留时间的 1.8 次方成正比，即：

$$WL \propto (t_\gamma)^{1.8} \tag{12-4-7}$$

由公式可以看出，如果气流减半，停留时间加倍，那么氡子体的出口工作水平变为原来的 3.48 倍。

用一般的公式代替为 $Q \propto \dfrac{1}{t_\gamma}$，$Q$ 表示通风量（m^3/s），因此：

$$WL \propto \frac{1}{Q^{1.8}} \tag{12-4-8}$$

转化为：

$$\frac{WL_1}{WL_2} = \left(\frac{Q_2}{Q_1}\right)^{1.8} \tag{12-4-9}$$

例 12-4-1 一个矿井巷道的通风量为 $10\ m^3/s$，出口氡子体的浓度为 0.9 WL。如果将其减小为 0.33 WL，求所需的通风量。

解：

$$Q_2 = Q_1\left(\frac{WL_1}{WL_2}\right)^{\frac{1}{1.8}} = 17.46 \quad (m^3/s) \tag{12-4-10}$$

例 12-4-2 氡子体离开一个矿段时的浓度为 0.3WL，通风量为 $15\ m^3/s$。由于暂时存放的库存材料形成的阻碍使得通风量变为 $5\ m^3/s$。计算氡子体的浓度。

$$WL_2 = WL_1\left(\frac{Q_1}{Q_2}\right)^{1.8} = 0.3\left(\frac{15}{5}\right)^{1.8} = 2.17WL \tag{12-4-11}$$

这个浓度的氡子体是很危险的，这也说明铀矿中时刻保留充足的气流是很重要的。

当不同气流与浓度的氡子体混合，结果应该是加权平均之和：

$$WL_{mixture} = \frac{\sum(Q \times WL)}{\sum Q} \tag{12-4-12}$$

例 12-4-3 流速为 $10\ m^3/s$，氡子体浓度为 0.25WL，经过一个密封区，泄漏量为 0.3 m^3/s at，150 WL（密封区附近氡及其子体的浓度可以达到很高的浓度），求下游气流中氡子体的浓度。

解：

$$WL_{mixture} = \frac{(10 \times 0.25) + (0.3 \times 150)}{10.3} = 4.61WL \tag{12-4-13}$$

三、控制采空区氡气

流经采空区风流中氡的平均浓度以及风量是不相同的，所以首先要查明污染的位置和它们的污染能力，找出主要的污染源。

在检查井下风路污染时，引用了污染率这一术语。所谓污染率就是风路上氡浓度的变化率，即：

$$P_r = \frac{\Delta C}{\Delta X} \tag{12-4-14}$$

式中　ΔC——风路上测点间氡浓度增加值,Ci/L;

　　　ΔX——风路上测点间的距离,m。

如果污染来自岩石的暴露表面,氡浓度的上升将是均匀的,污染率将是常数。采空区对进风的污染必然造成进风流中氡浓度的跳跃式上升,因此,污染率突然增大的地方,就是这种集中的污染源所在的位置。污染率的大小在某种程度上反映了污染源的污染能力。

采空区对井下大气的污染要具备两项条件:一是要有进入通风空区的通道;二是存在使气流流向通风空间的压力差。防治采空区中氡污染井下大气的控制方法其实质就是破坏这两项条件,具体做法有:

1. 密闭采空区

密闭采空区实际上就是堵塞污染通道。防氡密闭要求有良好的气密性。因为不严密的密闭虽然能把经过采空区的漏风减少很多,但因穿过采空区风量的减少将导致风流中氡浓度的上升,从而削弱了密闭的防污染能力。除密闭本身的气密性以外,围岩的渗透性也是削弱密闭防污能力的重要原因。事实上,采空区污染井下大气的通道除了开凿的井巷以外,岩体中自然形成的裂隙、破碎带和溶洞以及由爆破、地压等导致的岩体中裂缝也是不可忽视的污染通道。如云锡老厂七区的围岩是裂隙发育、岩石破碎的大理岩。当通风方式为压入式,而主扇安装在井下时,处于负压状态下的进风道上出现了十分严重的进风污染。

2. 利用通风压力,防止进风污染

采空区之所以能对进风道产生严重污染,其主要原因是进风道处于负压状态,使地面空气穿过采空区进入进风道。如果适当提高进风道内的空气压力,使其高于附近采空区内压力,改变采空区风流方向,则可以消除采空区污染源的影响。

四、空气过滤与岩石表面垫衬

由于氡子体是固体微粒,其中很大一部分可以通过高效滤尘设备去除掉。这种设备可以除掉95%直径大于$0.3~\mu m$的颗粒。但是这种设备非常昂贵,一般使用玻璃纤维预过滤器先除掉大颗粒,以提高高效过滤器的使用寿命。玻璃纤维预过滤器不适宜在潮湿环境下使用,因此定期对其进行更新或清洗是必要的。

过滤器的缺点是不能够去除空气中的氡气,以至于氡子体还是在不断增长。如图12-4-1所示,即使过滤效率达到100%,但是浓度为100 pCi/L的氡可以在1 218 s(20.3 min)内产生0.3WL的氡子体。如果氡浓度为500 pCi/L,那么相应浓度的氡子体在163 s(2.7 min)就可产生。因此,需要在过滤前添加管道系统,提高氡子体的过滤效率。

活性炭可以去除空气中的氡气。目前,大规模应用似乎是不切实际的,但是,可以给需要在高浓度氡及其子体环境下作业的工人配备有活性炭过滤器的防毒面具。

我们在使用喷涂层和薄膜减少氡逸散上做了很多尝试,虽然在解决氡问题上使用良好的通风设备仍是首要选择,但是这些方法可以应用于富矿或者长期工作的地方,比如车间。在岩石的暴露表面上覆盖一层透气性极差的材料,可以大大减少氡的析出。结合支护,采用喷射混凝土或混凝土砌碹等方法是很好的覆盖层。国外曾使用沥青、硫酸木质素、聚氨酯泡沫、人造橡胶等材料,可使氡析出量减少$50\%\sim80\%$。我国使用偏氯聚乙烯共聚乳液,可使氡析出量减少70%以上,其特点是操作简便,成膜性好,无毒无刺激,粘合牢固,价格低廉,

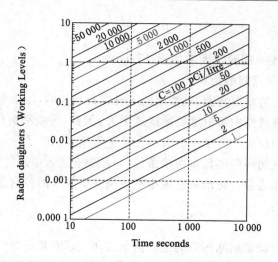

图 12-4-1　不同氡浓度随时间产生的氡子体数量

适用于巷道、硐室等永久性或半永久性工作场所的防氡。

水也是一种较好的覆盖材料。喷雾洒水有多重效果,既可以降低氡的析出量,又能防尘。当在水中加入湿润剂时,可增大水的浸润能力,从而增大了水的捕尘能力,并提高了它浸入岩石裂缝的能力,能堵塞裂隙,减少氡的析出。

五、培训与教育

1. 防氡专业组织

① 监测组。监测组的主要职责是:定期监测井下工作场所和进风与排风中氡及其子体的浓度;检测防氡措施的效果;提出对防氡措施的要求;估计井下工作人员所接受的氡和子体的量;仪器的维护、保养和标定。

② 措施组。其主要职责是:通风设施的安装、调整与维护;风量、风速、气压、相对湿度等井下气象参数的测定;井巷密闭工程;覆盖岩壁;矿井水的管理。

③ 个人防护器材管理组。它的职责是:个人防护器材的发放、修补和管理;专用防护器材的清洗、保管和发放;废旧器材的回收与处理。

④ 保健组。它的职责是:组织定期的健康检查,保存和整理健康检查结果;本单位流行病学的研究;防护宣传与教育。

2. 群众性的防氡组织

① 班组的安全员。

② 采矿、运输、井下机修与电修、地质等部门的兼职安全负责人。

③ 短期的防氡学习班。群众性的防氡组织应积极配合专业组织,反映情况,做好宣传工作。

3. 防氡工作的管理

① 各防氡组织的协作与配合。各防氡组织必须大力协作,密切配合;否则,防氡工作是无论如何也做不好的。例如,措施组如不与监测组密切配合,采取的措施必然是盲目的措施,监测也便成了空洞的监测。监测组如不与保健组大力协作,密切配合,对防氡技术工作的发展和提高是十分不利的。

② 防护部门与生产、科研部门的配合和协作。防护工作与生产工作之间有一些矛盾。为了保证工人的健康，有时不得不妨碍一些生产，这是必要的，但也只能是暂时的、迫不得已的。防护部门应主动与科研部门配合，研究有效的防护措施，革新机械设备，改进生产工艺。生产部门决不可认为防氡是防护部门的事，与己无关，而应该协助防护部门搞好防氡，安排采掘计划时，要及时通知防护部门并征求他们的意见。

此外，大力推动矿山的技术革新和技术革命，加速矿山的机械化、自动化，对防护工作也很有意义。

③ 建立合理的规章制度。不必建立一套单独的防氡规章制度，因为防氡总是和防尘、生产联系在一起的。只要在有关规章制度中加入有关防氡的注意事项，就能使规章制度更加完善、合理。

例如：对工人的安全教育应包括防氡教育，除前面所讲的防护措施外，还包括：除指定场所外，井下不要吸烟、饮水和进食。下班后要认真洗澡，洗澡的顺序是，先洗手，再从头洗到脚。上班时，不要在井下乱跑，以免误入不通风的地区，等等。

复习思考题与习题

12-1　什么叫放射性衰变？半衰期的是什么？

12-2　氡气对人体有何危害？

12-3　氡气浓度测量常用方法有几种？其测量原理是什么？

12-4　放射性气体防治主要措施有哪些？

第十三章 矿内柴油机尾气危害与控制

第一节 井下柴油机尾气主要成分

一、柴油机的使用

柴油机作为一种高效的动力源机械设备如果想要应用到煤矿井下生产,首先不能成为一种危险源和污染源。为了使柴油机达到煤矿生产安全的有关规定,防爆柴油机技术开始迅速发展。一方面,现有煤矿生产对柴油机的性能指标提出更高的要求,如神东煤炭公司最大的支架达到 80 t 以上,这要求搬运车辆的发动机具有更强劲的动力,需要其防爆发动机的功率达到 200 kW 以上,才能满足所要求的动力条件。另一方面,需要重视柴油发动机对井下空气环境的污染,相关的排放指标也越来越严苛。但提升动力必然需要消耗更多的燃料从而产生更多的污染物,因此,平衡柴油机动力性能和排污之间的关系就成为井下生产面临的问题。

在煤矿井下实际生产过程中,以防爆柴油机为动力源的车辆种类非常多,主要以运输、牵引车辆为主。比如:液压支架搬运车(图 13-1-1)、防爆柴油机混凝土搅拌运输车、防爆柴油机胶套轮/齿轨卡轨车(图 13-1-2)、防爆柴油机铲运车(图 13-1-3)、防爆柴油机平衡重式叉车、防爆柴油机无轨胶轮车(图 13-1-4)、防爆柴油机等。其他装有防爆柴油

图 13-1-1 液压支架搬运车

机的设备车辆还有洒水车、履带式开槽机(图 13-1-5)等。井下金属/非金属矿柴油机设备应用更为广泛,主要有各种类型的铲车、卡车、装药车、喷浆车、水泥罐车等。

图 13-1-2 防爆柴油机胶套轮卡轨车

图 13-1-3 矿用防爆铲运车

图 13-1-4　矿用防爆无轨胶轮车

图 13-1-5　井下防爆柴油机履带行走式开槽机

二、柴油机尾气成分分析

柴油机尾气中的有害成分主要有：CO、HC、NO_x、SO_2 等有害化学物质以及各种颗粒物（PM），其典型含量见表 13-1-1。

表 13-1-1　　　　　　　煤矿防爆柴油机尾气排放主要有害物质的典型含量

CO/($\times10^{-6}$)	HC/($\times10^{-6}$)	PM/(g/m³)	NO_x/($\times10^{-6}$)	SO_2/($\times10^{-6}$)
5～1 500	20～400	0.1～0.25	50～2 500	10～150

和汽油机相比，柴油机在运行过程中 CO、HC 的排放量很少，约为汽油机的 10%，NO_x 的排放量一般与汽油机相当，而碳烟颗粒的排放量却相当高，约为汽油机的 30～50 倍。因此，在研究如何减少柴油机自身排放污染物质时，要将 NO_x 气体和碳烟颗粒物作为主要减排对象。

对于煤矿井下风流中各种污染物，《煤矿安全规程》给出了相关指标，在采掘工作面风流中，O_2 浓度不低于 20%，CO_2 浓度不超过 0.5%。其他有害气体浓度见表 13-1-2。

表 13-1-2　　　　　　　　　　有害气体浓度指标

序号	有害气体类型	浓度限制
1	CO	0.002 4%
2	NO（换算成 NO_2）	0.000 25%
3	SO_2	0.000 5%
4	H_2S	0.000 66%
5	NH_3	0.004%

第二节　井下柴油机尾气来源

柴油机尾气（diesel exhaust，DE）广泛存在于煤矿井下暴露环境中，其主要成分包括颗粒物（PM）、一氧化碳（CO）、多环芳烃类等。如第一节所述，绝大多数防爆柴油机主要是作为井下运输车辆的驱动源，因此这些装有柴油机的车辆就是整个井下空气中柴油机尾气的主要来源。随着井下车辆使用范围和使用频率的迅速增加,井下空气污染日趋严重,已经严重威胁到所有井下矿工的健康。

一、柴油机尾气中主要有害物质生成

1. 氮氧化物(NO_x)

柴油机排放的NO_x主要是NO_2和NO,NO占NO_x总量的$85\%\sim95\%$,NO排放到空气中会缓慢与O_2进行化学反应,最终生成NO_2。因此在讨论NO_x的生成机理时一般只讨论NO。NO的生成途径主要有三个:燃料NO的生成、激发NO的生成和高温NO的生成。通过前两条途径产生的NO的量非常少,可以忽略不计,主要是在高温条件($1\ 600\ ℃$)下生成NO。

2. 一氧化碳(CO)

在柴油发动机缸内喷油、压燃的运行过程中,CO会在以下3种条件下生成:① O_2含量不足时,也就是含碳物质在缺氧空间或局部缺氧空间内发生燃烧反应会生成CO;② 已成为燃烧产物的CO_2和H_2O会在高温条件下发生热解反应产生部分CO;③ 未发生燃烧的含碳物质,如HC,会在排气过程中发生不完全氧化生成少量CO。

3. 碳氢化合物(HC)

柴油机的燃烧方式即属于扩散燃烧。燃料和空气边混合边燃烧总会有一部分区域的燃料浓度过浓或空气量过少,这样就会造成局部燃料的不燃烧或不完全燃烧,从而会产生大量的HC。另外由于燃烧过程后期,低速离开的燃油混合以及燃烧不良造成燃油无法充分燃烧和氧化,也会导致大量的HC产生,这部分HC排放量可占HC排放总量的75%。

4. 颗粒物(PM)

大部分PM是一种类石墨结构的物质,表面吸附有可溶性有机成分(SOF),另有约5%的硫酸盐。其形成过程如图13-2-1所示,柴油机尾气中颗粒物主要有碳粒、硫酸盐和可溶性有机物(SOF)组成,有时一些含金属元素的灰分也会参与其中,其主要来源于各种添加剂和金属运动件摩擦产生的磨屑。

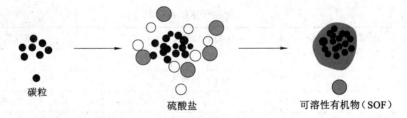

碳粒　　　　　　　　硫酸盐　　　　　　可溶性有机物(SOF)

图 13-2-1　柴油机尾气中 PM 的形成过程

柴油机尾气颗粒(DPM)大部分是极其微小的颗粒,从粒径数量分布上,90%以上的颗粒都小于$0.05\ \mu m$。这种小颗粒如果进入人类的呼吸系统,能够到达肺泡的最末端,甚至像氧气分子一样进入血液,对人体造成极大健康危害。2012年,世界卫生组织(WHO)的国际癌症研究机构正式将柴油机尾气颗粒定性为一类致癌物。在矿业生产领域,对美国8座非金属矿山12 315名矿工样本调查结果表明露天和地下矿工肺癌死亡率都明显高于其他人群,地下矿工肺癌死亡率比露天高。

二、柴油机润滑油

在影响颗粒物形成的众多因素中,润滑油对颗粒物形成过程的影响是不可忽视的一部分。发动机正常运转过程中,润滑油的消耗主要存在于气缸内、气门以及增压器部位,此外曲轴箱窜气也贡献了一小部分的润滑油消耗。在大部分运转工况下,气缸内的润滑油消耗占据了整个润滑油消耗的绝大部分比例,图 13-2-2 显示了不同转速下典型的润滑油各个消耗途径在整个润滑油消耗中所占的比例。

从图 13-2-2 中可以很清晰地看出除了低转速下,在正常的发动机转速范围内,气缸内的润滑油消耗始终占据了整个润滑油消耗量的绝大部分比例,这主要是由润滑油工作环境决定的。发动机在运转过程中,润滑油对各个零部件进行润滑,减少摩擦损失,降低发动机的磨损。此外润滑油能够增加活塞环的密封作用,使得发动机能够正常地压缩、燃烧、做功,同时也能在排气阶段防止燃烧后产物大量窜入曲轴箱内。

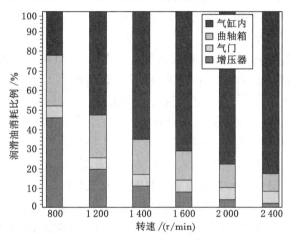

图 13-2-2　润滑油各消耗途径所占整体消耗的比例

在对活塞环进行润滑及密封的过程中润滑油承受着燃料燃烧产生的高温和高压,工作环境恶劣,该部分润滑油消耗比例占据整体消耗比例的绝大部分。图 13-2-3 是典型的发动机气缸内润滑油消耗途径示意图。

从图 13-2-3 中可以看出,在发动机运转过程中,聚集在活塞顶岸的润滑油会由于活塞的高速运动被甩入到燃烧室,该部分润滑油可能会参与燃料的燃烧或者随尾气排出发动机。在活塞的某些行程时,活塞环之间的压力可能高于气缸内的压力,这样活塞环之间的润滑油会由于压力差进入燃烧室内,并且部分润滑油也会通过活塞环之间的间隙进入燃烧室内。另外气缸内润滑油消耗很重要的一部分就是缸壁上附着的润滑油的蒸发,该部分润滑油会随着气

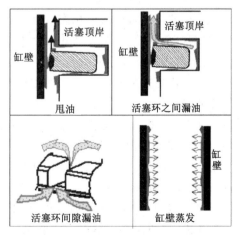

图 13-2-3　气缸内润滑油消耗途径

缸内剧烈的气体流动参与燃烧或者被排出发动机外。

从以上的发动机气缸内润滑油消耗途径可以看出,消耗的润滑油会参与燃烧或者被排出发动机外,参与燃烧的部分会对颗粒物碳烟部分和可溶性有机部分产生影响,并且润滑油中的金属元素也是颗粒物中金属元素的重要组成部分,没有燃烧的润滑油也会对颗粒物的可溶性有机组分产生影响。

第三节　尾气控制与处理技术

一、通风系统调整

一般柴油机尾气污染严重的地方往往都有通风量不足的问题。由于通风困难致使氧气不足,柴油机缺氧运行而产生更多的碳烟颗粒,更多的尾气排放又加重通风不足问题。因此,加强通风才是解决尾气颗粒污染的最有效途径;如果加强通风不能解决污染,则必须在矿井下建立相配套的除尘设施。

由于矿井下运输车辆的来来往往和柴油设备过多,柴油机尾气污染范围较大,加上其巷道错综复杂,如果单纯靠加大风量稀释柴油机尾气,会增加动力消耗。因此,需要同时对回采和备用工作面进行布置,对各通风巷道进行有效管理,提高污染区有效风量,避免出现污风循环和串联;要根据风量、风质的需求及有害物质的检测浓度,及时调整风机和通风构筑物。为建立科学合理、完善有效的通风系统,可采用先进的通风网络解算软件,对通风系统进行模拟解算,优化通风系统。原则上有内燃设备作业的地点都必须有贯穿风流。澳大利亚新南威尔士规定有柴油机工作的地点最低风量要大于 $3.5~m^3/s$,且满足不低于 $0.06~m^3/$(kW s)柴油机最大功率。美国 MASH 编制了微颗粒指数(particulate index)来计算将 DPM 降低到 $0.1~mg/m^3$ 所需的通风量,不同柴油机所需的最小新鲜通风量可通过查询获得。当有多台柴油机设备在某一区域同时作业时,稀释 DPM 到限定值以下所需的风量会很高,这就需要提高通风量辅以其他控制技术来稀释 DPM。

二、发动机控制技术

减少柴油发动机排放应从燃油品质、内燃机技术和内燃机外排放控制技术 3 方面同时着手,也即机前预处理、机内净化以及后处理技术。从对发动机控制的角度来看,主要包括后两者,即机内净化和后处理技术。

机内净化是指从有害排放物的生成机理着手,在燃烧室内部限制其生成反应,促进其与空气充分混合、反应。采用新的燃烧方式:以预混稀薄燃烧方式,减少或消除了扩散燃烧。改进喷油系统:控制初期喷油速率,中期急速喷油,后期迅速结束喷射。改进进气系统:采用增压中冷技术和多气门设计。应用柴油机电控技术:精确控制最佳喷油时机、喷油率和预喷射,并调节发动机转速、负荷。防止机油泄漏到燃烧室:改进润滑油系统设计,优化活塞部分,提高气缸气密性。

1. 匀质混合压缩点火式燃烧技术(HCCI)

近年来,匀质混合压缩点火式燃烧技术(HCCI)成为国内外的研究热点,这种技术的最显著特点是可同时降低柴油机的颗粒物和 NO_x 排放,可使柴油机在仅使用氧化催化剂的情况下满足非常严格的排放限值。

在传统的火花点火发动机的燃烧过程中,火焰前沿和后面的混合气体温度比未燃混合气体温度高很多,所以这种燃烧过程虽然混合气体是均匀的,但是温度分布不均匀,局部的高温会导致在火焰经过的区域形成 NO_x,HCCI 燃烧方式的出现,有效地解决了传统匀质稀薄点燃速度慢的缺点,有别于传统汽油机均质点燃预混燃烧、柴油机非均匀压燃扩散燃烧和 GDI 发动机分层燃烧。HCCI 发动机是利用均质混合气,通过提高压缩比、采用废气再循环、进气加温增压等手段提高缸内混合气的温度和压力,促使混合气进行压缩自燃,在缸内形成多点火核,有效地维持燃烧的稳定性,并减少了火焰传播距离和燃烧持续期。HCCI 过程中,理论上是均匀的混合气和残余气体在整个混合气体中由压缩点燃,燃烧是自发的、均匀的,并且没有火焰传播,它的燃烧只与本身的化学反应动力学有关,因此可以有效阻止 NO_x 和微粒的生成。

然而,由于车用发动机的工况多变,想要在各个工况下获得较好的燃烧和排放特性,则必须对 HCCI 燃烧进行控制;此外,HCCI 燃烧的着火时刻主要受混合气体本身化学反应动力学的影响,受负荷、转速的影响较小,因此,不能通过常规的负荷、转速等反馈信号来加以控制,只能通过试验手段来获取经验。

2. 燃油高压喷射技术

燃油喷射系统是柴油机的心脏,也是发展最快的系统。传统的泵-管-嘴系统的喷油压力比较低,一般不超过 $50\sim80$ MPa,因此燃油的雾化不好,易导致 PM 排放高。为使 PM 排放严格地达到排放法规,国外采用了高压喷射技术,喷射压力从原来的 80 MPa 提高到了 $140\sim200$ MPa,甚至更高。如果不考虑到其他性能的平衡,高压喷射可使 PM 达到欧 3 乃至更严格的排放限值,使柴油机告别冒黑烟的时代。柴油机喷油压力越高,燃油和空气的混合就越好,排烟就越少。高压喷射可通过 3 种形式的喷油系统实现:共轨系统、单体泵和泵喷嘴。与其他的燃油喷射不同,共轨式喷油系统能提供持续的高压喷射,并且容易实现单循环多次喷射。目前国外已经在用的共轨系统的最高压力可达 200 MPa。据报道,日本正在研制压力高达 300 MPa 的燃油喷射系统,这种高压喷射系统与孔径只有 80 μm 喷孔群配合,可达到"原子化"的喷雾特性。通常,共轨系统用于轿车等轻型车,而泵喷嘴和单体泵用于重型柴油车。

燃油高压喷射同时也带来了柴油机电控和直喷的时代。目前的高压喷射系统大多采用电子控制喷射。与汽油机一样,使用电控喷射技术以后,柴油机也全面进入了电控时代,喷油量、喷油压力、喷油率、喷油定时等全面实现了电控,同时还控制 EGR、可变截面涡轮增压等。电控高压喷射可非常精确地控制喷油量和喷油时间,以适应不同的道路工况,并且有的还具有自适应能力,以取得 NO_x、PM 和燃油经济性之间的最佳配合。高压系统一般应用于直喷柴油机,它要求发动机吸入较多的空气,但燃烧效率高,因此比非直喷式柴油机节油 $5\%\sim10\%$。由于高压直喷式柴油机同时具有良好的经济性和较低排放特性,因此电控高压直喷技术已经在国外柴油机行业占主导地位。燃油喷射电控化后,使燃油多次喷射成为可能。现有的共轨喷射系统大多采用多次喷射技术,可以实现柔和燃烧,也可减少柴油机 PM 的排放。目前这一技术在欧洲已经被广泛应用于柴油轿车。

后处理技术是指利用各种过滤净化装置和催化转化器,对排气系统内的有害物质进行最后处理,进一步降低其排放量。氧化催化转化器(DOC)通过催化剂氧化柴油颗粒物中可溶性有机物(SOF),来降低颗粒排放量。颗粒捕集器(DPF)在柴油机尾气排放系统中安装陶瓷或其他过滤器捕捉废气中的微粒,然后通过高温氧化作用来清洁 DPF。

3. 以增压为核心的进气系统改进

近期涡轮增压技术是使发动机轻量化、提高输出功率的有效措施,也是现代柴油机的代表性技术。经涡轮增压后,进气温度提高、滞燃期缩短、混合气可适当变稀,这些因素能使柴油机的噪声、CO 和 HC 排放以及油耗都有所降低,特别是进气增压后,由于进气量大幅增加,可使柴油机的空燃比进一步提高,同时允许燃油喷射压力进一步提高,这些措施可大幅度降低 PM 排放。目前,车用中、小型柴油机已普遍使用四气门(两进两排),以增大进气通过的最小截面积,增加循环进气量,改善其动力性、经济性及排放性能。为达到更严格的排放法规,新型的增压柴油机一般都采用中冷技术,可使柴油机在进气压力增高的同时,NO_x 排放降低 30%~50%。

三、柴油机尾气后处理设备

除机内净化技术以外,柴油机尾气后处理技术同样是控制排放中非常重要的一环。由于柴油机尾气中的主要污染物为 PM 和氮氧化物(NO_x),如果利用化学催化的方法来处理以上两种污染物会产生一种"此消彼长"的现象,即如果通过改良技术努力减少其一,必然导致另一污染物的增加,因而只是用一种单一的化学催化剂很难做到同时消减 PM 和 NO_x。目前柴油机尾气排放后处理关键技术主要有以下 4 种:① 柴油氧化催化转化器(OCC),主要用于氧化除去 PM 中的可溶有机成分(SOF)和烃类;② 微粒捕集器(DPF)及其再生技术,用于过滤除去碳烟等颗粒状物质;③ 氮氧化物净化技术,主要有选择催化还原(SCR)和氮氧化物贮存还原(NSR)两种方法;④ PM、HC、CO 和 NO_x 同时净化的四效催化技术。这些后处理技术分别针对某一种或几种污染物的催化处理技术,是解决柴油机尾气污染问题的重要手段之一。这些后处理技术分别针对某一种或几种污染物的催化处理技术,是解决柴油机尾气污染问题的重要手段之一。这些尾气后处理设备也有一定的局限性,一定类型的设备只使用于特定的发动机,并且滤芯内的化学反应效率和温度直接相关。某些滤芯需要经常更换才能保持预期的效果。

四、柴油品质

柴油品质直接影响柴油机性能。柴油中的硫含量和 DPM 的排放有直接关系,使用低硫含量的柴油和机油能降低柴油机尾气颗粒的排放,达 30%,并降低发动机损耗,节省柴油机维护成本。美国国家职业健康研究院(NIOSH)使用井下用柴油设备,对不同的生物柴油做了一系列测试,可以达到降低 30%~66% 的微颗粒排放。此外,柴油机尾气颗粒的排放数量随生物柴油和普通柴油混合使用的比例升高而降低,但 NO_x 的排放量会有所升高。

五、个体防护

柴油设备尾气中的氮氧化物(NO_x)浓度达 $(300 \sim 1\,000) \times 10^{-6}$。氮氧化物中的 NO 能使血红蛋白变成变性血红蛋白,从而抑制神经中枢系统;NO_2 对人体组织中的黏膜具有强烈刺激,与水反应生成硝酸,该物质能引起肺气肿,接触时间过长就会呕吐、呼吸困难甚至死亡。

铲运机及其他运输车辆司机,井下作业人员正确佩戴各种防护面具、口罩等,做到劳动保护用品及时发放,建立相关管理制度对劳动保护用品的佩戴、发放进行科学管理。定期体检,减少有害物质对人体的危害,做好预防。

当井下运行柴油机的周围空气质量比较差,已经被柴油机尾气污染比较严重时,简单的防护措施已经无法保护柴油机操作人员的健康,这时需要引进更专业的矿用氧气呼吸器。按用途可以将矿用呼吸器分为工作型呼吸器和自救型呼吸器两类。其中,工作型呼吸器主要是指在有毒有害气体环境中抢险救灾或作业的呼吸器。如加拿大的格尔德快速充气系统,采用 4 级串联顺序充气方法,可满足矿井抢险和正常作业氧气供应需求;自救型呼吸器主要是指在有毒有害气体环境中自救逃生用的呼吸器。这类呼吸器一般包括压缩氧气呼吸器、化学氧呼吸器、固氧呼吸器等。不同的呼吸器对人体呼出的废气的处理方式是不同的,因此可以分为开路式呼吸器和闭路式呼吸器两类。开路式呼吸器采用两个通道将吸气和呼气隔离开,通过单项开启的通道将人体呼出的废气排入环境中;闭路式呼吸器中呼出的气体并不直接排出,而是在呼吸器内部经过密闭循环系统净化处理,吸收二氧化碳,适度补充氧气,再供人呼吸。根据供氧方式的不同可将呼吸器分为压缩氧气呼吸器和化学氧呼吸器两类。其中,压缩氧气呼吸器带有高压气瓶,里面存储的是压缩氧气或空气。压缩氧气呼吸器又分为正压式压缩氧气呼吸器、负压式压缩氧气呼吸器。化学氧呼吸器一般是利用产氧剂与人员呼出的二氧化碳和水蒸气进行反应生成氧气供人员呼吸用,这类呼吸器已成为矿用呼吸器发展的主流方向。

六、管理措施

对井下柴油内燃设备污染物的排放进行科学管理的目的是要保证柴油机作业地点空气中的有毒有害成分低于国家标准。为此应该首先制定尾气管理的各种规程,其中包括作业地点采样分析、柴油机的维护、进排气系统的维护等。

① 柴油机作业地点的大气监测。该项工作应由作业工人和专业监测人员共同配合完成。每隔一段时间对工作环境空气进行一次检测,检测地点应该选择有代表性和可比性的地方,如柴油车辆司机座位、回风巷、距柴油设备一定距离的下风点等。

当发现空气中有毒成分高于国家标准或规程时,应马上停止工作,撤出在被污染空气中工作的工人,随后查清原因,待作业条件改善后方可复工。

② 柴油机和进排气系统的检查和维护。主要落实人员为柴油机使用工人。首先,确保发动机燃油以及润滑油充足,检查空气滤清器,内有杂质的应清除。开机后要注意观察机器运行情况,一旦出现不正常的响声应及时报修。除此以外,还要尽可能检查整个排气系统是否有漏气,以及催化箱的催化剂是否充满,检查曲轴箱和燃油箱的漏油情况,漏油会引发火灾,而且有一部分 HC 就是通过不同途径从油箱中蒸发出来的。

空气滤清器要保持清洁和有效,以保证正确的空燃比和空气的清洁。油浴式滤清器内的油要定期更换,长期不换必然引起尾气恶化。滤清器也要定期更换,换下来的滤清器可以送去检查和清洗,如果状况良好仍然可以继续投入使用。干式滤清器平均两周更换一次滤芯。在柴油机不工作时,还要检查吸气系统是否漏气。

第四节　国外部分国家井下柴油机排放标准

一、澳大利亚

澳大利亚《工作安全与健康法案(WHS)》(2011)规定了煤矿负责人必须确保井下工作

人员的健康,其中就包含要求矿方对井下工作环境进行监测;有关的煤炭开采法律法规也要求井下柴油发动机产生的尾气污染物必须加以控制。对于详细污染物暴露浓度限定标准,不同州的规定略有不同由新南威尔士工业部煤炭安全开采分布制定的《地下柴油发动机尾气污染控制指导条例》中对柴油机尾气中各种污染物的排放限值规定如表13-5-1所示。

表 13-5-1 工作场所柴油机尾气污染物暴露限值

污染物	时间加权平均值(TWA)		短时间接触容许浓度(STEL)	
	ppm	%	ppm	%
一氧化碳 CO	30	0.003	—	—
二氧化碳 CO_2	12 500	1.25	30 000	3
一氧化氮 NO	25	0.002 5	—	—
二氧化氮 NO_2	3	0.003	5	0.000 5
二氧化硫 SO_2	2	0.002	5	0.000 5

同时对煤矿井下柴油发动机在不同情况下工作时释放的气体污染物进行限定,对不符合排放标准的发动机进行召回、淘汰。具体限值规定如表13-5-2所示。

表 13-5-2 煤矿井下柴油发动机尾气气体污染物限值

工作背景	$CO/\times10^{-6}$	$NO/\times10^{-6}$	$NO_2/\times10^{-6}$	$NO_x/\times10^{-6}$
全新柴油发动机(有瓦斯涌入)	1 100(0.11%)	900(0.09%)	100(0.01%)	—
全新柴油发动机(无瓦斯涌入)	2 000(0.2%)	900	100	1 000
现役柴油发动机	1 100	—	100	750(0.075%)
其他井下环境中的柴油发动机	1 100	900	100	1 000

柴油机尾气中的颗粒物由无机碳颗粒、有机碳颗粒和其他类型的颗粒物如含硫颗粒物等构成的。对于柴油机颗粒物的排放限值是以无机碳颗粒物作为特征元素(EC)进行规定的。澳大利亚职业卫生学会规定一般工作场所的柴油机尾气颗粒无机碳浓度应保持在0.1 mg/m^3以下(约相当于0.16 mg/m^3总碳浓度,或0.2 mg/m^3柴油微颗粒浓度)。各个州也相继使用此值作为井下DPM的限值,例如在新南威尔士州制定的《地下柴油发动机尾气污染控制指导条例》(MDG 29,2008)中明确指出,井下柴油机尾气颗粒无机碳浓度应保持在0.1 mg/m^3以下。

澳大利亚职业卫生学会规定一般工作场所的柴油机尾气颗粒无机碳浓度应保持在0.1 mg/m^3以下(约相当于0.16 mg/m^3总碳浓度,或0.2 mg/m^3柴油微颗粒浓度)。各个州也相继使用此值作为井下DPM的限值,例如在新南威尔士州制定的《地下柴油发动机尾气污染控制指导条例》(MDG 29,2008)中明确指出,井下柴油机尾气颗粒无机碳浓度应保持在0.1 mg/m^3以下。

二、美国

美国矿山安全健康监察局(MSHA)对井下柴油机尾气中的气体污染物的限值规定见

表 13-5-3,表中规定值如无特殊说明均为 8 小时加权平均值。

表 13-5-3 井下柴油机尾气中气体污染物暴露限值规定

污染物	煤矿限制标准(TLV)/$\times 10^{-6}$	非煤矿限制标准(TLV)/$\times 10^{-6}$
一氧化碳 CO	50	50
二氧化碳 CO_2	5 000	5 000
一氧化氮 NO	25	25
二氧化氮 NO_2	5(短时间接触容许浓度 STEL)	5(短时间接触容许浓度 STEL)
二氧化硫 SO_2	2	5
甲醛 HCHO	2(上限 C)	2(上限 C)

由于井下空气中出柴油机尾气颗粒物外还包含大量其他其它类型的颗粒物,如煤岩颗粒物等,因此将柴油机尾气颗粒物从中隔离出来测定十分困难,因此矿山安全健康监察局(MSHA)并未针对煤矿指定相应的颗粒物暴露标准,仅对金属及非金属矿山井下柴油机的尾气颗粒物的限值进行了不超过 0.16 mg/m³ 总碳浓度的规定。

三、加拿大

加拿大对柴油机尾气暴露限值的规定存在省份差异,英属哥伦比亚省的浓度限值见表 13-5-4。根据省份不同,DPM 的限值一般在 0.4～1.5 mg/m³。在有柴油机设备工作的区域最小通风量要求一般在 0.045～0.06 m³/s 之间,或最小风流速度要求在 0.3～0.33 m/s。

表 13-5-4 英属哥伦比亚省柴油机尾气污染限值

污染物	限值(TLV-TWA)/$\times 10^{-6}$	短时间接触容许浓度(TLV-STEL)/$\times 10^{-6}$
一氧化碳 CO	25	—
二氧化碳 CO_2	5 000	30 000
一氧化氮 NO	25	—
二氧化氮 NO_2	3	5
二氧化硫 SO_2	2	5

四、德国

德国对矿山井下柴油机尾气中的污染气体的规定限值如表 13-5-5 所示。空气中这些污染物的浓度不但要求时间加权平均值低于表中的数值,还要求最大值不超过规定的上限,或者规定限值的 4 倍。

表 13-5-5 柴油机尾气污染物暴露限值

污染物	$p \times 10^{-6}$	mg/m³	限定类型
一氧化碳 CO	30	33	上限为此值的四倍
二氧化碳 CO2	5000	9000	上限为此值的四倍

污染物	$p \times 10^{-6}$	mg/m³	限定类型
一氧化氮 NO	25	30	—
二氧化氮 NO₂	5	9	上限
二氧化硫 SO₂	2	5	上限
甲醛 HCHO	0.5	0.6	上限
柴油机尾气颗粒 EC（地下隧道及非煤矿）	—	0.3	上限为此值的四倍
柴油机尾气颗粒 EC（其他领域）	—	0.1	

由于煤矿井下将煤尘和柴油机尾气颗粒区分开来的难度较大,对于煤矿井下环境柴油机尾气颗粒物浓度限值尚未做出明确的规定。

复习思考题与习题

13-1 井下柴油机尾气主要成分有哪些？对其浓度有何限制？

13-2 柴油机尾气来源是什么？

13-3 柴油机尾气常用的检测设备有哪些？其工作原理是什么？

13-4 柴油机尾气控制与处理的主要技术有哪些？其技术要点是什么？

附　录

附录 I　干湿温度与相对湿度的关系

干温度计读数/℃	干、湿温度计读数差/℃								干温度计读数/℃	干、湿温度计读数差/℃							
	0	1	2	3	4	5	6	7		0	1	2	3	4	5	6	7
	相对湿度/%									相对湿度/%							
0	100	81	63	46	28	12	—	—	18	100	90	80	72	63	55	48	41
5	100	86	71	58	43	31	17	4	19	100	91	81	72	64	57	50	41
6	100	86	72	59	46	33	21	8	20	100	91	81	73	65	58	50	42
7	100	87	74	60	48	36	24	14	21	100	91	82	74	66	58	50	44
8	100	87	74	62	50	39	27	16	22	100	91	82	74	66	58	51	45
9	100	88	75	63	52	41	30	19	23	100	91	83	75	67	59	52	46
10	100	88	77	64	53	43	32	22	24	100	91	84	75	67	59	53	47
11	100	88	79	65	55	45	35	25	25	100	92	84	76	68	60	54	48
12	100	89	79	67	57	47	37	27	26	100	92	84	76	69	62	55	50
13	100	89	79	68	58	49	39	30	27	100	92	84	77	69	62	56	51
14	100	89	79	69	59	50	41	32	28	100	92	85	77	70	64	57	52
15	100	90	80	70	61	51	43	34	29	100	92	85	78	71	65	58	53
16	100	90	80	70	61	53	45	37	30	100			79	72	66	59	53
17	100	90	80	71	62	55	47	40									

附录 II　标准状况下饱和湿空气的绝对湿度

温度/℃	ρ_s		水蒸气的绝对压力		温度/℃	ρ_s		水蒸气的绝对压力	
	(g/m³)	(g/kg)	(mmHg)	(Pa)		g/m³	g/kg	mmHg	Pa
−20	1.1	0.8	0.96	127.894	14	12.0	9.8	11.99	1 597.337
−15	1.6	1.1	1.45	193.172	15	12.8	10.5	12.79	1 703.914
−10	2.3	1.7	2.16	287.760	16	13.6	11.2	13.64	1 817.154
−5	3.4	2.6	3.17	422.315	17	14.4	11.9	14.5	1 933.169
0	4.9	3.8	4.58	610.159	18	15.3	12.7	15.5	2 066.491
1	5.2	4.1	4.92	655.454	19	16.2	13.5	16.5	2 198.170
2	5.6	4.3	5.29	704.746	20	17.2	14.4	17.5	2 331.392
3	6.0	4.7	5.68	756.703	21	18.2	15.3	18.7	2 491.259
4	6.4	5.0	6.09	811.324	22	19.3	16.3	19.8	2 637.804
5	6.8	5.4	6.53	869.942	23	20.4	17.3	21.1	2 810.993
6	7.3	5.7	7.00	932.557	24	21.6	18.4	22.4	2 984.182
7	7.7	6.1	7.49	997.836	25	22.9	19.5	23.8	3 170.693
8	8.3	6.6	8.02	1 068.444	26	24.2	20.7	25.2	3 357.204
9	8.8	7.0	8.58	1 143.048	27	25.6	22.0	26.7	3 557.038
10	9.4	7.5	9.21	1 226.978	28	27.0	23.4	28.4	3 783.516
11	9.9	8.0	9.84	1 310.908	29	28.5	24.8	30.1	4 009.994
12	10.6	8.6	10.52	1 401.500	30	30.1	26.3	31.8	4 236.472
13	11.3	9.2	11.23	1 496.088	31	31.8	27.3	33.7	4 489.595

附录Ⅲ　各种类型巷道摩擦阻力系数 α

1. 巷道

(1) 不支护巷道的 $\alpha \times 10^4$ 值

附表 3-1　　　　　不支护巷道的 $\alpha \times 10^4$ 值

巷道壁面特征	$\alpha \times 10^4$ 值
顺走向在煤层里开掘的巷道	58.8
交叉走向在岩层里开掘的巷道	68.6～78.4
巷壁与底板粗糙程度相同的巷道	58.8～78.4
同上,在底板阻塞情况下	98～147

(2) 各种支护形式巷道的 $\alpha \times 10^4$ 值

附表 3-2　　　　　各种支护类型巷道的 $\alpha \times 10^4$ 值

断面面积/m²	$\alpha \times 10^4$ 值						
	砌碹	锚喷	U 型钢	喷浆	锚杆	工型钢	锚网
6	80	178	225	130	171	163	285
8	73	156	202	99	162	151	184
10	65	137	182	77	155	138	140
12	58	120	162	63	149	123	122
14	53	104	142	57	145	105	112
16	50	89	123	53	141	80	94

注:装有胶带输送机的巷道 $\alpha \times 10^4$ 值可增加 140～200,设有水管、风管、木梯台阶的巷道 $\alpha \times 10^4$ 值增加 100 左右;当巷道堵塞严重时,$\alpha \times 10^4$ 值增加 30～100。

2. 井筒

附表 3-3　　　　　各类井筒的 $\alpha \times 10^4$ 值

井筒直径 /m	井筒断面 /m²	$\alpha \times 10^4$ 值			
		主井(有提升任务)	主井(无提升任务)	副井(有提升任务)	风井(无提升任务)
3.0	7.1	512	84	458	147
3.5	9.6	486	76	436	138
4.0	12.6	466	69	419	126
4.5	15.9	450	64	405	114
5.0	19.6	435	59	391	100
5.5	23.8	418	56	376	85
6.0	28.3	400	54	360	68
6.5	33.2	380	51	342	51
7.0	38.5	359	47	323	39
7.5	44.2	336	41	302	36
8.0	50.3	313	29	281	34

3. 采煤工作面

附表 3-4　　　　　　　　　　　　　采煤工作面的 $\alpha \times 10^4$ 值

断面面积/m²	6	8	10	12	14	16
综采工作面 $\alpha \times 10^4$ 值	575	437	356	304	269	243
普采工作面 $\alpha \times 10^4$ 值	892	670	545	466	412	373

4. 矿井巷道 $\alpha \times 10^4$ 值的实际资料（据沈阳煤矿设计研究院所编 $\alpha \times 10^4$ 值表）

沈阳煤矿设计研究院根据在抚顺、徐州、新汶、阳泉、大同、梅田、鹤岗 7 个矿务局 14 个矿井的实测资料，编制的供通风设计参考的 $\alpha \times 10^4$ 值见附表 3-5。

附表 3-5　　　　　　　　　　　　　井巷摩擦阻力系数 α 值

序号	巷道支护形式	巷道类别	巷道壁面特征	$\alpha \times 10^4$/ (N·s²/m⁴)	选取参考
1	锚喷支护	轨道平巷	光面爆破,凹凸度<150	50～77	断面大,巷道整洁、凹凸度<50,近似砌碹的取小值,新开采区巷道、断面较小的取大值;断面大而成型差,凹凸度大的取大值
			普通爆破,凹凸度>150	83～103	巷道整洁、底板喷水泥抹面的取小值,无道砟和锚杆外露的取大值
		轨道斜巷(设有行人台阶)	光面爆破,凹凸度<150	81～89	兼作流水巷和无轨道的取小值
			普通爆破,凹凸度>150	93～121	兼作流水巷和无轨道的取小值;巷道成型不规整,底板不平的取大值
		通风行人巷(无轨道、台阶)	光面爆破,凹凸度<150	68～75	底板不平、浮矸多的取大值;自然顶板层面光滑和底板积水的取小值
			普通爆破,凹凸度>150	75～97	巷道平直、底板淤泥积水的取小值;四壁积尘、不整洁的老巷有少量杂物堆积的取大值
		通风行人巷(无轨道、台阶)	光面爆破,凹凸度<150	72～84	兼作流水巷的取小值
			普通爆破,凹凸度>150	84～100	流水冲沟使底板严重不平的 $\alpha \times 10^4$ 值偏大
		带式输送机巷(铺轨)	光面爆破,凹凸度<150	85～120	断面较大,全部喷混凝土固定道床的 $\alpha \times 10^4$ 值为 85 N·s²·m⁴,其余的一般应取偏大值。吊挂式输送带宽度为 800～1 000 mm
			普通爆破,凹凸度>150	119～174	巷道底平、整洁的巷道取小值;底板不平、铺轨无道砟、带式输送机挖底、积煤泥的取大值。落地式输送带宽度 1.2
2	喷砂浆支护	轨道平巷	普通爆破,凹凸度>150	78～81	喷砂浆支护与喷混凝土支护巷道的摩擦阻力系数相近,同种类型巷道可按锚喷的选

序号	巷道支护形式	巷道类别	巷道壁面特征	$\alpha\times10^4/$ $(N\cdot s^2/m^4)$	选取参考
3	锚杆支护	轨道平巷	锚杆外露 100～200 mm,锚杆间距 600～1 000 mm	94～149	铺芭规整,自然顶平整光滑的取小值;壁面波状,凹凸度＞150,近似不规整的裸体状取大值;沿煤顺槽,底板为松散浮煤,一般取中间值
		带式输送机巷	锚杆外露 100～200 mm,锚杆间距 600～800 mm	127～153	落地式输送带宽度为 800～1 000 mm。断面小,铺芭不规整的取大值,断面大,自然顶板平整光滑取小值
4	料石砌碹支护	轨道平巷	壁面粗糙	49～61	断面大的取小值,断面小的取大值。巷道洒水清扫的取小值
		轨道平巷	壁面光滑	33～44	断面大的取小值,断面小的取大值。巷道洒水清扫的取小值
		带式输送机斜巷	壁面粗糙	100～158	钢丝绳输送带宽度为 1 000 mm,下限值为推测值供选取参考
5	毛石砌碹支护	轨道平巷	壁面粗糙	60～80	
6	混凝土棚支护	轨道平巷	断面积 5～9 m²,纵口径4～5	100～190	依纵口径、断面选取 $\alpha\times10^4$ 值。轨道整洁的完全棚、纵口径小的取小值
7	U 型钢支护	轨道平巷	断面积 5～8 m²,纵口径4～8	135～181	按纵口径、断面选取,纵口径大的、完全棚支护的取小值,不完全棚大于完全棚的 $\alpha\times10^4$ 值
		带式输送机巷	断面积 9～10 m²,纵口径4～8	209～226	落地式输送带宽度为 800～1 000 mm,包括工字钢梁 U 型钢腿的支架
8	工字钢钢轨支护	轨道平巷	断面积 4～6 m²,纵口径7～9	123～134	包括工字钢和钢轨的混合支架。不完全棚支护的 $\alpha\times10^4$ 值大于完全棚的,纵口径＝9 取小值
		带式输送机巷	断面积 9～10 m²,纵口径4～8	209～226	工字钢和 U 型钢支架混合支护与第 7 项带式输送机巷近似,单一支护与混合支护的 $\alpha\times10^4$ 值近似
9	综采工作面	掩护式支架	采高＜2 m,德国 WS1.7 双柱式	300～330	系数值包括采煤机在工作面内的附加阻力(以下同)
			采高 2～3 m,德国 WS1.7 双柱式,德国贝考瑞特,国产 OKⅡ型	260～310	分层开采铺金属网和工作面片帮严重、堆积浮煤多的取大值
			采高＞3 m,德国 WS1.7 双柱式	220～250	支架架设不整齐,有露顶的取大值
		支撑掩护式支架	采高 2～3 m,国产 ZY-3、4 柱式	320～350	采高局部有变化,支架不齐,则取大值
		支撑式支架	采高 2～3 m,英国 DT.4 柱式	330～420	支架架设不整齐则取大值

序号	巷道支护形式	巷道类别	巷道壁面特征	$\alpha\times10^4/$ $(\text{N}\cdot\text{s}^2/\text{m}^4)$	选取参考
10	普采工作面	单体液压支柱	采高<2 m	420~500	
		金属摩擦支柱,铰接顶梁	采高<2 m,DY-100 型采煤机	450~550	支架排列较整齐,工作面内有少量金属支柱等堆积物可取小值
		木支柱	采高<1.2 m,木支架较乱	600~650	
11	炮采工作面	金属摩擦支柱,铰接顶梁	采高<1.8 m,支架整齐	270~350	工作面每隔 10 m,用木垛支撑的实测 α 值 954~1 050
		木支柱	采高<1.2 m,支架整齐	300~350	
			采高<1.2 m,木支架较乱	400~450	

附录Ⅳ　通风中常用的单位换算

1. 压力单位及其换算

附表 4-1　　　　　　　　　　压力单位换算

单位名称	帕斯卡 Pa	巴 bar	公斤力/米² mmH₂O	公斤力/厘米² (工程大气压)at	毫米汞柱 mmHg	标准大气压 atm
帕斯卡	1	10^{-5}	0.101 972	$0.101\ 972\times10^{-4}$	$7.500\ 62\times10^{-3}$	$9.869\ 23\times10^{-6}$
公斤力/米²	9.806 65	$9.806\ 65\times10^{-5}$	1	1×10^{-4}	$7.355\ 59\times10^{-3}$	$9.678\ 41\times10^{-5}$
毫米汞柱 mmHg	133.322	$1.333\ 22\times10^{-3}$	13.595	$1.359\ 5\times10^{-3}$	1	$1.315\ 79\times10^{-3}$
标准大气压	101 325	1.013 25	10 332.3	1.033 23	760	1

2. 通风中常用的国际单位制导出单位

附表 4-2　　　　　　　　通风中常用的国际单位制导出单位

量的名称	单位名称	单位符号	其他表示式例
动力黏度	帕[斯卡]秒	Pa·s	$\text{m}^{-1}\cdot\text{kg}\cdot\text{s}^{-1}$
力矩	牛[顿]米	N·m	$\text{m}^2\cdot\text{kg}\cdot\text{s}^{-2}$
热流密度	瓦[特]每平方米	W/m²	$\text{kg}\cdot\text{s}^{-3}$
热容、熵	焦[耳]每开[尔文]	J/K	$\text{m}^2\cdot\text{kg}\cdot\text{s}^{-2}\cdot\text{K}^{-1}$
比热容、比熵	焦[耳]每千克开[尔文]	J/(kg·K)	$\text{m}^2\cdot\text{s}^{-2}\cdot\text{K}^{-1}$
比能、比焓	焦[耳]每千克	J/kg	$\text{m}^2\cdot\text{s}^{-2}$
导热系数	瓦[特]每米开[尔文]	W/(m·K)	$\text{m}\cdot\text{kg}\cdot\text{s}^{-3}\cdot\text{K}^{-1}$
能量密度	焦[耳]每立方米	J/m³	$\text{m}^{-1}\cdot\text{kg}\cdot\text{s}^{-2}$

3. 功、能、热量单位换算

附表 4-3 功、能、热量单位换算

单位名称	千焦(kJ)	千卡(kcal)	公斤力·米 (kgf·m)	千瓦·时(度) (kW·h)	马力·时 (ps·h)	英热单位 (Btu)
千焦	1	0.238 8	101.972	2.777×10^{-4}	$3.777\ 7 \times 10^{-4}$	0.947 8
千卡	4.185 8	1	426.94	1.163×10^{-3}	1.581×10^{-3}	3.968 2
公斤力·米	9.807×10^{-3}	2.342×10^{-3}	1	2.724×10^{-6}	3.703×10^{-6}	9.294×10^{-3}
千瓦·时	3 600	860	367 098	1	1.359 6	3 412.14
马力·时	2 647.8	532.53	270 000	0.735 5	1	2 509.63
英热单位	1.055 056	0.252 0	107.586 2	$2.930\ 7 \times 10^{-4}$	3.985×10^{-4}	1

参 考 文 献

[1] 丁国玺.工程热力学及传热学[M].北京:煤炭工业出版社,1986.

[2] 方裕璋,王家棣,杨立兴.矿井通风系统技术改造[M].北京:煤炭工业出版社,1994.

[3] 傅贵.矿井通风系统分析与优化[M].北京:机械工业出版社,1995.

[4] 国家安全生产监督管理总局.煤矿安全规程(2016)[M].北京:煤炭工业出版社,2016.

[5] 郝天轩,魏建平,杨运良,等.数字化及可视化技术在矿井通风系统中的应用[M].北京:煤炭工业出版社,2009.

[6] 黄元平.矿井通风[M].徐州:中国矿业大学出版社,1986.

[7] 孔珑.工程流体力学[M].北京:水利电力出版社,1992.

[8] 李世华,向健.矿井通风设备使用维修[M].北京:机械工业出版社,1990.

[9] 李学诚,王省身.中国煤矿通风安全工程图集[M].徐州:中国矿业大学出版社,1995.

[10] 李学诚.中国煤矿安全大全[M].北京:煤炭工业出版社,1998.

[11] 刘应中,缪国平.高等流体力学[M].上海:上海交通大学出版社,2000.

[12] 倪文耀,朱锴.矿井通风工程[M].徐州:中国矿业大学出版社,2014.

[13] 屈扬,严建华.矿井通风技术[M].第2版.北京:煤炭工业出版社,2013.

[14] 商景泰.通风机手册[M].北京:机械工业出版社,1994.

[15] 沈斐敏.矿井通风微机程序设计与应用[M].北京:煤炭工业出版社,1995.

[16] 谭国运.矿井通风网络分析及电算方法[M].北京:煤炭工业出版社,1991.

[17] 谭允祯.矿井通风系统优化[M].北京:煤炭工业出版社,1992.

[18] 王德明.矿井通风与安全[M].徐州:中国矿业大学出版社,2007.

[19] 王惠宾.矿井通风网络理论与算法[M].徐州:中国矿业大学出版社,1996.

[20] 王英敏.矿井通风与防尘[M].北京:冶金工业出版社,1993.

[21] 王英敏.矿内空气动力学与矿井通风系统[M].北京:冶金工业出版社,1994.

[22] 卫修君,胡春胜.矿井降温理论[M].北京:煤炭工业出版社,2007.

[23] 吴中立.矿井通风与安全[M].徐州:中国矿业大学出版社,1989.

[24] 萧景瑞.矿井通风网路解算及测定数据处理[M].北京:煤炭工业出版社,1994.

[25] 徐竹云.矿井通风系统优化原理与设计计算方法[M].北京:冶金工业出版社,1996.

[26] 严荣林,侯贤文.矿井空调技术[M].北京:煤炭工业出版社,1994.

[27] 张国枢.矿井实用通风技术[M].北京:煤炭工业出版社,1992.

[28] 张国枢.通风安全学[M].徐州:中国矿业大学出版社,2011.

[29] 张惠忱.计算机在矿井通风中的应用[M].徐州:中国矿业大学出版社,1992.

[30] 张旭葵,蒋协和.通风机司机[M].北京:煤炭工业出版社,1990.

[31] 赵以蕙.矿井通风与空气调节[M].徐州:中国矿业大学出版社,1990.

[32]　周光炯,严宗毅,许世雄,等.流体力学[M].北京:高等教育出版社,2000.

[33]　MCPHERSON M J. Subsurface ventilation and environmental engineering[M]. CHAPMAN&HALL,USA,1993.